COLLECTION

DE

MÉMOIRES

RELATIFS A LA

PHYSIQUE,

PUBLIÉS PAR

LA SOCIÉTÉ FRANÇAISE DE PHYSIQUE.

TOME II.

—

MÉMOIRES SUR L'ÉLECTRODYNAMIQUE.

PREMIÈRE PARTIE.

PARIS,

GAUTHIER-VILLARS, IMPRIMEUR-LIBRAIRE

DU BUREAU DES LONGITUDES, DE L'ÉCOLE POLYTECHNIQUE,

Quai des Augustins, 55.

—

1885

MÉMOIRES

SUR

L'ÉLECTRODYNAMIQUE.

I.

EXPÉRIENCES RELATIVES A L'EFFET DU CONFLIT ÉLECTRIQUE SUR L'AIGUILLE AIMANTÉE;

PAR J.-CHR. ŒRSTED ([1]).

Les premières expériences sur le sujet qui fait l'objet de ce Mémoire remontent aux Leçons que j'ai faites l'hiver dernier sur l'électricité, le galvanisme et le magnétisme. Leur conséquence principale est que l'aiguille aimantée est déviée de sa position d'équilibre par l'action de l'appareil voltaïque, et que cet effet se produit quand le circuit est fermé et non lorsqu'il est ouvert; c'est pour avoir laissé le circuit ouvert que de célèbres physiciens n'ont point réussi, il y a quelques années, dans des tentatives de ce genre. Mes premières expériences ayant été faites avec un appareil peu énergique et, par suite, les phénomènes ne s'étant pas manifestés avec toute la netteté que leur importance rendait désirable, j'ai engagé mon ami M. Esmarch, conseiller à la Cour royale, à se joindre à moi pour les répéter avec un appareil plus considérable. M. le président Wleugel, chevalier de l'ordre de

---

([1]) *Experimenta circa effectum conflictus electrici in acum magneticam;* in-4°, Hafniae, 1820, et *Journal de Schweigger*, t. XXIX, p. 275; 1820.

Des traductions françaises de ce Mémoire ont été publiées dans les *Annales de Chimie et de Physique*, t. XIV, p. 417-425, 1820, et dans le *Journal de Physique*, t. XCI, p. 72. (J.)

Danemark, a bien voulu nous assister dans ces expériences. Elles ont eu encore pour témoins l'illustre et savant M. Hauch, M. Reinhardt, professeur d'Histoire naturelle, M. Jacobsen, très habile expérimentateur, enfin le docteur en Philosophie Zeise, professeur de médecine et chimiste très distingué.

Le plus souvent j'opérais seul; mais, toutes les fois qu'il m'arrivait d'observer quelque phénomène remarquable, je répétais l'expérience en présence de ces savants.

Dans ce qui va suivre, je n'entrerai point dans le détail des idées qui m'ont guidé dans ces recherches : elles ne sauraient rendre plus clair le résultat obtenu; je m'attacherai uniquement aux faits qui mettent ce résultat en évidence.

Notre appareil galvanique se composait de vingt auges de cuivre rectangulaires, dont la longueur et la hauteur étaient d'environ 12 pouces, et la largeur de $2\frac{1}{2}$ pouces. Chaque auge est formée de deux lames de cuivre dont l'une est terminée par un appendice qui maintient la lame de zinc dans le liquide de l'auge suivante [1]. Ce liquide est de l'eau additionnée de $\frac{1}{60}$ de son poids d'acide sulfurique et de $\frac{1}{60}$ d'acide nitrique. La portion plongée de la lame de zinc représente un carré d'environ 10 pouces de côté. On peut d'ailleurs employer des appareils moins puissants : il suffit qu'ils puissent faire rougir un fil métallique.

On met en communication les extrémités opposées de l'appareil galvanique par un fil de métal que, pour abréger, nous appellerons le fil *conducteur* ou fil *conjonctif;* et nous donnerons aux actions dont ce conducteur et l'espace qui l'environne sont le siège le nom de *conflit électrique* [2].

Supposons qu'on tende une portion rectiligne de ce fil au-dessus d'une aiguille aimantée suspendue à la manière ordinaire et parallèlement à sa direction. On laisse d'ailleurs assez de flexibilité au fil pour que cette partie puisse être déplacée à volonté. Dans le cas

---

[1] C'est la disposition donnée à la pile à auges par Berzelius; la lame de cuivre forme les parois du vase qui contient le liquide. (J.)

[2] Le mot *conflit electrique* est ici l'équivalent du mot *courant electrique;* l'idée qu'il exprime est celle du choc des deux électricités contraires, accumulées aux extrémités de la pile, qui se précipitent l'une sur l'autre par le fil conducteur et, dans les idees d'Œrsted, par l'espace environnant. (J.)

actuel, l'aiguille quittera sa position, et le pôle qui se trouve sous la partie du fil conjonctif la plus voisine de l'extrémité négative de l'appareil galvanique déviera vers l'ouest.

Si la distance du fil à l'aiguille n'excède pas trois quarts de pouce, la déviation est de 45° environ. Si l'on augmente la distance, l'angle diminue à proportion. D'ailleurs, la valeur absolue de la déviation varie avec la puissance de l'appareil.

En déplaçant le fil conjonctif vers l'est ou vers l'ouest tout en le laissant parallèle à la direction de l'aiguille, on ne change rien que la grandeur de l'action; il en résulte que l'effet observé ne peut être attribué à une attraction, car, si la déviation de l'aiguille dépendait d'attractions ou de répulsions, le même pôle qui s'approche du fil quand celui-ci est à l'est devrait s'en approcher encore quand ce fil passe à l'ouest.

Le conducteur peut être formé de plusieurs fils ou rubans réunis en faisceau. La nature du métal est indifférente, si ce n'est peut-être au point de vue de la grandeur de l'effet. Nous avons employé avec un égal succès des fils de platine, d'or, d'argent, de laiton et de fer, des bandes de plomb et d'étain et des masses de mercure. L'interposition d'une colonne d'eau dans le conducteur ne fait pas disparaître complètement l'effet, à moins que l'interruption n'ait une longueur de plusieurs pouces. L'effet du fil conjonctif sur l'aiguille aimantée a lieu au travers du verre, des métaux, du bois, de l'eau, de la résine, des vases de terre et des pierres. Des lames de verre, de métal ou de bois, interposées séparément ou simultanément entre le conducteur et l'aiguille, ne paraissent pas diminuer sensiblement l'influence de l'un sur l'autre. Il en est de même si l'on interpose le disque d'un électrophore, une lame de porphyre ou une assiette remplie d'eau. L'expérience nous a montré que l'effet est encore le même quand on place l'aiguille dans une boîte de laiton remplie d'eau.

Il est à peine nécessaire de remarquer que cette transmission d'effets au travers de ces diverses substances n'avait encore été observée ni avec l'électricité ordinaire ni avec l'électricité voltaïque. Ainsi, les effets qui se manifestent dans le conflit électrique sont très différents de ceux que peut produire l'une ou l'autre des deux électricités.

Si le fil conjonctif est disposé horizontalement sous l'aiguille, les effets sont les mêmes que lorsqu'il est au-dessus, à cela près qu'ils sont de sens contraires; c'est-à-dire que le pôle de l'aiguille sous laquelle se trouve la partie du fil la plus voisine de l'extrémité négative de la pile dévie alors vers l'est.

Pour retenir plus facilement ces résultats, nous emploierons la formule suivante : le pôle qui voit entrer au-dessus de lui l'électricité négative dévie vers l'ouest, celui qui la voit entrer au-dessous, vers l'est.

Si l'on déplace le fil conjonctif dans le plan horizontal de manière à lui faire faire un angle de plus en plus grand avec le méridien magnétique, la déviation de l'aiguille augmente si le fil marche dans le sens même de la déviation; elle diminue s'il se déplace en sens contraire.

Lorsque ce fil conjonctif est exactement dans le plan horizontal dans lequel peut se mouvoir l'aiguille convenablement équilibrée et qu'il est parallèle à sa direction, il ne la fait dévier ni vers l'ouest ni vers l'est, mais tend seulement à la déplacer dans le plan de l'inclinaison; le pôle voisin de l'extrémité par laquelle entre l'électricité négative s'abaisse quand il a le fil à l'ouest, se relève quand il l'a à l'est.

Quand le fil conjonctif est perpendiculaire au méridien, soit au-dessus, soit au-dessous de l'aiguille, celle-ci garde sa position d'équilibre, à moins cependant que le fil ne soit très voisin de l'un des pôles : celui-ci s'élève quand l'entrée a lieu par la partie occidentale du fil, il s'abaisse quand elle se fait par la partie orientale.

Si le fil est placé verticalement en face d'un des pôles de l'aiguille et que la partie supérieure du fil communique avec l'extrémité négative de la pile, le pôle marche vers l'est; si le fil toujours vertical est entre un pôle et le milieu de l'aiguille, ce pôle se dirige vers l'ouest. Si la partie supérieure du fil communique avec l'extrémité positive, les phénomènes sont inverses.

Si l'on recourbe le fil conjonctif de manière à en faire deux branches parallèles, le système repousse ou attire, suivant les cas, les deux pôles de l'aiguille. Supposons-le placé vis-à-vis de l'un des pôles, le plan des branches perpendiculaire au méridien magnétique, et la branche orientale communiquant avec le pôle négatif de la pile, la branche occidentale avec le pôle positif : le pôle de l'aiguille le plus voisin est repoussé, soit vers l'est, soit vers l'ouest, suivant la position du plan; quand on renverse les communications, le pôle est, au contraire, attiré. Si le plan des branches coupe l'aiguille entre le pôle et le milieu, les mêmes effets se produisent en sens inverse (1).

Une aiguille de laiton suspendue à la manière d'une aiguille aimantée n'est point mise en mouvement par l'influence du fil conjonctif. Il en est de même d'une aiguille de verre ou de gomme laque.

Examinons brièvement quelle est, d'après tous ces faits, l'idée qu'on peut se faire du phénomène.

Le conflit électrique n'agit que sur les particules magnétiques de la matière. Tous les corps non magnétiques sont perméables au conflit électrique; mais les corps magnétiques, ou, pour mieux dire, les particules magnétiques de ces corps, opposent une résistance au passage de ce conflit, de manière à se trouver emportées dans le choc des actions contraires.

Il paraît, d'après les faits exposés, que le conflit électrique n'est pas circonscrit au fil conducteur, mais qu'il a autour de lui une sphère d'activité assez étendue.

On peut conclure, en outre, des faits observés, que ce conflit forme un tourbillon autour du fil; autrement, on ne pourrait comprendre comment la même portion du fil, qui, placée au-dessous du pôle magnétique, le porte vers l'est, l'entraînerait vers l'ouest lorsqu'elle est au-dessus.

C'est le propre des tourbillons d'agir en sens contraires aux deux extrémités d'un même diamètre.

Un mouvement de rotation autour d'un axe combiné avec un mouvement de translation suivant cet axe donne nécessairement un mouvement hélicoïdal. Toutefois, si je ne m'abuse, il ne me paraît pas que ce mouvement hélicoïdal intervienne d'une manière nécessaire dans l'explication d'aucun des phénomènes observés jusqu'à ce jour (2).

(1) L'effet est sensiblement celui d'un courant fermé placé devant le pole et qui le repousse ou l'attire suivant que la face en regard du pôle est de même signe que lui ou de signe contraire. Il faut supposer le coude du fil en bas. (J.)

(2) Dans une Note postérieure, sous forme de lettre à Schweigger, insérée dans le Tome XXXIII du *Journ. de Schw.*, p. 123, 1821, Œrsted, sans renoncer au mouvement hélicoïdal, dit que le pas de l'hélice doit être assez petit pour que pratiquement chaque spire se confonde avec un cercle, attendu que les phénomènes observés s'expliquent totalement par le mouvement circulaire seul. (J.)

Tous les effets observés relativement à un pôle nord et que nous venons de décrire s'expliquent facilement, si l'on suppose que la force ou la matière électrique négative décrit une spirale de gauche à droite (*dextrorsum*), et agit sur le pôle nord sans agir sur le pôle sud. Les effets sur le pôle sud s'expliquent de la même manière, en admettant que la matière électrique positive possède un mouvement de sens contraire et la propriété d'agir sur le pôle sud sans agir sur le pôle nord ([1]). Pour bien se rendre compte de cette loi et voir comment elle s'accorde avec les faits, la répétition des expériences vaut mieux que toutes les explications. Il est très avantageux, pour bien se retrouver dans les expériences, de marquer d'une manière quelconque, sur le fil lui-même, le sens des forces électriques.

Je n'ajouterai plus qu'un mot : j'ai démontré, dans un Ouvrage publié il y a sept ans ([2]), que la chaleur et la lumière sont l'effet du conflit électrique. Des observations que je viens de rappeler en dernier lieu, on peut conclure que ce conflit donne lieu, en outre, à des mouvements tourbillonnaires; je suis convaincu qu'on trouvera dans ces mouvements l'explication des phénomènes désignés sous le nom de *polarisation de la lumière*.

Copenhague, 21 juillet 1820.

Jean Christian OERSTED,

Chevalier de l'ordre du Danemark,
Professeur de Physique à l'Université de Copenhague,
Secrétaire de la Société royale des Sciences

([1]) Il est à remarquer que la conception d'Œrsted diffère en somme très peu de celle de Faraday. Les lignes de force d'un courant rectiligne indéfini sont concentriques au fil et entraînent le pôle nord dans un sens et le pôle sud en sens contraire. (J.)

([2]) *Recherches sur l'identité de forces chimiques et électriques.* Traduit en français par Marcel de Serres; in-8, Paris, 1813. (J.)

II.

DE L'ACTION EXERCÉE SUR UN COURANT ÉLECTRIQUE PAR UN AUTRE COURANT, LE GLOBE TERRESTRE OU UN AIMANT;

PAR M.-A. AMPÈRE (¹).

§ I. — De l'action mutuelle de deux courants électriques.

L'action électromotrice se manifeste par deux sortes d'effets que je crois devoir d'abord distinguer par une définition précise.

J'appellerai le premier *tension électrique*, le second *courant électrique*.

Le premier s'observe lorsque les deux corps entre lesquels l'action électromotrice a lieu sont séparés l'un de l'autre (²) par des corps non conducteurs dans tous les points de leur surface autres que ceux où elle est établie; le second est celui où ils font, au contraire, partie d'un circuit de corps conducteurs qui les font communiquer par des points de leur surface différents de ceux où se produit l'action électromotrice (³). Dans le premier cas, l'effet de cette action est de mettre les deux corps ou les deux systèmes de corps entre lesquels elle a lieu dans deux états de tension dont la différence est constante lorsque cette action est constante, lorsque, par exemple, elle est produite par le contact de deux substances de nature différente; cette différence serait variable, au contraire, avec la cause qui la produit, si elle était due à un frottement ou à une pression.

(¹) *Annales de Chimie et de Physique* [2], t. XV, p. 59-76 et 170-218; *Recueil d'observations electrodynamiques*, p. 1-68.

Ce Mémoire renferme le résumé des lectures faites par Ampère à l'Académie les 18 et 25 septembre, les 9, 16 et 30 octobre et le 6 novembre 1820. (J.)

(²) Quand cette séparation a lieu par la simple interruption des corps conducteurs, c'est encore par un corps non conducteur, par l'air, qu'ils sont séparés.

(³) Ce cas comprend celui où les deux corps ou systèmes de corps entre lesquels a lieu l'action électromotrice seraient en communication complète avec le réservoir commun qui ferait alors partie du circuit.

Ce premier cas est le seul qui puisse avoir lieu lorsque l'action électromotrice se développe entre les diverses parties d'un même corps non conducteur; la tourmaline en offre un exemple quand elle change de température.

Dans le second cas, il n'y a plus de tension électrique, les corps légers ne sont plus sensiblement attirés, et l'électromètre ordinaire ne peut plus servir à indiquer ce qui se passe dans le corps; cependant l'action électromotrice continue d'agir; car si de l'eau, par exemple, un acide, un alcali ou une dissolution saline font partie du circuit, ces corps sont décomposés, surtout quand l'action électromotrice est constante, comme on le sait depuis longtemps; et en outre, ainsi que M. Œrsted vient de le découvrir, quand l'action électromotrice est produite par le contact des métaux, l'aiguille aimantée est détournée de sa direction lorsqu'elle est placée près d'une portion quelconque du circuit; mais ces effets cessent, l'eau ne se décompose plus, et l'aiguille revient à sa position ordinaire dès qu'on interrompt le circuit, que les tensions se rétablissent et que les corps légers sont de nouveau attirés, ce qui prouve bien que ces tensions ne sont pas cause de la décomposition de l'eau, ni des changements de direction de l'aiguille aimantée découverts par M. Œrsted.

Ce second cas est évidemment le seul qui pût avoir lieu si l'action électromotrice se développait entre les diverses parties d'un même corps conducteur. Les conséquences déduites, dans ce Mémoire, des expériences de M. Œrsted nous conduiront à reconnaître l'existence de cette circonstance dans le seul cas où il y ait lieu jusqu'à présent de l'admettre.

Voyons maintenant à quoi tient la différence de ces deux ordres de phénomènes entièrement distincts, dont l'un consiste dans la tension et les attractions ou répulsions connues depuis longtemps, et l'autre dans la décomposition de l'eau et d'un grand nombre d'autres substances, dans les changements de direction de l'aiguille, et dans une sorte d'attractions ou de répulsions toutes différentes des attractions et répulsions électriques ordinaires, que je crois avoir reconnue le premier, et que j'ai nommée *attractions et répulsions des courants électriques*, pour les distinguer de ces dernières. Lorsqu'il n'y a pas continuité de conducteurs d'un des corps ou des systèmes de corps entre lesquels se développe l'action électromotrice à l'autre, et que ces corps sont eux-mêmes conducteurs, comme dans la pile de Volta, on ne peut concevoir cette action que comme portant constamment l'électricité positive dans l'un et l'électricité négative dans l'autre : dans le premier moment, où rien ne s'oppose à l'effet qu'elle tend à produire, les deux électricités s'accumulent chacune dans la partie du système total vers laquelle elle est portée; mais cet effet s'arrête dès que la différence des tensions électriques ([1]) donne à leur attraction mutuelle, qui tend à les réunir, une force suffisante pour faire équilibre à l'action électromotrice. Alors tout reste dans cet état, sauf la déperdition d'électricité qui peut avoir lieu peu à peu à travers le corps non conducteur, l'air, par exemple, qui interrompt le circuit; car il paraît qu'il n'existe pas de corps qui soit absolument isolant. A mesure que cette déperdition a lieu, la tension diminue; mais comme, dès qu'elle est moindre, l'attraction mutuelle des deux électricités cesse de faire équilibre à l'action électromotrice, cette dernière force, dans le cas où elle est constante, porte de nouveau de l'électricité positive d'un côté et de l'électricité négative de l'autre, et les tensions se rétablissent. C'est cet état d'un système de corps électromoteurs et conducteurs que je nomme *tension électrique*. On sait qu'il subsiste dans les deux moitiés de ce système, soit lorsqu'on vient à les séparer, soit dans le cas même où elles restent en contact après que l'action électromotrice a cessé, pourvu qu'alors elle ait eu lieu par pression ou par frottement entre des corps qui ne soient pas tous deux conducteurs. Dans ces deux cas, les tensions diminuent graduellement à cause de la déperdition d'électricité dont nous parlions tout à l'heure.

Mais lorsque les deux corps ou les deux systèmes de corps entre lesquels l'action électromotrice a lieu sont d'ailleurs en communication par des corps conducteurs entre lesquels il n'y a pas une autre action électromotrice égale et opposée à la première, ce qui maintiendrait l'état d'équilibre électrique, et par conséquent les tensions qui en résultent, ces tensions disparaissent ou du moins deviennent très petites, et il se produit les phénomènes indiqués

([1]) Quand la pile est isolée, cette différence est la somme des deux tensions, l'une positive, l'autre négative : quand une de ses extrémités communiquant avec le réservoir commun a une tension nulle, la même différence a une valeur absolue égale à celle de la tension à l'autre extrémité.

ci-dessus comme caractérisant ce second cas. Mais comme rien n'est d'ailleurs changé dans l'arrangement des corps entre lesquels se développait l'action électromotrice, on ne peut douter qu'elle ne continue d'agir, et comme l'attraction mutuelle de deux électricités, mesurée par la différence des tensions électriques qui est devenue nulle, ou a considérablement diminué, ne peut plus faire équilibre à cette action, on est généralement d'accord qu'elle continue à porter les deux électricités dans les deux sens où elle les portait auparavant; en sorte qu'il en résulte un double courant, l'un d'électricité positive, l'autre d'électricité négative, partant en sens opposés des points où l'action électromotrice a lieu, et allant se réunir dans la partie du circuit opposée à ces points. Les courants dont je parle vont en s'accélérant jusqu'à ce que l'inertie des fluides électriques et la résistance qu'ils éprouvent par l'imperfection même des meilleurs conducteurs fassent équilibre à la force électromotrice, après quoi ils continuent indéfiniment avec une vitesse constante tant que cette force conserve la même intensité (¹); mais ils cessent toujours à l'instant où le circuit vient à être interrompu. C'est cet état de l'électricité dans une série de corps électromoteurs et conducteurs que je nommerai, pour abréger, *courant électrique;* et comme j'aurai sans cesse à parler des deux sens opposés suivant lesquels se meuvent les deux électricités, je sous-entendrai, toutes les fois qu'il en sera question, pour éviter une répétition fastidieuse, après les mots *sens du courant électrique,* ceux-ci : *de l'électricité positive;* en sorte que s'il est question, par exemple, d'une pile voltaïque, l'expression : *direction du courant électrique dans la pile* désignera la direction qui va de l'extrémité où l'hydrogène se dégage dans la décomposition de l'eau (²) à celle où l'on obtient de l'oxygène: et celle-ci : *direction du courant électrique dans le conducteur qui établit la communication entre les deux extrémités de la pile,* désignera la direction qui va, au contraire, de l'extrémité où se produit l'oxygène à celle où se développe l'hydrogène. Pour embrasser ces

(¹) Si l'on assimile le courant à un flux de matière incompressible, l'intensité est proportionnelle à la vitesse, et l'énoncé qui précède renferme implicitement la loi d'Ohm. (J.)

(²) Il est évident que dans tout ce passage il faut entendre la décomposition de l'eau qui se produit dans un voltamètre et non dans la pile. (J.)

deux cas dans une seule définition, on peut dire que ce qu'on appelle la *direction du courant électrique* est celle que suivent l'hydrogène et les bases des sels, lorsque de l'eau ou une substance saline fait partie du circuit et est décomposée par le courant, soit, dans la pile voltaïque, que ces substances fassent partie du conducteur, ou qu'elles se trouvent interposées entre les paires dont se compose la pile.

Les savantes recherches de MM. Gay-Lussac et Thenard sur cet appareil, source féconde des plus grandes découvertes dans presque toutes les branches des sciences physiques, ont démontré que la décomposition de l'eau, des sels, etc., n'est nullement produite par la différence de tension des deux extrémités de la pile, mais uniquement par ce que je nomme *le courant électrique*, puisqu'en faisant plonger dans l'eau pure les deux fils conducteurs la décomposition est presque nulle; tandis que quand, sans rien changer à la disposition du reste de l'appareil, on mêle à l'eau où plongent les fils un acide ou une dissolution saline, cette décomposition devient très rapide, parce que l'eau pure est un mauvais conducteur et qu'elle conduit bien l'électricité quand elle est mêlée d'une certaine quantité de ces substances.

Or il est bien évident que la tension électrique des extrémités des fils qui plongent dans le liquide ne saurait être augmentée dans le second cas; elle ne peut qu'être diminuée à mesure que ce liquide devient meilleur conducteur; ce qui augmente dans ce cas, c'est le courant électrique; c'est donc à lui seul qu'est due la décomposition de l'eau et des sels. Il est aisé de constater que c'est lui seul aussi qui agit sur l'aiguille aimantée dans les expériences de M. Œrsted. Il suffit pour cela de placer une aiguille aimantée sur une pile horizontale dont la direction soit à peu près dans le méridien magnétique; tant que ses extrémités ne communiquent point, l'aiguille conserve sa direction ordinaire. Mais si l'on attache à l'une d'elles un fil métallique, et qu'on en mette l'autre extrémité en contact avec celle de la pile, l'aiguille change subitement de direction et reste dans sa nouvelle position tant que dure le contact et que la pile conserve son énergie; ce n'est qu'à mesure qu'elle la perd que l'aiguille se rapproche de sa direction ordinaire; au lieu que, si l'on fait cesser le courant électrique en interrompant la communication, elle y revient à l'instant. Cependant c'est cette communication même qui fait cesser ou diminue considérablement les tensions électriques ; ce ne peut donc être ces tensions, mais seulement le courant qui influe sur la direction de l'aiguille aimantée. Lorsque de l'eau pure fait partie du circuit et que la décomposition en est à peine sensible, l'aiguille aimantée placée au-dessus ou au-dessous d'une autre portion du circuit est aussi faiblement déviée; l'acide nitrique qu'on mêle à cette eau, sans rien changer d'ailleurs à l'appareil, augmente cette déviation en même temps qu'elle rend plus rapide la décomposition de l'eau.

L'électromètre ordinaire indique quand il y a tension et l'intensité de cette tension; il manquait un instrument qui fît connaître la présence du courant électrique dans une pile ou un conducteur, qui en indiquât l'énergie et la direction. Cet instrument existe aujourd'hui; il suffit que la pile ou une portion quelconque du conducteur soient placées horizontalement à peu près dans la direction du méridien magnétique, et qu'un appareil semblable à une boussole, et qui n'en diffère que par l'usage qu'on en fait, soit mis sur la pile, ou bien au-dessous ou au-dessus de cette portion du conducteur : tant qu'il y a quelque interruption dans le circuit, l'aiguille aimantée reste dans sa situation ordinaire; mais elle s'écarte de cette situation dès que le courant s'établit, d'autant plus que l'énergie en est plus grande, et elle en fait connaître la direction d'après ce fait général, que si l'on se place par la pensée dans la direction du courant, de manière qu'il soit dirigé des pieds à la tête de l'observateur et que celui-ci ait la face tournée vers l'aiguille, c'est constamment à sa gauche que l'action du courant écartera de sa position ordinaire celle de ses extrémités qui se dirige vers le nord, et que je nommerai toujours *pôle austral de l'aiguille aimantée,* parce que c'est le pôle homologue au pôle austral de la terre. C'est ce que j'exprimerai plus brièvement en disant que le pôle austral de l'aiguille est porté à gauche du courant qui agit sur l'aiguille. Je pense que, pour distinguer cet instrument de l'électromètre ordinaire, on doit lui donner le nom de *galvanomètre,* et qu'il convient de l'employer dans tous les expériences sur les courants électriques, comme on adapte habituellement un électromètre aux machines électriques, afin de voir à chaque instant si le courant a lieu et quelle en est l'énergie ([1]).

Le premier usage que j'ai fait de cet instrument a été de l'employer à constater que le courant qui existe dans la pile voltaïque, de l'extrémité négative à l'extrémité positive, avait sur l'aiguille aimantée la même influence que le courant du conducteur qui va, au contraire, de l'extrémité positive à la négative.

Il est bon d'avoir pour cela deux aiguilles aimantées, l'une placée sur la pile et l'autre au-dessus ou au-dessous du conducteur; on voit le pôle austral de chaque aiguille se porter à gauche du courant près duquel elle est placée ; en sorte que, quand la seconde est au-dessus du conducteur, elle est portée du côté opposé à celui vers lequel tend l'aiguille posée sur la pile, à cause que les courants ont des directions opposées dans ces deux portions du circuit ; les deux aiguilles sont, au contraire, portées du même côté, en restant à peu près parallèles entre elles, quand l'une est au-dessus de la pile et l'autre au-dessous du conducteur ([2]). Dès qu'on interrompt le circuit, elles reviennent aussitôt, dans les deux cas, à leur position ordinaire.

([1]) La forme de galvanomètre connue sous le nom de *multiplicateur* a été imaginée par Schweigger, en septembre 1820. Voici le renseignement que donne Schweigger lui même sur la date de son invention (*Schweigger Journ.*, t. XXXII, p. 48, 1821) :

« Le n° 296 de l'*Allgem. Litteraturzeitung* (novembre 1820) contient le compte rendu d'une leçon de Schweigger, professée le 13 septembre 1820, où il a parlé la première fois du multiplicateur. On y lit :

« Pour rendre plus visibles les phénomènes électromagnétiques, on peut avoir » recours à un autre moyen que l'accroissement des dimensions des batteries. » Puisque le fil qui, partant du pôle positif, passe au dessus de l'aiguille, produit » le même effet que le fil qui, partant du pôle négatif, passe au-dessous, on a » un moyen simple d'augmenter l'action sur l'aiguille, en entourant la bous- » sole simultanément avec les deux fils. Le professeur a montré à l'assistance un » arrangement de cette espèce avec lequel l'*aiguille devenait aussi sensible à* » *l'action d'une simple pile que le nerf d'une grenouille.* »

Ce n'est qu'en 1823 que l'application du *multiplicateur* au *galvanomètre* a été connue en France : c'est Œrsted qui l'a fait connaître, pendant son séjour à Paris, par une Communication à l'Académie des Sciences et une Note publiée dans les *Annales de Chimie et de Physique*, [2], t. XXII, p. 358-380, 1823. (J.)

([2]) Pour que cette expérience ne laisse aucun doute sur l'action du courant qui est dans la pile, il convient de la faire comme je l'ai faite, avec une pile à auges dont les plaques de zinc soient soudées à celles de cuivre par toute l'étendue d'une de leurs faces, et non pas simplement par une branche de métal qu'on pourrait regarder avec raison comme une portion de conducteur.

Telles sont les différences reconnues avant moi entre les effets produits par l'électricité dans les deux états que je viens de décrire, et dont l'un consiste sinon dans le repos, du moins dans un mouvement lent et produit seulement par la difficulté d'isoler complètement les corps où se manifeste la tension électrique, l'autre dans un double courant d'électricité positive et négative le long d'un circuit continu de corps conducteurs. On conçoit alors, dans la théorie ordinaire de l'électricité, que les deux fluides dont on la considère comme composée sont sans cesse séparés l'un de l'autre dans une partie du circuit, et portés rapidement en sens contraire dans une autre partie du même circuit où ils se réunissent continuellement. Quoique le courant électrique ainsi défini puisse être produit avec une machine ordinaire, en la disposant de manière à développer les deux électricités, et en joignant par un conducteur les deux parties de l'appareil où elles se produisent, on ne peut, à moins de se servir de très grandes machines, obtenir ce courant avec une certaine énergie qu'à l'aide de la pile voltaïque, parce que la quantité de l'électricité produite par la machine à frottement reste la même dans un temps donné, quelle que soit la faculté conductrice du reste du circuit, au lieu que celle que la pile met en mouvement pendant un même temps croît indéfiniment à mesure que l'on en réunit les deux extrémités par un meilleur conducteur (1).

Mais les différences que je viens de rappeler ne sont pas les seules qui distinguent ces deux états de l'électricité. J'en ai découvert de plus remarquables encore en disposant, dans des directions parallèles, deux parties rectilignes de deux fils conducteurs joignant les extrémités de deux piles voltaïques; l'une était fixe, et l'autre, suspendue sur des pointes et rendue très mobile par un contre-poids, pouvait s'en approcher ou s'en éloigner en conservant son parallélisme avec la première. J'ai observé alors qu'en faisant passer à la fois un courant électrique dans chacune d'elles, elles s'attiraient mutuellement quand les deux courants étaient dans le même sens, et qu'elles se repoussaient quand ils avaient lieu dans des directions opposées.

Or, ces attractions et répulsions des courants électriques dif-

(1) *Voir*, à la suite du Mémoire, une Note postérieure d'Ampère sur ce sujet. (J.)

fèrent essentiellement de celles que l'électricité produit dans l'état de repos ; d'abord, elles cessent comme les décompositions chimiques, à l'instant où l'on interrompt le circuit des corps conducteurs. Deuxièmement, dans les attractions et répulsions électriques ordinaires, ce sont les électricités d'espèces opposées qui s'attirent, et celles de même nom qui se repoussent ; dans les attractions et répulsions des courants électriques, c'est précisément le contraire : c'est lorsque les deux fils conducteurs sont placés parallèlement, de manière que les extrémités de même nom se trouvent du même côté et très près l'une de l'autre, qu'il y a attraction, et il y a répulsion quand, les deux conducteurs étant toujours parallèles, les courants sont en sens opposés, en sorte que les extrémités de même nom se trouvent à la plus grande distance possible. Troisièmement, dans le cas où c'est l'attraction qui a lieu et qu'elle est assez forte pour amener le conducteur mobile en contact avec le conducteur fixe, ils restent attachés l'un à l'autre comme deux aimants et ne se séparent point aussitôt, comme il arrive lorsque deux corps conducteurs qui s'attirent parce qu'ils sont électrisés, l'un positivement, l'autre négativement, viennent à se toucher. Enfin, et il paraît que cette dernière circonstance tient à la même cause que la précédente, deux courants électriques s'attirent ou se repoussent dans le vide comme dans l'air ; ce qui est encore contraire à ce qu'on observe dans l'action mutuelle de deux corps conducteurs électrisés à l'ordinaire. Il ne s'agit pas ici d'expliquer ces nouveaux phénomènes : les attractions et répulsions qui ont lieu entre deux courants parallèles, suivant qu'ils sont dirigés dans le même sens ou dans des sens opposés, sont des faits donnés par une expérience aisée à répéter. Il est nécessaire, pour prévenir dans cette expérience les mouvements qu'imprimeraient au conducteur mobile les petites agitations de l'air, de placer l'appareil sous une cage en verre sous laquelle on fait passer, dans le socle qui la porte, les portions des conducteurs qui doivent communiquer avec les deux extrémités de la pile. La disposition la plus commode de ces conducteurs est d'en placer un sur deux appuis dans une situation horizontale où il est immobile, de suspendre l'autre, par deux fils métalliques qui font corps avec lui, à un axe de verre qui se trouve au-dessus du premier conducteur et qui repose, par des pointes d'acier très fines, sur deux autres appuis de métal ; ces pointes sont soudées aux deux extrémités des fils métalliques dont je viens de parler, en sorte que la communication s'établit par les appuis à l'aide de ces pointes. [*Voyez* la figure de cet appareil, *Pl. I*, *fig.* 1 [1].]

Les deux conducteurs se trouvent ainsi parallèles, et à côté l'un de l'autre, dans un même plan horizontal; l'un d'eux est mobile par les oscillations qu'il peut faire autour de la ligne horizontale passant par les extrémités des deux pointes d'acier, et, dans ce mouvement, il reste nécessairement parallèle au conducteur fixe.

On ajoute au-dessus et au milieu de l'axe de verre un contre-poids, pour augmenter la mobilité de la partie de l'appareil susceptible d'osciller, en en élevant le centre de gravité.

J'avais cru d'abord qu'il faudrait établir le courant électrique dans les deux conducteurs au moyen de deux piles différentes; mais cela n'est pas nécessaire : il suffit que ces conducteurs fassent tous deux partie du même circuit; car le courant électrique y existe partout avec la même intensité. On doit conclure de cette observation que les tensions électriques des deux extrémités de la pile ne sont pour rien dans les phénomènes dont nous nous occupons; car il n'y a certainement pas de tension dans le reste du circuit. Ce qui est encore confirmé par la possibilité de faire mouvoir l'aiguille aimantée à une grande distance de la pile, au moyen d'un conducteur très long dont le milieu se recourbe dans la direction du méridien magnétique au-dessus ou au-dessous de l'aiguille. Cette expérience m'a été indiquée par le savant illustre [2] auquel les sciences physico-mathématiques doivent surtout les grands progrès qu'elles ont faits de nos jours : elle a pleinement réussi.

Désignons par A et B les deux extrémités du conducteur fixe, par C celle du conducteur mobile qui est du côté de A, et par D celle du même conducteur qui est du côté de B; il est clair que si une des extrémités de la pile est mise en communication avec A, B avec C, et D avec l'autre extrémité de la pile, le courant électrique sera, dans le même sens, dans les deux conducteurs; c'est alors

[1] Les six Planches originales de ce Mémoire ont été reproduites identiquement dans la *Pl. I*, à la fin du Volume. On a conservé aux Planches juxtaposées leurs numéros primitifs. (J.)

[2] M. de Laplace. (J.)

qu'on les verra s'attirer : si, au contraire, A communiquant toujours à une extrémité de la pile, B communique avec D, et C avec l'autre extrémité de la pile, le courant sera en sens opposé dans les deux conducteurs, et c'est alors qu'ils se repousseront.

L'instrument dont je me sers pour faire cette expérience, représenté *Pl. I, fig.* 1, est placé sur un socle *mn*, auquel est attaché le cadre qui porte la cage de verre destinée à mettre tout l'appareil à l'abri des petites agitations de l'air. Au dehors de cette cage, j'ai disposé quatre coupes en buis R, S, T, U (1), pour y mettre du mercure dans lequel plongent des fils de laiton qui traversent le cadre sur lequel elle repose, et qui sont soudés aux quatre supports M, N, P, Q, dont les deux premiers portent le conducteur fixe AB, qu'on peut éloigner ou rapprocher de l'autre, en faisant glisser ces supports dans les fentes I, J, où on les fixe à volonté au moyen d'écrous placés sous le socle, et les deux autres P, Q sont terminés par les chapes en acier X, Y, assez grandes pour retenir les globules de mercure qu'on y place, et où plongent deux pointes d'acier attachées aux boîtes en cuivre E, F, dans lesquelles entrent les deux extrémités d'un tube de verre OZ portant à son milieu une autre boîte en cuivre à laquelle est soudé un tube de cuivre V dans lequel entre à frottement la tige d'un contrepoids H; cette tige est coudée, comme on le voit dans la figure, afin de faire varier la position du centre de gravité de toute la partie mobile de l'appareil, en faisant tourner la tige coudée sur elle-même dans le tube de cuivre. On peut approcher ou éloigner ces supports l'un de l'autre en les faisant glisser dans la fente KL, où on les fixe à la distance qu'on veut, à l'aide d'écrous placés sous le socle. Aux deux boîtes de cuivre E, F sont soudées les deux extrémités du fil de laiton ECDF, dont la partie CD, parallèle à AB, est ce que j'ai nommé le *conducteur mobile*.

---

(1) Il est préférable, quoique cela ne soit pas nécessaire au succès des expériences, d'isoler ces coupes, comme je l'ai fait depuis dans d'autres appareils, parce que, quoique le buis soit un assez mauvais conducteur pour qu'il n'y ait qu'une petite partie du courant électrique qui puisse s'établir à travers ce corps, quelques observations me portent à soupçonner qu'il y en a quelques portions qui prennent cette route, surtout quand l'air est humide, et qu'on a, par conséquent, des effets un peu plus grands quand les coupes sont isolées, ou, ce qui est plus simple et revient au même, quand elles sont remplacées par de petits vases de verre.

Quand on veut faire usage de cet appareil, après avoir fixé les deux supports P, Q à une distance telle que les centres des chapes X, Y correspondent aux pointes d'acier portées par les boîtes E, F et les supports M, N, à la distance des deux premiers qu'on juge la plus convenable, on place ces pointes d'acier dans les chapes, et l'on fait tourner la tige du contrepoids H dans le cylindre creux V, jusqu'à ce que le conducteur mobile reste de lui-même dans la position qu'on veut lui donner, les branches EC, FD, qui en font partie, étant à peu près verticales; alors, si l'on veut mettre en évidence l'attraction des deux courants lorsqu'ils ont lieu dans le même sens, on établit, par un fil de laiton passant par-dessous l'instrument, et dont les extrémités se recourbent pour plonger dans deux des coupes de buis, telles que R et U ou S et T, la communication entre des extrémités opposées des deux conducteurs AB, CD, et on fait communiquer les deux coupes restantes avec les extrémités de la pile, par deux autres fils de laiton. Si c'est la répulsion qu'on se propose d'observer, il faut que le premier fil de laiton établisse la communication entre deux coupes telles que R et S ou T et U correspondant à des extrémités des deux conducteurs situées du même côté, tandis qu'on fait communiquer avec les extrémités de la pile les deux coupes placées du côté opposé.

Ces coupes donnent, quand on le veut, le moyen de n'établir le courant électrique que dans un seul conducteur, en plongeant les deux fils partant des extrémités de la pile dans le mercure des deux coupes qui communiquent avec ce conducteur. Cette disposition de quatre coupes de buis, arrangées de cette manière, se retrouvant dans plusieurs appareils que j'aurai bientôt à décrire, je l'explique ici une fois pour toutes, et je me contenterai de les représenter dans les figures de ces instruments, sans en parler dans le texte, pour éviter des répétitions inutiles.

On conçoit, au reste, que les attractions et répulsions des courants électriques ayant lieu à tous les points du circuit, on peut avec un seul conducteur fixe attirer et repousser autant de conducteurs et faire varier la direction d'autant d'aiguilles aimantées que l'on veut : je me propose de faire construire deux conducteurs mobiles sous une même cage de verre, en sorte qu'en les rendant, ainsi qu'un conducteur fixe commun, partie d'un même circuit, ils soient alternativement tous deux attirés, tous deux repoussés, ou l'un attiré, l'autre repoussé en même temps, suivant la manière dont on établira les communications. D'après le succès de l'expérience que m'a indiquée M. le marquis de Laplace, on pourrait, au moyen d'autant de fils conducteurs et d'aiguilles aimantées qu'il y a de lettres, et en plaçant chaque lettre sur une aiguille différente, établir à l'aide d'une pile placée loin de ces aiguilles, et qu'on ferait communiquer alternativement par ses deux extrémités à celles de chaque conducteur, former une sorte de télégraphe propre à écrire tous les détails qu'on voudrait transmettre, à travers quelques obstacles que ce fût, à la personne chargée d'observer les lettres placées sur les aiguilles. En établissant sur la pile un clavier dont les touches porteraient les mêmes lettres et établiraient la communication par leur abaissement, ce moyen de correspondance pourrait avoir lieu avec assez de facilité, et n'exigerait que le temps nécessaire pour toucher d'un côté et lire de l'autre chaque lettre [1].

Si le conducteur mobile, au lieu d'être assujetti à se mouvoir parallèlement à celui qui est fixe, ne peut que tourner dans un plan parallèle à ce conducteur fixe, autour d'une perpendiculaire commune passant par leurs milieux, il est clair que, d'après la loi que nous venons de reconnaître pour les attractions et répulsions des courants électriques, les deux moitiés de chaque conducteur attireront et repousseront celles de l'autre, suivant que les courants seront dans le même sens ou dans des sens opposés ; et par conséquent que le conducteur mobile tournera jusqu'à ce qu'il arrive dans une situation où il soit parallèle à celui qui est fixe, et où les courants soient dirigés dans le même sens : d'où il suit que dans l'action mutuelle de deux courants électriques, l'action directrice et l'action attractive ou répulsive dépendent d'un même principe, et ne sont que des effets différents d'une seule et même action. Il n'est plus nécessaire alors d'établir entre ces deux effets la distinction qu'il est si important de faire, comme nous le verrons tout à

[1] Depuis la rédaction de ce Mémoire, j'ai su de M. Arago que ce télégraphe avait déjà été proposé par M. Sœmmering : à cela près, qu'au lieu d'observer le changement de direction des aiguilles aimantées, qui n'était point connu alors, l'auteur proposait d'observer la décomposition de l'eau dans autant de vases qu'il y a de lettres.

l'heure, quand il s'agit de l'action mutuelle d'un courant électrique et d'un aimant considéré comme on le fait ordinairement par rapport à son axe, parce que, dans cette action, les deux corps tendent à se placer dans des directions perpendiculaires entre elles.

J'examinerai dans les autres paragraphes de ce Mémoire et dans le Mémoire suivant l'action mutuelle entre un courant électrique et le globe terrestre ou un aimant, ainsi que celle de deux aimants l'un sur l'autre, et je montrerai qu'elles rentrent l'une et l'autre dans la loi de l'action mutuelle de deux courants électriques que je viens de faire connaître, en concevant sur la surface et dans l'intérieur d'un aimant autant de courants électriques, dans des plans perpendiculaires à l'axe de cet aimant, qu'on y peut concevoir de lignes formant, sans se couper mutuellement, des courbes fermées; en sorte qu'il ne me paraît guère possible, d'après le simple rapprochement des faits, de douter qu'il n'y ait réellement de tels courants autour de l'axe des aimants, ou plutôt que l'aimantation ne consiste que dans l'opération par laquelle on donne aux particules de l'acier la propriété de produire, dans le sens des courants dont nous venons de parler, la même action électromotrice qui se trouve dans la pile voltaïque, dans le zinc oxydé des minéralogistes, dans la tourmaline échauffée, et même dans une pile formée de cartons mouillés et de disques d'un même métal à deux températures différentes. Seulement cette action électromotrice se développant dans le cas de l'aimant entre les différentes particules d'un même corps bon conducteur, elle ne peut jamais, comme nous l'avons fait remarquer plus haut, produire aucune tension électrique, mais seulement un courant continu semblable à celui qui aurait lieu dans une pile voltaïque rentrant sur elle-même en formant une courbe fermée : il est assez évident, d'après les observations précédentes, qu'une pareille pile ne pourrait produire en aucun de ses points ni tensions ni attractions ou répulsions électriques ordinaires, ni phénomènes chimiques, puisqu'il est alors impossible d'interposer un liquide dans le circuit; mais que le courant qui s'établirait immédiatement dans cette pile agirait, pour le diriger, l'attirer ou le repousser, soit sur un autre courant électrique, soit sur un aimant que l'on considère alors comme n'étant lui-même qu'un assemblage de courants électriques.

C'est ainsi qu'on parvient à ce résultat inattendu, que les phénomènes de l'aimant sont uniquement produits par l'électricité, et qu'il n'y a aucune autre différence entre les deux pôles d'un aimant, que leur position à l'égard des courants dont se compose l'aimant, en sorte que le pôle austral ([1]) est celui qui se trouve à droite de ces courants, et le pôle boréal celui qui se trouve à gauche.

Avant de m'occuper de ces recherches, de décrire les expériences que j'ai faites sur ces divers genres d'action, et d'en déduire les conséquences que je viens d'indiquer, je crois devoir compléter le sujet que je traite ici en exposant les nouveaux résultats que j'ai obtenus depuis que ce qui précède a été publié dans les *Annales de Chimie et de Physique*. Ces résultats ont été communiqués à l'Académie des Sciences, dans deux Mémoires, dont l'un a été lu le 9 octobre et l'autre le 6 novembre.

La première expérience que j'aie ajoutée à celle que je viens de décrire a été faite avec l'instrument représenté *Pl. I, fig.* 2.

Le courant électrique, arrivant dans cet instrument par le support CA (*fig.* 2), parcourait d'abord le conducteur AB, redescendait par le support BDE; de ce support, par la petite chape d'acier F, où je plaçais un globule de mercure, et dans laquelle tournait le pivot d'acier de l'axe de verre GH, le courant se communiquait à la boîte de cuivre I et au conducteur KLMNOPQ, dont l'extrémité Q plongeait dans du mercure mis en communication avec l'autre extrémité de la pile; les choses étant ainsi disposées, il est clair que, dans la situation où ce conducteur est représenté et où je le mettais d'abord en l'appuyant contre l'appendice T du premier conducteur, le courant de la partie MN était en sens contraire de celui de AB, tandis que quand on faisait décrire une demi-circonférence à KLMNOPQ, les deux courants se trouvaient dans le même sens.

J'ai vu alors se produire l'effet que j'attendais; à l'instant où le circuit a été fermé, la partie mobile de l'appareil a tourné par l'action

---

([1]) Celui qui, dans l'aiguille aimantée, se dirige du côté du nord; il est à droite des courants dont se compose l'aimant, parce qu'il est à gauche d'un courant dirigé dans le même sens et placé hors de l'aiguille. En effet, d'après la définition donnée précédemment de ce qu'on doit entendre par la droite et la gauche des courants électriques, ceux que j'admets dans l'aiguille et ceux qui sont ainsi placés, et que l'on considère comme agissant sur elle, se font face de manière que la droite des uns est à la gauche des autres, et réciproquement.

mutuelle de cette partie et du conducteur fixe AB, jusqu'à ce que les courants, qui étaient d'abord en sens contraire, vinssent se placer de manière à être parallèles et dans le même sens. La vitesse acquise lui faisait dépasser cette dernière position; mais elle y revenait, repassait un peu au delà, et finissait par s'y fixer après quelques oscillations.

La manière dont je conçois l'aimant comme un assemblage de courants électriques dans des plans perpendiculaires à la ligne qui en joint les pôles, me fit d'abord chercher à en imiter l'action par des conducteurs pliés en hélice, dont chaque spire me représentait un courant disposé comme ceux d'un aimant, et ma première idée fut que l'obliquité de ces spires pouvait être négligée quand elles avaient peu de hauteur : je ne faisais pas alors attention qu'à mesure que cette hauteur diminue, le nombre des spires, pour une longueur donnée, augmente dans le même rapport, et que par conséquent, comme je l'ai reconnu plus tard, l'effet de cette obliquité reste toujours le même.

J'annonçai, dans le Mémoire lu à l'Académie le 18 septembre, l'intention où j'étais de faire construire des hélices en fil de laiton pour imiter tous les effets de l'aimant, soit d'un aimant fixe avec une hélice fixe, soit d'une aiguille aimantée avec une hélice roulée autour d'un tube de verre suspendu à son milieu sur une pointe très fine comme l'aiguille d'une boussole ([1]). J'espérais que non seulement les extrémités de cette hélice seraient attirées et repoussées comme les pôles d'une aiguille, par ceux d'un barreau aimanté, mais encore qu'elle se dirigerait par l'action du globe terrestre : j'ai réussi complètement à l'égard de l'action du barreau aimanté; mais à l'égard de la force directrice de la terre, l'appareil n'était pas assez mobile, et cette force agissait par un bras de levier trop court pour produire l'effet désiré; je ne l'ai obtenu que quelque temps après, à l'aide des appareils qui seront décrits dans le paragraphe suivant. Le fil de laiton dont est formée l'hélice que j'ai fait construire entoure de ses spires les deux tubes de verre ACD, BEF (*fig.* 3), et se prolonge ensuite de part et d'autre en revenant par l'intérieur de ces tubes ; ses deux extrémités sortent en D et en F, l'une DG descend verticalement, l'autre est recourbée

([1]) J'ai changé depuis ce mode de suspension, ainsi que je vais le dire.

comme on le voit en FHK; elles sont toutes deux terminées par des pointes d'acier qui plongent dans le mercure contenu dans les deux petites coupes M et N et mis en communication avec les deux extrémités de la pile, la pointe supérieure appuyant seule contre le fond de la coupe N. Je n'ai pas besoin de dire que celle des deux extrémités de cette aiguille à hélice électrique qui se trouve à droite des courants est celle qui présente, à l'égard du barreau aimanté, les phénomènes qu'offre le pôle austral d'une aiguille de boussole, et l'autre ceux du pôle boréal.

Je fis ensuite construire un appareil semblable à celui de la *fig.* 1, dans lequel le conducteur fixe et le conducteur mobile étaient remplacés par des hélices de laiton entourant des tubes de verre, mais dont les prolongements, au lieu de revenir par ces tubes, étaient mis en communication avec les deux extrémités de la pile, comme les conducteurs rectilignes de la *fig.* 1. C'est en faisant usage de cet instrument que je découvris un fait nouveau qui ne me parut pas d'abord s'accorder avec les autres phénomènes que j'avais jusqu'alors observés dans l'action mutuelle de deux courants électriques ou d'un courant et d'un aimant; j'ai reconnu depuis qu'il n'a rien de contraire à l'ensemble de ces phénomènes, mais qu'il faut, pour en rendre raison, admettre comme une loi générale de l'action mutuelle des courants électriques, un principe que je n'ai encore vérifié d'une manière précise qu'à l'égard des courants dans des fils métalliques pliés en hélice, mais que je crois vrai en général, à l'égard des portions infiniment petites de courant électrique dont on doit concevoir tout courant d'une grandeur finie comme composé, lorsqu'on veut en calculer les effets, soit qu'il ait lieu suivant une ligne droite ou une courbe.

Pour se faire une idée nette de cette loi, il faut concevoir dans l'espace une ligne représentant en grandeur et en direction la résultante de deux forces qui sont semblablement représentées par deux autres lignes, et supposer, dans les directions de ces trois lignes, trois portions infiniment petites de courants électriques dont les intensités soient proportionnelles à leurs longueurs. La loi dont il s'agit consiste en ce que la petite portion de courant électrique, dirigée suivant la résultante, exerce, dans quelque direction que ce soit, sur un autre courant ou sur un aimant, une action attractive ou répulsive égale à celle qui résulterait, dans la même direction, de la réunion des deux portions de courants dirigées suivant les composantes. On conçoit aisément pourquoi il en est ainsi, dans le cas où l'on considère le courant dans un fil conducteur plié en hélice, à l'égard des actions qu'il exerce parallèlement à l'axe de l'hélice et dans des plans perpendiculaires à cet axe, puisqu'alors le rapport de la résultante et des composantes est le même pour chaque arc infiniment petit de cette courbe, ainsi que celui des actions produites par les portions de courants électriques correspondantes, d'où il suit que ce dernier rapport existe aussi entre les intégrales de ces actions. Au reste, si la loi dont nous venons de parler est vraie pour deux composantes relativement à leur résultante, elle ne peut manquer de l'être pour un nombre quelconque de forces relativement à la résultante de toutes ces forces, comme on le voit aisément, en l'appliquant successivement d'abord à deux des forces données, puis à leur résultante et à une autre de ces forces, et en continuant toujours de même jusqu'à ce qu'on arrive à la résultante de toutes les forces données. Il suit de ce que nous venons de dire relativement aux courants électriques dans des fils pliés en hélice, que l'action produite par le courant de chaque spire se compose de deux autres, dont l'une serait produite par un courant parallèle à l'axe de l'hélice, représenté en intensité par la hauteur de cette spire, et l'autre par un courant circulaire représenté par la section faite perpendiculairement à cet axe dans la surface cylindrique sur laquelle se trouve l'hélice; et, comme la somme des hauteurs de toutes les spires, prises parallèlement à l'axe de l'hélice, est nécessairement égale à cet axe, il s'ensuit qu'outre l'action produite par les courants circulaires transversaux, que j'ai comparée à celle d'un aimant, l'hélice produit en même temps la même action qu'un courant d'égale intensité qui aurait lieu dans son axe.

Si l'on fait revenir par cet axe le fil conducteur qui forme l'hélice, en l'enfermant dans un tube de verre placé dans cette hélice pour l'isoler des spires dont elle se compose, le courant de cette partie rectiligne du fil conducteur étant en sens contraire de celui qui équivaudrait à la partie de l'action de l'hélice qui a lieu parallèlement à son axe, repoussera ce que celui-ci attirerait, et attirera ce qu'il repousserait; l'action longitudinale de l'hélice sera donc détruite par celle de la portion rectiligne du conducteur, et il ne résultera de la réunion de celui-ci avec l'hélice que la seule action des courants circulaires transversaux, parfaitement semblable à celle d'un aimant cylindrique. Cette réunion avait lieu dans l'instrument représenté dans la *fig.* 3, sans que j'en eusse prévu les avantages, et c'est pour cela qu'il m'a présenté exactement les effets d'un aimant, et que les hélices où il ne revenait pas dans l'axe une portion rectiligne du conducteur, me présentaient en outre les effets d'un conducteur rectiligne égal à l'axe de ces hélices; et comme le rayon des surfaces cylindriques sur lesquelles elles se trouvaient était assez petit dans les hélices dont je me servais, c'étaient même les effets dans le sens longitudinal qui étaient les plus sensibles, phénomène qui m'étonnait beaucoup avant que j'en eusse découvert la cause; j'étais encore à la chercher, et je voulais, par de nouvelles expériences, étudier toutes les circonstances de ce phénomène, que j'avais d'abord observé dans l'action de deux conducteurs pliés en hélice, et ensuite dans celle d'un conducteur de ce genre et d'une aiguille aimantée, lorsque M. Arago l'observa dans ce dernier cas, avant que je lui en eusse parlé. Ces hélices, dont le fil revient en ligne droite par l'axe, seront un instrument précieux pour les expériences de recherche, non seulement parce qu'elles offriront le même genre d'action que les aimants, en donnant peu de hauteur aux spires, mais encore parce qu'en leur en donnant beaucoup, on aura un conducteur à peu près adynamique, pour porter et rapporter le courant électrique, sans qu'il y ait lieu de craindre que les courants qui se trouvent dans cette portion du conducteur altèrent les effets des autres parties du circuit, dont il s'agirait d'observer ou de mesurer l'action.

On peut aussi imiter exactement les phénomènes de l'aimant au moyen d'un fil conducteur plié comme dans la *fig.* 4, où il y a, entre toutes les portions du conducteur qui se trouvent dans le sens de l'axe, la même compensation qui a lieu, dans les hélices dont nous venons de parler, entre l'action de la portion rectiligne du conducteur et celle que les spires exercent en sens contraire parallèlement à l'axe de l'hélice.

On voit que, dans cet instrument, le fil de laiton qui est renfermé dans le tube BH est le prolongement de celui qui forme les anneaux circulaires E, F, G, ..., et que chaque anneau tient au suivant par un petit arc d'une hélice dont chaque spire aurait une grande hauteur relativement au rayon de la surface cylindrique sur laquelle elle se trouve.

L'action qu'exercent les projections parallèles à l'axe du tube de ces petits arcs d'hélice, désignés dans la figure par les lettres M, N, O, ..., étant égale et opposée à celle de la portion AB du conducteur, il ne reste, dans cet appareil, que les actions des projections dans des plans perpendiculaires à l'axe du tube; et comme celles des arcs M, N, O, ..., dans ces plans sont très petites, ce seront les actions des anneaux E, F, G, ..., dont on obtiendra les effets dans les expériences faites avec cet instrument.

Dès mes premières recherches sur le sujet dont nous nous occupons, j'avais cherché à trouver la loi suivant laquelle varie l'action attractive ou répulsive de deux courants électriques, lorsque leur distance et les angles qui déterminent leur position respective changent de valeurs. Je fus bientôt convaincu qu'on ne pouvait conclure cette loi d'expériences directes, parce qu'elle ne peut avoir une expression simple qu'en considérant des portions de courants d'une longueur infiniment petite, et qu'on ne peut faire d'expérience sur de tels courants; l'action de ceux dont on peut mesurer les effets est la somme des actions infiniment petites de leurs éléments, somme qu'on ne peut obtenir que par deux intégrations successives, dont l'une doit se faire dans toute l'étendue d'un des courants pour un même point de l'autre, et la seconde s'exécuter sur le résultat de la première pris entre les limites marquées par les extrémités du premier courant, dans toute l'étendue du second; c'est le résultat de cette dernière intégration, pris entre les limites marquées par les extrémités du second courant, qui peut seul être comparé aux données de l'expérience; d'où il suit, comme je l'ai dit dans le Mémoire que j'ai lu à l'Académie le 9 octobre dernier, que ces intégrations sont la première chose dont il faut s'occuper lorsqu'on veut déterminer, d'abord l'action mutuelle de deux courants d'une longueur finie, soit rectilignes, soit curvilignes, en faisant attention que, dans un courant curviligne, la direction des portions dont il se compose est déterminée, à chaque point, par la tangente à la courbe suivant laquelle il a lieu, et ensuite celle d'un courant électrique sur un aimant, ou de deux aimants l'un sur l'autre, en considérant, dans ces deux derniers cas, les aimants comme des assemblages de courants électriques disposés comme je l'ai dit plus haut. D'après une belle expérience de M. Biot, les courants situés dans un même plan perpendiculaire à l'axe de l'aimant doivent être regardés comme ayant la même intensité, puisqu'il résulte de cette expérience, où il a comparé les effets produits par l'action de la terre sur deux barreaux de même grandeur, de même forme et aimantés de la même manière, dont l'un était vide et non l'autre, que la force motrice était proportionnelle à la masse, et que par conséquent les causes auxquelles elle était due agissaient avec la même intensité sur toutes les particules d'une même tranche perpendiculaire à l'axe, l'intensité variant d'ailleurs d'une tranche à l'autre, suivant que ces tranches sont plus loin ou plus près des pôles. Quand l'aimant est un solide de révolution autour de la ligne qui en joint les deux pôles, tous les courants d'une même tranche doivent en outre être des cercles : ce qui donne un moyen pour simplifier les calculs relatifs aux aimants de cette forme, en calculant d'abord l'action d'une portion infiniment petite d'un courant électrique sur un assemblage de courants circulaires concentriques occupant tout l'espace renfermé dans la surface d'un cercle, de manière que les intensités qu'on leur attribue dans le calcul soient proportionnelles à la distance infiniment petite de deux courants consécutifs mesurée sur un rayon, puisque sans cela le résultat de l'intégration dépendrait du nombre des parties infiniment petites dans lesquelles on aurait divisé ce rayon par les circonférences qui représentent les courants, ce qui est absurde. Comme un courant circulaire est attiré dans la partie où il a lieu dans la direction du courant qui agit sur lui, et repoussé dans la partie où il a lieu en sens contraire, l'action sur une surface de cercle perpendiculaire à l'axe de l'aimant consistera en une résultante égale à la différence entre les attractions et répulsions décomposées parallèlement à cette résultante, et un couple résultant que les attractions et répulsions tendront également à produire. On en trouvera la valeur par des intégrations relatives aux rayons des courants circulaires, qui devront être prises depuis zéro jusqu'au rayon de la surface quand l'aimant est plein, et entre les rayons des surfaces intérieure et extérieure, quand c'est un cylindre creux. Il faudra multiplier alors le résultat de cette opération :

1° par l'épaisseur infiniment petite de la tranche et par l'intensité commune des courants dont elle est composée; 2° par l'intensité et la longueur d'une portion infiniment petite du courant électrique qu'on suppose agir sur elle; et on aura ainsi les valeurs de la résultante et du couple résultant dont se compose l'action élémentaire entre une tranche circulaire ou en forme de couronne, et une portion infiniment petite de ce courant.

Au moyen de cette valeur, s'il s'agit de l'action mutuelle d'un aimant et d'un courant, soit rectiligne d'une longueur finie, soit curviligne, il n'y aura plus, pour trouver la valeur de cette action, qu'à exécuter les intégrations qu'exigera le calcul de la résultante et du couple résultant de toutes les actions élémentaires entre chaque tranche de l'aimant et chaque portion infiniment petite du courant électrique.

Mais, s'il s'agit de l'action mutuelle de deux aimants cylindriques, creux ou solides, il faudra d'abord reprendre la valeur de celle d'une tranche circulaire ou en forme de couronne et d'une portion infiniment petite de courant électrique, pour en conclure, par deux intégrations, l'action mutuelle entre cette tranche et une tranche semblable, en considérant celle-ci comme composée de courants circulaires, disposés comme dans la première; on aura ainsi la résultante et le couple résultant de l'action mutuelle de deux tranches infiniment minces, et par de nouvelles intégrations, on obtiendra les mêmes choses relativement à celle de deux aimants compris sous des surfaces de révolution, après toutefois qu'on aura déterminé par la comparaison des résultats du calcul et de ceux de l'expérience, suivant quelle fonction de la distance de chaque tranche à un des pôles de l'aimant, varie l'intensité des courants électriques de cette tranche. Je n'ai point encore achevé les calculs, qui sont relatifs, soit à l'action d'un aimant et d'un courant électrique, soit à l'action mutuelle de deux aimants (¹), mais

(¹) Ces calculs supposent que la présence d'un courant électrique ou d'un autre aimant ne change rien aux courants électriques de l'aimant sur lequel ils agissent. Cela n'a jamais lieu pour le fer doux; mais, comme l'acier trempé conserve les modifications qu'on lui fait éprouver par ce moyen, soit dans les expériences de M. Arago sur l'aimantation de l'acier par un courant électrique, soit dans l'emploi des procédés de l'aimantation ordinaire, il me paraît que quand de l'acier aimanté se trouve précisément dans le même état qu'auparavant, après qu'un autre aimant ou un courant électrique ont agi sur lui, on peut en conclure qu'ils n'avaient

seulement ceux par lesquels j'ai déterminé l'action mutuelle de deux courants rectilignes d'une grandeur finie, en admettant que l'action qui a lieu entre les portions infiniment petites de ces courants est exprimée par une formule qu'il est aisé de déduire de la loi dont j'ai parlé tout à l'heure. J'avais d'abord projeté de ne publier cette formule et ses diverses applications que quand j'aurais pu en comparer les résultats à des expériences de mesures précises; mais, après avoir considéré toutes les circonstances que présentent les phénomènes, j'ai pensé qu'elle était appuyée sur des preuves suffisantes pour n'en pas retarder davantage la publication, et ce sera le premier objet dont je m'occuperai dans le Mémoire suivant.

J'avais fait construire, pour ces expériences, un instrument que je montrai, le 17 octobre dernier, à MM. Biot et Gay-Lussac, et qui ne différait de celui qui est représenté (*fig.* 1), qu'en ce que le conducteur fixe de ce dernier était remplacé par un conducteur attaché à un cercle qui tournait autour d'un axe horizontal perpendiculaire à la direction du conducteur mobile, au moyen d'une poulie de renvoi, et gradué de manière qu'on voyait sur le limbe l'angle formé par les directions des deux courants, dans les différentes positions qu'on pouvait donner successivement au conducteur porté par le cercle gradué.

Je ne figure pas cet appareil dans les planches jointes à ce Mémoire, parce qu'en conservant la même disposition pour ce dernier conducteur, et en plaçant le conducteur mobile dans une situation verticale, j'ai construit l'appareil représenté (*fig.* 6), qui est beaucoup plus propre à faire exactement les mesures que j'avais en vue, surtout depuis que j'ai donné au support du cercle gradué, outre le mouvement par lequel on peut l'éloigner ou le rapprocher du conducteur mobile, au moyen d'une vis de rappel, deux autres mouvements, l'un vertical, et l'autre dans le sens horizontal et perpendiculaire à la direction des deux autres. Le premier de ces trois mouvements est indispensable pour toute mesure à prendre avec l'instrument; il avait seul lieu dans mon premier

---

pas, pendant leur action, changé sensiblement la direction et l'intensité des courants dont il se compose, sans quoi les modifications qu'ils leur auraient fait subir subsisteraient après que cette action aurait cessé.

appareil, les deux mouvements que j'y ai ajoutés ont pour objet de donner la facilité de faire des mesures dans le cas où la ligne qui joint les milieux des deux courants ne leur est pas perpendiculaire. C'est pourquoi j'ai pensé qu'on pouvait se dispenser de les régler par des vis de rappel, et les faire à la main avant l'expérience, pourvu qu'on pût ensuite fixer d'une manière stable le support du cercle gradué dans la position qu'on lui aurait ainsi donnée.

C'est ce nouvel instrument que j'ai fait représenter (*fig.* 6) et dont je vais expliquer la construction : si je parle ici du premier, c'est parce que c'est avec lui que j'ai remarqué, pour la première fois, l'action du globe terrestre sur les courants électriques, qui altérait les effets de l'action mutuelle des deux conducteurs que j'avais l'intention de mesurer. J'interrompis alors ces observations, et je fis construire les deux appareils qui mettent cette action de la terre dans tout son jour, et avec lesquels j'ai produit également, dans les courants électriques, les mouvements qui correspondent à la direction de la boussole dans le plan de l'horizon suivant la ligne de déclinaison, et à celle de l'aiguille d'inclinaison dans le plan du méridien magnétique; ces derniers instruments, et les expériences que j'ai faites avec eux, seront décrits dans le paragraphe suivant, comme ils l'ont été dans le Mémoire que je lus à l'Académie des Sciences le 30 octobre dernier. Revenons à l'appareil pour mesurer l'action de deux courants électriques dans toutes sortes de positions, et qui est représenté dans la *fig.* 6.

Les trois mouvements du support K'FG ont lieu, le premier à l'aide de la vis de rappel M, les deux autres au moyen de ce que ce support est fixé à une pièce de bois N, qui peut glisser, dans les deux sens horizontal et vertical, sur une autre pièce de bois O fixée au pied de l'instrument. Dans l'une est pratiquée une fente horizontale, dans l'autre une fente verticale, et à l'intersection des directions de ces deux fentes, se trouve un écrou Q qui sert à arrêter la pièce mobile sur celle qui est fixe dans la position qu'on veut lui donner. Le mouvement de rotation du cercle gradué à l'aide duquel on incline à volonté la portion du fil conducteur attachée à ce cercle s'exécute au moyen des deux poulies de renvoi P et P'. Pour que la terre n'exerce aucune action sur le conducteur mobile, qui est équilibré par les petits contrepoids x, y, il est composé de deux parties égales et opposées ABC*d*, *abc*DE, auxquelles j'ai donné la forme qu'on voit dans la figure; et pour que ses deux extrémités puissent être mises en communication avec celles de la pile, il est interrompu à l'angle A, par lequel il est suspendu à un fil HH′ dont la torsion doit faire équilibre à l'attraction ou répulsion des deux courants. La branche BA se prolonge au delà de A, et la branche DE au delà de E, et elles se terminent par les pointes K, L, qui plongent dans deux petites coupes pleines de mercure, mais n'en atteignent point le fond.

Le pied qui porte ces deux petites coupes peut être avancé ou reculé au moyen de l'écrou *q*, qui le fixe dans la rainure *ef*; elles peuvent être en fer ou en platine; l'une d'elles est mise en communication avec une des deux extrémités de la pile par le conducteur XU enfermé dans un tube de verre autour duquel est plié en hélice à hautes spires le conducteur YVT, terminé par une sorte de ressort en cuivre, qui s'appuie en T sur la circonférence du cercle gradué, où il se trouve en contact avec un cercle en fil de laiton communiquant avec la branche SS′ du conducteur dont la partie SR est destinée à agir sur le conducteur mobile, et dont la branche RR′ tient à un second cercle en fil de laiton sur lequel s'appuie en Z un ressort ZI semblable au premier, et qui communique, du côté de I, avec l'autre extrémité de la pile. Il est clair qu'en faisant tourner le cercle gradué autour de l'axe horizontal qui le supporte, la partie SR du conducteur tournera dans un plan vertical, de manière à former tous les angles qu'on voudra avec la direction de la partie BC du conducteur mobile, sur laquelle elle agit à travers la cage de verre où est renfermé ce conducteur mobile, pour qu'il ne puisse participer aux agitations de l'air.

Pour mesurer les attractions et les répulsions des deux conducteurs à différentes distances, lorsqu'ils sont parallèles, et que la ligne qui en joint les milieux leur est perpendiculaire, on tourne l'axe vertical auquel est attaché le fil de suspension, de manière que la partie BC du conducteur mobile réponde au zéro de l'échelle *gh*; ce qu'on obtient en la plaçant immédiatement au-dessus du biseau qui termine la pièce en cuivre *m*; un indice *np* attaché en *n* au support du cercle gradué marque sur cette échelle la distance des deux portions de conducteur BC et SR. Lorsqu'on établit la communication des deux extrémités du circuit avec celles de la pile, la portion mobile BC se porte en avant ou en arrière, suivant qu'elle est attirée ou repoussée par SR ; mais on la ramène dans la position où elle se trouvait auparavant en faisant tourner l'axe du fil de suspension ; le nombre des tours et portions de tour marqué par l'indice r sur le cadran pq attaché à cet axe donne la valeur de l'attraction ou de la répulsion des deux courants électriques, mesurée par la torsion du fil.

Il n'est pas nécessaire de rappeler aux physiciens accoutumés à faire des mesures de ce genre que, l'intensité des courants variant sans cesse avec l'énergie de la pile, il faut, entre chaque expérience à différentes distances, en faire une à une distance constante, afin de connaître, par l'action observée chaque fois à cette distance constante, et les règles ordinaires d'interpolation, comment varie l'intensité des courants, et quelle en est la valeur à chaque instant. On s'y prendra de la même manière pour comparer les attractions et répulsions à une distance constante lorsque l'on fait varier l'angle des directions des deux courants, dans le cas où la ligne qui en joint les milieux ne cesse pas de leur être perpendiculaire. Les observations intermédiaires, pour déterminer par interpolation l'énergie de la pile à chaque instant, seront même alors plus faciles, puisque la distance des deux portions de conducteur BC et SR ne variant point, il suffira de faire tourner le cercle gradué pour ramener chaque fois SR dans la direction parallèle à BC. Enfin, lorsqu'on voudra mesurer l'action mutuelle de BC et de SR, lorsque la ligne qui en joint les milieux n'est pas perpendiculaire à leur direction, on donnera au support du cercle gradué la situation convenable au moyen de l'écrou Q qui le fixe au reste de l'appareil dans la position qu'on veut lui donner, et en faisant alors une série d'expériences semblables à celles du cas précédent, on pourra comparer les résultats obtenus dans chaque situation des conducteurs des courants électriques à ceux qu'on aura eu dans le cas où la ligne qui en joint les milieux leur est perpendiculaire, en faisant cette comparaison pour une même plus courte distance des courants, et ensuite pour les distances différentes. On aura ainsi tout ce qu'il faut pour voir comment et jusqu'à quel point ces diverses circonstances influent sur l'action mutuelle des courants électriques : il ne s'agira plus que de voir si l'ensemble de ces résultats s'accorde avec le calcul des effets qui doivent être produits dans chaque circonstance, d'après la loi d'attraction qu'on aura admise entre deux portions infiniment petites de courants électriques [1].

Par l'addition d'un autre conducteur mobile dont la suspension est exactement la même, qui est de même composé de deux parties égales et opposées, et que j'ai fait représenter à part (*fig.* 10, *Pl. V*), j'ai rendu cet instrument propre à mesurer aussi le moment des forces qui tendent à faire tourner un conducteur, par l'action d'un autre conducteur qui fait successivement avec lui différents angles auxquels répondent différents moments. Ce conducteur mobile ABOCDEF a la forme qu'on voit dans la *fig.* 10 et se trouve suspendu au milieu de son côté horizontal supérieur, où il est interrompu entre les points A, F, où les deux extrémités de ce conducteur portent les deux pointes d'acier M, N, qui sont situées dans une même ligne verticale, et plongent dans le mercure des deux petites coupes de la *fig.* 6, sans en toucher le fond à cause de la suspension au fil de torsion. Pour mesurer le moment de rotation produit par un conducteur rectiligne, on en place un sous la cage de verre très près du côté horizontal inférieur CD (*fig.* 10) du conducteur mobile, de manière qu'il réponde à son milieu : ce dernier tourne alors par l'action du conducteur fixe, sans être influencé par celle de la terre, parce qu'il y a compensation entre les actions qu'elle exerce sur les deux moitiés égales et opposées du conducteur mobile.

§ II. — Direction des courants électriques par l'action du globe terrestre [2].

Je n'ai pas réussi dans les premières expériences que j'ai tentées pour faire mouvoir le fil conducteur d'un courant électrique par l'action du globe terrestre, moins peut-être par la difficulté d'ob-

---

(1) Ampère ne tarda pas à abandonner ces tentatives de mesures absolues, pour s'en tenir à la méthode qui consiste à équilibrer l'action d'un conducteur fixe sur un conducteur mobile, par l'action d'un troisième conducteur agissant en sens contraire. Les conditions d'équilibre du conducteur mobile étant évidemment indépendantes des valeurs absolues des intensités du courant dans les conducteurs fixes, à la condition que les intensités restent égales, on a l'avantage, en faisant passer le même courant dans les deux, de s'affranchir de toutes les difficultés qui résultent des variations de la pile. (J.)

(2) Ce qui est contenu dans ce paragraphe a été lu à l'Académie royale des Sciences, dans sa séance du 30 octobre dernier.

tenir une suspension assez mobile, que parce qu'au lieu de chercher dans la théorie qui ramène les phénomènes de l'aimant à ceux des courants électriques, la disposition la plus favorable à cette sorte d'action, j'étais préoccupé de l'idée d'imiter le plus que je le pouvais la disposition des courants électriques de l'aimant dans l'arrangement de ceux sur lesquels je voulais observer l'action de la terre dans le cas où ils sont produits par la pile de Volta; cette seule idée m'avait guidé dans la construction de l'instrument représenté (*fig.* 3), et elle m'empêchait de faire attention que ce n'est en quelque sorte que d'une manière indirecte que cette action porte le pôle austral de l'aiguille aimantée au nord et en bas, et le pôle boréal au sud et en haut; que son effet immédiat est de placer les plans perpendiculaires à l'axe de l'aimant, dans lesquels se trouvent les courants électriques dont il se compose, parallèlement à un plan déterminé par l'action résultante de tous ceux de notre globe, et qui est, dans chaque lieu, perpendiculaire à l'aiguille d'inclinaison. Il suit de cette considération que ce n'est pas une ligne droite, mais un plan, que l'action terrestre doit immédiatement diriger; qu'ainsi, ce qu'il faut imiter, c'est la disposition de l'électricité suivant l'équateur de l'aiguille aimantée, équateur qui est une courbe rentrante sur elle-même, et voir ensuite si, lorsqu'un courant électrique est ainsi disposé, l'action de la terre tend à amener le plan où il se trouve dans une direction parallèle à celle où elle tend à amener l'équateur de l'aimant, c'est-à-dire dans une direction perpendiculaire à l'aiguille d'inclinaison, de manière que le courant qu'on essaye de diriger ainsi soit dans le même sens que ceux de l'aiguille aimantée qui a obéi à l'action du globe terrestre.

L'aimant reçoit des mouvements différents suivant qu'il ne peut que tourner dans le plan de l'horizon, comme l'aiguille d'une boussole, ou dans le plan du méridien magnétique, comme l'aiguille d'inclinaison attachée à un axe horizontal et perpendiculaire au méridien magnétique. Pour imiter ces deux mouvements en en imprimant d'analogues à un courant électrique, il faut que le plan dans lequel il se trouve soit, dans le premier cas, vertical comme celui de l'équateur d'une aiguille aimantée horizontale, et tourne autour de la verticale qui passe par son centre de gravité; et dans le second, qu'il ne puisse, comme l'équateur de l'aiguille d'inclinaison, tourner qu'autour d'une ligne comprise dans ce plan, qui soit à la fois horizontale et perpendiculaire au méridien magnétique.

J'ai mis d'abord dans ces deux positions une double spirale de cuivre qui m'a paru très propre à représenter les courants électriques de l'équateur d'un aimant; et j'ai vu cet appareil se mouvoir quand j'y ai établi un courant électrique, précisément comme l'aurait fait, dans le premier cas, l'équateur de l'aiguille d'une boussole, et dans le second celui d'une aiguille d'inclinaison. Mais il m'est arrivé la même chose qu'à M. Œrsted. Dans ses expériences, la force directrice du courant électrique qu'il faisait agir sur une aiguille aimantée tendait à la placer dans une direction qui fît un angle droit avec celle du courant; mais il n'obtenait jamais une déviation de 100° en laissant le fil conducteur dans la direction du méridien magnétique, parce que l'action du globe terrestre se combinant avec celle du courant électrique, l'aiguille aimantée se dirigeait suivant la résultante de ces deux actions. Dans les expériences faites avec la double spirale, la force directrice de la terre était contrariée, dans le premier cas, par la torsion du fil auquel cet instrument était suspendu; dans le second, par sa pesanteur, parce que le centre de gravité ne pouvait être exactement situé dans la ligne horizontale autour de laquelle tournait le plan de la double spirale.

Je pensai alors qu'en multipliant le nombre des spires dont cette spirale était composée, on n'augmentait pas pour cela l'effet produit par l'action de la terre, parce que la masse à mouvoir augmentait proportionnellement à la force motrice, d'où je conclus que j'obtiendrais plus simplement les mêmes phénomènes de direction en employant, pour représenter l'équateur d'une aiguille aimantée, un seul courant électrique revenant sur lui-même, et formant un circuit, si ce n'est absolument fermé, car alors il eût été impossible d'établir le courant dans le fil de cuivre, du moins ne laissant que l'interruption suffisante pour faire communiquer ses deux extrémités avec celles de la pile.

Je compris en même temps que la forme du circuit était indifférente, pourvu que toutes les parties en fussent dans un même plan, puisque c'était un plan qu'il s'agissait de diriger.

Je fis construire alors deux appareils; dans l'un, le fil conducteur a la forme d'une circonférence ABCD (*Pl. III, fig.* 7), dont le rayon a un peu plus de $0^m,2$. Les deux extrémités du fil de laiton dont cette circonférence est formée sont soudées aux deux boîtes de cuivre E, F, attachées à un tube de verre Q, et qui portent deux pointes d'acier M et N, plongeant dans le mercure contenu dans les deux petites coupes de platine O, P, et dont la supérieure N atteint seule le fond de la coupe P. Ces deux coupes sont portées par les boîtes de cuivre G, H, qui communiquent aux deux extrémités de la pile, au moyen de deux conducteurs en fil de laiton, dont l'un est renfermé dans le tube de verre qui porte ces deux dernières boîtes, et sert de pied à l'instrument, et l'autre forme autour de ce tube une hélice dont les spires ont une assez grande hauteur relativement au diamètre du tube, afin que les actions exercées par les deux portions de courants qui parcourent ces conducteurs en sens contraire se neutralisent à peu près complètement. J'ai placé sous la cage de verre qui recouvre cet instrument, pour le mettre à l'abri des agitations de l'air, un autre cercle en fil de laiton, d'un diamètre un peu plus grand, qui est fixé et supporté par un pied semblable à celui du cercle mobile, dans la situation qu'on voit dans la figure. Ce cercle communique aussi avec deux conducteurs disposés de la même manière, et qui servent de même à y faire passer le courant électrique lorsque, au lieu d'observer l'action du globe terrestre sur le cercle mobile, on veut voir les effets de celle de deux courants circulaires l'un sur l'autre, tandis que quand on veut observer l'action qu'exerce la terre sur un courant électrique, on ne fait passer ce courant que dans le cercle mobile. Comme il n'est question ici que de l'action du globe terrestre, je ne parlerai que du cas où les deux conducteurs du cercle mobile sont seuls en communication avec les deux extrémités de la pile. Le cercle fixe ne sert alors qu'à indiquer d'une manière précise le plan vertical et perpendiculaire au méridien magnétique, où le cercle mobile doit être amené par l'action de la terre. On place donc d'abord le cercle fixe dans ce plan au moyen d'une boussole, et le cercle mobile dans une autre situation, qui sera par exemple celle du méridien magnétique lui-même; alors, dès qu'on y fera passer un courant électrique, il tournera pour se porter dans le plan indiqué par le cercle fixe, le dépassera d'abord en vertu de la vitesse acquise, puis y reviendra, et s'y arrêtera après quelques oscillations.

Le sens dans lequel ce mouvement a lieu dépend de celui du courant électrique établi dans le cercle mobile; pour le prévoir d'avance, on considérera une ligne passant par le centre de ce cercle, et perpendiculaire à son plan; cette ligne arrivera dans le méridien magnétique lorsque le cercle mobile sera amené dans le plan qui lui est perpendiculaire, et elle y arrivera de manière que celle de ces deux extrémités qui est à droite du courant considéré comme agissant sur un point pris à volonté hors de ce cercle, et par conséquent à gauche de l'observateur qui, placé dans le sens du courant, regarderait l'aiguille, extrémité qui représente le pôle austral d'une aiguille aimantée, se trouve dirigée du côté du nord; ce qui suffit pour déterminer le sens du mouvement que prendra le cercle mobile.

Dans l'autre appareil, l'équateur de l'aiguille d'inclinaison est représenté par un rectangle en fil de laiton d'environ o^{m},3 de largeur sur o^{m},6 de longueur. La suspension est d'ailleurs la même que celle de l'aiguille d'inclinaison. C'est avec ces deux instruments que, dans des expériences souvent répétées, j'ai observé les phénomènes de direction par l'action de la terre, bien plus complètement que je ne l'avais fait avec la double spirale. Dans le premier, le cercle mobile s'est, ainsi que je viens de le dire, arrêté précisément dans la situation où l'action du globe terrestre devait l'amener d'après la théorie; dans le second, le conducteur mobile a constamment quitté une position où j'avais constaté, en le faisant osciller, que l'équilibre était stable, pour se porter dans une situation plus ou moins rapprochée de celle qu'aurait prise, dans les mêmes circonstances, l'équateur d'une aiguille aimantée, et il s'y arrêtait, après quelques oscillations, en équilibre entre la force directrice de la terre et la pesanteur qui agissait alors en faisant plier le fil de laiton, ce qui abaissait le centre de gravité du conducteur au-dessous de l'axe horizontal. Dès qu'on interrompait le circuit, on le voyait revenir à sa première position, ou s'il n'y revenait pas précisément, s'il en restait même quelquefois assez éloigné, il était évident, par toutes les circonstances de l'expérience, que cela tenait à la flexion dont je viens de parler, qui avait produit, dans la situation du centre de gravité, une légère altération qui subsistait quand on faisait cesser le courant électrique. Dans les expériences faites avec ces deux instruments, j'ai eu soin de changer les extrémités des fils conducteurs relativement à celles de la pile, pour constater que le courant qui est dans celle-ci n'était pas la cause de l'effet produit, puisqu'alors il aurait toujours eu lieu dans le même sens, et que cet effet avait lieu en sens contraire, conformément à la théorie. J'ai aussi, en laissant les mêmes extrémités en communication, fait passer, de la droite à la gauche de l'instrument, les fils qui faisaient communiquer le conducteur mobile aux deux extrémités de la pile, pour constater que les courants de ces fils, dont je tenais d'ailleurs la plus grande portion loin de l'instrument, n'avaient pas d'influence sensible sur ses mouvements. Je n'ai pas besoin de dire que, dans tous les cas, les mouvements ont lieu dans le sens où se mouvrait l'équateur d'une aiguille aimantée, c'est-à-dire que l'extrémité de la perpendiculaire au plan du conducteur, qui se trouve à droite du courant, et par conséquent à gauche de la personne qui le regarde dans la situation décrite dans le premier paragraphe de ce Mémoire, est porté au nord quand le conducteur mobile était d'abord horizontal, et en bas quand il était placé d'abord dans un plan vertical perpendiculaire au méridien magnétique, comme le serait le pôle austral d'un aimant que cette extrémité représente. L'instrument avec lequel j'ai fait cette expérience se compose d'un fil de laiton ABCDEFG soudé en A à un morceau de fil semblable HAK porté par le tube de verre XY au moyen de la boîte en cuivre H et auquel est fixé un petit axe en acier qui repose sur le rebord taillé en biseau d'une lame en fer N sur laquelle on met du mercure en contact avec cet axe. La partie FG de ce fil de laiton passe dans le tube de verre et se soude à la boîte en cuivre G, à laquelle est attaché un petit axe en acier semblable à l'autre et qui repose sur le rebord d'une autre lame M, où l'on met aussi du mercure. Les deux lames en fer M, N, sont supportées par les pieds PQ, RS, qui communiquent avec le mercure des coupes de buis T, U, où l'on fait plonger les deux conducteurs partant des deux extrémités de la pile. Pour empêcher la flexion du fil de laiton ABCDEF, le tube de verre XY porte, au moyen d'une autre boîte en cuivre I, un losange en bois ZV très léger et très mince, dont les extrémités soutiennent les milieux des portions BC, DE, du fil de laiton qui sont parallèles au tube de verre XY.

L'interposition du mercure dans cet instrument, et dans ceux que je viens de décrire, partout où la communication doit avoir lieu par des parties qui ne sont pas soudées, sans être toujours nécessaire, est le meilleur moyen que je connaisse pour assurer la réussite des expériences. Ainsi, j'avais deux fois tenté sans succès une expérience qui a parfaitement réussi quand, en l'essayant une troisième fois, j'ai rendu la communication plus complète par un globule de mercure.

§ III. — De l'action mutuelle entre un conducteur électrique et un aimant.

C'est cette action découverte par M. OErsted qui m'a conduit à reconnaître celle de deux courants électriques l'un sur l'autre, celle du globe terrestre sur un courant, et la manière dont l'électricité produisait tous les phénomènes que présentent les aimants, par une distribution semblable à celle qui a lieu dans le conducteur d'un courant électrique, suivant des courbes fermées perpendiculaires à l'axe de chaque aimant. Ces vues, dont la plus grande partie n'a été que plus tard confirmée par l'expérience, furent communiquées à l'Académie royale des Sciences, dans sa séance du 18 septembre 1820; je vais transcrire ce que je lus dans cette séance, sans autres changements que la suppression des passages qui ne seraient qu'une répétition de ce que je viens de dire, et en particulier de ceux où je décrivais les appareils que je me proposais de faire construire; ils l'ont été depuis, et la plupart sont décrits dans les paragraphes précédents. On pourra, par ce moyen, se faire une idée plus juste de la marche que j'ai suivie dans mes recherches sur le sujet dont nous nous occupons.

Les expériences que j'ai faites sur l'action mutuelle des conducteurs qui mettent en communication les extrémités d'une pile voltaïque m'ont montré que tous les faits relatifs à cette action peuvent être ramenés à deux résultats généraux, qu'on doit considérer d'abord comme uniquement donnés par l'observation, en attendant qu'on puisse les ramener à un principe unique, en déterminant la nature et, s'il se peut, l'expression analytique de la force qui les produit. Je commencerai par les énoncer sous la forme qui me paraît la plus simple et la plus générale.

Ces résultats consistent, d'une part, dans l'action directrice d'un de ces corps sur l'autre; de l'autre part, dans l'action attractive ou répulsive qui s'établit entre eux, suivant les circonstances.

Action directrice. — Lorsqu'un aimant et un conducteur agissent l'un sur l'autre, et que l'un d'eux étant fixe, l'autre ne peut que tourner dans un plan perpendiculaire à la plus courte distance du conducteur et de l'axe de l'aimant, celui qui est mobile tend à se mouvoir, de manière que les directions du conducteur et de l'axe de l'aimant forment un angle droit, et que le pôle de l'aimant qui regarde habituellement le nord soit à gauche de ce qu'on appelle ordinairement le *courant galvanique,* dénomination que j'ai cru devoir changer en celle de courant électrique, et le pôle opposé à sa droite, bien entendu que la ligne qui mesure la plus courte distance du conducteur et l'axe de l'aimant rencontre la direction de cet axe entre les deux pôles. Pour conserver à cet énoncé toute la généralité dont il est susceptible, il faut distinguer deux sortes de conducteurs : 1° la pile même, dans laquelle le courant électrique, dans le sens où j'emploie ce mot, se porte de l'extrémité où il se produit de l'hydrogène dans la décomposition de l'eau à celle d'où l'oxygène se dégage ; 2° le fil métallique qui unit les deux extrémités de la pile, et où l'on doit alors considérer le même courant comme se portant, au contraire, de l'extrémité qui donne de l'oxygène, à celle qui développe de l'hydrogène. On peut comprendre ces deux cas dans une même définition, en disant qu'on entend par courant électrique la direction suivant laquelle l'hydrogène et les bases des sels sont transportés par l'action de toute la pile, en concevant celle-ci comme formant avec le conducteur un seul circuit, lorsqu'on interrompt ce circuit pour y placer, soit de l'eau, soit une dissolution saline que cette action décompose. Au reste, tout ce que je vais dire sur ce sujet ne suppose aucunement qu'il y ait réellement un courant dans cette direction, et on peut ne considérer que comme une manière commode et usitée de la désigner l'emploi que je fais ici de cette dénomination de courant électrique.

Dans les expériences de M. Œrsted, cette action directrice se combine toujours avec celle que le globe terrestre exerce sur l'aiguille aimantée, et se combine en outre quelquefois avec l'action que je décrirai tout à l'heure sous la dénomination d'*action attractive ou répulsive ;* ce qui conduit à des résultats compliqués dont il est difficile d'analyser les circonstances et de reconnaître les lois.

Pour pouvoir observer les effets de l'*action directrice* d'un courant électrique sur un aimant, sans qu'ils fussent altérés par ces diverses causes, j'ai fait construire un instrument que j'ai nommé *aiguille aimantée astatique*. Cet instrument, représenté *Pl. IV, fig.* 8, consiste dans une aiguille aimantée AB fixée perpendiculairement à un axe CD, qu'on peut placer dans la direction que l'on veut, au moyen d'un mouvement semblable à celui du pied d'un télescope et deux vis de rappel E, F. L'aiguille ainsi disposée ne peut se mouvoir qu'en tournant dans un plan perpendiculaire à cet axe, dans lequel on a soin que son centre de gravité soit exactement placé, en sorte qu'avant qu'elle soit aimantée on puisse s'assurer que la pesanteur n'a aucune action pour la faire changer de position. On l'aimante alors, et cet instrument sert à vérifier que tant que le plan où se meut l'aiguille n'est pas perpendiculaire à la direction de l'aiguille d'inclinaison, le magnétisme terrestre tend à faire prendre à l'aiguille aimantée la direction de celle des lignes tracées sur ce plan qui est le plus rapprochée possible de l'axe de l'aiguille d'inclinaison, c'est-à-dire, la direction de la projection de cet axe sur le même plan. On rend ensuite, au moyen des vis de rappel, le plan où se meut l'aiguille aimantée perpendiculaire à la direction de l'aiguille d'inclinaison; le magnétisme terrestre n'a plus alors aucune action pour la diriger, et elle devient ainsi complètement astatique. L'instrument porte dans le même plan un cercle LMN divisé en degrés, sur lequel sont fixés deux petits barreaux de verre GH, IK, pour attacher les fils conducteurs, dont l'action directrice agit alors seule et sans complication avec la pesanteur et le magnétisme terrestre.

La principale expérience à faire avec cet appareil est de montrer que l'angle entre les directions de l'aiguille et du conducteur est toujours droit quand l'*action directrice* est la seule qui ait lieu.

Action attractive ou répulsive. — Ce second résultat général consiste : 1° en ce qu'un conducteur joignant les deux extrémités d'une pile voltaïque, et un aimant dont l'axe fait un angle droit avec la direction du courant qui a lieu dans ce conducteur conformément aux définitions précédentes, s'attirent quand le pôle austral est à gauche du courant qui agit sur lui, c'est-à-dire, quand la position est celle que le conducteur et l'aimant tendent à prendre en vertu de leur action mutuelle, et se repoussent quand le pôle austral de l'aimant est à la droite du courant, c'est-à-dire, quand le conducteur et l'aimant sont maintenus dans la position opposée à celle qu'ils tendent à se donner mutuellement. On voit, par l'énoncé même de ces deux résultats, que l'action entre le conducteur et l'aimant est toujours réciproque. C'est cette réciprocité que je me suis d'abord attaché à vérifier, quoiqu'elle me parût assez évidente par elle-même; il me semble qu'il serait superflu de décrire ici les expériences que j'ai faites pour la constater : il suffit de dire qu'elles ont pleinement réussi.

Les deux modes d'action entre un aimant et un fil conjonctif, que je viens d'exposer en les considérant comme de simples résultats de l'expérience, suffisent pour rendre raison des faits observés par M. Œrsted, et pour prévoir ce qui doit arriver dans les cas analogues à l'égard desquels on n'a point encore fait d'observation. Ils indiquent, par exemple, d'avance tout ce qui doit arriver quand un courant électrique agit sur l'aiguille d'inclinaison. Je n'entrerai dans aucun détail à cet égard, puisque tout ce que je pourrais dire sur ce sujet découle immédiatement des énoncés précédents. Je me bornerai à dire qu'après avoir déduit seulement le premier résultat général de la Note de M. Œrsted, j'en déduisis l'explication des phénomènes magnétiques, fondée sur l'existence des courants électriques dans le globe de la terre et dans les aimants, que cette explication me conduisit au second résultat général, et me suggéra, pour le constater, une expérience qui réussit complètement. Lorsque je la communiquai à M. Arago, il me fit remarquer avec raison que cette attraction entre un aimant et un conducteur électrique placés à angles droits dans la direction où ils tendent à se mettre mutuellement, et cette répulsion, dans la direction opposée, pouvaient seules rendre raison des résultats publiés par l'auteur de la découverte, dans le cas où l'aiguille aimantée étant horizontale on en approche le fil conducteur d'une pile voltaïque dans une situation verticale, et qu'on pouvait même déduire aisément cette loi, de l'une des expériences de M. Œrsted, celle qu'il énonce ainsi : *Posito autem filo (cujus extremitas superior electricitatem à termino negativo apparatûs galvanici accipit) è regione puncto inter polum et medium acûs sito, occidentem versùs agitur.*

Car ce mouvement de l'aiguille aimantée, indiqué comme ayant lieu soit que le conducteur se trouve à l'occident ou à l'orient de l'aiguille, est dans le premier cas une attraction, parce que le pôle austral est à la gauche du courant, et dans le second, une répulsion, parce qu'il se trouve à droite.

Mais en convenant de la justesse de cette observation, il me semble que la distinction que j'ai faite des deux résultats généraux de l'action mutuelle d'un aimant et d'un fil conducteur n'en devient que plus importante pour expliquer ce qui arrive alors, en montrant que, dans ce cas, c'est tantôt une attraction et tantôt une répulsion, toujours conformément à la loi du second résultat général que je viens d'exposer, tandis que, dans l'expérience que M. Œrsted énonce immédiatement avant en ces termes : *Quando filum conjungens perpendiculare ponitur è regione polo acûs magneticæ, et extremitas superior fili electricitatem à termino negativo apparatûs galvanici accipit, polus orientem versùs movetur*, ce mouvement n'a lieu que pour que l'aiguille aimantée prenne, à l'égard du conducteur, la direction déterminée par le premier résultat général, avec toutes les circonstances que j'ai comprises dans son énoncé, et en particulier la remarque qui le termine.

Il me reste à décrire l'instrument avec lequel j'ai constaté l'existence de cette action entre un courant électrique et un aimant, désignée, dans ce qui précède, sous le nom d'*action attractive* ou *répulsive*, et j'en ai observé les effets sans que l'*action directrice* vînt les altérer en se combinant avec elle. Cet instrument, représenté *Pl. IV, fig.* 9, est composé d'un pied ABC dont les bras BEG, *bfh* supportent le fil conducteur horizontal KL, auprès duquel on suspend une petite aiguille aimantée cylindrique MN, à l'extrémité C de ce pied, au moyen d'un fil de soie MC, tantôt par son pôle austral et tantôt par son pôle boréal ([1]).

La première réflexion que je fis lorsque je voulus chercher les

---

([1]) C'est ici qu'était placée, dans le Mémoire que je lus à l'Académie, le 18 septembre 1820, la description des instruments que je me proposais de faire construire, celle entre autres des conducteurs pliés en spirale et en hélice; je me procurai la plupart de ces instruments entre cette séance et celle du 25 septembre, où je fis l'expérience des attractions et répulsions des courants électriques, sans l'intermède d'aucun aimant; je supprime ici cette description, parce qu'elle se retrouve, soit dans ce que je lus à cette dernière séance et que je vais bientôt transcrire, soit dans les autres passages de ce Mémoire relatifs à l'explication des planches dont il est accompagné.

causes des nouveaux phénomènes découverts par M. Œrsted, est que l'ordre dans lequel on a découvert deux faits ne faisant rien aux conséquences des analogies qu'ils présentent, nous pouvions supposer qu'avant de savoir que l'aiguille aimantée prend une direction constante du sud au nord, on avait d'abord connu la propriété qu'elle a d'être amenée par un courant électrique dans une situation perpendiculaire à ce courant, de manière qu'un même pôle de l'aiguille fût toujours porté à gauche du courant, et qu'on découvrît ensuite la propriété qu'elle a de tourner constamment au nord celui de ses pôles qui se portait ainsi à gauche du courant : l'idée la plus simple, et celle qui se présenterait immédiatement à celui qui voudrait expliquer cette direction constante de l'aiguille, ne serait-elle pas d'admettre dans la terre un courant électrique, dans une direction telle, que le nord se trouvât à gauche d'un homme qui, couché sur sa surface pour avoir la face tournée du côté de l'aiguille, recevrait ce courant dans la direction de ses pieds à sa tête, et d'en conclure qu'il a lieu, de l'est à l'ouest, dans une direction perpendiculaire au méridien magnétique?

Cette hypothèse devient d'autant plus probable qu'on fait plus attention à l'ensemble des faits connus; ce courant, s'il existe, doit être comparé à celui que j'ai montré dans la pile agir sur l'aiguille aimantée, comme se dirigeant de l'extrémité cuivre à l'extrémité zinc, quand on établissait un conducteur entre elles, et qui aurait lieu de même si, la pile formant une courbe fermée, elles étaient réunies par un couple semblable aux autres : car il n'y a probablement rien dans notre globe qui ressemble à un conducteur continu et homogène; mais les matières diverses dont il est composé sont précisément dans le cas d'une pile voltaïque formée d'éléments disposés au hasard, et qui, revenant sur elle-même, formerait comme une ceinture continue tout autour de la terre. Des éléments ainsi disposés donnent moins d'énergie électrique sans doute que s'ils l'étaient dans un ordre périodiquement régulier; mais il faudrait qu'ils fussent arrangés à dessein pour que, dans une série de substances différentes formant une courbe fermée autour de la terre, il n'y eût pas de courant dans un sens ou dans l'autre. Il se trouve que, d'après l'arrangement des substances de la terre, ce courant a lieu de l'est à l'ouest, et qu'il dirige partout l'aiguille aimantée perpendiculairement à sa propre direction.

Cette direction trace ainsi sur la terre un parallèle magnétique, de manière que le pôle de l'aiguille qui doit être à gauche du courant se trouve par là constamment porté vers le nord, et l'aiguille, dirigée suivant le méridien magnétique.

Je ferai remarquer, à ce sujet, que les effets produits par les piles de la construction anglaise, où l'on brûle un fil fin de métal même avec une seule paire dont le zinc et le cuivre plongent dans un acide, prouvent suffisamment que c'est une supposition trop restreinte de n'admettre l'action électromotrice qu'entre les métaux, et de ne regarder le liquide interposé que comme conducteur. Il y a, sans doute, action entre deux métaux, Volta l'a démontré de la manière la plus complète; mais est-ce une raison pour qu'il n'y en ait pas entre eux et d'autres corps, ou entre ceux-ci seulement? Il y en a probablement dans le contact entre tous les corps qui peuvent conduire plus ou moins l'électricité sous une faible tension; mais cette action est plus sensible dans les piles composées de métaux et d'acides étendus, tant parce qu'il paraît que ce sont les substances où elle se développe avec le plus d'énergie, que parce que ce sont celles qui conduisent le mieux l'électricité.

Les divers arrangements que nous pouvons donner à des corps non métalliques ne sauraient produire une action électromotrice comparable à celle d'une pile voltaïque à disques métalliques séparés alternativement par des liquides, à cause du peu de longueur qu'il nous est permis de donner à nos appareils; mais une pile qui ferait le tour de la terre conserverait sans doute quelque intensité, lors même qu'elle ne serait pas composée de métaux, et que les éléments en seraient arrangés au hasard; car sur une si grande longueur, il faudrait, comme je viens de le dire, que l'arrangement fût fait à dessein pour que les actions dans un sens fussent exactement détruites par les actions dans l'autre.

Je crois devoir faire observer à ce sujet que des courants électriques dans un même corps ne peuvent être indépendants les uns des autres, à moins qu'ils ne fussent séparés par des substances qui les isoleraient complètement dans toute leur étendue, et encore, dans ce cas-là même, ils devraient influer les uns sur les autres, puisque leur action se transmet à travers tous les corps; à plus forte raison lorsqu'ils coexistent dans un globe dont toutes les parties sont continues, doivent-ils se diriger tous dans le même sens, suivant la direction que tend à leur donner la réunion de toutes les actions électromotrices de ce globe. Je suis bien loin, au reste, de croire que ce soit seulement dans ces actions, que réside la cause des courants électriques qui y sont indiqués par la direction que prend l'aiguille aimantée à chaque point de la surface de la terre; je crois, au contraire, que la cause principale en est toute différente, comme j'aurai occasion de le dire ailleurs; au reste, cette cause, dépendant de la rotation de la terre, donnerait en chaque lieu une direction constante à l'aiguille, ce qui est contraire à l'observation : je regarde donc l'action électromotrice des substances dont se compose la planète que nous habitons comme se combinant avec cette action générale, et expliquant les variations de la déclinaison à mesure que l'oxydation fait des progrès dans l'une ou l'autre région continentale de la terre.

Quant aux variations diurnes, elles s'expliquent aisément par le changement de température alternatif de ces deux régions pendant la durée d'une rotation du globe terrestre, d'autant plus facilement qu'on connaît depuis longtemps l'influence de la température sur l'action électromotrice, influence sur laquelle M. Dessaignes a fait des observations très intéressantes. Il faut aussi compter parmi les actions électromotrices des différentes parties de la terre celle des minerais aimantés qu'elle contient, et qui doivent, d'après mes idées sur la nature de l'aimant, être considérés comme autant de piles voltaïques. L'élévation de température qui a lieu dans les conducteurs des courants électriques doit avoir lieu aussi dans ceux du globe terrestre. Ne serait-ce pas là la cause de cette chaleur interne constatée récemment par les expériences rapportées, dans une des dernières séances de l'Académie, par un de ses membres dont les travaux sur la chaleur ont fait rentrer cette partie de la Physique dans le domaine des Mathématiques? Et quand on fait attention que cette élévation de température produit, lorsque le courant est assez énergique, une incandescence permanente, accompagnée de la plus vive lumière, sans combustion ni déperdition de substance, ne pourrait-on pas en conclure que les globes opaques ne le sont qu'à cause du peu d'énergie des courants électriques qui s'y établissent, et trouver dans des courants plus actifs la cause de la chaleur et de la lumière des globes qui brillent par eux-mêmes?

On sait qu'on expliquait autrefois par des courants les phénomènes magnétiques, mais on les supposait parallèles à l'axe de l'aimant, situation dans laquelle ils ne pourraient exister sans se croiser et se détruire.

Maintenant, si des courants électriques sont la cause de l'action directrice de la Terre, des courants électriques seront aussi la cause de celle d'un aimant sur un autre aimant; d'où il suit qu'un aimant doit être considéré comme un assemblage de courants électriques qui ont lieu dans des plans perpendiculaires à son axe, dirigés de manière que le pôle austral de l'aimant, qui se porte du côté du nord, se trouve à droite de ces courants, puisqu'il est toujours à gauche d'un courant placé hors de l'aimant, et qui lui fait face dans une direction parallèle, ou plutôt ces courants s'établissent d'abord dans l'aimant suivant les courbes fermées les plus courtes, soit de gauche à droite, soit de droite à gauche, et alors la ligne perpendiculaire aux plans de ces courants devient l'axe de l'aimant, et ses extrémités en deviennent les pôles. Ainsi, à chacun des pôles d'un aimant, les courants électriques dont il se compose sont dirigés suivant des courbes fermées concentriques; j'ai imité cette disposition autant qu'il était possible avec un courant électrique, en en pliant le fil conducteur en spirale : cette spirale était formée avec un fil de laiton et terminée par deux portions rectilignes de ce même fil, qui étaient renfermées dans deux tubes de verre [1], afin qu'elles ne communiquassent pas entre elles, et pussent être attachées aux deux extrémités de la pile.

Suivant le sens dans lequel on fait passer le courant dans une telle spirale, elle est en effet fortement attirée ou repoussée par le pôle d'un aimant qu'on lui présente de manière que la direction de son axe soit perpendiculaire au plan de la spirale, selon que les courants électriques de la spirale et du pôle de l'aimant sont dans le même sens ou en sens contraire. En remplaçant l'aimant par une autre spirale dont le courant soit dans le même sens que le sien, on a les mêmes attractions et répulsions; c'est ainsi que j'ai découvert que deux courants électriques s'attirent quand ils ont lieu dans le même sens, et se repoussent dans le cas contraire.

---

[1] J'ai depuis changé cette disposition, comme je le dirai ci-après.

En remplaçant ensuite, dans l'expérience de l'action mutuelle d'un des pôles d'un aimant et d'un courant dans un fil métallique plié en spirale, cette spirale par un autre aimant, on a encore les mêmes effets, soit en attraction, soit en répulsion, conformément à la loi des phénomènes connus de l'aimant; il est évident d'ailleurs que toutes les circonstances de ces derniers phénomènes sont une suite nécessaire de la disposition des courants électriques que j'y admets, d'après la manière dont ces courants s'attirent et se repoussent.

J'ai construit un autre appareil où le fil conducteur est plié en hélice autour d'un tube de verre; d'après la théorie que je me suis faite de ces sortes de phénomènes, ce conducteur doit présenter, quand on y fera passer le courant électrique, une action semblable à celle d'une aiguille ou d'un barreau aimanté, dans toutes les circonstances où ceux-ci agissent sur d'autres corps, ou sont mus par le magnétisme terrestre ([1]). J'ai déjà observé une partie des effets que j'attendais de l'emploi d'un conducteur plié en hélice, et je ne doute pas que plus on variera les expériences fondées sur l'analogie qu'établit la théorie entre cet instrument et un barreau aimanté, plus on obtiendra de preuves que l'existence des courants électriques dans les aimants est la cause unique de tous les phénomènes magnétiques.

Je ne pus achever la lecture que je fis à l'Académie de ce que je viens de transcrire que dans la séance du 25 septembre; je terminai cette lecture par un résumé où je déduisais, des faits qui y étaient exposés, les conclusions suivantes :

1° Deux courants électriques s'attirent quand ils se meuvent parallèlement dans le même sens; ils se repoussent quand ils se meuvent parallèlement en sens contraire.

2° Il s'ensuit que quand les fils métalliques qu'ils parcourent ne peuvent que tourner dans des plans parallèles, chacun des deux

---

([1]) Quand j'écrivais cela, je ne connaissais pas bien celle des deux actions exercées par une hélice, qui correspond aux projections de ses spires sur son axe, et je croyais qu'on pouvait la négliger, ce qui n'est pas; mais tout ce que je dis ici sera vrai si on l'entend d'une hélice ou l'on ait détruit cette action par un courant rectiligne opposé, établi dans le tube de verre qu'elle entoure de ses spires, en sorte qu'il ne reste plus que l'action qu'exerce chaque spire dans un plan perpendiculaire à l'axe de l'hélice, ainsi que je l'ai expliqué dans le premier paragraphe de ce Mémoire.

courants tend à amener l'autre dans une situation où il lui soit parallèle et dirigé dans le même sens.

3° Ces attractions et répulsions sont absolument différentes des attractions et répulsions électriques ordinaires.

4° Tous les phénomènes que présente l'action mutuelle d'un courant électrique et d'un aimant, découverts par M. Œrsted, que j'ai analysés et réduits à deux faits généraux dans un Mémoire précédent, lu à l'Académie le 18 septembre 1820, rentrent dans la loi d'attraction et de répulsion de deux courants électriques, telle qu'elle vient d'être énoncée, en admettant qu'un aimant n'est qu'un assemblage de courants électriques qui sont produits par une action des particules de l'acier les unes sur les autres analogue à celle des éléments d'une pile voltaïque, et qui ont lieu dans des plans perpendiculaires à la ligne qui joint les deux pôles de l'aimant.

5° Lorsque l'aimant est dans la situation qu'il tend à prendre par l'action du globe terrestre, ces courants sont dirigés dans le sens opposé à celui du mouvement apparent du Soleil; en sorte que quand on place l'aimant dans la situation contraire, afin que ceux de ces pôles qui regardent les pôles de la terre soient de même espèce qu'eux, les mêmes courants se trouvent dans le sens du mouvement apparent du Soleil.

6° Les phénomènes connus qu'on observe lorsque deux aimants agissent l'un sur l'autre rentrent dans la même loi.

7° Il en est de même de l'action que le globe terrestre exerce sur un aimant, en y admettant des courants électriques dans des plans perpendiculaires à la direction de l'aiguille d'inclinaison, et qui se meuvent de l'est à l'ouest, au-dessous de cette direction.

8° Il n'y a rien de plus à l'un des pôles d'un aimant qu'à l'autre; la seule différence qu'il y ait entre eux est que l'un se trouve à gauche et l'autre à droite des courants électriques qui donnent à l'acier les propriétés magnétiques.

9° Lorsque Volta eut prouvé que les deux électricités positive et négative des deux extrémités de la pile s'attiraient et se repoussaient d'après les mêmes lois que les deux électricités produites par les moyens connus avant lui, il n'avait pas pour cela démontré complètement l'identité des fluides mis en action par la pile et par le frottement; mais cette identité le fut, autant qu'une vérité physique peut l'être, lorsqu'il montra que deux corps, dont l'un était électrisé par le contact des métaux, et l'autre par le frottement, agissaient l'un sur l'autre, dans toutes les circonstances, comme s'ils avaient été tous les deux électricisés avec la pile ou avec la machine électrique ordinaire. Le même genre de preuves se trouve ici à l'égard de l'identité des attractions et répulsions des courants électriques et des aimants. Je viens de montrer à l'Académie l'action mutuelle de deux courants ; les phénomènes anciennement connus relativement à celle de deux aimants rentrent dans la même loi; en partant de cette similitude, on prouverait seulement que les fluides électriques et magnétiques sont soumis aux mêmes lois, comme on l'admet depuis longtemps, et le seul changement à faire à la théorie ordinaire de l'aimantation serait d'admettre que les attractions et répulsions magnétiques ne doivent pas être assimilées à celles qui résultent de la tension électrique, mais à celles que j'ai observées entre deux courants. Les expériences de M. Œrsted, où un courant électrique produit encore les mêmes effets sur un aimant, prouvent de plus que ce sont les mêmes fluides qui agissent dans les deux cas.

Dans la séance du 9 octobre, j'insistai de nouveau sur cette identité de l'électricité et de la cause des phénomènes magnétiques, en montrant que l'aimant ne jouit des propriétés qui le caractérisent que parce qu'il se trouve, dans les plans perpendiculaires à la ligne qui en joint les pôles, la même disposition d'électricité qui existe dans le conducteur par lequel on fait communiquer les deux extrémités d'une pile voltaïque ; disposition que j'ai désignée sous le nom de *courant électrique,* tout en insistant, dans les Mémoires que j'ai lus à l'Académie, sur ce que l'identité des parallèle smagnétiques et des conducteurs d'une pile de Volta, que j'avais surtout en vue d'établir, était indépendante de l'idée, quelle qu'elle fût, qu'on se faisait de cette disposition électrique.

Pour mettre dans tout son jour l'identité des courants des conducteurs voltaïques et de ceux que j'admets dans les aimants, je me suis procuré deux petites aiguilles fortement aimantées garnies au milieu d'un double crochet en laiton, portant une flèche qui indique la direction du courant de l'aimant; j'ai fait représenter une de ces aiguilles de face, et l'autre de champ, à côté de la *fig.* 1; *ab* est l'aiguille, *cd* le double crochet, *ef* la flèche. Au moyen du double crochet, ces aiguilles s'adaptent, quand on veut les y placer, sur les conducteurs AB, CD (*fig.* 1), dans une situation où la ligne qui joint leurs pôles est verticale, et où leurs courants, toujours parallèles aux conducteurs, sont à volonté dirigés dans le même sens ou dans des sens opposés. Voici l'usage de ces aiguilles : après avoir produit les attractions et répulsions entre les conducteurs AB, CD, en faisant passer dans tous deux le courant électrique, on ne le fait plus passer que dans l'un des deux, et l'on place sur l'autre une des aiguilles aimantées dans la situation que je viens d'indiquer, de manière que le courant que j'admets dans l'aiguille soit d'abord dans le même sens que celui qui avait lieu auparavant dans le conducteur auquel elle est adaptée; on voit alors que le phénomène d'attraction ou de répulsion, qu'offraient d'abord les deux conducteurs, continue d'avoir lieu en vertu de ce que j'ai nommé l'*action attractive ou répulsive,* au commencement de ce paragraphe; on place ensuite la même aiguille de manière que son courant soit dirigé en sens contraire, et l'on obtient le phénomène inverse, en vertu de la même action, précisément comme si l'on avait changé la direction du courant que cette aiguille remplace, en faisant communiquer, dans un ordre opposé à celui qui avait d'abord été établi, les deux extrémités de la pile avec celles du conducteur de ce courant.

Enfin, en ne faisant plus passer de courant électrique dans aucun des deux conducteurs, et en plaçant sur chacun une aiguille aimantée toujours dans la même situation verticale où son axe fait un angle droit avec le conducteur qui la porte, pour que ses courants continuent d'être parallèles à ce conducteur, on a de nouveau, d'après l'action connue de deux aimants l'un sur l'autre, les mêmes attractions et répulsions que quand des courants étaient établis dans les deux conducteurs, lorsque les courants des aiguilles sont tous deux dans le même sens, ou tous deux en sens contraire, relativement aux courants électriques qu'ils remplacent, et des phénomènes inverses quand l'un est dans le même sens et l'autre dans le sens opposé; le tout conformément à la théorie fondée sur l'identité des courants de l'aimant et de ceux qu'on produit avec la pile de Volta.

On peut aussi vérifier cette identité dans l'instrument représenté *fig.* 2. En remplaçant le conducteur fixe AB par un barreau aimanté situé horizontalement dans une direction perpendiculaire à celle de ce conducteur, et de manière que les courants de cet aimant soient dans le même sens que le courant électrique établi d'abord dans le conducteur fixe, on ne fait plus alors passer le courant que dans le conducteur mobile, et l'on voit que celui-ci tourne par l'action de l'aimant, précisément comme il le faisait dans l'expérience où le courant était établi dans les deux conducteurs, et où il n'y avait point de barreau aimanté. C'est pour attacher ce barreau que j'ai fait joindre à cet appareil le support XY, terminé en Y par la boîte Z, ouverte aux deux bouts, où l'on fixe l'aimant dans la position que je viens d'expliquer au moyen de la vis de pression V.

Quant à l'appareil représenté (*Pl. I, V, fig.* 11), on voit par cette figure que les moyens de communication avec les extrémités de la pile et le mode de suspension du conducteur mobile étant à peu près les mêmes que dans celui qui est représenté dans la *fig.* 1, ces deux instruments ne diffèrent qu'en ce que, dans celui de la *fig.* 11, les deux conducteurs A, B sont pliés en spirale, et le conducteur mobile B suspendu à un tube de verre vertical CD. Ce tube est terminé inférieurement au centre de la spirale que forme ce conducteur, et reçoit dans son intérieur le prolongement du fil de laiton de cette spirale; ce prolongement arrivé en D, au haut du tube, y est soudé à la boîte de cuivre E, qui porte le tube de cuivre V, où entre à frottement le contrepoids H, et une pointe d'acier L qu'on plonge dans le globule de mercure de la chape Y, tandis que l'autre extrémité du même fil de laiton, après avoir entouré le tube CD en forme d'hélice, vient se souder à la boîte de cuivre D, à laquelle s'attache l'autre pointe d'acier K destinée à être plongée aussi dans un globule de mercure placé dans la chape X. Ces deux chapes sont d'acier, afin de n'être point endommagées par le mercure; les pointes reposent sur leur surface concave, comme dans l'instrument représenté *fig.* 1.

Ce serait ici le lieu de parler d'un autre genre d'action des courants électriques sur l'acier, celle par laquelle ils lui communiquent les propriétés magnétiques, et de montrer que toutes les circonstances de cette action, dont nous devons la connaissance à M. Arago, sont autant de preuves de la théorie exposée dans ce Mémoire relativement à la nature électrique de l'aimant; théorie dont il me semble qu'on peut dire que ces preuves complètent la démonstration. J'aurais aussi, pour ne rien omettre de ce qui est connu sur l'action mutuelle des fils conjonctifs et des aimants, à parler d'expériences très intéressantes communiquées à l'Académie dans un Mémoire qu'un physicien plein de sagacité, M. Boisgiraud, a lu dans la séance du 9 octobre 1820 (¹). Une de ces expériences ne laisse aucun doute sur un point important de la théorie de l'action mutuelle d'un fil conducteur et d'un aimant, en prouvant que cette action a lieu entre ce conducteur et toutes les tranches perpendiculaires à la ligne qui joint les deux pôles du petit aimant soumis à son action, sans se développer avec une plus grande énergie sur les pôles de cet aimant, comme il arrive lorsqu'on observe l'action que les divers points de la longueur d'un barreau aimanté exercent sur une petite aiguille. Mais les découvertes de M. Arago ont été exposées par lui-même dans les *Annales de Chimie et de Physique*, t. XV, p. 93-102, et j'aurai occasion, dans le Mémoire suivant (²), de parler des expériences de M. Boisgiraud, et d'en déduire les conséquences qui découlent naturellement des faits qu'il a observés.

(¹) *Annales de Chimie et de Physique* [2], t. XV, p. 279. L'expérience de Boisgiraud consiste à faire agir un fil conducteur perpendiculaire au méridien magnétique sur une petite aiguille aimantée flottant sur l'eau, grâce à une légère couche de graisse qui couvre sa surface. L'aiguille peut être considérée comme mobile, uniquement dans un plan horizontal. Si le courant placé au-dessus de l'aiguille va de l'ouest à l'est, celle-ci se déplace parallèlement à elle-même jusqu'à ce que son centre soit au-dessous du fil; elle est, au contraire, repoussée si le courant va de l'est à l'ouest. Cette expérience a cela de remarquable que les deux pôles se comportent de la même manière. (J.)

(²) Comme ce que j'ai à dire sur l'action mutuelle de deux aimants se compose bien moins de faits nouveaux que de calculs par lesquels on ramène cette action à celle de deux courants électriques, j'ai cru devoir renvoyer à ce second Mémoire le paragraphe où je me proposais d'examiner dans celui-ci les lois suivant lesquelles elle s'exerce, et de montrer que ces lois sont une suite nécessaire de la cause que je lui ai assignée dans les conclusions que j'ai lues à l'Académie le 25 septembre dernier.

Extrait d'une Note sur une expérience relative à la nature du courant électrique faite par MM. Ampère et Becquerel (¹).

M. Becquerel ayant donné à l'électromètre imaginé par M. Bonemberger, à l'aide des heureux changements qu'il a faits à cet appareil destiné à observer les petites tensions électriques, le même degré de sensibilité qu'il avait déjà donné au galvanomètre dont on se sert pour reconnaître l'existence de courants électriques très faibles, je l'ai prié de vouloir bien vérifier avec le premier de ces instruments une conséquence que j'avais déduite de diverses considérations sur la nature des courants et la manière dont l'électricité est mise en mouvement par la pile.

On sait que quand une lame de zinc est soudée à une lame de cuivre, et qu'une de ces deux lames est isolée, il s'établit entre elles une différence constante de tension : il s'agissait de vérifier si, comme je le pensais, cette différenee de tension subsiste lorsqu'on met en communication les deux lames en les plongeant dans un liquide conducteur. M. Becquerel a constaté que la tension ne diminue pas sensiblement, lors même que ce liquide est de l'eau acidulée et qu'il s'établit un courant électrique très intense. Cette expérience prouve que les deux électricités qui se développent par le contact, l'une dans le zinc et l'autre dans le cuivre, sont produites avec une vitesse qui est comme infinie relativement à celle avec laquelle elles peuvent traverser l'eau acidulée pour s'y réunir. Elle montre aussi pourquoi on ne peut produire d'effet électrodynamique sensible avec un courant excité par le frottement, tel, par exemple, que celui qu'on obtient en faisant communiquer, avec les deux extrémités du fil d'un galvanomètre, les coussins et le conducteur d'une machine ordinaire ou d'une machine de Nairne; le frottement ne peut développer qu'une quantité déterminée d'electricité dans un temps donné; le contact de deux métaux hétérogènes en fournit indéfiniment, tant qu'elle peut s'écouler par le fluide conducteur, parce qu'à mesure que cet écoulement tend à diminuer la différence de tension entre les deux métaux, il se développe instantanément de nouvelle electricité au point où ils sont en contact.

Il est évident que, pour qu'une machine à frottement pût produire un courant semblable à celui que détermine un couple voltaïque, il faudrait qu'à l'aide de cette machine on pût faire naître la même différence de tension entre deux plaques d'un métal quelconque, mises en communication par la même épaisseur d'eau acidulée qui liait, pour ainsi dire, la plaque de zinc et celle de cuivre dans l'expérience que je viens de rappeler. Or, bien loin d'obtenir par ce moyen la différence de tension dont je parle, on n'en peut observer une appréciable.

. . . .

(¹) *Annales de Chimie et de Physique* [2], t. XXVII, p. 29, 1824. (Note lue par Ampère, dans la séance de l'Académie du 12 avril 1824.)

III.

EXPÉRIENCES RELATIVES A L'AIMANTATION DU FER ET DE L'ACIER PAR L'ACTION DU COURANT VOLTAÏQUE;

PAR F. ARAGO (1).

La brillante découverte que M. Œrsted vient de faire consiste, comme on a vu, dans l'action que le courant voltaïque exerce sur une aiguille d'acier *préalablement aimantée*. En répétant les expériences du physicien danois, j'ai reconnu que ce même courant *développe fortement la vertu magnétique* dans les lames de fer ou d'acier qui, d'abord, en étaient totalement privées.

Je rapporterai les expériences qui établissent ce résultat, dans l'ordre, à fort peu près, où elles ont été faites.

Ayant adapté un fil cylindrique de cuivre, assez fin, à l'un des pôles de la pile voltaïque, je remarquai qu'à l'instant où ce fil était en communication avec le pôle opposé, il attirait la limaille de fer doux, comme l'eût fait un véritable aimant.

Le fil, plongé dans la limaille, s'en chargeait également tout autour, et acquérait, par cette addition, un diamètre presque égal à celui d'un tuyau de plume ordinaire.

Aussitôt que le fil conjonctif cessait d'être en communication avec les deux pôles de la pile *à la fois,* la limaille se détachait du fil et tombait.

Ces effets ne dépendaient pas d'une aimantation préalable de la limaille, puisque des fils de fer doux ou d'acier n'en attiraient aucune parcelle.

On les expliquerait tout aussi peu, en les attribuant à des actions électriques ordinaires; car, en répétant l'expérience avec des limailles de cuivre et de laiton, ou avec de la sciure de bois,

(1) *Annales de Chimie et de Physique* [2], t. XV, p. 93-102, 1820. (*Voir* la Note à la suite du Mémoire.) (J.)

on trouve qu'elles ne s'attachent, dans aucun cas, d'une manière sensible au fil conjonctif.

Cette attraction, que le fil conjonctif exerce sur la limaille de fer, diminue fort rapidement à mesure que l'action de la pile s'affaiblit. Peut-être trouvera-t-on, un jour, dans le poids de la quantité de la limaille soulevée par une longueur donnée du fil, la mesure de l'énergie de cet instrument, aux différentes époques d'une même expérience.

L'action du fil conjonctif sur le fer s'exerce à distance : il est facile de voir, en effet, que la limaille se soulève bien avant que le fil ne soit en contact avec elle.

Je n'ai parlé jusqu'ici que d'un fil conjonctif de laiton; mais des fils d'argent, de platine, etc., donnent des résultats analogues. Il reste toutefois à étudier si, à parité de forme, de masse ou de diamètre, des fils de différents métaux agissent exactement avec la même intensité.

Le fil conjonctif ne communique au fer doux qu'une aimantation momentanée; si l'on se sert de petites parcelles d'acier, on leur donne, parfois, une aimantation permanente. Je suis même parvenu à aimanter ainsi complètement une aiguille à coudre.

M. Ampère, à qui je montrais ces expériences, venait de faire l'importante découverte que deux fils rectilignes et parallèles, à travers lesquels passent deux courants électriques, s'attirent quand les courants se meuvent dans le même sens, et se repoussent quand ils sont dirigés en sens contraires; il avait de plus tiré de là, par analogie, cette conséquence que les propriétés attractives et répulsives des aimants dépendent de courants électriques qui circulent autour des molécules du fer et de l'acier, dans une direction perpendiculaire à la ligne qui joint les deux pôles. M. Ampère supposait encore que sur une aiguille horizontale dirigée au nord, le courant dans la partie supérieure se mouvait de l'ouest à l'est. Ces vues théoriques lui suggérèrent à l'instant la pensée qu'on obtiendrait une plus forte aimantation en substituant au fil conjonctif droit dont je m'étais servi un fil plié en hélice, au centre de laquelle l'aiguille d'acier serait placée; il espérait de plus qu'on obtiendrait par là une position constante de pôles, ce qui n'arriverait pas dans ma méthode. Voici comment nous avons soumis, M. Ampère et moi, ces conjectures à l'épreuve de l'expérience.

Un fil de cuivre roulé en hélice était terminé par deux portions rectilignes qui pouvaient s'adapter, à volonté, aux pôles opposés d'une forte pile voltaique horizontale; une aiguille d'acier enveloppée de papier fut introduite dans l'hélice, mais après seulement que la communication entre les deux pôles eut été établie, afin que l'effet qu'on attendait ne pût pas être attribué à la décharge électrique, qui se manifeste à l'instant même où le fil conjonctif aboutit aux deux pôles. Pendant l'expérience, la portion de ce fil dans laquelle l'aiguille d'acier était renfermée demeura constamment perpendiculaire au méridien magnétique, en sorte qu'on n'avait rien à craindre de l'action du globe terrestre.

Or, après quelques minutes de séjour dans l'hélice, l'aiguille d'acier avait reçu une assez forte dose de magnétisme; la position des pôles nord et sud se trouva d'ailleurs parfaitement conforme au résultat que M. Ampère avait déduit, à l'avance, de la direction des éléments de l'hélice, et de l'hypothèse que le courant électrique parcourt le fil conjonctif en allant de l'extrémité zinc de la pile à l'extrémité cuivre.

Il semble donc prouvé, d'après ces expériences, que si un fil d'acier est aimanté par un courant galvanique qui le parcourt longitudinalement, la position des pôles n'est pas uniquement déterminée par la direction du courant; et que des circonstances légères presque inappréciables, telles, par exemple, qu'un faible commencement d'aimantation; une légère irrégularité dans la forme ou dans la texture du fil peuvent changer tout à fait les résultats; tandis que si le courant galvanique circule autour de l'acier, le long des spires d'une hélice, on pourra toujours prévoir, à l'avance, où viendront se placer les pôles nord et sud.

En réfléchissant toutefois sur les discordances singulières que les expériences d'aimantation *par des décharges électriques* ont présentées aux physiciens qui se sont occupés de cette recherche, il me semblait nécessaire de soumettre à des épreuves plus décisives les phénomènes des courants en hélice. Le lecteur va juger si nous avons atteint ce but.

J'imaginai d'abord de former avec un fil de cuivre deux hélices symétriques (¹), chacune de 5 centimètres environ, et séparées par

---

(¹) Ces hélices symétriques sont semblables à celles que les botanistes ont dé-

une partie rectiligne du même fil; les spires de l'une des hélices tournaient dans un sens; celles de l'autre dans le sens contraire, mais avec des inclinaisons pareilles; les diamètres étaient égaux. Un fil d'acier renfermé dans un petit tube de verre fut déposé dans la première hélice; je plaçai ensuite un fil parfaitement semblable au précédent, et garanti aussi de toute décharge électrique par une enveloppe vitreuse, dans l'hélice voisine; un petit bout de fil de cuivre établissait une communication constante entre cette dernière hélice et le pôle positif de la pile; dès lors, pour commencer l'expérience, il suffisait d'attacher au pôle négatif le fil qui partait de l'extrémité de la seconde hélice : or, à l'instant où cette communication avait lieu, l'électricité accumulée au pôle positif de l'instrument s'écoulait par la partie droite du fil conjonctif, atteignait la première hélice, suivait graduellement toutes ses spires, arrivait à la seconde hélice par le fil droit qui la séparait de la précédente, et, après l'avoir parcourue, se rendait au pôle négatif. Les deux fils d'acier se trouvaient donc soumis l'un et l'autre, durant l'expérience, à l'action d'un courant galvanique de même force; ce courant, en masse, se mouvait dans une seule direction; mais s'il circulait de gauche à droite autour du premier fil, ce même mouvement s'exécutait de droite à gauche autour du second. Or, dans toutes les expériences de ce genre que nous avons faites chez M. Ampère avec une pile assez forte qu'il possède, il a suffi de ce simple changement dans le sens suivant lequel le courant circulait autour des fils d'acier pour donner lieu à une inversion complète des pôles : en sorte que les deux fils renfermés dans les deux hélices symétriques étaient, au même instant, aimantés en sens contraires.

---

signées par les mots *dextrorsum* pour l'une, et *sinistrorsum* pour l'autre. Leurs diamètres sont égaux; les spires qui les composent ont des inclinaisons pareilles; mais elles ne peuvent jamais être superposées, de quelque manière qu'on les présente l'une à l'autre : en sorte qu'un renversement quelconque ne les fait pas changer d'espèce. L'hélice (tournée) *dextrorsum* est celle que la nature nous offre dans un grand nombre de plantes grimpantes : c'est aussi presque la seule qu'on emploie dans les arts.

Le cylindre d'acier renfermé dans une hélice *dextrorsum* acquiert un pôle austral (celui qui se dirige au nord) du côté négatif, ou cuivre, du fil conducteur; tandis que ce même pôle se formera du côté positif, ou zinc, si l'on se sert de l'hélice *sinistrorsum*. Ces résultats sont conformes à la théorie de M. Ampère.

Dans un autre essai je pliai le fil de cuivre en hélice, de droite à gauche, sur une longueur de 5 centimètres ; ensuite de gauche à droite, sur une longueur égale ; puis enfin, une seconde fois, de droite à gauche : ces trois hélices étaient séparées par des portions rectilignes du même fil.

Un seul et même fil d'acier, suffisamment long, de plus d'un millimètre de diamètre, et enveloppé d'un tube de verre, fut placé dans les trois hélices à la fois. Le courant galvanique, en parcourant les spires de ces diverses hélices, aimanta les portions correspondantes du fil d'acier, comme si elles avaient été séparées les unes des autres. Je remarquai, en effet, qu'à l'un des bouts se trouvait un pôle nord ; à 5 centimètres de distance, un pôle sud ; plus loin un second pôle sud suivi d'un pôle nord ; enfin un troisième pôle nord, et à 5 centimètres de là ou à l'autre extrémité de l'aiguille, un pôle sud. On pourrait donc, par cette méthode, multiplier à volonté ces pôles intermédiaires que les physiciens ont désignés par le nom de *points conséquents.*

Je dois faire remarquer cependant qu'en général, dans ces expériences, l'influence des hélices s'exerce non seulement sur les portions du fil d'acier qu'elles renferment, mais encore sur les parties voisines ; en sorte, par exemple, que si l'intervalle compris entre les hélices consécutives est petit, les portions du fil d'acier correspondant à ces intervalle seront elles-mêmes aimantées, comme si le mouvement de rotation imprimé au fluide magnétique, suivant l'idée de M. Ampère, par l'influence d'une hélice, se continuait au delà des dernières spires.

Ayant cherché à découvrir, pendant qu'on imprimait la feuille précédente, quelles étaient les circonstances qui faisaient varier la position des pôles lorsque des fils d'acier étaient parcourus longitudinalement par un courant galvanique, j'ai trouvé invariablement, même avec une pile très active, que si le fil conjonctif est parfaitement droit, un fil d'acier placé dessus n'en reçoit aucun magnétisme. L'aiguille à coudre dont je m'étais servi dans mes premières expériences avait, il est vrai, acquis des pôles ; mais alors les effets dépendant de la forme du fil conjonctif n'étaient pas connus, et, pour maintenir plus facilement l'aiguille, j'avais un peu enroulé le fil autour de ses extrémités.

On voit que je me suis constamment attaché, dans les expériences précédentes, à éviter qu'aucune décharge ne passât du fil conjonctif à la tige d'acier sur laquelle j'opérais.

Il y a donc une distinction essentielle à établir entre ce mode d'aimantation et celui qui a fait l'objet des recherches de Wilke, de Franklin, de Dalibard, de Beccaria, de Van Swinden et de Van Marum; car, dans ce dernier mode, l'aimantation était produite par le passage d'une forte étincelle électrique au travers du barreau d'acier. Il pouvait être curieux toutefois de rechercher si l'étincelle fournie par la pile ne se comporterait pas comme celle qui s'échappe d'une machine ordinaire; or, j'apprends de M. Boisgiraud, répétiteur de Physique à l'École militaire de Saint-Cyr, qu'il a fait cette expérience avec succès. *Il soupçonne* qu'en opérant ainsi, la force magnétique ne devient un peu sensible, qu'autant que les deux portions de fil destinées à faire communiquer l'aiguille avec les pôles cuivre et zinc sont elles-mêmes d'acier, et lui forment comme deux espèces d'armures. M. Boisgiraud promet, à ce sujet, de nouvelles expériences, dont nous nous empresserons de faire part aux lecteurs des *Annales*.

Le fil conjonctif de cuivre est doué, comme on a vu, d'une vertu magnétique très intense, tant qu'il communique avec les deux pôles de la pile. Il m'est arrivé plus d'une fois de lui trouver encore des traces de cette propriété, quelques instants après que la communication entre les deux pôles avait été totalement interrompue; mais ce phénomène est très fugitif, et je n'ai pas pu le reproduire à volonté. M. Boisgiraud n'a pas été plus heureux que moi, quoique, dans un cas, le fil de platine dont il se servait eût conservé assez de force, après avoir été tout à fait isolé de la pile, pour supporter une petite aiguille à coudre.

Les expériences de M. Œrsted me paraissent pouvoir être répétées dans une circonstance qui ajouterait encore à l'intérêt qu'elles doivent inspirer, en nous faisant faire un pas de plus vers l'explication du phénomène jusqu'ici si incompréhensible des aurores boréales.

Il existe, à l'Institution royale de Londres, une pile voltaïque composée de 2000 doubles plaques de 4 pouces en carré. En se servant de ce puissant appareil, Sir Humphry Davy a reconnu qu'il se produit une décharge électrique entre deux pointes de charbon adaptées aux extrémités des conducteurs positif et négatif, alors même que ces pointes sont encore distantes l'une de l'autre de $\frac{1}{30}$ ou $\frac{1}{10}$ de pouce. Le premier effet de la décharge est de rougir les charbons : or, aussitôt que l'incandescence est établie, les pointes peuvent être graduellement éloignées jusqu'à *quatre pouces*, sans que pour cela la lumière intermédiaire se rompe. Cette lumière est extrêment vive, et plus large dans son milieu qu'à ses extrémités : elle a la forme d'un arc.

L'expérience réussit d'autant mieux que l'air est plus raréfié. Sous une pression de $\frac{1}{4}$ de pouce, la décharge d'une pointe de charbon à l'autre commençait à la distance de $\frac{1}{2}$ pouce; ensuite, en éloignant graduellement les charbons, Sir Humphry Davy obtint une flamme pourpre continue, et qui avait jusqu'à *sept pouces de longueur*.

Il est sans doute très naturel de supposer qu'un tel courant électrique agira sur l'aiguille aimantée tout comme s'il se mouvait le long d'un fil conjonctif métallique; néanmoins l'expérience me semble mériter d'être recommandée aux physiciens qui ont à leur disposition des piles voltaïques d'une grande force, surtout à cause des vues qu'elle peut faire naître relativement aux aurores boréales. Ne serait-ce pas d'ailleurs, indépendamment de toute application immédiate, un phénomène digne de remarque que la production, dans le vide ou dans l'air très raréfié, d'une flamme qui, agissant sur l'aiguille aimantée, serait à son tour attirée ou repoussée par les pôles d'un aimant?

Extrait de l'Histoire des travaux de l'Académie pendant l'année 1820, *par Delambre* (1).

Les observations de M. Œrsted sont relatives à l'action que le courant voltaïque exerce sur une aiguille *préalablement aimantée*. M. Arago.

(1) *Mém. de l'Ac. des Sc.*, t. IV, p. 149, 1824.

qui, le premier, a fait connaître à l'Académie l'importante découverte du physicien danois, y a presque aussitôt ajouté ce fait : que le même courant et l'électricité ordinaire développent la vertu magnétique dans les barreaux de fer et d'acier qui en étaient totalement privés. Voici dans quel ordre les observations relatives à ce nouveau genre d'aimantation ont été communiquées à l'Académie.

Dans la séance du 25 septembre, M. Arago annonça cette remarque curieuse qu'un fil métallique, qui est en communication avec les deux pôles d'une pile de Volta, se charge de limaille de fer, comme le ferait un véritable aimant.

Ce phénomène ne dépendait pas d'une aimantation préalable de la limaille, puisque des fils de fer doux, ou d'acier n'en attiraient aucune parcelle. On l'aurait expliqué tout aussi peu en l'attribuant à des actions électriques ordinaires; car si l'on répète l'expérience avec de la limaille de cuivre ou de zinc, ou avec de la sciure de bois, on n'observe aucune attraction sensible. — L'aimantation de la limaille de fer n'était que momentanée, mais tout portait à croire qu'en opérant sur de l'acier, on obtiendrait une aimantation permanente; en effet, M. Arago aimanta ainsi complètement de petits morceaux d'acier et une aiguille à coudre.

M. Ampère, à qui M. Arago montrait ces expériences, venait de tirer, par induction, de sa belle découverte sur l'action mutuelle de deux courants électriques, la conséquence que les attractions et les répulsions que les aimants exercent, suivant les circonstances, les uns sur les autres, dépendent de courants électriques qui circulent autour du fer ou de l'acier, dans des directions perpendiculaires à la ligne passant par les deux pôles; ces vues théoriques lui suggérèrent la pensée qu'on obtiendrait une aimantation plus intense en substituant au fil conjonctif droit, dont M. Arago s'était servi, un fil plié en hélice, au centre de laquelle l'aiguille d'acier serait placée. Une expérience que ces deux savants firent en commun, vérifia entièrement la conjecture.

En suivant ces idées, M. Arago produisit instantanément un grand nombre de points conséquents sur un long fil d'acier qu'il avait introduit dans une série d'hélices symétriques formées en roulant le fil conjonctif en spirales, d'abord dans un sens, sur une certaine étendue du fil, ensuite dans le sens contraire, pour une étendue égale, et ainsi de suite. Il reconnut, de plus, en revenant sur les premières expériences qu'il avait faites à l'aide d'un fil conjonctif rectiligne, que l'aiguille d'acier ne s'aimante point lorsqu'elle est exactement parallèle à ce fil; et que, pour obtenir quelque effet, il faut que le courant agisse transversalement sur l'aiguille.

Le lundi, 23 octobre, M. Ampère lut un Mémoire à l'Académie, pour montrer que toutes les circonstances qui viennent d'être rapportées confirment sa théorie des actions magnétiques.

Le lundi, 6 novembre, M. Arago annonce que l'électricité ordinaire produit tous les phénomènes d'aimantation qu'il avait déjà observés en se servant de l'électricité voltaïque. Ainsi, un barreau d'acier ayant été placé dans un tube de verre scellé, pour éviter qu'on ne supposât que la *décharge électrique* pouvait, durant l'expérience, l'atteindre en partie, on enroula un fil de cuivre autour du tube; or les étincelles électriques qu'on faisait passer le long de cette hélice communiquaient une forte vertu magnétique au barreau; les pôles nord et sud se formaient à l'une ou à l'autre des extrémités, suivant le sens du courant et celui des spires; on produisit, par une même étincelle, autant de points conséquents qu'on changeait de fois, sur la longueur du fil, le sens de la spirale, etc.

M. Arago fit encore part à l'Académie des résultats qu'il avait obtenus sur l'intensité des charges magnétiques communiquées à des aiguilles d'acier de même longueur, de même poids et de même grosseur, qui avaient été placées dans l'intérieur d'une hélice de 2 décimètres de diamètre, et plus ou moins loin de la surface; mais nous attendrons, pour rendre compte de ces expériences, que l'auteur les ait complétées. Et comme plusieurs physiciens étrangers se sont aussi occupés des aimantations produites à distance par l'action de l'électricité ordinaire, il nous a paru convenable de faire remarquer que les résultats annoncés à l'Académie, dans sa séance du 6 novembre 1820, en présence d'un nombre considérable de savants qui ne sont point Membres de l'Institut, ont été insérés, par extrait, dans le *Moniteur* du vendredi 10 novembre suivant.

IV.

SUR LES PHÉNOMÈNES MAGNÉTIQUES PRODUITS PAR L'ÉLECTRICITÉ;

PAR H. DAVY (1).

(Lettre à W.-H. Wollaston.)

CHER MONSIEUR,

Tous les physiciens ont été frappés de l'analogie qui existe entre les lois des attractions électrique et magnétique; et, depuis la découverte de la pile, plusieurs savants [en particulier M. Ritter (2)] ont cherché à établir l'identité ou, tout au moins, le rapport intime des deux agents; mais leurs vues étaient généralement si obscures et leurs expériences si incomplètes, qu'on n'en a pas tenu compte. Le côté chimique et électrique des phénomènes montrés par l'admirable arrangement de Volta absorbait complètement, à ce moment, l'attention des hommes de science; et la découverte du fait établissant la véritable relation entre l'électricité et le magnétisme était réservée à M. Œrsted et à la présente année.

Cette découverte par son importance et sa nature inattendue, ne pouvait manquer d'exciter au plus haut degré l'attention du monde savant; elle a ouvert un nouveau champ de découvertes qui

(1) Lu à la Société Royale, le 16 novembre 1820, *Phil. Trans.*, pour 1821. — *Collected Works of Sir Davy*, t. VI, p. 217-229.

(2) M. Ritter prétend qu'une aiguille formée d'argent et de zinc se place d'elle-même dans le méridien, et est faiblement attirée ou repoussée par les pôles d'un aimant, et qu'un fil métallique qui a fait partie du circuit voltaïque prend ensuite la direction N.-E. S.-E. Les idées de l'auteur sont parfois si obscures, qu'il est difficile de s'en rendre compte; il semble que son idée est que les combinaisons électriques, lorsqu'elles ne montrent point de tension, sont dans une sorte d'état magnétique, et qu'il y a pour elles une espèce de méridien électromagnétique dépendant de l'électricité de la Terre. (Voir *Annales de Chimie*, t. LXIV, p. 80.) Depuis que cette Lettre a été écrite, M. le Dr Marcet a eu la bonté de m'envoyer de Gênes des extraits de l'Ouvrage d'Aldini, sur le *Galvanisme* (*), et du *Manuel*

(*) *Essai sur le Galvanisme*, par Aldini, In-4°, p. 191. Paris, 1804.

sera, sans aucun doute, exploré par un grand nombre d'observateurs; quand les sujets de recherches s'offrent si spontanément, il est difficile que les mêmes faits ne soient pas observés par plusieurs personnes. Il y a, d'ailleurs, toujours avantage pour le progrès de la Science à publier les expériences sans délai; c'est ce qui fait que, dussent les phénomènes dont je vais parler avoir été découverts avant ou en même temps dans quelque autre partie de l'Europe, je n'hésite point à vous les communiquer et, par votre intermédiaire, à la Société Royale.

En répétant les expériences de M. Œrsted avec un appareil voltaique de 100 paires de plaques de 4 pouces, j'ai trouvé que le pôle sud d'une aiguille aimantée (suspendue à la manière ordinaire), placée sous le fil conjonctif en platine (l'extrémité positive de l'appareil étant à droite), était fortement attiré par le fil et restait en contact avec lui, l'action étant assez forte pour changer la direction de l'aiguille et vaincre l'effet du magnétisme terrestre. Ce fait ne pouvait s'expliquer qu'en supposant que le fil devient lui-même magnétique pendant qu'il est traversé par l'électricité, et j'ai cherché immédiatement à prouver, par des expériences directes, que c'était bien, en effet, le cas. Je répandis de la limaille de fer sur du papier et en approchai le fil conjonctif: la limaille fut immédiatement attirée et adhéra au fil en quantité considérable, en formant une masse dix à douze fois plus épaisse que le fil lui-même; si l'on rompait la communication, la limaille tombait instantanément, ce qui prouvait bien que l'effet magné-

du Galvanisme, d'Izarn, publié à Paris il y a plus de seize ans. M. Mojon l'aîné, de Gênes, y est cité comme ayant rendu magnétique une aiguille d'acier, en la laissant pendant longtemps dans un circuit voltaique. Cet effet devait être dû simplement à la position de l'aiguille, par rapport au méridien ou à quelque autre circonstance accidentelle; il y est dit aussi que M. Romagnosi, de Trente, a reconnu que le galvanisme faisait dévier l'aiguille aimantée. Il n'y a pas d'autre détail; mais, en prenant cet énoncé comme exact, dans son sens général, il est probable que l'auteur n'a pas observé le même fait que M. Œrsted, mais qu'il a simplement constaté une altération des pôles dans l'aiguille qui avait fait partie du circuit. (H. D.)

M. Govi a restitué sa véritable signification au fait observé par Romagnosi et publié dans la *Gazette de Trente* (3 août 1802): il s'agit simplement de l'action *électrostatique* exercée sur une aiguille aimantée *isolée*, par l'extrémité d'un fil conducteur attaché à l'*un* des pôles de la pile; ce même fil attirait, à plus de $0^m,002$ de distance, un fil de lin mouillé, librement suspendu. (Govi, *Actes de l'Ac. des Sc. de Turin*, t. IV, 1869.) (J.)

tique dépendait uniquement du passage de l'électricité à travers le fil. J'ai essayé la même expérience avec les diverses parties du fil, qui avait environ 7 à 8 pieds de longueur, et $\frac{1}{20}$ de pouce de diamètre, j'ai trouvé partout la même action sur la limaille; enfin, ayant réuni par des fils des parties séparées de la pile, j'ai trouvé que toutes les parties de circuit agissaient de la même manière sur la limaille et sur l'aiguille aimantée.

Il était aisé de conclure que ces effets ne pouvaient être produits par le fil électrisé, sans être capables de donner à l'acier une aimantation permanente. J'attachai, avec un fil fin d'argent, à un fil de même métal de 11 pouces de long et $\frac{1}{30}$ de pouce de diamètre, plusieurs aiguilles d'acier, dans différentes directions, les unes parallèles, les autres transversales, en dessus et en dessous, et les plaçai dans le circuit d'une pile de 30 paires de plaques de 9 pouces sur 5; en éprouvant alors leur magnétisme avec de la limaille de fer, je reconnus que toutes étaient aimantées; celles qui étaient parallèles au fil attiraient la limaille, comme le faisait le fil lui-même, mais les aiguilles transversales avaient chacune deux pôles; en les présentant à une aiguille suspendue délicatement, on reconnaissait que toutes les aiguilles placées au-dessous du fil (l'extrémité positive de la pile étant à l'est) avaient leur pôle nord du côté sud du fil et leur pôle sud du côté nord; celles qui étaient placées au-dessus du fil avaient leur pôle sud du côté sud et leur pôle nord du côté nord; et cela, quelle que fût d'ailleurs l'inclinaison de l'aiguille sur l'horizon. Quand la communication fut rompue, toutes les aiguilles placées transversalement, par rapport au fil, gardèrent leur magnétisme, sans diminution sensible; mais celles qui étaient parallèles au fil parurent le perdre en même temps que le fil lui-même.

J'attachai ensuite de petits bouts de fils de platine, d'argent, d'étain, de fer et d'acier dans une position transversale, sur un fil de platine intercalé dans le circuit de la même pile. L'acier et le fer prirent immédiatement des pôles, comme dans l'expérience précédente; mais les autres fils ne montrèrent rien de plus que toute autre partie du circuit : l'acier conserva tout son magnétisme après la rupture du circuit; le fer en perdit immédiatement une partie et, quelque temps après, la totalité.

La pile fut placée dans diverses directions par rapport aux pôles de la Terre : l'effet fut toujours le même. Toutes les aiguilles placées transversalement sous le fil conjonctif, l'extrémité positive étant à droite, avaient leur pôle nord du côté de l'observateur; et celles qui étaient au-dessus, leur pôle sud du même côté; en tournant le fil bout pour bout, par rapport à la pile, et observant le côté du fil, je trouvai que le même côté du fil a toujours le même magnétisme; de sorte que, pour toutes les aiguilles placées transversalement, il y a toujours opposition de pôles de chaque côté du fil; celles qui sont en dessus ont une aimantation de sens contraire à celles qui sont au-dessous, et celles qui sont verticales d'un côté du fil une aimantation contraire à celles qui sont verticales de l'autre côté.

J'ai reconnu que le contact des aiguilles d'acier avec le fil n'était pas nécessaire, et que l'effet se produisait encore immédiatement quand elles étaient placées transversalement à quelque distance, même quand on interposait une plaque de verre très épaisse; enfin, une aiguille placée transversalement au fil pendant un seul instant a été trouvée aussi fortement aimantée qu'une aiguille restée longtemps en communication avec lui.

J'ai intercalé dans le circuit plusieurs fils d'argent, les uns de $\frac{1}{20}$ de pouce de diamètre, les autres de $\frac{1}{50}$, et placé au-dessus une lame de verre sur laquelle j'ai répandu un peu de limaille d'acier; les parcelles de limaille se sont disposées en lignes droites perpendiculaires à l'axe du fil; l'effet était encore visible, bien que faible, à la distance de $\frac{1}{4}$ de pouce au-dessus du fil; les lignes se prolongeaient à la même distance de chaque côté du fil.

J'ai vérifié, par plusieurs expériences, que l'effet est proportionnel à la quantité d'électricité qui traverse une section du conducteur, quel que soit, d'ailleurs, le métal qui la transmet; ainsi, plus les fils sont fins, plus leur aimantation est forte.

Une plaque de zinc, de 1 pied de long et de 6 pouces de large, fut reliée par un fil fin de platine à une lame de cuivre repliée qui l'entourait des deux côtés, suivant votre méthode; on plongea les plaques dans de l'acide nitrique étendu, en les enfonçant d'abord de 1 pouce seulement. Le fil n'attirait pas sensiblement les grains de limaille; l'effet devint sensible quand on enfonça de 2 pouces, et il alla en croissant, au fur et à mesure qu'on enfonçait davantage. Deux couples de cette espèce agissaient plus qu'un seul; mais, quand on les combinait de manière à ne faire qu'un seul couple, l'effet était beaucoup plus grand. C'est ce qui résultait encore plus clairement de l'expérience suivante : Soixante couples, à lame de cuivre double, étant placés en série, on mesura la quantité de limaille de fer que soulevait un fil donné; le fil restant le même, on disposa les mêmes éléments de manière à faire une série de trente; l'effet magnétique fut plus que doublé, c'est-à-dire que le fil soulevait une quantité de limaille plus que double.

Le magnétisme développé par l'électricité voltaïque semble (pour un même fil) exactement dans le même rapport que la chaleur; la chaleur du fil, quelque grande qu'elle soit, n'affaiblit point son pouvoir magnétique. Ainsi, en faisant passer par un fil fin de platine l'électricité de douze batteries de dix couples chacune, disposées en trois séries, le fil, rendu incandescent presque jusqu'à son point de fusion, avait une action magnétique très énergique et attirait de grandes quantités de limaille de fer, et même des petites aiguilles d'acier à une distance considérable.

La décharge d'une grande quantité d'électricité à travers le fil paraissant nécessaire pour son aimantation, il parut probable qu'on n'obtiendrait aucun effet avec un fil traversé seulement par l'électricité d'une machine ordinaire; c'est, en effet, ce qu'on put constater avec un fil qui faisait communiquer au sol le conducteur principal d'une puissante machine. Mais, comme il suffisait, pour donner une aimantation permanente à une aiguille d'acier, de l'exposer un seul instant à un circuit électrique puissant, il parut également probable qu'une aiguille d'acier placée transversalement au fil pourrait être aimantée par la décharge d'une bouteille de Leyde à travers ce fil; c'est, en effet, ce qui eut lieu, et suivant la même loi qu'avec le circuit voltaïque; les aiguilles placées sous le fil, le conducteur de la machine étant à droite, avaient leur pôle nord du côté de l'observateur, et les aiguilles placées au-dessus, du côté opposé.

Telle était la puissance d'aimantation de la décharge d'une batterie électrique de 17 pieds carrés chargée au maximum, à travers un fil d'argent de $\frac{1}{20}$ de pouce, qu'elle rendait des barreaux d'acier de 2 pouces de long et de $\frac{1}{20}$ à $\frac{1}{10}$ de diamètre assez magnétiques pour attirer des morceaux de fil ou des aiguilles d'acier; l'effet se produisait même à une distance de 5 pouces, au-dessus, au-dessous, à droite ou à gauche du fil, à travers l'eau, à travers le verre et même des plaques de métal isolées.

La facilité avec laquelle se font les expériences avec la bouteille de Leyde m'engagea à vérifier diverses conséquences qui se présentaient d'elles-mêmes : un tube de $\frac{1}{4}$ de pouce de diamètre, rempli d'acide sulfurique, ne laissait pas passer une quantité d'électricité suffisante pour aimanter une aiguille d'acier; une aiguille placée transversalement sur le trajet de l'étincelle dans l'air était moins fortement aimantée que quand l'électricité passait par le fil; l'aiguille ne montrait point de polarité (du moins à ses extrémités) quand, placée dans le circuit, elle était simplement traversée par la décharge; deux barreaux d'acier liés ensemble et comprenant entre eux le fil de décharge ne paraissaient point aimantés ou, du moins, très faiblement, tant qu'ils restaient unis; une fois séparés, ils se montraient aimantés en sens contraires, conformément d'ailleurs à leur situation.

Toutes ces expériences montrent nettement que l'aimantation se produit partout où l'électricité passe en grande quantité; mais elles fournissent peu d'indications sur les circonstances précises ou les lois de sa production. Quand on fait agir un aimant sur de la limaille, les parcelles se disposent tout autour des pôles, mais en divergeant en lignes droites; c'est en s'attachant les unes aux autres qu'elles forment ces lignes droites et se disposent en houppes. Dans le cas du fil voltaïque, au contraire, les parcelles qui s'amassent autour du fil forment une masse cohérente qui, sans l'action de la pesanteur, aurait la forme d'un cylindre concentrique au fil. Au premier abord, il me sembla qu'il devait y avoir autant de doubles pôles que de points de contact tout autour du fil; mais, ayant reconnu que les pôles nord et sud d'une aiguille étaient également attirés par les mêmes quartiers du fil, je pensai qu'il devait y avoir quatre pôles principaux correspondant à ces quatre quartiers ([1]). C'est vous qui m'avez montré que ces pôles n'avaient rien de défini; vous m'avez fait voir, en même temps, comment, suivant

([1]) C'était aussi l'idée de Berzélius. (*Voir* la Lettre de Berzélius à Berthollet et la Lettre d'Ampère à Arago, insérées dans les *Annales de Chimie et de Physique* [2], t. XVI, p. 113-129, et dans le *Recueil d'Observations electriques*, p. 93-109. (J.)

vous, on pouvait expliquer les phénomènes en supposant une espèce de révolution du magnétisme autour de l'axe du fil, dépendant pour sa direction de la position relative des extrémités positive et négative de l'appareil galvanique (¹).

Pour éclaircir ce point et déterminer avec précision la position des pôles de l'aiguille aimantée par l'électricité, par rapport aux régions positives et négatives, j'ai disposé de petites aiguilles d'acier en cercle, sur un disque de carton de 2 $\frac{1}{2}$ pouces de diamètre, en les plaçant à la suite l'une de l'autre, mais non en contact de manière à former un hexagone inscrit au cercle. Le fil passait au centre du disque, et celui-ci était placé horizontalement; j'ai fait passer l'électricité, en faisant communiquer l'extrémité supérieure du fil avec le pôle positif de la pile et l'extrémité inférieure avec le pôle négatif. Toutes les aiguilles furent trouvées aimantées, chacune avec deux pôles; le pôle sud de l'une vis-à-vis du pôle nord de la suivante, et *vice versa;* et un mobile qu'on aurait déplacé en cercle du pôle nord d'une aiguille au pôle sud de la même aiguille aurait marché en sens inverse du mouvement apparent du Soleil.

On répéta la même expérience avec six aiguilles placées de la

---

(¹) Wollaston n'a pas donné d'exposé complet de sa théorie. Voici la note qu'on lit dans le *Quarterly Journal of Sciences*, vol. X, p. 363; 1821 : « Les phénomènes présentés par l'electromagnétisme ou le fil conjonctif s'expliquent complètement, en supposant qu'un courant électromagnetique circule autour de l'axe du fil dans une direction qui dépend de celle du courant électrique. » (Dr Wollaston.)

« Les figures ci-dessous représentent le courant dans des directions perpendiculaires aux axes de deux fils electrisés de la même manière; les forces nord et sud s'attirent mutuellement.

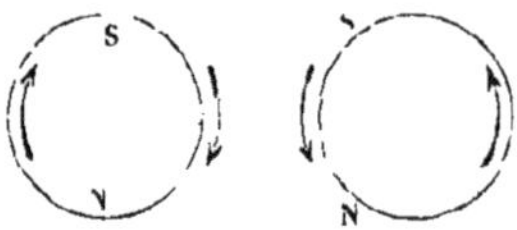

» Dans les deux suivantes,

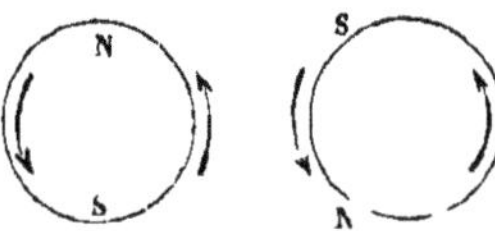

les fils sont électrisés en sens contraires, les forces magnétiques de même espèce se repoussent. » (J.)

même manière, en mettant en bas la partie du fil électrisée positivement. Le résultat fut le même, à cette différence près que les pôles étaient renversés; un mobile suivant le cercle et allant du pôle nord au pôle sud d'une même aiguille aurait marché de l'est à l'ouest.

Un certain nombre d'aiguilles furent disposées en polygones de rayons différents, sur un même disque de carton et aimantées par l'électricité; on retrouva pour toutes la même loi d'aimantation, quelle que fût d'ailleurs la situation du carton, horizontale, verticale ou inclinée à l'horizon, et aussi la direction du fil par rapport au méridien magnétique. Par exemple, lorsque le fil positif était à l'est, le mobile circulant du pôle nord au pôle sud d'une même aiguille marchait en bas du nord au sud, et en haut du sud au nord; quand les aiguilles étaient disposées en rond sur un cylindre de carton, transversalement au fil, un crayon, suivant de la même manière la direction des pôles, y décrivait une spirale.

Il résulte évidemment de ces expériences qu'on peut former autant d'arrangements polaires qu'on peut mener de cordes en cercle tout autour du fil; et ainsi les phénomènes sont tout à fait d'accord avec votre idée d'un magnétisme tournant. Mais je quitte maintenant ce sujet que vous chercherez, je l'espère, à élucider vous-même, pour passer à quelques autres circonstances et quelques autres faits qui s'y rattachent.

Supposons qu'une grande quantité d'électricité passe à travers deux, trois, quatre ou un plus grand nombre de fils placés parallèlement dans le même circuit, soit dans le même plan, soit dans des plans différents, on ne saurait douter que chacun de ces fils et l'espace qui l'environne ne deviennent magnétiques, exactement comme lorsqu'il n'y a qu'un seul fil, seulement à un degré moindre; c'est, en effet, ce que m'a donné l'expérience. En employant quatre fils fins de platine pour fermer le circuit d'une forte pile, chacun des fils se montra magnétique de la même manière, et les parcelles de limaille d'acier, attachées à deux fils voisins, s'attiraient mutuellement.

Cette attraction des parcelles de limaille attachées à deux fils voisins était due évidemment à l'opposition de leurs états magnétiques; il était évident qu'elles se repousseraient si l'on mettait en regard les côtés semblables des deux fils. C'est ce qu'il fut facile de vérifier en employant deux piles montées parallèlement, mais en sens inverse, de telle manière que l'extrémité positive de l'une fût en regard de l'extrémité négative de l'autre; les parcelles de limaille adhérentes aux deux fils de platine se repoussaient énergiquement. En montant les piles de la même manière, c'est-à-dire pôle positif contre pôle positif, il y avait, au contraire, attraction; de plus, des fils de platine (sans limaille) et des fils fins d'acier (plus énergiquement encore) présentaient entre eux, dans les mêmes circonstances, des phénomènes d'attraction et de répulsion.

Un corps rendu magnétique par l'électricité agissant sur l'aiguille, il était naturel d'en conclure qu'un aimant agirait sur un corps rendu magnétique par l'électricité : c'est ce qui a lieu, en effet. J'ai placé successivement des fils de platine, d'argent, de cuivre sur les tranchants de deux couteaux de platine, placés parallèlement et reliés aux pôles d'une forte pile, et leur ai présenté un aimant : ces fils roulaient sur les deux lames, attirés par le pôle nord de l'aimant quand l'extrémité positive de la pile était à droite, repoussés, au contraire, quand elle était à gauche, et *vice versa,* quand on changeait le pôle de l'aimant. On plaça transversalement sur le même appareil des feuilles d'or coupées en bandes étroites, et on leur présenta le pôle nord d'un aimant; elles s'en approchaient, mais sans s'y fixer; elles étaient, au contraire, repoussées par le pôle sud.

Je ne veux point céder à la tentation d'aborder la partie théorique du sujet; mais, en présence des faits que je viens de développer, une foule d'idées curieuses ne peuvent manquer de se présenter à un esprit éclairé. Le magnétisme terrestre ne serait-il pas dû à son électricité, et les variations de l'aiguille aux variations des courants électriques du globe, variations qui seraient la conséquence de son mouvement, des actions chimiques qui s'opèrent dans ses profondeurs, ou de ses relations avec la chaleur solaire; n'est-il pas à croire, d'après cela, que les effets lumineux des aurores polaires sont dus à l'électricité? Ce qu'il y a de certain, c'est que si de forts courants électriques circulaient dans le sol, suivant le mouvement apparent du Soleil, les propriétés magnétiques de la Terre seraient celles que nous connaissons.

Mais je laisserai toutes les conjectures pour indiquer un mode très simple de faire des aimants puissants : il suffirait de placer des barreaux d'acier, rectilignes ou en fer à cheval, dans une situation transversale par rapport aux conducteurs électriques placés sur des bâtiments élevés et bien à découvert (1).

Les expériences dont il vient d'être question ont été faites avec les appareils appartenant à l'Institution royale; j'ai été aidé dans plusieurs d'entre elles par MM. Pepys, Allen et Stodart, et dans toutes par M. Faraday (2).

J'ai l'honneur, etc.

HUMPHRY DAVY.

Lower Grosvenor Street,
nov. 12, 1820.

---

(1) On trouve dans les *Transactions philosophiques* la mention d'un grand nombre de faits démontrant le pouvoir d'aimantation de la foudre : on y lit, en particulier, qu'un coup de foudre qui avait traversé une caisse de couteaux avait aimanté énergiquement la plupart d'entre eux. (Voir *Ph. Tr.*, n° 157, p. 520, et n° 437, p. 57.) (D.)

(2) Toutes les expériences qui viennent d'être décrites, sauf celles de la p. 70, ont été faites dans le courant d'octobre 1820; ces dernières ont été faites à la suite d'une conversation avec le Dr Wollaston, au commencement de novembre. Je trouve dans le numéro de septembre des *Annales de Chimie et de Physique*, parvenu à Londres le 24 novembre, que M. Arago a découvert, avant moi, le pouvoir attractif et magnétisant d'un fil faisant partie du circuit voltaïque; mais les phénomènes présentés par l'action de l'électricité ordinaire n'ayant encore, que je sache, été observés par personne, je me décide néanmoins à soumettre mon Mémoire au Conseil de la Société royale. Avant d'avoir eu connaissance des recherches du physicien français, j'avais tenté, avec MM. Allen et Pepys, l'expérience dont parle M. Arago, savoir, si l'arc électrique est influencé par l'aimant; nos appareils étaient trop imparfaits pour que l'expérience fût décisive. J'espère pouvoir la reprendre bientôt dans des conditions meilleures.

J'ai fait également quelques expériences pour voir si les fils électrisés n'éprouveraient point quelque action de la part du magnétisme terrestre, et si le magnétisme ne pourrait point produire des actions chimiques; mais sans résultat.

Depuis que j'ai lu le Traité si complet de M. Ampère sur l'électromagnetisme, j'ai fait passer l'électricité dans une longue spirale enroulée autour d'un tube de verre renfermant un barreau d'acier, et j'ai trouvé, en effet, que ce procédé donnait une aimantation très puissante.

Je n'ai point la pensée d'émettre une opinion arrêtée sur la théorie ingénieuse de ce savant; je demande cependant la permission de signaler deux circonstances qui me paraissent peu favorables à l'idée de l'identité de l'électricité et du magnétisme : 1° la grande distance à laquelle l'aimantation est produite par l'électricité ordinaire (j'ai trouvé qu'un barreau peut être aimanté à une distance de 14 pouces par un fil transmettant la décharge d'une batterie de 70 pieds de surface); et 2° le fait que l'aimantation à distance par l'electricité se fait avec la même facilité à travers l'air, l'eau, le verre, le mica et les métaux, c'est à dire à travers les bons et les mauvais conducteurs. (D.)

Extrait d'un Mémoire de Sir H. Davy (1).

L'électricité qui traverse un liquide mauvais conducteur n'aimante pas l'acier, mais celle qui a traversé l'air produit l'aimantation. En réfléchissant à ce phénomène et à l'extrême mobilité des particules d'air, j'ai été conduit, comme M. Arago l'avait été par d'autres considérations, à penser que l'arc voltaïque serait influencé par l'aimant. Mes premiers essais n'ont pas réussi, comme je l'ai déjà dit dans la Note qui termine mon premier Mémoire; il en a été de même de quelques autres que j'ai faits depuis, parce que j'employais un aimant trop faible; mais j'ai fini par obtenir un succès complet : l'expérience donne lieu à un phénomène tout à fait remarquable.

M. Pepys a eu l'obligeance de faire monter, pour cette expérience, la grande pile de l'Institution royale. Cette pile se compose de deux mille doubles plaques de zinc et de cuivre; on la chargea avec un mélange de 1168 parties d'eau pour 108 d'acide nitrique et 25 d'acide sulfurique et, en réunissant les pôles par des charbons, on obtint un arc ou colonne de lumière électrique dont la longueur variait de 1 à 4 pouces, suivant l'état de raréfaction de l'air dans lequel on le produisait; en présentant à cet arc le pôle d'un aimant puissant sous un angle très aigu, l'arc était attiré ou repoussé avec un mouvement de rotation; on pouvait lui faire faire une révolution complète en déplaçant convenablement le pôle, et suivant la même loi que les fils de platine électrisés dont j'ai parlé dans le Mémoire précédent, c'est-à-dire qu'il y avait répulsion par le pôle nord de l'aimant et attraction par le pôle sud, quand le pôle négatif de la pile était à droite, et *vice versa*.

On prouva, par plusieurs expériences, que l'action était due uniquement au magnétisme, et non l'effet d'une électrisation de

(1) *Farther researches on the magnetic phenomena produced by electricity*, etc. (*Phil. Tr.* pour 1821). Lu devant la Société royale le 5 juin 1821.

Ce Mémoire, fort intéressant, a pour objet principal l'étude de la conductibilité et de ses variations avec la température. Il y est fait un premier essai de la mesure des conductibilités; la méthode employée consiste à fermer la pile à la fois par le fil à étudier et par une dérivation contenant un voltamètre : on fait varier, par exemple, la longueur du fil jusqu'à ce que le voltamètre ne donne plus de gaz. (J.)

l'aimant par influence; en effet, des masses de fer doux, ou de tout autre métal, ne produisaient aucun effet.

L'arc électrique ou la colonne de flamme était plus facilement influencée par l'aimant, et le mouvement plus rapide, dans un milieu dense que dans un milieu raréfié; dans le premier cas, le milieu conducteur ou plutôt la chaîne des particules aériformes a naturellement une longueur moindre.

J'ai essayé d'obtenir les mêmes effets avec des courants d'électricité ordinaire, traversant une flamme ou le vide. Il y avait toujours action de l'aimant; mais il n'était pas possible d'obtenir des résultats aussi nets qu'avec l'électricité voltaïque, parce que l'aimant lui-même s'électrise toujours par influence, qu'il soit isolé ou en communication avec le sol ([1]).

([1]) J'ai fait aussi quelques expériences sur l'action mutuelle de courants d'électricité passant simultanément à travers de l'air à divers degrés de raréfaction, soit dans le même sens, soit en sens contraires, tant avec l'électricité de la pile que celle des batteries; mais je n'ai pu constater aucun effet d'attraction ou de répulsion entre ces courants, probablement à cause de l'impossibilité de les rapprocher suffisamment. (D.)

V.

NOTE SUR DES ESSAIS AYANT POUR BUT DE DÉCOMPOSER L'EAU AVEC UN AIMANT;

PAR A. FRESNEL ([1]).

Lorsqu'on voit un courant électrique aimanter un cylindre d'acier en parcourant une hélice métallique qui l'enveloppe, il est naturel d'essayer si un barreau aimanté ne peut pas reproduire un courant voltaïque dans l'hélice enveloppante; non que cela paraisse, au premier abord, une conséquence nécessaire des faits; car, si l'état d'aimantation de l'acier n'était, par exemple, qu'un nouvel arrangement de ses molécules ou une distribution particulière d'un fluide, on conçoit que ce nouvel état pourrait bien ne pas reproduire le mouvement qui l'a établi. J'ai cru, néanmoins, qu'il n'était pas inutile de tenter cette expérience.

A cet effet, j'ai enveloppé un barreau aimanté d'une hélice en fil de fer ([2]). J'avais choisi le fer, parce qu'il s'oxyde facilement dans l'eau; j'ai aussi employé du fil de laiton, mais sans succès, même lorsque l'eau était acidulée : j'observais, à la vérité, dans ce cas, une oxydation lente, mais au même degré sur les deux extrémités du fil.

J'avais eu soin d'isoler l'hélice de l'aimant en recouvrant de soie celui-ci, de peur que la tension électrique produite dans l'hélice ne fût détruite par le contact avec ce barreau métallique, sur la

([1]) *Annales de Chimie et de Physique*, t. XV, p. 219, 1820; *Œuvres de Fresnel*, t. II, p. 673. Les faits auxquels cette Note se rapporte avaient été annoncés à l'Académie dans la séance du 6 novembre. (J.)

([2]) Il est inutile d'expliquer ici pourquoi l'hélice est la forme la plus favorable au succès de l'expérience. Je renvoie, à ce sujet, au beau Mémoire de M. Ampère, qui, le premier, a pensé à adopter cette courbe, pour augmenter l'action du courant galvanique sur l'acier, et qui a essayé, par un appareil semblable à celui que je viens de décrire, la réaction d'un aimant sur une hélice, en jugeant, à l'aide d'une aiguille aimantée, de l'existence du courant galvanique, lorsque, de mon côté, je faisais une expérience analogue en cherchant à décomposer l'eau par ce même courant. (F.)

surface duquel l'électricité aurait pu courir alors dans le sens de sa longueur.

Mes trois premières expériences avec du fil de fer m'ont paru présenter une confirmation frappante de mes conjectures, et j'ai eu l'honneur d'annoncer à l'Académie des Sciences, dans la séance du 6 novembre, que je venais d'obtenir des signes assez certains de l'action galvanique des aimants. Mais j'ai observé depuis des anomalies nombreuses, dont je n'ai pu découvrir la cause, et qui me font regarder comme très douteux maintenant ce qui m'avait paru certain d'abord. Ce qui m'avait le plus frappé dans ma seconde expérience, où j'avais vu l'extrémité du fil qui devait jouer le rôle de fil positif s'oxyder fortement, tandis que l'autre extrémité conservait son éclat métallique, était la permanence de cet état pendant une semaine entière. L'extrémité négative s'était couverte d'une espèce de poussière blanche, que j'avais prise d'abord pour des bulles naissantes, mais qui, vue au microscope, m'a présenté un dépôt salin que je soupçonne être du sulfate de chaux; car l'eau que j'avais employée en contenait un peu : c'est sans doute ce léger dépôt qui a préservé pendant si longtemps de l'oxydation l'extrémité du fil sur laquelle il s'est formé. Dans trois ou quatre expériences que j'ai faites avec l'eau distillée, j'ai toujours vu les deux extrémités du fil de fer s'oxyder l'une et l'autre, et la différence qu'on pouvait y remarquer était tantôt dans un sens et tantôt dans l'autre. Sans doute, si j'avais obtenu des résultats constants avec l'eau chargée d'un peu de plâtre, j'aurais été en droit d'en conclure l'existence du courant galvanique, malgré les anomalies que présentait l'eau distillée, qui est mauvais conducteur de l'électricité; mais, avec l'eau ordinaire, j'ai observé des variations très considérables dans ces phénomènes, et même des résultats tout à fait inverses, quoique, à la vérité, en moindre nombre que les résultats favorables. Si donc l'aimant produit un courant galvanique dans l'hélice enveloppante, il est assez faible pour que ses effets soient souvent masqués par des causes accidentelles très légères, ou du moins telles que je n'ai pu jusqu'à présent les découvrir et les écarter à volonté.

Ce qui me fait le plus douter maintenant que les résultats des premières expériences soient dus à l'action de l'aimant, c'est que des appareils beaucoup plus puissants, que j'ai employés depuis, n'ont pas offert moins d'anomalies dans leur action sur l'eau; et c'est, à mon avis, une forte objection contre les conjectures qui m'avaient suggéré ces expériences; car, la cause augmentant, l'effet devrait augmenter aussi.

J'ai peine à croire, par la même raison, au succès des tentatives que Ritter avait faites depuis longtemps pour décomposer l'eau par l'action magnétique; car, en disposant plusieurs aimants de manière à former une pile galvanique (suivant son hypothèse), il n'a pu produire de résultats plus saillants que ceux qu'il avait obtenus avec un seul aimant.

Puisque je viens de parler des expériences de Ritter, je crois devoir observer ici qu'elles ne ressemblent à celles que j'ai tentées que par l'application d'un aimant et d'un fil de fer à la décomposition de l'eau, et qu'elles en diffèrent beaucoup dans les dispositions des appareils : ceux que j'ai employés m'étaient indiqués par des considérations tellement différentes que, si j'avais réussi dans mes essais, j'aurais dû obtenir à volonté, soit le dégagement de l'hydrogène, soit l'oxydation sur la même extrémité du fil, selon que l'hélice aurait été *dextrorsum* ou *sinistrorsum;* tandis que, d'après l'hypothèse et les expériences de Ritter, ce changement de forme n'en doit point apporter dans les résultats.

A l'aide de mon appareil le plus puissant, composé des six barreaux fortement aimantés, j'ai essayé de charger un excellent condensateur, mais je n'ai pu obtenir aucune trace d'électricité. A la vérité, les électromètres dont je me suis servi n'avaient pas toute la sensibilité que j'aurais désirée pour une expérience de ce genre.

J'ai employé ensuite un électroscope d'une autre nature, et qui est le plus sensible de tous : c'était une grenouille fraîchement écorchée. En mettant une des extrémités de l'hélice en contact avec une feuille d'étain sur laquelle reposaient ses cuisses, et l'autre extrémité en contact avec une feuille d'étain qui enveloppait ses nerfs lombaires, j'ai remarqué des convulsions; mais je les obtenais également et au même degré d'intensité, à ce qu'il m'a semblé, en substituant à l'appareil magnétique un simple arc de fil de fer. Lorsqu'une extrémité de ce fil de fer, au lieu de poser sur l'enveloppe métallique des nerfs lombaires, les touchait immédiatement, les convulsions étaient beaucoup plus fortes; c'est qu'alors elles étaient excitées par l'action galvanique d'un arc composé de deux métaux différents, l'étain en contact avec les cuisses et le fer qui touchait aux nerfs. Ainsi, le courant électrique dans l'hélice de l'appareil magnétique (si toutefois il en existait un) était beaucoup plus faible que celui produit par le simple contact du fer et de l'étain.

Je dois ajouter, de la part de M. Ampère, que les petits mouvements que lui avait montrés une aiguille aimantée lorsqu'il en approchait un circuit de fil de laiton, dont une partie était pliée en hélice autour d'un aimant, ne se sont pas répétés d'une manière constante, et qu'ils étaient d'ailleurs si faibles, qu'il n'aurait pas publié cette expérience si le succès de la mienne, qu'il croyait certain, ne l'avait persuadé que ces petites agitations étaient occasionnées aussi par un courant électrique résultant de l'action de l'aimant sur l'hélice dont il était enveloppé (1).

---

(1) Toutes ces observations sont curieuses au point de vue historique, comme étant les premières dans lesquelles se soient manifestés, à l'insu des auteurs, les effets de l'induction que Faraday devait découvrir dix ans plus tard.

Outre les expériences auxquelles Fresnel fait allusion dans le dernier paragraphe, Ampère en avait tenté une autre tout à fait analogue à celle de Fresnel et dont il rendit compte à l'Académie, dans la séance du 13 novembre 1820; elle avait pour but de décomposer l'eau par une hélice de fer, sous la seule influence du magnétisme terrestre. L'hélice, formée de 30 spires enroulées sur un cylindre de carton, avait son axe placé dans la direction de l'aiguille d'inclinaison. L'effet, qui au premier abord avait paru tout à fait démonstratif, se montra très douteux dans les essais suivants, et Ampère arrêta la publication de la Note qu'il avait lue sur ce sujet.

Après la découverte de Faraday, Ampère fit quelques essais pour expliquer les résultats obtenus par Fresnel; il les croyait dus aux variations du magnétisme, déterminées par les variations de la température; mais pour que son explication, telle qu'il la présente (*), fût entièrement satisfaisante, il faudrait admettre, contrairement aux faits, que le moment magnétique d'un barreau diminue avec la température. Quant aux actions qu'il avait lui-même observées sur l'aiguille aimantée, par l'approche d'un fil de laiton dont une partie était enroulée en hélice autour d'un aimant, il les explique très simplement par cette circonstance, que, l'hélice étant très lâche et presque libre autour de l'aimant, il était presque impossible, vu la raideur du laiton, de déplacer la partie extérieure du fil, sans déplacer en même temps les spires qui entouraient l'aimant. (J.)

(*) *Lettre à Faraday*, 13 avril 1833 (*inédite*).

VI.

SUR L'AIMANTATION IMPRIMÉE AUX MÉTAUX PAR L'ÉLECTRICITÉ EN MOUVEMENT.

PAR BIOT ET SAVART (¹).

Dans le premier volume de cet Ouvrage, en traitant de l'appareil voltaïque, j'ai exposé les effets physiologiques et chimiques que produit un courant continu d'électricité, lorsqu'il est transmis avec une vitesse suffisante, soit à travers les organes des corps vivants, soit à travers des dissolutions liquides et conductrices, composées de principes séparables. M. Oersted, professeur de Chimie à Copenhague, a découvert que ce courant possède encore un autre pouvoir. Lorsqu'il parcourt des corps métalliques d'une nature quelconque, il leur donne momentanément la vertu magnétique; ils deviennent alors capables d'attirer le fer doux et non aimanté. Si on leur présente une aiguille d'acier déjà aimantée, ils attirent un de ses pôles et repoussent l'autre, mais diversement, selon les parties de leur surface qu'elle regarde. Enfin, ce qui complète le caractère d'une action magnétique, ils n'agissent point sur des aiguilles d'argent ou de cuivre, mais seulement sur des substances actuellement aimantées ou susceptibles de l'être par influence. Ces effets ne subsistent que pendant la transmission du courant électrique. Si l'on arrête la circulation de l'électricité, en rompant les communications établies entre les deux pôles de l'ap-

(¹) Les expériences de Biot et Savart ont été l'objet d'une première communication à l'Académie, le 30 octobre 1820 (*Action du fil rectiligne*), et d'une seconde, le 18 décembre 1820 (*Action du fil oblique*). Les Mémoires lus à cette occasion n'ont jamais été publiés.

Biot n'a donné, au sujet de ces expériences, qu'une Note très courte, insérée dans les *Annales de Chimie et de Physique* [2], t. XV, p. 222; une Dissertation lue à la séance publique de l'Académie des Sciences, le 2 avril 1821, et insérée dans le *Journal des Savants* de 1821, p. 221; un Résumé, sans détail d'expériences, dans la seconde édition du *Precis elémentaire de Physique*, t. II, p. 117, 1821; enfin l'Exposé détaillé, que nous reproduisons ici, dans la troisième édition du même Ouvrage, t. II, p. 704; 1823. (J.)

pareil voltaïque, ou même si l'on ralentit beaucoup sa vitesse, en faisant communiquer ces pôles par de mauvais conducteurs, aussitôt le pouvoir magnétique cesse, et les corps qui l'avaient reçu rentrent dans leur état d'indifférence habituel.

Ce simple aperçu nous découvre déjà bien des propriétés nouvelles. Tous les procédés employés jusqu'à présent pour aimanter les corps n'avaient produit d'effet que sur trois métaux purs, le fer, le nickel, le cobalt, et sur quelques-uns de leurs alliages, tels que l'acier par exemple, qui n'est qu'un alliage de fer avec une petite quantité de charbon. Jusqu'ici on n'avait jamais pu rendre magnétique ni l'argent, ni le cuivre, ni aucun autre métal. Le courant électrique leur donne à tous cette propriété. De plus, il la leur donne passagèrement par sa présence; enfin, comme on va le voir tout à l'heure, il la répartit dans toute leur masse d'une manière également singulière, et qui ne ressemble point à ce que nous produisons quand nous développons le magnétisme par nos procédés d'aimantation ordinaire, qui consistent en des frictions longitudinales opérées avec des aimants.

Pour produire ces nouveaux phénomènes, de la manière la plus simple, il faut, comme l'a fait M. Oersted, établir la communication entre les deux extrémités de l'appareil voltaïque, par un simple fil ou cordon de métal, qui puisse être aisément dirigé et courbé en tout sens. On dispose ensuite, sur un pivot à pointe fine, une aiguille aimantée horizontale, bien mobile AB; puis, lorsqu'elle s'est fixée sur la direction que lui assigne la force magnétique du globe terrestre, on prend une portion flexible du fil conducteur, ou conjonctif, comme l'appelle M. Oersted; et l'ayant tendue parallèlement à l'aiguille, on l'approche doucement d'elle, soit par-dessus, soit par-dessous, ou à droite, ou à gauche; aussitôt on la voit dévier. Et, ce qui n'est pas moins remarquable, le sens de sa déviation change selon le côté par lequel le fil conjonctif se présente à elle. Pour faire bien comprendre cet étonnant phénomène, et en fixer nettement les particularités, supposez que le fil conjonctif s'étende horizontalement du nord au sud, dans la direction même du méridien magnétique où l'aiguille se fixe, et que son extrémité nord soit attachée au pôle cuivre de l'appareil voltaïque, l'autre l'étant au pôle zinc. Concevez encore que la personne qui fait l'expérience regarde le nord, et par conséquent le pôle cuivre du fil. Cela posé, lorsque le fil est placé au-dessus de l'aiguille, le pôle nord de celle-ci marche vers l'ouest : si le fil est placé au-dessous, le pôle marche vers l'est; si l'on porte le fil à droite ou à gauche, l'aiguille n'est plus déviée latéralement; mais elle perd son horizontalité. Dans le premier cas, son pôle nord s'élève; dans le second, il s'abaisse. Or, en transportant ainsi le fil conjonctif tout autour de l'aiguille, suivant des directions parallèles entre elles, on ne fait que le lui présenter par des côtés différents de son contour circulaire, sans altérer en rien la tendance propre de l'aiguille vers les pôles magnétiques terrestres. Puis donc que les déviations de la branche MA de l'aiguille, observées dans ces positions successives, sont d'abord dirigées de droite à gauche, quand le fil est au-dessus de l'aiguille; puis de bas en haut, quand il est à droite; de gauche à droite, quand il est dessous; et enfin, de haut en bas, quand il est à gauche, il faut nécessairement conclure de ces effets que le fil conjonctif dérange l'aiguille par une force émanée de lui-même, laquelle est dirigée transversalement à la longueur du fil, révolutive autour de son axe et toujours parallèle à la portion de son contour circulaire que l'aiguille regarde. Telle est aussi la conséquence que M. Oersted a tirée de ses premières observations. Or ce caractère révolutif de la force, et révolutif suivant un sens déterminé, dans un milieu qui, comme l'argent et le cuivre, ou tout autre métal, semble parfaitement identique dans toutes ses parties, est un phénomène extraordinairement remarquable, dont on n'avait jusqu'ici qu'un exemple unique, qui appartient à la théorie de la lumière et qui consiste, comme je l'ai fait voir, dans les déviations que certains liquides impriment aux plans de polarisation des rayons lumineux.

Dans les expériences que M. Oersted avait faites, et que je viens de décrire, on présente le fil conjonctif à des aiguilles d'acier déjà aimantées. On peut donc se demander si l'action alors exercée est propre au fil conjonctif, comme l'action d'un barreau d'acier trempé et aimanté est propre à ce barreau; ou si elle est communiquée au fil par la présence de l'aiguille aimantée, comme on voit le fer doux, qui n'exerce aucun pouvoir magnétique par lui-même, acquérir passagèrement ce pouvoir en présence des aimants. Pour décider cette question, il fallait voir si un corps non magnétique par lui-même, mais capable de le devenir par influence, comme le fer doux, par exemple, éprouverait une action sensible à l'approche d'un fil conjonctif traversé par le courant voltaïque. C'est ce qu'ont fait presque en même temps MM. Arago et Davy, en montrant que la limaille de fer s'attache à ces fils; et cette expérience, quoique simple, est importante en ce qu'elle fixe encore un des caractères de la force par laquelle le phénomène est produit.

En général, les caractères des forces sont, dans toutes les actions naturelles, ce qu'il est le plus essentiel de rechercher et de déterminer; car, lorsqu'on est parvenu à les reconnaître, et à les définir avec rigueur, comme tous les détails des phénomènes n'en sont que des conséquences mécaniques, on a un guide sûr pour les suivre; et quelque compliquée que leur déduction puisse être, on est certain que, tôt ou tard, le calcul finira par l'obtenir. Au lieu que, tant qu'on ignore la nature précise des forces, on marche en aveugle parmi les phénomènes; on prend des résultats composés pour des actions simples; on regarde comme des faits nouveaux des répétitions, ou tout au plus des modifications légères des mêmes faits; et souvent l'on croit s'être fort avancé dans ce dédale, quand on se trouve encore à peu près au point d'où l'on est parti.

Pour ne pas tomber dans cet inconvénient, je vais abandonner tout à fait l'ordre historique des découvertes et indiquer ici rapidement ce que l'on a fait jusqu'ici dans le dessein de compléter l'analyse des forces électromagnétiques que M. Oersted avait si habilement commencée.

La première chose qu'il fallait découvrir, c'était la loi suivant laquelle la force émanée du fil conjonctif s'affaiblit à diverses distances de son axe. Cette recherche a été l'objet d'un travail que j'ai fait avec M. Savart, dont j'ai déjà rapporté tant d'ingénieuses découvertes en Acoustique. Nous avons pris une aiguille d'acier aimantée, ayant la forme d'un parallélogramme très court, telle que AB (*fig.* 1); et, pour la rendre parfaitement mobile, nous l'avons suspendue dans une cage de verre à un simple fil de ver à soie, en lui donnant une situation horizontale. Puis, afin qu'elle fût tout à fait libre d'obéir à la force émanée du fil conjonctif, nous l'avons soustraite à l'action du magnétisme terrestre, en plaçant un barreau aimanté A'B' à une telle distance, et dans une direction telle, qu'il balançât exactement cette action. Cette compensation est toujours possible; car, quelle que puisse être la cause du magnétisme que la terre exerce sur les corps aimantés, et quel que puisse être également le mode de distribution des forces qui en résultent, du moins est-il certain que l'action de ces forces se fait uniquement sentir en chaque lieu, par une résultante qui sollicite les particules intégrantes de ces corps vers une certaine direction déterminée, d'où il suit que cette tendance, toujours très faible, peut être combattue et balancée par l'action d'un aimant tellement placé, qu'il produise sur le corps que l'on considère un effet égal et directement contraire. Pour opérer cet équilibre dans notre hémisphère, où la résultante magnétique du globe terrestre agit comme une force boréale, il faut d'abord, si l'aiguille sur laquelle on opère est horizontale, la laisser se diriger librement dans le mé-

Fig. 1.

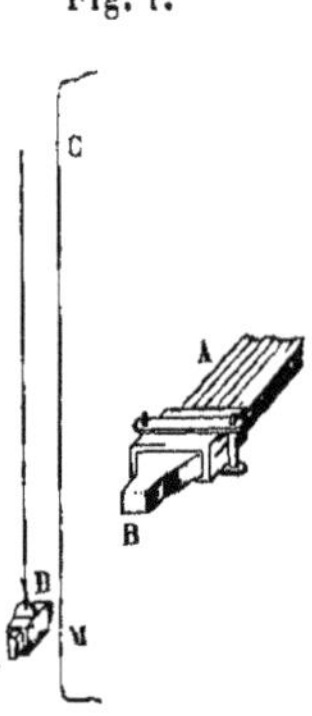

ridien magnétique, et observer avec une bonne montre à secondes le nombre d'oscillations qu'elle y exécute dans un temps donné, sous la seule influence de la force terrestre. Puis, prenant un barreau aimanté dont l'état soit bien stable, et dont la longueur ainsi que l'énergie soit aussi grande qu'il est possible, on placera ce barreau horizontalement à la hauteur de l'aiguille, et sur le prolongement de sa méridienne magnétique, soit au nord, soit au sud, en le tournant toujours dans un sens contraire à l'action du globe, c'est-à-dire de manière que son pôle boréal regarde le nord, son pôle austral le sud. Alors, si le barreau est d'abord très distant de l'aiguille, la résultante des forces qu'il exercera sur elle sera très faible ou même insensible; ce que l'on reconnaîtra en faisant osciller l'aiguille, parce que la vitesse des oscillations sera presque la même que sous la seule influence terrestre; mais, en rapprochant peu à peu le barreau, les oscillations de l'aiguille deviendront plus lentes, et l'on pourra graduellement atteindre une position où elles le deviendront assez pour que la résultante totale qui la sollicite encore soit tout à fait négligeable. C'est ce dont on pourra aisément juger par les oscillations mêmes, du moins lorsque le barreau sera assez énergique pour que sa distance, lorsque la compensation est opérée, soit encore très grande comparativement à la longueur de l'aiguille, ainsi que nous l'avons recommandé. En effet, cette condition ayant lieu, chaque pôle de l'aiguille éprouvera sensiblement la même action de la part du barreau et suivant des directions sensiblement parallèles dans toutes les positions où le mouvement oscillatoire pourra l'amener. Or ce parallélisme de direction a également lieu pour la force terrestre, et même d'une manière infiniment plus rigoureuse. Le mouvement oscillatoire, produit par la différence de ces deux actions, sera donc pareil à celui que l'on obtiendrait par l'influence d'une seule force directrice très faible, agissant toujours suivant des directions semblablement parallèles les unes aux autres; ce qui rend les carrés des temps des oscillations réciproquement proportionnels aux intensités de la force, lorsque les oscillations s'opèrent dans de très petites amplitudes. On connaîtra ainsi le résidu de force directrice qui subsistera encore dans chaque position que l'on voudra donner au barreau; et l'on se fixera à celle où les oscillations deviendront assez lentes, pour que la force terrestre puisse être considérée comme anéantie. Alors, si la distance du barreau est encore très grande relativement aux dimensions de l'aiguille, comme nous l'avons supposé, la même compensation subsistera encore, sensiblement au même degré, dans toutes les positions que l'aiguille pourra prendre autour de son centre par l'effort de toute autre influence qui ne changera point son état magnétique propre : on devra alors considérer l'aiguille comme aussi parfaitement libre que s'il n'existait point de globe terrestre, ou que l'on se fût transporté seul avec elle au loin dans l'espace. Nous verrons plus tard comment on pourrait à la rigueur corriger même ce que cette neutralisation totale présenterait encore d'imparfait.

Tel est l'état d'indifférence où nous avons d'abord amené la petite aiguille aimantée qui servait à nos observations. Après nous en être bien assurés, nous avons fait passer le courant voltaïque à travers un fil conjonctif de cuivre bien cylindrique ZC, que nous avions, à l'avance, tendu verticalement au devant d'elle à une distance connue, et auquel nous avions donné assez de longueur pour que ses extrémités, qu'il fallait recourber afin de les attacher aux pôles de l'appareil voltaïque, n'eussent sur l'aiguille, à cause de leur éloignement, qu'une action si faible, qu'elle pût être impunément négligée. Cette disposition représentait donc l'effet d'un fil vertical indéfini, agissant sur une aiguille aimantée horizontale et libre. Dès que le courant voltaïque a commencé à être transmis, l'aiguille s'est tournée transversalement à l'axe du fil, conformément au caractère révolutif indiqué par M. Oersted; puis elle s'est mise à osciller autour de cette direction, comme la tige d'un pendule écarté de la verticale oscille autour d'elle par l'effet de la pesanteur; enfin elle a fini par s'y fixer, lorsque ses excursions ont été anéanties par la résistance de l'air. La marche progressive par laquelle l'aiguille s'était graduellement approchée de cette position définitive indiquait assez que l'état d'équilibre qui s'y opérait était de l'espèce que l'on appelle stable; et en effet, lorsqu'on l'en retirait tant soit peu et qu'on l'abandonnait ensuite à elle-même, elle venait s'y replacer comme précédemment par la suite de ses oscillations. Pour déterminer les caractères de la résultante qui l'y ramenait, nous l'avons mise ainsi en mouvement dans une amplitude peu étendue; puis, à l'aide d'une excellente montre à demi-secondes et à double arrêt de Breguet, nous avons compté le temps qu'un certain nombre d'oscillations, vingt par exemple, exigeait pour s'effectuer, et nous avons continué à les suivre ainsi par groupes de vingt, aussi longtemps que les excursions ont été assez grandes pour être observables. Nous nous sommes assurés, par ces épreuves, que leur durée était sensiblement indépendante de leur amplitude, dans les limites où nous opérions. Or, quand un corps solide, de forme prismatique, tel que notre aiguille, est libre de tourner autour d'un axe passant par son centre, et qu'il oscille autour d'une certaine position d'équilibre, s'il offre cette condition d'isochronisme dans les petites oscillations qui l'y ramènent, on en peut conclure que la force qui le fait tourner est, dans toutes ses positions successives, exactement ou presque exactement proportionnelle à la quantité angulaire dont il est écarté de cette direction; et c'est même de là que résulte l'isochronisme de ses mouvements, puisqu'il se trouve constamment rappelé vers son point de repos par une énergie sensiblement proportionnelle à l'angle qui lui reste à décrire pour y arriver. Le mouvement du corps solide, dans ces petites amplitudes, peut alors être rigoureusement assimilé à celui d'un pendule simple qui oscillerait autour de la même position d'équilibre, en vertu de la pesanteur terrestre. Or on sait que les oscillations d'un tel pendule, supposé d'une longueur constante, varient de durée selon l'intensité de la pesanteur qui le sollicite, et que cette intensité est réciproquement proportionnelle aux carrés des temps employés par le pendule pour exécuter un même nombre d'oscillations dans de très petites amplitudes : donc, si l'on compare de même les carrés de ces temps pour diverses distances du fil conjonctif à l'aiguille, en supposant toujours la condition d'isochronisme satisfaite, on connaîtra les rapports des forces composantes exercées dans ces différents cas par le fil conjonctif, parallèlement à la direction d'équilibre autour de laquelle l'aiguille oscille. Ces rapports, ainsi que la possibilité même de l'équilibre dans la position observée, seront donc déjà autant de conditions auxquelles la force totale émanée du fil devra satisfaire; et par conséquent on pourra s'en éclairer pour découvrir la loi absolue que cette force doit suivre, afin que ces conditions aient lieu.

Mais, pour remonter ainsi jusqu'à la nature même de la force, il faut d'abord analyser le mode d'application par lequel elle peut influer sur l'aiguille et déterminer ses mouvements. J'ai dit que nous avions eu soin d'employer une aiguille très courte. Nous l'avions de plus aimantée de manière qu'elle se trouvait exempte de points conséquents. Les quantités de magnétisme austral et boréal qui s'y trouvaient libres pouvaient donc être considérées comme sensiblement concentrées en deux points ou pôles, situés près de chaque extrémité de l'aiguille, à des distances égales entre elles; lesquelles, si l'aiguille eût été un simple fil très fin et cylindrique, auraient, comme on sait, dû être égales au sixième de sa longueur totale. Or, ces deux pôles étant de nature contraire, l'influence du fil conjonctif, quelle qu'elle puisse être, doit être contraire aussi sur chacun d'eux; c'est-à-dire que, si les quantités égales de magnétismes austral et boréal qui y résident se trouvaient placées en un même point, et que l'influence du fil sollicitât l'une des deux, suivant une certaine direction, elle devrait solliciter l'autre dans une direction absolument contraire, et avec une énergie égale. Cette condition d'opposition doit se conclure de ce que les fils conjonctifs ne font mouvoir les aiguilles non aimantées qu'on leur présente qu'après avoir séparé leurs magnétismes naturels; de sorte qu'ils restent sans pouvoir lorsqu'on les fait agir sur des aiguilles d'acier trempées, ou d'autres alliages très durs, dans lesquelles la séparation des magnétismes naturels n'a pas été effectuée préalablement, et surpasse l'effort qu'ils peuvent exercer. En effet, une telle impuissance n'aurait pas lieu si les molécules des magnétismes combinés étaient seulement sollicitées dans des sens différents, mais non pas exactement opposés l'un à l'autre; car alors la résultante des efforts divers exercés par le fil sur les corps extérieurs, dans l'état de combinaison de leurs magnétismes, ne serait pas nulle; et par conséquent les aiguilles formées de métaux magnétiques se mettraient en mouvement sous l'influence des fils conjonctifs sans être aimantées, même passagèrement, ce qui est contraire aux phénomènes. L'indifférence de ces aiguilles, aussi longtemps que leurs magnétismes naturels ne sont pas séparés, prouve pareillement l'égalité des actions exercées par les fils conjonctifs sur des quantités égales des deux magnétismes; car, sans cette égalité, les aiguilles même non actuellement aimantées, mais formées de substances magnétiques, acquerraient, en présence de ces fils, un mouvement absolu de translation dans l'espace.

Ces principes admis, lorsque notre aiguille s'est fixée à la position d'équilibre que lui assigne l'influence du fil conjonctif, menons par son axe magnétique un plan horizontal qui sera par conséquent perpendiculaire au fil. Ce plan contiendra toutes les forces par lesquelles l'équilibre est déterminé; car il contiendra d'abord les deux pôles de l'aiguille où résident les deux quantités de magnétisme libre qui subissent l'action du fil; et, en outre, il contiendra la résultante de cette action sur chaque pôle, quelle qu'elle puisse être, puisque, le fil pouvant être considéré comme indéfini, et les effets qu'il produit étant les mêmes, à quelque partie de sa longueur que l'on présente l'aiguille, les deux parties du fil, situées de part et d'autre du plan horizontal mené par le centre de l'aiguille, exercent nécessairement sur elle une action égale; d'où il suit que leur résultante commune pour chaque pôle doit être dirigée suivant ce plan lui-même. Représentons les résultats de cette section dans la *fig.* 2, où AB est l'axe magnétique de l'aiguille, A et B ses deux pôles, C son centre et F la projection du fil sur le plan horizontal ou son intersection par ce plan. Maintenant, quelle que soit la nature de l'action exercée par le fil sur le pôle B, cette action aura une direction quelconque dans le plan FBA. Supposons que ce soit BD, en sorte que la quantité de magnétisme boréal libre située en B se trouve sollicitée suivant BD en vertu de

Fig. 2.

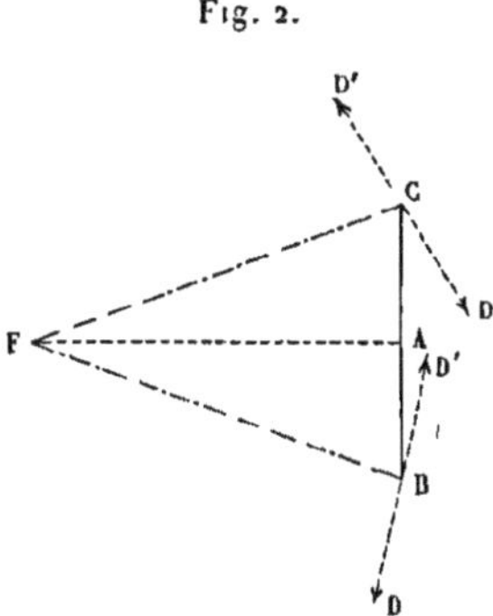

cette force. Il faudra évidemment admettre que, si le même point B était occupé par une quantité pareille de magnétisme austral, celle-ci serait sollicitée avec une force égale et dans un sens directement opposé, c'est-à-dire suivant BD', prolongement de BD. De là résultent aussitôt la direction et l'intensité de l'action exercée par le fil sur le pôle austral A de l'aiguille; car ce pôle contient une quantité de magnétisme libre égale à B; et, de plus, il se trouve distant du fil d'une quantité FA, égale à FB dans la position d'équilibre où l'aiguille se place. Or, il est aisé de s'assurer que ces actions exercées par le fil sont les mêmes, à une même distance de son centre, quel que soit le point de son contour au devant duquel l'aiguille soit placée; car, si on le fait tourner sur lui-même sans changer sa direction longitudinale ni sa distance à l'aiguille, le mouvement oscillatoire de celle-ci et sa position relative d'équilibre n'éprouvent aucune altération. Conséquemment, pour avoir l'action exercée en A sur une molécule de magnétisme quelconque, soit australe, soit boréale, il n'y a qu'à y répéter la même construction qu'au point B, c'est-à-dire y mener une ligne DAD', qui fasse avec FA = FB un angle FAD, égal à l'angle FBD; et prenant sur cette ligne, à partir du point A, deux longueurs opposées AD, AD' égales entre elles, la première représentera la force qui solliciterait une quantité B de magnétisme boréal, qui serait située en A; et la seconde représentera la force qui sollicitera une quantité de magnétisme austral égale, située au même point. Ce cas est précisément celui que l'aiguille nous offre dans sa position d'équilibre. Ainsi, sa masse se trouvera réellement sollicitée par deux résultantes qui auront entre elles les relations précédentes, c'est-à-dire, dont l'une BD, appliquée au pôle B, le tirera de B vers D; et l'autre AD', égale à la précédente, mais appliquée au pôle A, le tirera de A vers D', avec une intensité pareille. Or, il est évident, par les plus simples considérations de la Statique, que les deux forces BD, AD' étant égales, appliquées à deux bras de levier CA, CB, d'égale longueur, et tendant à faire tourner l'aiguille en sens contraire, elles ne pourront la laisser en équilibre dans la position BCA, perpendiculaire sur CF, à moins que leurs directions BD, AD' ne soient également inclinées sur l'aiguille, c'est-à-dire, à moins que les angles DBC, D'AC ne soient égaux; ce qui exige que DBF soit égal à D'AF. Mais D'AF est identiquement égal à D'BF par construction, puisque le système des lignes FA et DAD' n'est autre chose que le système des lignes FB et DBD' transporté de B en A. Conséquemment, dans cet état d'équilibre que l'observation réalise, les deux angles DBF, D'BF sont égaux entre eux; d'où il suit qu'ils sont tous deux droits, puisqu'ils sont adjacents sur une même droite. *Ainsi, lorsqu'un fil conjonctif indéfini, animé par le courant voltaïque, agit sur un élément de magnétisme austral ou boréal situé à une certaine distance* FA *ou* FB *de son centre, la résultante des actions qu'il exerce est perpendiculaire à la plus courte distance de la molécule au fil.*

Nous n'avons pas à examiner ici comment les diverses tranches du fil contribuent à composer cette résultante, ni comment les molécules infiniment petites de chaque tranche peuvent donner des résultantes transversales au fil. Ces particularités dépendent nécessairement de la nature des forces que le courant électrique développe dans chaque molécule intégrante dont la masse du fil se compose. La connaissance de ces forces moléculaires serait sans doute très utile, et peut être par conséquent fort désirable; mais elle n'est nullement nécessaire pour établir la réalité ou la direction de leur résultante, que la seule observation des résultats composés détermine rigoureusement, comme on vient de le voir.

Il faut maintenant fixer le sens absolu suivant lequel cette résultante s'exerce lorsqu'elle agit sur chaque espèce de magnétisme, c'est-à-dire si elle tend à l'entraîner à droite ou à gauche des lignes FA et FB. Il faut en outre déterminer la loi suivant laquelle elle varie avec la distance. C'est ce que nous avons fait également, M. Savart et moi, à l'aide de deux séries d'expériences que je vais successivement rapporter.

La première s'effectue à l'aide de l'appareil que nous venons de décrire tout à l'heure; il suffit de rendre mobile le support qui porte le fil conjonctif, de manière qu'on puisse à volonté le présenter successivement à l'aiguille à des distances diverses et connues; on atteint ce double but, en appliquant au pied de ce support une division horizontale le long de laquelle il peut se mouvoir, et que l'on dirige fixement vers le fil de suspension de l'aiguille oscillante. Alors, si l'on mesure directement la distance horizontale de ce fil ou du centre de l'aiguille au fil conjonctif dans une seule position quelconque de ce dernier, il est clair que toutes les autres distances s'obtiendront, en ajoutant à celle-là, ou en retranchant, toutes les quantités dont le support du fil conjonctif aura marché le long de sa division horizontale. En outre, pour manifester isolément l'action du fil, sans l'intervention d'aucune autre force étrangère, on neutralise l'action du magnétisme terrestre sur l'aiguille, au moyen d'un fort aimant convenablement placé à une grande distance, ainsi que nous l'avons expliqué plus haut. Ces dispositions faites, on amène successivement le fil conjonctif à des distances diverses, mais cependant assez grandes pour que les durées des petites oscillations de l'aiguille sous son influence soient toujours sensiblement isochrones, ce que l'on constate par l'expérience même; et l'on compte avec tout le soin possible, le nombre de secondes et de demi-secondes employées par l'aiguille pour exécuter un certain nombre constant d'oscillations, dix par exemple, à chaque distance successive, ce que, pour plus d'exactitude, on a soin de conclure de nombres plus considérables. Alors l'isochronisme des oscillations permettant de considérer le mouvement comme produit par une force qui serait parallèle à la direction d'équilibre où l'aiguille s'arrête, il s'ensuit que celle-ci est précisément dans le cas d'un pendule que l'on ferait successivement osciller autour de la verticale, à différentes latitudes, sous l'influence de pesanteurs d'intensités différentes. De sorte que, pour l'aiguille comme pour le pendule, l'énergie de la force composante ainsi dirigée est réciproque aux carrés des temps des oscillations. Donc, en représentant par F la force particulière et idéale qui ferait exécuter ainsi à l'aiguille précisément dix oscillations en une seconde; si, dans une autre position du fil conjonctif, le même nombre d'oscillations s'opère en un autre nombre de secondes exprimé par N, la force, dans ce second cas, ne sera plus F, mais $\frac{100F}{N^2}$. En sorte qu'il ne restera qu'à comparer ces forces aux distances qui leur correspondent, et à tâcher de découvrir leur mutuelle relation.

Mais il y a, dans le détail pratique des expériences, quelques précautions qu'il est indispensablement nécessaire de prendre, pour rendre les résultats successifs exactement comparables; et l'on s'exposerait à de graves erreurs en les négligeant. D'abord il ne faut pas que la transmission du courant électrique soit continuellement établie, ce qui userait inutilement l'appareil voltaïque dont on fait usage et affaiblirait progressivement son action, de manière à l'empêcher tout à fait d'être comparable à elle-même. Il faut donc que cet appareil soit à auges et que les plaques soient plongées seulement pendant le temps des observations; ensuite, pour pouvoir transmettre à volonté le courant d'une manière semblable à travers différents fils conjonctifs, tels que ZMC, Z'M'C' (*fig.* 3), ou à travers le même fil à diverses reprises, sans avoir à craindre les inégalités d'une communication plus ou moins imparfaite, il faut que les bouts Z, C, Z', C' de ces fils se rendent dans des vases de verre séparés, remplis de mercure, où on les tient plongés d'une manière fixe; et alors, pour transmettre le courant électrique à travers ces fils, dans tel sens qu'on le désire, il suffit de plonger momentanément dans les mêmes vases les bouts des fils conducteurs qui partent des deux extrémités, zinc ou cuivre de l'appareil voltaïque, et qui doivent être non pas attachés, mais soudés aux plaques qui le terminent. Il faut aussi, lorsque l'aiguille n'entre pas d'elle-même assez promptement en oscillation, éviter de l'exciter par le contact d'un corps solide, ce qui lui imprimerait toujours des agitations qui déplaceraient son centre, et qui seraient d'autant plus longues à se calmer, que la suspension par un fil de cocon simple est excessivement mobile; mais il faut la détourner de sa position d'équilibre, en présentant de loin et pour un instant, à l'un de ses pôles, un morceau de fer doux qui, s'aimantant sous son influence, l'attire aussitôt à lui. On doit aussi, pour limiter exactement le temps des oscillations, ne pas les compter à partir des instants auxquels elles commencent ou elles finissent; car alors, le mouvement changeant de sens, l'aiguille reste pendant quelque temps stationnaire, de sorte qu'il serait im-

Fig. 3.

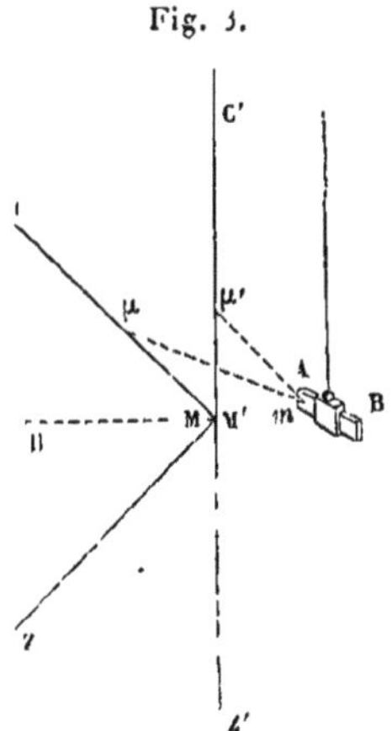

possible de fixer exactement l'instant précis qui répond juste à la fin ou au commencement de l'oscillation. Cette incertitude s'évite tout à fait en tendant verticalement deux fils de soie très fins dans le prolongement de la position d'équilibre de l'aiguille et comptant les oscillations depuis l'instant où elle passe devant ce fil jusqu'à l'instant où elle y revient, parce que son mouvement étant le plus rapide à ces deux époques, le passage d'une oscillation à une autre peut y être fixé plus sûrement que dans toute autre partie de l'amplitude. Toutefois, il faut ajouter à cette disposition un autre soin très facile, qui est de compter toujours un nombre pair d'oscillations, et non pas un nombre impair; car, si le fil qui sert de mire n'est pas placé tout à fait rigoureusement au milieu de l'amplitude totale d'oscillation, et il est impossible qu'il n'y ait pas à cet égard quelque petite erreur, le temps que l'aiguille emploiera depuis son passage devant le fil jusqu'à son retour sera ou trop court ou trop long; mais il sera d'autant trop court d'un côté qu'il sera trop long de l'autre; de sorte que l'erreur se compensera exactement sur chaque couple d'oscillations consécutives, et par conséquent elle se trouvera ainsi compensée de même dans tout nombre d'oscillations pair. Enfin, pour rendre les résultats des expériences successives parfaitement comparables, malgré l'affaiblissement progressif que l'appareil voltaïque peut éprouver, il faut employer une méthode d'alternatives pareille à celle que l'on emploie dans les expériences d'électricité. C'est-à-dire que si l'on veut, par exemple, comparer les actions d'un même fil à des distances diverses, il faudra faire d'abord osciller l'aiguille à une certaine distance D de ce fil; puis à une autre distance D'; puis de nouveau à la première distance D, et ainsi de suite, en ramenant toujours à la première distance D, et ayant soin que les durées des expériences partielles soient à très peu près égales. Alors, en prenant la moyenne entre la première observation et la troisième, on aura, pour la distance D, un résultat qui sera comparable à l'observation faite à la distance D', et ainsi de suite pour toutes les autres observations. C'est avec tous les soins que je viens de décrire, que nous avons fait, M. Savart et moi, notre expérience de mesure : l'aiguille prismatique dont nous nous servions avait 20^{mm} de longueur, 10^{mm} de hauteur et 1^{mm} d'épaisseur; ce qui donne 10^{mm} pour la longueur de chaque bras oscillant de part et d'autre du centre. Mais, d'après les lois de la distribution du magnétisme libre dans les corps aimantés, chaque portion de ces bras n'en devait pas être également chargée. Si notre aiguille eût été un fil cylindrique, ses pôles, c'est-à-dire, les centres de gravités magnétiques de ses deux bras, eussent été placés aux deux tiers de chacun d'eux, c'est-à-dire à $6^{mm},6$ du centre; et ainsi les actions exercées par le fil conjonctif sur les deux pôles auraient dû être considérées comme appliquées seulement à l'extrémité de cette longueur réduite; mais il est à présumer que la distance réelle des pôles de notre aiguille était encore moindre que cette limite, soit que cela résultât de sa forme prismatique, ou de ce qu'elle avait été longtemps abandonnée à sa réaction magnétique propre, laquelle avait dû affaiblir principalement les excès de charge des extrémités où le développement du magnétisme est toujours plus considérable. Du moins, c'est ce que nous avons dû conclure des expériences mêmes, en voyant que les oscillations de l'aiguille conservaient leur isochronisme, et leur indépendance des amplitudes, à des distances du fil qui n'étaient pas telles qu'elles pussent être censées très grandes comparativement à sa demi-longueur. Voici, du reste, les observations telles que nous les avons faites. J'ai placé à côté les rapports des forces qui en résultent d'après les carrés des oscillations, en prenant pour terme de comparaison les résultats obtenus à la distance de 30^{mm}.

ORDRE des observations	DISTANCES du fil conjonctif au centre de l'aiguille	DURÉE de 10 oscillations	RAPPORT des forces observées, comparées à celle qui a lieu à 30^{mm}
1	30^{mm}	$42'',25$	
2	40	48,85	$\frac{3}{4}(1-0,008508)$
3	30	42,00	
4	20	33,50	$\frac{3}{2}(1+0,023090)$
5	30	41,00	
6	50	54,75	$\frac{3}{5}(1-0,036673)$
7	30	42,25	
8	60	56,75	$\frac{3}{6}(1+0,095460)$
9	30	41,75	
10	120	89,00	$\frac{3}{12}(1-0,103892)$
11	30	42,50	
12	15	30,00	$\frac{2}{1}(1+0,067010)$
13	30	43,15	

Les nombres contenus dans la dernière colonne montrent que les rapports des forces observées sont presque exactement inverses des rapports des distances au fil conjonctif. Pour savoir si cette loi simple peut être admise dans les limites d'erreur que les observations comportent, il n'y a qu'à s'en servir pour calculer hypothétiquement les durées d'oscillations propres à chaque expérience, en la comparant à celles de 30^{mm} qui la comprennent; car, si N est le nombre propre à celle-ci et N' le nombre que l'on cherche pour la la distance D', on devra avoir alors

$$\frac{N'^2}{N^2} = \frac{D'}{D},$$

d'où l'on tire

$$N' = N\sqrt{\frac{D'}{D}}.$$

C'est ainsi que l'on a calculé le Tableau suivant :

ORDRE des observations	DISTANCES au fil	DURÉE DE 10 OSCILLATIONS		EXCÈS du calcul
		calculée	observée	
		"	"	"
2	40	48,62	48,85	— 0,23
4	20	33,88	33,50	+ 0,38
6	50	53,74	54,75	— 1,01
8	60	59,40	56,75	+ 2,65
10	120	84,25	89,00	— 4,75
12	15	30,99	30,00	+ 0,99

Les erreurs sont alternativement positives et négatives, sans aucune loi réglée; elles sont surtout sensibles pour les grandes distances, et cela doit être. Car, dans ces premières expériences, nous n'avions pas songé à rendre mobile l'appareil qui portait le fil conjonctif; nous faisions au contraire mouvoir l'aiguille, et nous rétablissions la compensation à chaque expérience, en faisant mouvoir les aimants. Or la faible action qui peut subsister encore, après que l'on a ainsi compensé le mieux possible la force terrestre, doit avoir plus d'influence sur les grandes distances où l'action du fil conjonctif est plus faible, que sur les petites, où elle est plus grande. Ces petits écarts se trouvant ainsi suffisamment expliqués, nous pouvons les négliger sans crainte, et adopter la loi précédente, comme aussi exacte que les observations mêmes; mais nous pouvons encore, sans excéder les mêmes limites d'exactitude, donner à la proportionnalité que cette loi nous découvre un sens physique bien plus vraisemblable, en supposant qu'elle s'applique, non pas aux distances du centre de l'aiguille au fil conjonctif, mais aux distances de ce fil aux deux pôles de l'aiguille. Car, à la vérité, ces dernières distances doivent néessairement différer des premières; mais, si les centres de gravité magnétiques des deux bras de notre aiguille prismatique sont encore plus rapprochés du centre que ceux des fils cylindriques, comme cela paraît fort vraisemblable, les distances du fil conjonctif au centre et à ces pôles peuvent différer assez peu dans nos expériences pour que leur inégalité ne soit pas sensible dans les calculs. Alors la loi, ainsi interprétée, signifiera que *l'action totale du fil conjonctif sur un élément magnétique quelconque, soit austral, soit boréal, est réciproque à la distance rectiligne de cet élément au fil.*

Pour légitimer complètement ce résultat, j'ai recommencé les mêmes expériences, en employant une aiguille prismatique parallélogrammique comme la précédente, mais beaucoup plus courte; sa longueur n'était que de 10^{mm}, sa hauteur de 5^{m}, son épaisseur $0^{mm},5$. Les centres de gravité magnétiques de chacun de ses bras se trouvant nécessairement plus rapprochés du centre que dans l'aiguille dont nous avions fait d'abord usage, cette circonstance devait évidemment rendre l'approximation plus rigoureuse. J'ai suspendu cette nouvelle aiguille à un fil de cocon comme la première, et je l'ai fait osciller de même à diverses distances du fil conjonctif vertical. Mais, au lieu de neutraliser complètement l'action de la Terre sur elle, par l'opposition d'un aimant éloigné, j'ai seulement affaibli beaucoup cette action, en prenant soin d'approcher l'aimant dans une direction telle, que l'aiguille ne sortît point de son méridien magnétique naturel, et j'ai placé l'appareil qui portait le fil conjonctif vertical, de manière que celui-ci se trouvât exactement contenu dans le plan mené par le centre de l'aiguille perpendiculairement au même méridien. Par cette disposition, la force émanée du fil conjonctif ne tendait point à dévier l'aiguille de son méridien magnétique; elle ne faisait qu'augmenter, ou diminuer la résultante qui l'y tenait déjà dirigée. Alors, avant de faire agir le fil sur elle, j'ai commencé par mesurer cette résultante, en comptant le nombre d'oscillations qu'elle faisait exécuter à l'aiguille en un temps donné, ou plutôt, ce qui offre l'avantage d'une précision plus grande, en comptant le nombre de secondes employées par un nombre donné d'oscillations. Soit N ce nombre : la même observation répétée sur l'aiguille, quand le fil conjonctif agit aussi sur elle, sert à mesurer de même la somme de toutes les forces qui la sollicitent dans ce nouvel état. Représentons ce nouveau nombre par N'; alors, d'après les lois du mouvement oscillatoire, le premier système de forces peut être représenté par $\frac{K}{N^2}$, le second par $\frac{K}{N'^2}$, K étant une même constante dépendante des dimensions de l'aiguille; la différence $\frac{K}{N'^2} - \frac{K}{N^2}$ ou $\frac{K(N - N')(N + N')}{N^2 N'^2}$ mesure donc la force qui est exercée par le fil conjonctif seul.

ORDRE des observations	DISTANCES du fil conjonctif au centre de l'aiguille	DURÉE de 40 oscillations sans le fil conjonctif N.	DURÉE de 40 oscillations avec le fil conjonctif N'.	ACTION propre du fil conjonctif.	RAPPORT des actions du fil aux distances $32^{mm},9$ et $62^{mm},9$
	mm	"	"		
1	32,9	67,5	101,0	1,21449	
2	62,9	66,0	78,5	0,67290	$\frac{32,9}{62,9}(1 + 0,03781)$
3	32,9	66,0	98,5	1,26499	

On a employé ici, comme précédemment, la méthode des alternatives, afin d'éluder l'effet des variations que l'énergie de l'appareil voltaïque pouvait éprouver pendant la durée des expériences. C'est ce qui fait la petite différence du premier résultat et du troisième, quoiqu'ils aient été observés à des distances égales du fil. On voit, par cette petitesse même, que l'appareil était peu variable. Pour lui donner cet avantage, je l'avais formé d'un seul élément voltaïque d'une très grande dimension, pouvant être à volonté plongé dans une grande cuve circulaire, et je l'y ai laissé constamment immergé pendant toute la durée des trois expériences, parce que les observations d'oscillations, de même que les phénomènes d'ignition des fils voltaïques, montrent que dans les premiers moments de l'immersion, l'appareil a toujours une énergie plus vive que celle qu'il manifeste ensuite et à laquelle il se fixe peu de temps après. Cet état plus stable est évidemment celui qu'il faut choisir pour des expériences comparées. On annule complètement l'effet des petites variations ultérieures que l'appareil peut éprouver encore, en prenant la moyenne du premier et du dernier résultat observés à la même distance; et c'est cette moyenne qui doit être comparée au résultat intermédiaire. Ici la comparaison est faite dans la dernière colonne de notre Tableau, et l'on peut voir par quelle petite fraction le rapport des forces diffère de la raison inverse des distances. Il achève donc de confirmer l'interprétation physique que nous avons donnée à cette loi, en l'appliquant aux éléments magnétiques mêmes.

Les expériences d'oscillations faites ainsi à de grandes distances offrent en outre une particularité qui décèle le sens absolu suivant lequel cette action s'exerce. Lorsque la partie inférieure du fil vient du pôle zinc, la supérieure se rendant au pôle cuivre, l'aiguille, vue du fil, tourne son pôle austral vers la gauche du fil et son pôle boréal vers sa droite. Si, au contraire, c'est la partie supérieure du fil qui vient du pôle zinc, et qu'ainsi l'inférieure se rende au pôle cuivre, l'aiguille tourne son pôle austral vers la droite du fil, et son pôle boréal vers sa gauche; de sorte que, lorsqu'on passe d'un de ces états à l'autre, en intervertissant les communications des deux extrémités du fil avec les pôles zinc et cuivre de l'appareil voltaïque, l'aiguille se retourne d'elle-même, et intervertit sa direction pour se conformer à la règle précédente, après quoi elle peut osciller tranquillement autour de la nouvelle position d'équilibre dont elle a ainsi fait choix. Ce caractère de stabilité ou d'instabilité dans ses oscillations est précisément ce qui fait reconnaître le sens absolu des forces qui agissent sur elle. En effet, soit que l'on suppose ces forces dirigées par rapport aux deux pôles de l'aiguille, comme le représente la *fig.* 4, ou comme

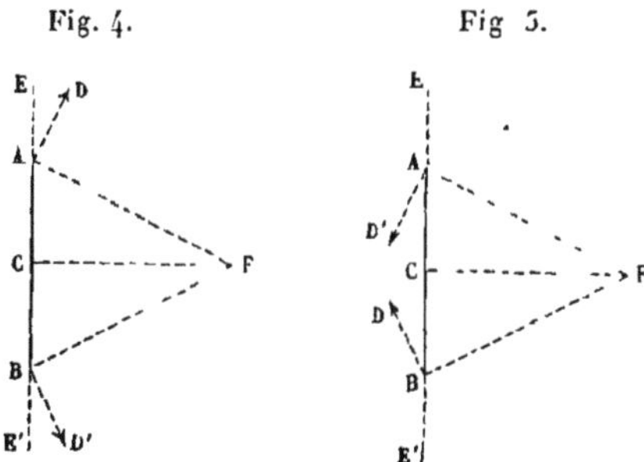

l'indique la *fig.* 5, par cela seul qu'elles sont égales à distances égales du fil F et qu'elles sont en outre respectivement perpendiculaires aux rayons FA, FB, menés de ce fil à chacun des deux pôles A et B de l'aiguille, il est évident que celle-ci, en supposant ses deux bras égaux, pourra, mathématiquement parlant, rester en équilibre dans les deux positions représentées par ces figures, c'est-à-dire, lorsqu'elle se trouvera perpendiculaire à la distance CF, menée de son centre au fil. Car, si l'on conçoit qu'on la place ainsi immédiatement, sans lui imprimer aucun mouvement initial, ni à droite, ni à gauche, et qu'on l'abandonne ensuite à la seule action des forces émanées du fil F, il est clair qu'elle se trouvera sollicitée par ces forces, suivant des directions symétriques et avec d'égales intensités des deux côtés de son centre, de sorte qu'elle demeurera en repos. Mais ces deux positions, équivalentes pour l'équilibre, sont bien loin de l'être pour le mouvement. En effet, dans la première (*fig.* 4), si l'on suppose que l'aiguille en soit tant soit peu écartée, on voit que l'action absolue du fil sur le pôle A est devenue moindre par l'accroissement de la distance; mais, en revanche, son énergie pour faire tourner l'aiguille, et la

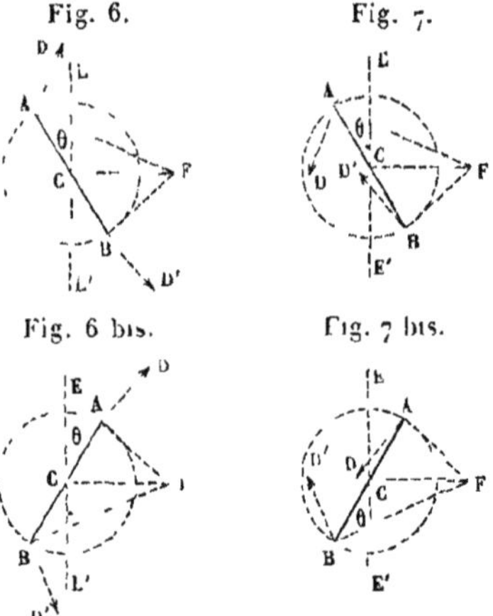

Fig. 6. Fig. 7.
Fig. 6 bis. Fig. 7 bis.

ramener vers sa position d'équilibre, est augmentée par l'accroissement de son inclinaison sur elle. Or, dans la loi inverse de la distance donnée par les phénomènes, le calcul fait voir que, *si le fil* F *est hors du cercle décrit par les pôles* A, B *de l'aiguille,* comme cela a toujours eu lieu dans les expériences d'oscillations que nous avons décrites, la seconde cause l'emporte sur la première, et qu'ainsi la force composante définitive qui tend à faire tourner le bras CA (*fig.* 6) est plus grande que dans l'état d'équilibre de la *fig.* 4. Le contraire a lieu pour l'autre bras CB qui s'est rapproché du fil F, parce que, pour celui-ci, l'accroissement qui résulte de la diminution de la distance ne compense pas l'affaiblissement produit par la diminution de l'obliquité, ce qui donne en définitive une force rotatoire moindre. Donc, si les mouvements statiques de ces deux forces contraires étaient égaux entre eux dans la position primitive représentée (*fig.* 4), ils ne le sont plus maintenant (*fig.* 6), et le plus énergique, l'emportant sur l'autre, doit ramener l'aiguille vers sa position primitive d'équilibre ECE′. On arriverait au même résultat si l'on supposait l'aiguille déviée dans le sens contraire, quoique toujours d'une quantité très petite, comme le représente la *fig.* 6 *bis*. Alors ce sera la force rotatoire exercée sur le pôle B qui sera dominante, et qui ramènera de même l'aiguille vers sa position primitive ECE′. On voit donc que, dans un tel système de direction et d'intensité des forces, l'aiguille, écartée tant soit peu à droite ou à gauche de sa position d'équilibre ECE′, doit nécessairement y revenir d'elle-même par une série d'oscillations successives, dont l'amplitude diminuera peu à peu, à mesure que la résistance de l'air affaiblira son mouvement, jusqu'à ce qu'enfin elle se replace en repos sur cette position même. Mais maintenant appliquons les mêmes raisonnements au cas où le sens absolu des forces émanées du fil F serait contraire à celui que nous venons de supposer, et tel que le représente la *fig.* 7. Alors, quand l'aiguille sera déviée d'un côté ou de l'autre de la position d'équilibre PCP′, comme on le voit (*fig.* 7 et 7 *bis*), la même inégalité se produira encore entre les forces composantes perpendiculaires appliquées aux deux pôles; mais la plus énergique de ces deux composantes, au lieu de ramener l'aiguille vers sa position primitive d'équilibre, tendra au contraire à l'en éloigner, et cette tendance dominante ne fera qu'augmenter, à mesure que l'aiguille aura déjà tourné davantage; de sorte qu'il faudra qu'elle s'intervertisse complètement et revienne à la position représentée (*fig.* 4), pour pouvoir trouver une situation d'équilibre stable, autour de laquelle elle puisse osciller. Ce phénomène de stabilité ou d'instabilité offre donc un caractère physique à l'aide duquel nous pouvons juger du sens absolu suivant lequel les forces émanées du fil agissent sur chacun des deux pôles de l'aiguille, et par conséquent, sur les deux espèces de magnétisme austral ou boréal qui s'y trouvent contenus. D'après les positions réelles d'équilibre stable où se place l'aiguille, selon la direction de transmission que l'on donne au courant voltaïque, nous devons en conclure la détermination suivante : *Si l'on conçoit un observateur placé dans le fil même, ayant la tête située à l'extrémité cuivre, les pieds à l'extrémité zinc et la figure tournée vers l'aiguille, la force qui émane du fil sollicitera les éléments de magnétisme austral de la droite vers la gauche de cet observateur, et les éléments de magnétisme boréal de sa gauche vers sa droite, perpendiculairement aux plus courtes distances de ces éléments au fil.* Cet énoncé est parfaitement conforme à ce que nous ont offert les premières observations de M. Oersted.

Tout à l'heure, en analysant les intensités des forces rotatoires qui sollicitaient l'aiguille écartée de sa position d'équilibre (*fig.* 6 et 6 *bis*), j'ai dit que la plus énergique de ces forces était celle qui s'appliquait au pôle de l'aiguille le plus éloigné du fil, *lorsque celui-ci était en dehors du cercle décrit par ces pôles.* Cette restriction est indispensable; car, lorsque le fil est situé dans l'intérieur du cercle, entre C et I, par exemple, la variation produite dans les composantes perpendiculaires par le changement de l'obliquité ne surpasse plus celle qui est produite par le changement de la distance; au contraire, elle en est surpassée, de sorte que c'est alors le pôle le plus voisin du fil F, qui se trouve sollicité par une force rotatoire plus énergique. Conséquemment, lorsque l'aiguille, dans cette limite de proximité, sera placée, par rapport aux forces émanées du fil, comme les *fig.* 7 et 7 *bis* le représentent, elle se trouvera constamment ramenée vers la position primitive d'équilibre ECE'; et au contraire, si elle est placée comme l'indiquent les *fig.* 6 et 6 *bis,* elle s'éloignera constamment de cette position et se retournera pour aller rejoindre la direction opposée; de sorte que les conditions de stabilité et d'instabilité seront alors exactement inverses de ce qu'elles étaient quand le fil F était extérieur au cercle que les pôles de l'aiguille embrassent. Enfin, si le fil est placé en I sur ce cercle même, aucune de ces deux tendances n'est prédominante, et les deux composantes perpendiculaires qui sollicitent les pôles de l'aiguille étant constamment égales, celle-ci peut indifféremment se tenir en équilibre dans toutes les positions où l'on veut arbitrairement la placer. Toutes ces conséquences de la loi de la force sont exactement d'accord avec les phénomènes, ainsi que l'a vérifié avec beaucoup de soin M. Pouillet, et leur réalisation expérimentale, qu'il a extrêmement diversifiée, offre ainsi autant de confirmations de cette loi ([1]).

Quoique l'accord constant du calcul avec des phénomènes si divers dans leurs apparences semblât suffire pour confirmer l'interprétation que nous avions donnée de l'action du fil conjonctif, en la considérant comme exercée individuellement sur chaque élément de magnétisme austral ou boréal existant à l'état libre dans l'aiguille oscillante, néanmoins nous voulûmes éprouver encore cette individualité d'action d'une manière directe, en présentant au fil conjonctif, non plus une aiguille très courte, comme dans les expériences précédentes, mais au contraire une aiguille très longue comparativement à ses dimensions transversales, et dans laquelle par conséquent les deux pôles ou centres de gravité magnétiques, de noms contraires, étaient sensiblement séparés.

Pour cet effet, nous tendîmes le fil conjonctif dans une direction horizontale perpendiculaire au méridien magnétique; devant le fil nous suspendîmes une aiguille aimantée par la méthode de la double touche et formée d'un fil mince d'acier trempé, ayant 100^{mm} de longueur. La suspension consistait en un assemblage de fils de soie plate, sensiblement exempts de torsion; et de plus l'appareil qui la portait était tel, qu'on pouvait à volonté élever ou abaisser l'aiguille dans la ligne verticale, menée par son centre, de manière que, sans quitter cette verticale, elle pût être amenée successivement à des hauteurs diverses, tant au-dessus qu'au-dessous du fil. La *fig.* 8 représente la coupe de cet appareil, suivant un plan vertical CHF, mené par l'aiguille AB supposée en équilibre, et conséquemment perpendiculaire au fil conjonctif qui se projette tout entier en F. D'après cette disposition, si l'on considère un élément quelconque de l'aiguille tel que M, la petite quantité de magnétisme libre qui réside dans cet élément éprouvera de la part du fil conjonctif F une action résultante, qui sera dirigée suivant MDD′, perpendiculaire au rayon vecteur FM, et qui tendra à entraîner cet élément, avec une énergie réciproque à FM, suivant MD

([1]) Les expériences de Pouillet ont été présentées à l'Académie le 26 août 1822. On a ici supprimé une longue note de quatre pages reproduisant, sous forme algébrique, la discussion contenue dans le texte. (J.)

ou suivant MD′, le choix de ces deux sens étant déterminé par celui de la transmission assignée au courant électrique dans le fil F et par la nature australe ou boréale du magnétisme libre dans l'élément M. Mais tout mouvement vertical étant interdit à l'aiguille par sa suspension, qui est supposée la maintenir horizontale, la seule partie de l'action qui aura de l'efficacité pour la mouvoir sera la composante horizontale fournie par la force MD ou MD′. Cette composante s'obtiendra en multipliant la force totale, déjà réciproque à FM, par le cosinus de l'angle DMH ou D′MH, cosinus qui est égal à $\frac{\mathrm{FH}}{\mathrm{FM}}$ ou $\frac{h}{\mathrm{R}}$, en nommant R la distance FM, et désignant par h la hauteur où l'on amène l'aiguille, soit au-dessus, soit

Fig. 8.

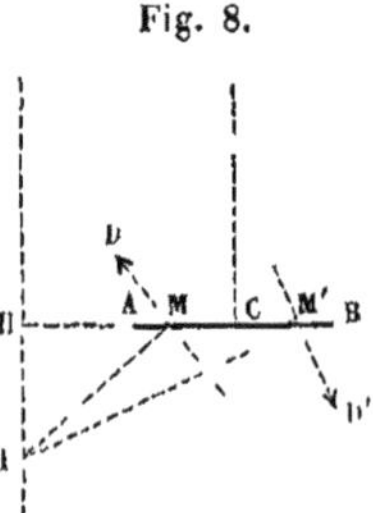

au-dessous du fil conjonctif. Donc, en définitive, si μ représente la quantité relative de magnétisme libre résidant en M, et que l'on désigne par K l'intensité absolue de l'action que le fil conjonctif exercerait directement sur une certaine quantité fixe de ce magnétisme, en partie de laquelle on exprimera μ, la composante horizontale exercée par le fil sur le point M sera exprimée par $\frac{\mathrm{K}\mu h}{\mathrm{R}^2}$; et en représentant par dm une très petite tranche transversale de l'aiguille, assez mince pour que l'intensité μ puisse y être censée constante, le produit $\frac{\mathrm{K}\mu h\,dm}{\mathrm{R}^2}$ exprimera la force horizontale qui sollicitera cette tranche élémentaire suivant MA ou suivant MB, selon les circonstances que nous avons plus haut spécifiées. Quel que soit celui de ces deux sens qui se doive réaliser, il sera nécessairement contraire dans les deux branches de l'aiguille, à cause de la nature opposée et de la distribution égale des magnétismes développés dans chacune de ces branches, d'après le mode symétrique d'aimantation que nous lui avons supposé; mais de cette opposition même il résulte que, si l'on écarte tant soit peu l'aiguille de sa position primitive AB, les deux composantes solliciteront ses deux bras à tourner dans un même sens, et s'ajouteront ainsi l'une à l'autre dans son mouvement de rotation.

La *fig.* 7 représente l'aiguille AB élevée au-dessus du fil F. Concevons-la maintenant abaissée au-dessous (*fig.* 9), en supposant que sa direction absolue dans l'espace soit restée la même. Chacun de ses éléments, tel que M, éprouvera encore de la part du fil des actions pareilles, dirigées toujours perpendiculairement au rayon vecteur FM; mais, par l'effet de cette particularité même, la direction individuelle de chaque composante horizontale sera contraire à ce qu'elle était dans le cas précédent; et, quoique s'a-

Fig. 9.

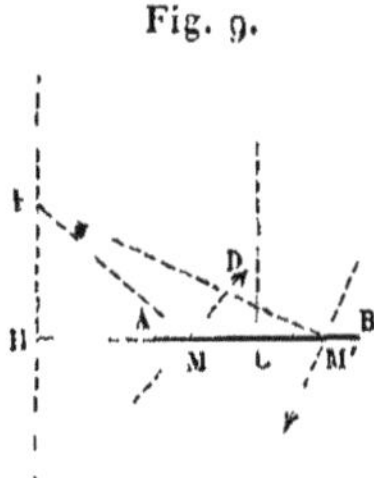

joutant encore l'une à l'autre dans le mouvement de rotation de l'aiguille, elles tendront à diriger ce mouvement dans un sens opposé à celui qu'elles lui imprimaient lorsque l'aiguille était élevée au-dessus du niveau du fil. Dans le cas intermédiaire où l'aiguille serait placée au niveau du fil même, chacune des composantes horizontales devient nulle, et ainsi le fil conjonctif, quoique traversé par le courant voltaïque, n'exerce aucune influence sur les mouvements de rotation ou d'oscillation que l'on peut imprimer à l'aiguille autour de son centre.

La vérification de cette neutralité est bien facile. Ayant interrompu les communications du fil conjonctif avec les pôles de l'appareil voltaïque, on amènera l'aiguille exactement à son niveau, et l'ayant laissée se diriger librement suivant la méridienne magnétique, auquel cas elle se trouvera perpendiculaire au fil, on la fera osciller autour de cette méridienne, en vertu de la seule action de la Terre, et l'on comptera le temps de ses oscillations; puis on rétablira les communications du fil avec l'appareil voltaïque et l'on recommencera la même observation. La durée des oscillations dans les deux cas devra être exactement la même. C'est aussi ce que l'expérience confirme très exactement.

Cela fait, on amènera l'aiguille, soit au-dessus, soit au-dessous du niveau du fil conjonctif, à des hauteurs connues, et on l'exposera à son action à des distances telles, que cette action soit toujours inférieure à la force terrestre. Alors l'aiguille ne sera jamais intervertie; mais, d'un côté du plan de niveau, elle se trouvera sollicitée par une force plus grande que la force terrestre, et de l'autre, elle le sera par une force moindre, quoique toujours dans le sens de sa méridienne magnétique primitive. Donc, en la faisant osciller, on devra trouver que ses oscillations deviennent dans le premier cas plus rapides, dans le second plus lentes, étant d'ailleurs également accélérées et retardées à distances égales de part et d'autre du niveau du fil. Maintenant, cette distance changeant, l'influence du fil varie, et varie par deux causes contradictoires; car, d'une part, son intensité absolue sur chaque élément de l'aiguille s'affaiblit par l'éloignement; mais en même temps le changement d'obliquité donne plus de valeur à ses composantes horizontales, comme le montre l'expression même à laquelle celles-ci sont proportionnelles. De là il résulte que ces composantes, d'abord nulles avec la hauteur h, commencent d'abord par augmenter d'intensité à mesure que h augmente, puis deviennent sensiblement constantes à une certaine valeur de h, qui leur assigne leur plus grande valeur, et décroissent ensuite indéfiniment, de manière à devenir nulles quand h est indéfini. Ces diverses périodes d'intensité doivent donc se faire également sentir sur les oscillations de l'aiguille autour de sa méridienne magnétique, lorsqu'on les observe à diverses hauteurs de part et d'autre du plan de niveau du fil; et en effet l'expérience les confirme parfaitement.

On pourrait même, d'après l'expression des forces, telle que nous l'avons donnée, calculer les degrés absolus d'accélération ou de retardement que le même fil conjonctif doit imprimer à une même aiguille à des hauteurs diverses. Mais la rapidité des variations que les forces subissent par les changements simultanés de l'obliquité et de la distance ne permet plus de se borner à considérer les magnétismes libres de l'aiguille comme concentrés en deux points ou pôles, situés à une certaine distance en ses extrémités ; et, pour obtenir une complète rigueur, il faudrait calculer l'énergie des forces, pour chaque point de l'aiguille, d'après la distribution connue du magnétisme dans le mode d'aimantation qu'on lui a appliqué. Toutefois la considération seule des pôles donne déjà des résultats suffisamment approchés pour que l'on puisse juger de l'exactitude que donnerait une approximation plus parfaite ; et l'on peut en faire l'épreuve sur la série suivante d'observations faites avec l'aiguille de 100^{mm} dont nous avons parlé plus haut. Cette aiguille, soumise à la seule action de la force terrestre, faisait 10 oscillations en 25^s. Pendant les expériences, elle a été constamment maintenue à $59^{mm},7$ du plan vertical mené par le fil conjonctif.

NUMÉROS D'ORDRE des observations	HAUTEURS SUCCESSIVES de l'aiguille, soit au-dessus, soit au dessous du niveau du fil h	DURÉE de 10 oscillations
1	+ 0	25
2	5	27
3	10	29
5	10	29
6	15	$29\frac{1}{2}$
7	20	$29\frac{3}{4}$
8	30	$28\frac{1}{2}$
9	35	$28\frac{1}{2}$
10	45	$27\frac{2}{3}$
11	65	27
12	20	29
4	—10	$22\frac{1}{2}$

L'observation n° 4, où l'aiguille a été descendue à 10^{mm} au-dessous du fil, est intermédiaire entre les observations 3 et 5, dans lesquelles l'aiguille avait été amenée à une distance égale de l'autre côté du plan de niveau. Or, en représentant par T l'intensité de la force terrestre, et par F celle du fil à cette distance, si pour T seul le temps de 10 oscillations est N, et que pour l'action combinée du fil et de la Terre il soit N′ lorsque l'aiguille est supérieure au fil, N″ lorsqu'elle lui est inférieure, on devra avoir :

dans le premier cas,

$$\frac{T-F}{T}=\frac{N^2}{N'^2};$$

dans le second cas,

$$\frac{T+F}{T}=\frac{N^2}{N''^2}.$$

d'où l'on tire :

1° $$F=T\,\frac{N'^2-N^2}{N'^2},$$

2° $$F=T\,\frac{N^2-N''^2}{N''^2}.$$

Et, pour ces deux cas, les valeurs de F ainsi obtenues devront être égales. Or, en y introduisant les nombres contenus dans notre Tableau, on trouve :

1° $$F=T.0,2568,$$

2° $$F=T.0,2621;$$

c'est-à-dire que, pour l'une comme pour l'autre, la force directrice horizontale exercée par le fil était à fort peu près le quart de celle de la Terre; la petite différence des deux résultats n'excède pas la tolérance que demandent de pareilles observations.

Tous les autres nombres de notre Tableau sont déjà très approximativement représentés, quand on considère l'action du fil conjonctif comme s'exerçant seulement sur les centres magnétiques des deux bras de l'aiguille. Et de là on peut présumer que l'on obtiendrait plus de rigueur en ayant égard à la vraie distribution du magnétisme, telle que les expériences la donnent pour des aiguilles aimantées de pareilles dimensions. Si l'on voulait effectuer ce calcul, il faudrait faire attention que l'observation n° 12, faite après toutes les autres, est destinée à corriger les variations progressives que l'énergie de l'appareil voltaïque a dû subir pendant le temps de la série entière.

Si, au lieu de transmettre le courant électrique à travers un simple fil métallique, comme nous venons de le faire, on le fait passer à travers des tuyaux, des lames ou d'autres corps d'une largeur sensible, dont les surfaces puissent être considérées comme formées de lignes droites parallèles, on trouve que tous ces corps agissent sur l'aiguille aimantée comme feraient des faisceaux de fils parallèles à leur longueur, de sorte que l'on peut d'avance calculer et prédire ainsi les lois de leurs effets. En appliquant ce principe à des tuyaux cylindriques à base circulaire, d'une longueur assez grande pour pouvoir les considérer comme indéfinis, on trouve qu'ils doivent agir sur l'aiguille aimantée comme ferait un simple fil conjonctif qui serait tendu suivant leur axe ([1]). C'est aussi ce que montre l'expérience suivante, faite par M. Savart et moi.

Le tuyau dont nous fîmes usage était de cuivre. Il avait 43^{mm} de diamètre, et plus de 2^{m} de longueur. Après avoir soudé à ses extrémités des fils métalliques destinés à établir la communication avec les pôles de la pile, par l'intermédiaire de vases de verre remplis de mercure, nous établîmes le tuyau verticalement; et, pour pouvoir rapporter constamment son action à un terme de comparaison fixe qui suppléât à la longueur de la méthode des alternatives, nous tendîmes parallèlement, et très près de sa surface, mais hors du contact, un simple fil de cuivre parallèle à sa longueur. Le diamètre de ce fil était $0^{mm},84$; et il y avait $0^{mm},5$ d'intervalle entre sa surface et celle du tuyau, de sorte qu'en appelant d une distance quelconque mesurée jusqu'à l'axe du fil, la distance correspondant à la surface du tuyau était $d + 0^{mm},92$, et la distance à son centre $d + 22^{mm},42$. Devant ce système, nous plaçâmes la petite aiguille aimantée parallélogrammique, qui nous avait servi pour étudier l'action des fils, et nous l'amenâmes successivement à diverses distances, en ayant soin de compenser l'action de la force terrestre sur elle dans chacune de ces positions. Ceci convenu, si l'on nomme A l'action du fil sur la petite aiguille, lorsque le centre de celle-ci se trouve à une distance d de son axe, et que l'on représente par T l'action du tuyau dans cette même position, où la distance D de l'aiguille à son axe est $d + 22^{mm},42$; si ensuite on observe les nombres n, N de secondes employées par l'aiguille, pour exécuter un nombre constant d'oscillations sous l'influence successive du fil et du tuyau, les intensités des forces directrices T et A seront réciproques aux

([1]) Dans le cas d'une attraction variant en raison inverse de la distance, l'action d'une circonférence sur un point extérieur est la même que si toute la masse était réunie au centre. (J.)

carrés de ces nombres, ce qui donnera

$$T = A \frac{n^2}{N^2},$$

ce qui permettra d'exprimer T en parties de A [1]. Maintenant supposons que l'on éloigne l'aiguille de l'axe du fil à une distance $2d$, précisément double de la première, ce qui l'éloignera de l'axe du tuyau, d'une distance D′ égale à $2d + 22^{mm},42$, et que, dans cette nouvelle situation, on observe encore les nombres de secondes n', N′, employés par l'aiguille pour faire un même nombre d'oscillations, d'abord devant le fil, ensuite devant le tuyau; le rapport des intensités simultanées T′, A′ donnera

$$T' = A' \frac{n'^2}{N'^2}.$$

Le rapport $\frac{T'}{A'}$ est indépendant de l'énergie absolue de l'appareil voltaïque dont on fait usage. Mais, si cette énergie était rigoureusement constante, nous savons, par l'observation des fils, que A′ serait exactement $\frac{1}{2}$A; donc, en écrivant $\frac{1}{2}$A au lieu de A′, la valeur

$$T' = \tfrac{1}{2} A \frac{n'^2}{N'^2}$$

donnera la valeur exacte de T′ qui doit être comparée à T. Par cet artifice, on se rend indépendant de toutes les variations accidentelles que l'appareil employé à l'expérience pourrait éprouver en passant d'une distance à une autre. Il faut seulement que la comparaison du tuyau et du fil, pour chaque distance, se fasse aussi indépendamment de ces variations, et c'est à quoi l'on parvient en employant, pour les observations de chaque distance, la méthode des alternatives. On effectuerait la réduction d'une manière analogue, si les distances successives A, A′ avaient entre elles tout autre rapport que celui de 1 à 2.

Avec ces explications, on comprendra facilement le Tableau

---

(1) Ce raisonnement n'est juste que pour le cas où la résistance du tuyau et celle du fil seraient identiques, de manière qu'en les substituant l'un à l'autre dans le circuit on n'altérât pas la résistance totale de celui-ci. On va voir, par la discussion un peu confuse qui va suivre, que la conductibilité du tuyau était notablement plus grande que celle du fil. (J.)

suivant, qui offre le simple exposé des expériences faites à trois distances successives. Les lettres F, T, TF désignent la transmission à travers le fil seul, à travers le tuyau seul, et à travers le fil et le tuyau à la fois.

Distance à l'axe du fil en millimètres.		Temps de 10 oscillations.
		″
30,42........	F	45,50
	T	52,50
	F	45,00
	T	52,50
	TF	52,25
60,42........	F	63,00
	T	67,25
	F	63,00
	T	66,50
	TF	65,50
15,42........	F	33,25
	T	46,25
	F	33,75
	T	47,25
	TF	45

On peut observer d'abord que l'action absolue du tuyau seul est toujours moindre que celle du fil, surtout dans les petites distances, ce qui, ainsi qu'on le verra tout à l'heure, est une conséquence du plus grand éloignement de son axe. Mais on doit remarquer également que la somme des actions du tuyau et du fil, lorsque le courant électrique les traverse ensemble, est presque exactement égale à celle du tuyau ou à peine un peu plus grande, ce qui vient sans doute de ce que toute la quantité d'électricité fournie par l'appareil se trouvant répartie entre le tuyau et le fil dans un rapport qui dépend, soit de leurs surfaces, soit de leurs masses, le fil n'en garde plus alors que ce qui doit appartenir à une arête longitudinale de la surface du tuyau; et ainsi l'effet de sa plus grande proximité de l'aiguille peut à peine être senti.

En calculant, d'après ces résultats, le rapport numérique des forces exercées, tant par le tuyau que par le fil, aux diverses distances où l'aiguille a été successivement amenée, on en déduit le Tableau suivant, qui porte avec lui son explication.

DISTANCES à l'axe du fil d	DISTANCES à l'axe du tuyau D	RAPPORT des actions du tuyau et du fil, observé	ACTION relative du fil	ACTION relative du tuyau comparée à elle-même.	RAPPORT des actions du tuyau à des distances diverses
mm 15,42	mm 37,84	$T \quad F\frac{112225}{218536}$	$\frac{3042}{1542}A$	$T = A\frac{221393}{218536}$	1
30,42	52,84	$T' - F'\frac{20365}{27563}$	A	$T' = A\frac{20365}{27563}$	$\frac{TD}{D'}(1+0,018891)$
60,42	82,84	$T'' = F''\frac{39690}{44723}$	$\frac{3042}{6042}A$	$T'' = A\frac{39690}{88829}$	$\frac{TD}{D''}(1-0,021822)$

La dernière colonne montre que l'action du tuyau est réciproque à la distance de son axe aux particules magnétiques sur lesquelles son influence s'exerce. Sous ce rapport, elle décroît comme celle d'un fil qui coïnciderait avec cet axe même. Mais son énergie absolue est plus grande que celle du fil à distance égale; car, si l'on prend les valeurs de T, T', T'', contenues dans la troisième colonne, et qu'on les multiplie par le rapport inverse des distances $\frac{D}{d}, \frac{D'}{d'}, \frac{D''}{d''}$, ce qui ramènera l'action du tuyau aux mêmes distances précises où les actions successives du fil ont été observées, on trouvera :

1re expérience.....	$T = F$	1,25952
2e expérience.....	$T' = F'$	1,28344
3e expérience.....	$T'' = F''$	1,21677
Moyenne.....	$T = F$	1,25324

d'où l'on voit que l'action du tuyau est toujours dans un rapport sensiblement constant avec celle du fil à distance égale ([1]), en sorte qu'elle suit la même loi de décroissement à mesure que la distance augmente; mais son énergie absolue est plus forte que celle du fil dans le rapport de 1,25324 à 1, ou à très peu près de 5 à 4. Or le courant électrique développé par l'appareil dont nous faisions usage était amené au fil et au tuyau par les mêmes communica-

([1]) Ce rapport est celui qui existe entre les intensités du courant qui parcourt le tuyau et celui qui parcourt le fil. (J.)

tions; il fallait donc que l'interposition du tuyau dans le circuit électrique déterminât, soit une circulation d'électricité plus abondante, soit une distribution plus favorable de l'aimantation moléculaire qui en résultait.

L'action d'un fil conjonctif indéfini et rectiligne sur un élément magnétique, telle que nous venons de l'obtenir par les expériences précédentes, n'est encore qu'un résultat composé; car, en divisant par la pensée toute la longueur du fil en une infinité de tranches d'une très petite hauteur, on voit que chaque tranche doit agir sur l'aiguille avec une énergie différente, selon sa distance et selon la direction suivant laquelle son action s'exerce. Or ces forces élémentaires sont précisément le résultat simple qu'il importe surtout de connaître, car la force totale exercée par le fil n'est que la somme arithmétique de leurs effets. Mais le calcul suffit pour remonter de cette résultante à l'action simple : c'est ce qu'a fait M. Laplace. Il a déduit mathématiquement (1) de nos observations la loi de la force exercée individuellement par chaque tranche du fil sur chaque molécule magnétique qu'on lui présente. Cette force est dirigée, comme l'action totale, perpendiculairement au plan mené par l'élément longitudinal du fil, et par la plus courte distance de cet élément à la molécule magnétique sollicitée. Son in-

(1) Voici, en substance, le raisonnement de Laplace :

Considérons deux courants rectilignes indéfinis, parallèles et de même intensité, situés à des distances a et a' du pôle, et sur ces courants deux elements ds et ds' compris entre deux rayons vecteurs infiniment voisins partant du pôle; en appelant r et r' les distances des deux élements au pôle, on a évidemment

$$\frac{ds}{ds'} = \frac{r}{r'} = \frac{a}{a'};$$

les actions exercées par les deux élements sont proportionnelles à leurs longueurs à une même fonction de la distance et a une même fonction de l'inclinaison; celle ci étant la même pour les deux elements ds et ds', on a entre les actions $d\varphi$ et $d\varphi'$ qu ils exercent la relation

$$\frac{d\varphi}{d\varphi'} = \frac{ds\,f(r)}{ds'\,f(r')} = \frac{r\,f(r)}{r'\,f(r')}.$$

Il est évident que la loi de Biot sera satisfaite si l'on a

$$\frac{d\varphi}{d\varphi'} = \frac{r'}{r},$$

ce qui donne

$$\frac{f(r)}{f(r')} = \frac{r'^2}{r^2},$$

quelle que soit la fonction de l'inclinaison (J.)

tensité, comme dans les autres actions magnétiques, est réciproque au carré de cette distance même. Mais, en outre, la raison de la distance peut s'y trouver modifiée par un coefficient dépendant de l'inclinaison de chaque distance sur la direction générale du fil; c'est-à-dire qu'un tel coefficient, quelle que fût sa composition, n'empêcherait pas l'action totale d'un fil rectiligne et indéfini d'être réciproque à sa plus courte distance à l'élément magnétique, conformément à nos observations. Il restait donc à faire de nouvelles expériences, pour savoir si un tel coefficient existait en effet, et pour découvrir comment il était composé; et le moyen le plus simple comme le plus direct d'y parvenir était évidemment de comparer les actions exercées sur un même élément magnétique par deux portions égales de fils indéfinis diversement dirigées ([1]). Pour cela, j'ai tendu dans un plan vertical un long fil de cuivre ZMC (*fig.* 9), en le pliant en M, de manière que les deux branches

Fig. 9.

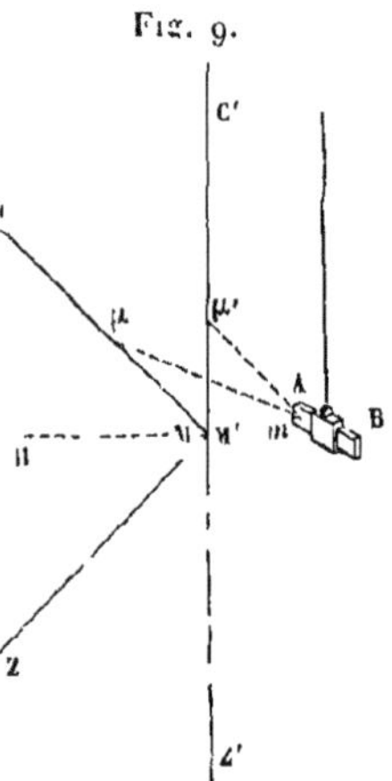

ZM, MC fissent avec l'horizontale MH des angles égaux. Devant ce fil, j'en ai tendu un autre Z'M'C' de même métal, de même diamètre, et pris dans le même tirage; mais j'ai disposé celui-ci verticalement, de manière qu'il fût seulement séparé du premier en MM' par une bande de papier très mince. J'ai ensuite suspendu la petite aiguille aimantée parallélogrammique AB au devant de ce système, de manière que son axe longitudinal se trouvait exactement à la hauteur des points M, M', et j'ai observé ses oscillations

([1]) Mémoire *Sur l'action des fils obliques*, lu à l'Académie le 18 décembre 1820.

pour diverses distances, en faisant successivement passer le courant voltaïque par le fil plié et par le fil droit (1). Dans cette comparaison, il faut toujours employer la méthode des alternatives; c'est-à-dire que si, dans une position donnée de l'aiguille, on a d'abord observé les oscillations en faisant passer le courant électrique par le fil oblique, et ensuite en le faisant passer par le fil droit, il faut les observer une troisième fois, en le transmettant de nouveau par le fil oblique, et prendre la moyenne des résultats fournis par cette observation et par la première, pour avoir une action du fil oblique exactement comparable à celle du fil droit, indépendamment des variations progressives de l'appareil voltaïque dont on fait usage. Mais ce genre d'expériences, pour être exact, exige encore plusieurs autres précautions indispensables; la première, c'est que les deux fils aient une constitution parfaitement identique, et l'on y réussit, autant que possible, en les prenant tous les deux dans une pièce continue résultant d'un même tirage; la seconde, c'est que le fil oblique soit tendu suivant un plan exactement vertical, qui contienne aussi le fil droit, et que le centre de l'aiguille, dans toutes les distances successives où on la place, se trouve toujours également contenu dans le prolongement de ce même plan. Enfin, pour que la ligne de repos autour de laquelle les oscillations de l'aiguille s'opèrent demeure invariablement la même, quel que soit celui des deux fils que l'on fait agir sur elle, condition essentielle pour rendre les effets de leurs actions comparables à chaque distance, il faut diriger le plan des deux fils perpendiculairement au méridien magnétique naturel de l'aiguille, et se borner à affaiblir, à l'aide d'un aimant artificiel, la force terrestre qui la sollicite, sans changer nullement sa direction. En effet, d'après cet arrangement, l'action des fils sur l'aiguille, soit de l'oblique, soit du vertical, s'exercera aussi selon cette direction même, et par conséquent ne fera que rendre la force qui l'y ramène plus ou moins vive, ce dont on pourra juger par la rapidité des oscillations, comme dans les autres cas que nous avons examinés. En observant fidèlement toutes ces précautions, on obtient, pour les actions de chaque fil, des résultats qui s'ac-

(1) Même remarque que précédemment. Pour rendre les résultats comparables, il eût fallu, en outre, donner la même longueur aux deux fils. (J.)

cordent parfaitement les uns avec les autres, après qu'on les a dépouillés de la force directrice primitive indépendante des fils, que l'on a laissés subsister; et cet accord a lieu ainsi, quelle que soit l'intensité ou le sens de cette force, pourvu qu'elle ne soit pas si faible que la situation de l'aiguille puisse être intervertie par l'action des fils, lorsque le courant électrique est transmis dans le sens qui la combat; car, à moins que l'aimant extérieur qui affaiblit la force directrice terrestre ne soit excessivement éloigné de l'aiguille relativement aux dimensions de celle-ci, une telle conversion changera toujours un peu son action sur l'aiguille, et jettera ainsi quelque altération dans des résultats déjà si délicats par eux-mêmes, que l'on ne peut trop prendre de soin pour leur conserver toute leur intégrité. Je n'ai reconnu que successivement l'indispensable nécessité de toutes les précautions que je viens de décrire. De premiers essais m'avaient fait aisément reconnaître que l'action du fil oblique diminuait en même temps que l'angle compris entre ses deux branches, et semblait lui être proportionnelle; cette loi eût été en effet compatible avec les limites du phénomène; car l'action doit être évidemment nulle quand l'angle est zéro, les deux moitiés du fil étant alors repliées l'une sur l'autre, et parcourues par le courant électrique en sens contraire; et cette même action doit devenir égale à celle d'un fil droit, quand l'inclinaison de chaque branche sur l'horizontale est de 90°, puisqu'alors elles forment toutes deux une même droite verticale. Mais, à cause de l'imperfection des expériences, d'autres lois auraient pu également être admises, et l'on aurait pu, par exemple, substituer à l'inclinaison i sur l'horizontale la tangente de la moitié de cette inclinaison, c'est-à-dire tang $\frac{1}{2}i$; de sorte que, en nommant F l'action observée du fil vertical sur l'aiguille à une certaine distance, F tang $\frac{1}{2}i$ eût été l'action d'un fil oblique animé par le même courant voltaïque; au lieu que, dans la supposition précédente, elle eût été exprimée par $\frac{Fi}{90°}$, valeur qui ne peut jamais différer de la précédente que dans les centièmes (¹). Pour décider cette alternative, il ne fallait que répéter l'expérience sous un seul angle, mais

(¹) La deuxième édition porte (t. II, p. 123) : « J'ai trouvé ainsi que, pour le fil oblique comme pour le fil rectiligne, l'action était réciproque à la distance; mais l'intensité absolue était plus faible pour le fil oblique que pour le fil droit, dans

avec une extrême rigueur. A cet effet, j'ai choisi le cas de $i = 45°$, ce qui rend l'action du fil oblique égale à $F \tang 22°30'$, ou $F.0,414214$. Comme le coefficient de F se trouve alors peu différent de $\frac{1}{2}$, j'ai replié le fil oblique sur lui-même, en évitant tout contact entre ses parties, afin que, passant deux fois devant l'aiguille, il pût exercer sur elle une action double, conséquemment plus facile à observer par son agrandissement. J'ai aussi eu soin de varier les communications des deux fils avec les pôles de l'appareil voltaïque, de manière que chacun de ces deux pôles se trouvât alternativement aboutir au bas, puis au haut de chaque fil, ce que j'ai exprimé par les indices ZB, CH et CB, ZH. Comme, dans ces deux modes de communication, l'action des fils sur l'aiguille était inverse, on voit que, si dans l'une elle augmentait la force directrice primitive, elle la diminuait dans l'autre. Supposons donc que N fût le nombre de secondes employé par l'aiguille pour exécuter un nombre constant d'oscillations sous l'influence de la force primitive seule, et que N' fût le nombre analogue,

---

la proportion de l'angle ZMH à l'unité. Ce résultat, analysé par le calcul, m'a paru indiquer que l'action de chaque élément μ du fil oblique sur chaque molécule m de magnétisme austral ou boréal est réciproque au carré de sa distance μm à cette molécule, et proportionnelle au sinus de l'angle $m\mu M$ formé par la distance μm avec la longueur du fil. »

Savary fit voir, en 1823, la contradiction que présentait l'énoncé de Biot. Si l'action élémentaire est proportionnelle au sinus de l'angle $m\mu m = \omega$, l'action totale n'est pas proportionnelle à l'angle $ZmH = i$, mais à la tangente de la moitié de cet angle. En effet, l'action élémentaire étant représentée par $\frac{\sin\omega}{r^2}$, celle du fil entier, sur un pôle placé sur la bissectrice de l'angle du fil, le sera par

$$\int \frac{\sin\omega\, ds}{r^2}.$$

On a d'ailleurs, comme il est facile de le voir, en appelant r la distance du pôle à l'élément considéré et a sa distance au sommet de l'angle,

$$\frac{ds}{r} = \frac{d\omega}{\sin\omega} \quad \text{et} \quad \frac{r}{\sin i} = \frac{a}{\sin\omega}.$$

On en déduit

$$\frac{ds}{r^2} = \frac{d\omega}{a \sin i};$$

l'intégrale devient alors

$$\frac{1}{a \sin i} \int \sin\omega\, d\omega$$

et, pour les limites $\omega = 0$ et $\omega = i$, se réduit à

$$\frac{1}{a} \tang \frac{i}{2}.$$

(1)

quand l'action du fil était additive; il est aisé de voir que l'action propre du fil devait avoir pour valeur $\frac{K}{N'^2} - \frac{K}{N^2}$ ou $K\frac{(N-N')(N+N')}{N^2N'^2}$, K étant une constante dépendante des dimensions de l'aiguille; et, au contraire, elle devenait $\frac{K}{N^2} - \frac{K}{N'^2}$ ou $K\frac{(N'-N)(N+N')}{N^2N'^2}$, si elle était soustractive; ce qui permet de l'évaluer dans l'un comme dans l'autre cas. C'est ainsi qu'ont été formés les Tableaux suivants, d'après les expériences faites avec les deux petites aiguilles rectangulaires dont j'ai décrit les dimensions précédemment.

LONGUEUR de l'aiguille en millimètres	TEMPS de 20 oscillations sans l'influence des fils, N	TEMPS de 20 oscillations sous l'influence des fils, N'	RAPPORT des actions du double fil oblique au fil vertical $\frac{O}{V}$.
20	58,375"	ZH obl. 80,25"	
		» vert. 87,75	0,841713
		» obl. 80,00	0,844503
		» vert. 87,00	
	58,875	ZB obl. 48,19	
		» vert. 47,08	0,846444
		» obl. 48,68	0,830426
		» vert. 47,27	
		Moyenne........	0,840780

LONGUEUR de l'aiguille en millimètres	TEMPS de 40 oscillations sans l'influence des fils, N	TEMPS de 40 oscillations sous l'influence des fils, N'	RAPPORT des actions du double fil oblique au fil vertical $\frac{O}{V}$.
10	67	ZH vert. 102,00"	
		» obl. 90,50	0,806987
		» vert. 100,00	0,827775
		» obl. 89,50	
		ZB vert. 54,00	
		» obl. 56,00	0,789370
		» vert. 53,75	0,802303
		» obl. 55,50	
		Moyenne........	0,806309
		Moyenne précéd..	0,840780
		Moyenne définitive..	0,823694

La valeur de $2\mathrm{F}\,\mathrm{tang}\frac{1}{2}i$ donnerait, pour ce rapport, 0,828427; la différence est inappréciable dans ces expériences, mais elle s'atténue encore lorsque l'on considère que, les deux branches du fil oblique étant écartées chacune de 3^{mm} à droite et à gauche du fil vertical, leur distance au centre de l'aiguille n'était pas d, comme pour ce fil, mais $(d^2+9)^{\frac{1}{2}}$ ou $d\left(1+\frac{9}{d^2}\right)^{\frac{1}{2}}$, que l'on peut réduire à $d\left(1+\frac{9}{2d^2}\right)$, à cause de la petitesse de la fraction $\frac{9}{d^2}$. Ainsi, pour réduire les observations à une même distance des observations correspondantes des deux fils, il faut multiplier le rapport immédiat $\frac{\mathrm{O}}{\mathrm{V}}$ par le rapport inverse des distances $1+\frac{9}{2d^2}$. Or, la valeur de d était, dans la première expérience, $28^{mm},5$, dans la seconde, 33^{mm}; d'où il suit que la fraction $\frac{9}{2d^2}$ était, pour l'une, $\frac{1}{180}$, pour l'autre, $\frac{1}{242}$, dont il faut augmenter les deux moyennes directement trouvées. Cette correction porte la première à 0,845451, la seconde à 0,809641, et leur moyenne définitive, 0,827545, coïncide alors presque rigoureusement avec 0,828427, valeur de $\mathrm{F}\,\mathrm{tang}\frac{1}{2}i$. Ainsi, on ne peut douter que cette expression ne représente généralement l'action totale d'un fil oblique plié en deux branches formant l'angle i entre elles. Maintenant, si l'on considère une petite tranche infiniment mince d'un pareil fil, situé en μ (*fig.* 9), et que μm ou R soit sa distance à une particule m de magnétisme, soit boréale, soit australe, nous avons déduit de nos premières expériences que l'action de cette tranche sur la particule est réciproque au carré de la distance μm, multipliée par une fonction inconnue de l'angle $m\mu\mathrm{M}$, que nous désignerons ici par ω. Il ne reste donc plus qu'à chercher quelle forme il faut donner à cette fonction, pour que la somme totale des actions ainsi exercées sur m, par toutes les tranches du fil, perpendiculairement au plan CMZ, forme une résultante proportionnelle à $\frac{\mathrm{tang}\frac{1}{2}i}{\mathrm{R}}$. On satisfait à cette condition en prenant $\sin\omega$ pour la fonction cherchée; ce qui rend l'action élémentaire d'une tranche quelconque proportionnelle à $\frac{\sin\omega}{\mathrm{R}^2}$; et en joignant à cette expression, fondée sur l'expérience, la connaissance de la direction absolue de la force, laquelle est perpendiculaire au plan mené par chaque distance et par la direction de chaque élément longitudinal du fil que l'on considère, on peut assigner par le calcul la résultante totale de l'action exercée par un fil ou une portion de fil quelconque, droite ou courbe, limitée ou indéfinie.

.... [1]

Dans tout ce qui précède, les effets électromagnétiques que nous avons considérés ont pu se déduire rigoureusement de l'action exercée à distance sur les molécules des deux principes magnétiques, par un fil conjonctif infiniment mince et d'une longueur indéfinie. L'expérience nous avait fait d'abord reconnaître que cette action est transversale au fil et réciproque à sa plus courte distance de la molécule magnétique sur laquelle il agit; mais l'action totale d'un tel fil n'est elle-même que la résultante des forces particulières qui émanent de toutes les tranches infiniment minces, dont on peut le concevoir composé. Nous avons eu recours au calcul et à de nouvelles expériences pour découvrir la loi individuelle de ces forces élémentaires, et nous sommes ainsi parvenus à constater que l'intensité de chacune d'elles, à épaisseur égale, est réciproquement proportionnelle au carré de sa distance à la molécule magnétique sur laquelle elle agit, et que, en outre, elle est directement proportionnelle au sinus de l'angle formé par cette distance avec la direction générale du fil indéfini, dont les tranches sont les éléments. Ceci nous a suffi pour déterminer et pour calculer toutes les actions composées qui peuvent être exercées sur un système magnétique quelconque par un pareil fil, et même par tous les corps conducteurs que l'on peut considérer comme des assemblages de fils conjonctifs parallèles entre eux. Les observations faites sur des tuyaux et sur des lames se sont trouvées conformes à ces indications. Nous avons pu encore, à l'aide des mêmes lois, déterminer le mode et la nature de l'action d'un fil ou d'un conducteur courbé d'une manière quelconque, en substituant, dans l'expression des forces élémentaires, l'inclinaison des distances sur les tangentes de la courbe, à leur inclinaison sur la longueur totale des fils droits. Ceci nous a donné le moyen de calculer tous les effets produits sur des systèmes magnétiques quel-

[1] Vingt-deux pages supprimées renfermant l'exposé des phénomènes électromagnétiques, multiplicateur, rotations, etc. (J.)

conques, par des conducteurs curvilignes susceptibles d'être considérés comme des assemblages de fils conjonctifs parallèles entre eux et courbés simultanément.

L'ensemble des résultats que nous venons de rappeler établit donc complètement et rigoureusement les lois de l'action individuellement exercée par une tranche infiniment mince d'un fil conjonctif, dans toutes les directions et sous toutes les inclinaisons quelconques; mais ces tranches elles-mêmes, si petites qu'on les suppose, sont encore des masses étendues, figurées, formées par l'assemblage d'une multitude infinie de particules matérielles, qui sont les éléments du métal même. Leur action, que nous considérions jusqu'ici comme simple, est donc réellement composée encore. Ainsi, pour obtenir la loi abstraite des forces, celle qui doit être le premier principe et la cause déterminante de tous les effets produits par les corps électromagnétiques de figure quelconque, il reste à trouver comment chaque molécule infiniment petite du fil conjonctif contribue à l'action totale de la tranche dont elle fait partie. Cette détermination est même l'unique moyen de connaître, d'une manière assurée, la nature de la modification imprimée aux particules du métal par le courant électrique, et en vertu de laquelle les effets électromagnétiques sont produits. C'est l'unique moyen de savoir, par exemple, si ces effets résultent d'une action propre immédiatement exercée par l'électricité en mouvement sur les molécules magnétiques qu'on lui présente, ou si, comme toutes les analogies nous semblent l'indiquer, ils ne sont que la conséquence secondaire d'une véritable aimantation imprimée par le courant électrique aux conducteurs métalliques, aimantation moléculaire, différente, non pas dans son principe, mais dans sa distribution seule, de l'aimantation longitudinale que nous savons jusqu'ici opérer uniquement par des frictions dans quelques métaux. La décision de cette alternative est évidemment de la dernière importance pour la connaissance philosophique de l'électromagnétisme, ou plutôt c'est en elle que toute cette connaissance réside. Mais malheureusement elle ne peut être l'objet d'une recherche expérimentale directe, puisque la petitesse infinie des molécules matérielles nous empêche de les étudier isolément, et que le caractère révolutif de l'action, même dans les fils les plus minces, semble s'opposer à ce que l'on forme des systèmes matériels de dimension sensible qui offrent le même mode d'action que les particules. Il faudra donc ici, comme dans beaucoup d'autres recherches de Physique, renoncer à la méthode expérimentale directe, qui s'attache à mettre en évidence les effets simples pour déterminer les forces qui les produisent et recourir à la méthode inverse qui, ne pouvant atteindre les effets simples, essaye d'imaginer et de combiner des modes physiques de forces élémentaires propres à produire les résultats composés.

La difficulté que l'on pourra éprouver pour découvrir la nature des forces par cette voie indirecte n'infirme évidemment en aucune manière l'existence de ces forces, non plus que les caractères physiques que l'expérience nous a fait reconnaître dans leurs résultantes. Ainsi il est certain que la résultante de toutes les actions d'un fil indéfini est transversale à sa longueur. Il faudra donc chercher des systèmes de forces moléculaires qui puissent lui donner une telle direction. Quelques physiciens ont prétendu qu'elle serait impossible à obtenir par une action moléculaire; ils auraient dû seulement dire qu'ils ne savaient pas la déduire d'une action pareille. Car on ne nie pas l'existence d'un fait, et il est de fait que la force exercée par les tranches d'un fil indéfini lui est transversale. Mais nous ne sommes pas réduits à ignorer comment une pareille force peut provenir d'une action moléculaire. Si l'on calcule l'action qu'exercerait à distance une aiguille aimantée d'une longueur infiniment petite et presque moléculaire, on verra aisément que l'on peut former des assemblages de telles aiguilles qui exerceraient des forces transversales. La difficulté unique, mais très grande, sans doute, c'est de combiner de tels systèmes, de manière qu'il en résulte, pour les tranches d'un fil conjonctif de dimension sensible, les lois précises d'actions transversales que l'expérience fait reconnaître, et que nous avons exposées plus haut.

En attendant que l'on ait atteint cette dernière connaissance des forces élémentaires, on ne doit négliger aucune des analogies expérimentales qui peuvent rattacher les phénomènes composés les uns aux autres, surtout lorsqu'ils sont de nature à établir des conditions simples auxquelles ces forces devront satisfaire. Tel est le fait suivant, qui a été découvert par M. Ampère.

Concevons que, dans la *fig.* 10, le cercle F représente la section d'un fil conjonctif cylindrique et indéfini, s'étendant horizontalement d'un pôle à l'autre d'un appareil voltaïque. Désignons par des flèches placées sur la circonférence du cercle le sens de l'action transversale qu'exercerait le fil F sur une molécule de magnétisme d'une nature donnée, par exemple australe, qui lui serait présentée à distance dans le plan de la section même. Toutes les expériences nous ont fait voir que l'action totale du fil sur une telle particule placée en A est exactement pareille à celle qu'exercerait une aiguille aimantée infiniment petite $a'b'$ qui serait tangente à la section F, et dont le centre c' serait placé sur la droite AF tirée de la molécule magnétique au centre du fil.

Maintenant plaçons parallèlement au fil F un second fil conjonctif F', dont les communications avec les pôles de l'appareil voltaïque soient placées de même. Le sens révolutif de la force

Fig. 10.

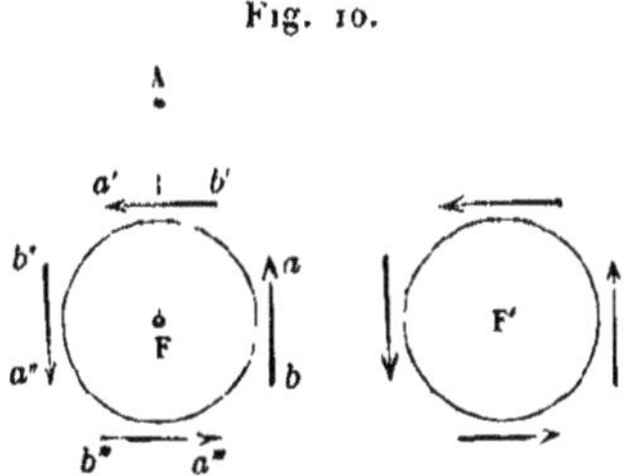

exercée par ce second fil sera donc aussi le même que pour le premier, et nous devrons l'indiquer également par des flèches dirigées dans le même sens. Or, si l'on remplace par la pensée le mode d'action inconnu de ces fils par les aiguilles tangentielles qui leur sont équivalentes, il résulte de la figure même qu'ils se présenteront mutuellement l'un à l'autre par des faces dont les aiguilles tendent à s'attirer l'une l'autre; tandis que, au contraire, si le système de communication avec le pôle de l'appareil voltaïque était inverse dans le second fil, comme on le voit (*fig.* 11), les deux fils se présenteraient l'un à l'autre par des faces dont les aiguilles tendraient à se repousser. Donc, si les fils agissent sur les corps aimantés en vertu d'une aimantation momentanée de leurs molécules, comme toutes les analogies l'indiquent, on doit s'attendre à ce que ces mêmes actions s'exerceront encore d'un fil sur l'autre, suivant les mêmes lois. Ainsi, en supposant que les deux fils des *fig.* 10 et 11 soient suspendus de manière à pouvoir obéir à leur influence mutuelle, ils devront, d'après ces inductions, s'attirer dans le cas de la *fig.* 10, où le sens révolutif de la force transversale est dirigé, pour tous les deux, dans un même sens, et se repousser dans le cas de la *fig.* 11, où le sens révolutif de la force est dirigé, pour l'un et l'autre, dans des sens opposés. C'est aussi là précisément ce que l'expérience montre, comme M. Ampère l'a fait voir, en suspendant parallèlement l'une à l'autre des portions de conducteurs cylindriques, équilibrées autour d'un axe horizontal, et dont les extrémités recourbées plongeaient dans des coupes remplies de mercure, de manière à pouvoir très facilement y prendre un mouvement d'oscillation qui les approchait l'une de l'autre ou les éloignait. Il suffit en effet de faire communiquer le mercure de ces coupes ou leurs supports aux pôles de l'appareil voltaïque, pour

Fig. 11.

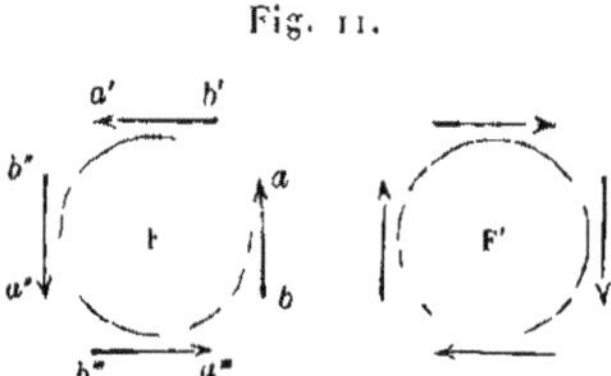

produire les deux combinaisons représentées (*fig.* 10 et 11). Or, les attractions et les répulsions de ces conducteurs, observées par M. Ampère, ont toujours été telles que la construction de ces figures l'indique et le fait prévoir.

M. Ampère a voulu faire de ces phénomènes le principe fondamental de toute la théorie de l'électromagnétisme, en les considérant, non comme des résultats composés, ainsi que nous venons de le faire, mais, au contraire, comme des effets simples résultant d'une attraction et d'une répulsion qu'exerceraient immédiatement l'un sur l'autre les courants électriques, sans tension sensible, selon qu'ils sont transmis à travers les conducteurs métalliques dans un même sens ou dans des sens opposés. Cette hypothèse, qui attribuerait à des courants fluides une propriété attractive dépendante de leur direction absolue, différente ou semblable, est d'abord en elle-même complètement hors des analogies que nous présentent toutes les autres lois d'attraction. Il faudrait, en outre, la modifier par une autre particularité tout à fait arbitraire, pour en tirer la variation d'intensité qui s'observe dans l'action transversale des tranches élémentaires des fils conjonctifs, selon l'obliquité de leur direction par rapport aux lignes qui les séparent des molécules magnétiques sur lesquelles ces tranches agissent; tandis que cette particularité peut n'être considérée que comme un résultat composé de la distribution inconnue de l'aimantation moléculaire, quand on attribue l'action magnétique des fils à une telle action. Enfin, dans cette dernière supposition, l'influence des fils conjonctifs sur les aimants rentre dans l'analogie générale des actions des corps aimantés les uns sur les autres; tandis que, pour expliquer cette influence dans son hypothèse, M. Ampère est obligé d'en faire une autre, ou plutôt une multitude d'autres bien plus compliquées encore; car il est forcé de considérer toutes les actions mutuelles des corps aimantés, en général, comme produites par des courants voltaïques circulant autour des molécules métalliques qui les composent, à peu près à la manière des tourbillons de Descartes, ce qui entraîne une complication d'arrangements et de suppositions si grande, qu'elle en devient presque inexprimable; tandis que ces phénomènes, quoique non encore calculables par leur composition, lorsqu'on les fait dépendre de l'aimantation moléculaire imprimée par le courant électrique, n'offrent rien en eux-mêmes que l'on ne puisse très facilement concevoir. C'est pourquoi j'ai cru devoir mentionner ici les observations de M. Ampère seulement, sans adopter l'explication qu'il en donne, et en les présentant comme des résultats composés après tous les phénomènes plus simples, au lieu d'y voir, comme lui, un principe primitif simple duquel on doive déduire tous les résultats.

NOTA. En exposant ici les phénomèmes de l'électromagnétisme dans l'ordre qui m'a paru le plus naturel, je suis très éloigné de prétendre avoir établi l'ordre historique des découvertes, et avoir fixé la part que les efforts de tous les physiciens de l'Europe ont prise au développement de la propriété fondamentale que M. Œrsted nous a révélée. Une si grande tâche dépasserait assurément beaucoup les bornes permises à un Ouvrage élémentaire, et la manière tardive dont se répandent trop souvent dans le midi de l'Europe les travaux des savants du Nord exposerait nécessairement à de graves omissions. C'est ainsi que, lors de la seconde édition de cet Ouvrage, qui parut en novembre 1821, on ignorait encore en France l'admirable invention du multiplicateur de M. Schweiger, quoiqu'elle fût connue et employée dans toute l'Allemagne depuis plus d'une année. Nous ne la connûmes qu'en 1823, où elle nous fut apportée par M. Œrsted; et cette ignorance dans laquelle nous étions me servira d'excuse près de l'ingénieux auteur de cet appareil, pour n'en avoir pas parlé alors et pour avoir fait mention d'autres appareils qui ne possédaient qu'imparfaitement les mêmes propriétés. Un motif de réserve, dicté par cet exemple, m'a fait regarder comme nécessaire de joindre ici la date des recherches sur lesquelles j'ai cru pouvoir réclamer, pour M. Savart et pour moi, la détermination expérimentale de la loi des forces transversales, ainsi que l'indication précise des conséquences mathématiques qu'elle avait pour l'interprétation des phénomènes : ces résultats furent lus le 30 octobre 1820, à l'Académie des Sciences, et ils furent rendus publics par une Note insérée dans le tome XV des *Annales de Chimie et de Physique* pour la même année, page 222. Après avoir exposé notre méthode d'observation, qui est la même que j'ai décrite ensuite dans la deuxième édition de mon *Précis de Physique*, la Note se termine ainsi :

« A l'aide de ces procédés, MM. Biot et Savart ont été conduits au résultat suivant, qui exprime rigoureusement l'action éprouvée par une molécule de magnétisme austral ou boréal, placée à une distance quelconque d'un fil cylindrique très fin et indéfini, rendu magnétique par le courant voltaïque. Par le point où réside cette molécule, menez une perpendiculaire à l'axe du fil : la force qui sollicite la molécule est perpendiculaire à cette ligne et à l'axe du fil; son intensité est réciproque à la simple distance; la nature de son action est la même que celle d'une aiguille aimantée qui serait placée sur le contour du fil dans un sens déterminé et toujours constant par rapport à la direction du courant voltaïque; de sorte qu'une molécule de magnétisme boréal et une molécule de magnétisme austral en seraient sollicitées en sens contraire, quoique toujours suivant la même droite déterminée par la construction précédente.

» Au moyen de cette loi des forces, on peut prévoir et calculer en nombres tous les mouvements imprimés par le fil conjonctif aux aiguilles aimantées, quelle que soit la direction du fil par rapport à elles. On peut également en déduire, d'après les lois ordinaires du magnétisme, le sens et l'espèce de l'aimantation qu'il pourra imprimer à des fils d'acier ou de fer qui seraient exposés à son action d'une manière permanente dans une direction donnée par rapport à sa longueur. »

On voit que ces expressions fixent complètement le caractère de la force exercée sur une molécule magnétique par un fil conjonctif indéfini. M. Laplace en déduisit, peu de jours après, que l'action de chaque tranche infiniment mince du fil était réciproque au carré de la distance, et pouvait en outre admettre un coefficient dépendant de l'inclinaison des rayons vecteurs. Pour étendre ce caractère aux portions limitées de conducteurs droits ou courbes, il fallait y joindre la détermination expérimentale de ce coefficient; c'est ce que je cherchai à faire dans un Mémoire *sur l'action des fils obliques*, qui fut lu à l'Académie le 18 décembre 1820. Mes expériences n'étaient pas alors assez précises pour ne pas se prêter à deux suppositions différentes, comme je l'ai dit page 742 (¹). Ce fut pour lever ce doute que je fis la nouvelle série d'expériences que j'ai rapportées page 744. En joignant celles-ci aux précédentes, on peut, comme je l'ai fait voir dans le texte de l'Ouvrage, calculer tous les effets des conducteurs droits ou courbes, sans faire

(¹) Page 116 de ce Volume.

aucune hypothèse quelconque : c'est ce que j'ai tâché de prouver dans les applications de ces principes à tous les phénomènes jusqu'à présent connus.

La note que j'ai rapportée plus haut prouve que dès le premier Mémoire que nous publiâmes, M. Savart et moi, sur l'électromagnétisme, nous l'envisageâmes comme une véritable aimantation moléculaire imprimée aux particules des corps métalliques par le courant voltaïque qui les traversait. J'ai soutenu et développé la même opinion dans une dissertation lue le 2 avril 1821 à la séance publique de l'Académie des Sciences, avec ce titre : *Sur l'Aimantation imprimée aux métaux par l'électricité en mouvement*. Cette Dissertation a été imprimée dans le *Journal des Savants* du mois d'avril 1821 ([1]). Si, comme je n'en fais aucun doute, les physiciens renoncent avant peu aux diverses hypothèses que l'on a proposées sur l'électro magnétisme, pour revenir à cette idée simple d'une aimantation moléculaire, ils pourront, je l'espère, me rendre le témoignage que je n'ai jamais considéré autrement cette grande classe de faits.

M. Barlow, de Woolwich, a publié aussi la même loi des forces électro-magnétiques, que nous avons reconnue M. Savart et moi ; mais il ne l'a fait qu'environ deux années après nous.

([1]) La plus grande partie du texte de cette Dissertation se trouve reproduite dans l'article précédent. (J.)

VII.

MÉMOIRE SUR L'EXPRESSION MATHÉMATIQUE DES ATTRACTIONS ET DES RÉPULSIONS DES COURANTS ÉLECTRIQUES;

PAR M.-A. AMPÈRE (¹).

§ I. — De l'attraction et de la répulsion entre deux courants parallèles.

Le but que je me suis proposé, dans le travail dont je vais exposer les résultats, est de rendre raison de tous les faits relatifs soit à l'action mutuelle de deux aimants, soit à celle d'un conducteur voltaïque et d'un aimant, découverte par M. Œrsted, soit à celle de deux conducteurs, que j'ai observée le premier, et de les ramener à une seule loi, en admettant uniquement, entre les portions infiniment petites de ce que j'ai nommé *courants électriques,* des forces dirigées suivant la ligne qui joint leurs milieux, ne pensant pas qu'on puisse admettre entre elles, de quelque nature qu'elles soient, aucune sorte d'action dans une autre direction. J'ai admis que cette action n'était pas seulement fonction de la distance, mais qu'elle dépendait aussi des angles qui déterminent la position respective de deux portions infiniment petites de courants électriques et de la ligne qui en joint les milieux. Cette supposition ne semble pas d'abord conforme à l'idée qu'on se forme des forces attractives et répulsives, parce que l'attraction universelle, premier type de cette idée, ne dépendant que de la distance, nous ne sommes pas encore accoutumés à faire entrer d'autres éléments; mais c'est uniquement par elles qu'on peut représenter les phénomènes, et elle s'accorde si bien avec les différentes circonstances qu'ils présentent et les valeurs obtenues pour celles de ces actions qui ont été mesurées, qu'il me semble

(¹) Mémoire lu à l'Académie royale des Sciences, le 4 décembre 1820; publié, pour la première fois, d'après le manuscrit autographe des Archives de l'Académie des Sciences. (J.)

que, si l'on trouve un jour une autre loi plus générale et plus simple qui rende raison de ces phénomènes, ce ne sera que parce que cette loi donne d'abord pour premier résultat celle à laquelle je les ai ramenés.

La manière dont la distance y entre est celle que j'avais annoncée, comme base de toutes mes recherches, dans le Mémoire que j'eus l'honneur de lire à l'Académie le 9 octobre dernier [1]. Non seulement la force que j'admets entre deux portions infiniment petites de courants électriques est dirigée suivant la ligne qui en joint les milieux, mais elle se rapproche encore des lois d'attraction et de répulsion observées dans d'autres phénomènes en ce que, pour une même position respective des deux portions de courants que l'on considère, elle est en raison inverse du carré de la distance. Le premier résultat que j'en ai déduit, par une intégration fort simple, est que, dans le cas de deux courants rectilignes dont les directions sont parallèles, si l'on suppose un des courants de longueur infinie, la résultante des actions de toutes ses parties sur un élément de l'autre, et, par conséquent aussi sur l'une de ses portions d'une longueur déterminée, est en raison inverse de la plus courte distance des deux courants.

Je crois devoir faire, à ce sujet, deux observations.

La première est que le résultat est indépendant de la manière dont [entre dans la formule] l'angle que forment deux portions infiniment petites de courants parallèles avec la ligne qui en joint les milieux, seul angle qui, dans ce cas, peut entrer dans la valeur de leur attraction mutuelle, parce que, si l'on nomme a la perpendiculaire abaissée du milieu de la portion de courant qu'on suppose attirée ou repoussée par celui auquel on assigne une longueur infinie, x la distance mesurée sur la direction de ce dernier, depuis le pied de cette perpendiculaire jusqu'à un de ses éléments, dont la longueur est alors représentée par dx, on trouvera que [les quantités] a, x, dx entrent nécessairement dans la valeur de l'attraction ou de la répulsion de la manière suivante :

1° Si k représente l'intensité de cette action à la distance 1 lorsque les deux petits courants sont perpendiculaires à la ligne

[1] *Voir*, pages 26 et suivantes, un résumé de cette lecture. (J.)

qui en joint les milieux, $\frac{k}{a^2+x^2}$ la représenterait à la distance $\sqrt{a^2+x^2}$ où se trouvent les deux portions de courants que l'on considère, si la même condition avait lieu, ce qui n'est pas dans le cas présent.

2° Dans celui qui a lieu ici, cette intensité devra être multipliée par une fonction de l'angle dont nous venons de parler et dont la tangente est $\frac{a}{x}$; ce sera donc par une fonction $f\left(\frac{a}{x}\right)$ de $\frac{a}{x}$; et, en général, toute fonction qui ne dépend que d'un angle, étant de dimension nulle, peut être ramenée à $f\left(\frac{x}{a}\right)$, quand l'angle ne dépend que deux lignes a et x.

3° Si l'on fait varier la longueur de l'élément dx, l'attraction ou la répulsion augmenteront ou diminueront dans le même rapport que dx, parce que les différentes parties dont on peut supposer que dx est composé sont prises dans la même direction et à la même distance de la portion de l'autre courant que l'on considère, à des différences infiniment petites près, qu'il faut supprimer dans le calcul. Il faudra donc représenter l'intensité k de l'action attractive ou répulsive à la distance 1, par le produit d'une quantité constante g par dx, et l'expression de l'action cherchée sera

$$\frac{gf\left(\frac{a}{x}\right)}{a^2+x^2}\,dx.$$

Le nombre des dimensions de a et de x dans la quantité qui multiplie dx se trouve ainsi -2, et la dimension de l'intégrale, par rapport aux mêmes quantités a et x, sera, par conséquent, -1. Par quelque procédé qu'on obtienne cette intégrale, il faudra la prendre depuis $x = 0$ jusqu'à $x = \frac{1}{0}$, ce qui fera disparaître x, et il restera une fonction de a, dont la dimension sera -1, c'est-à-dire une constante divisée par a. Cette constante dépendra de l'intensité h de l'attraction ou de la répulsion à la distance 1, et d'un coefficient numérique qui sera différent, suivant la manière dont l'action exercée dépendra de l'angle de la direction des courants avec la ligne qui en joint les milieux; mais, quelle que soit sa valeur, celle de l'intégrale définie qui exprime cette action sera en raison inverse de a.

Ce rapport, une fois démontré pour l'action exercée sur une portion infiniment petite de courant électrique, a lieu nécessairement pour un courant rectiligne d'une grandeur finie, parallèle à celui qu'on regarde comme d'une longueur infinie et dont on veut déterminer l'action.

Cette loi était donc une suite nécessaire de ce que j'avais lu, le 9 octobre, à l'Académie; il n'en était pas moins important de la vérifier par des mesures précises; c'est ce qu'a fait M. Biot, par un moyen aussi exact qu'ingénieux; mais il a supposé que la force émanée du conducteur électrique qu'il faisait agir sur un petit aimant s'exerçait dans un sens perpendiculaire au rayon vecteur, et j'admets qu'elle agit dans la direction de ce rayon; cependant les effets qui résultent de ces deux manières, en apparence si différentes, de concevoir cette force, sont absolument les mêmes et conformes à l'expérience : c'est ce qu'il me reste à expliquer.

Soient AB un fil conducteur vertical (*fig.* 1) où je suppose le courant ascendant, DC un petit barreau aimanté de forme paral-

Fig. 1.

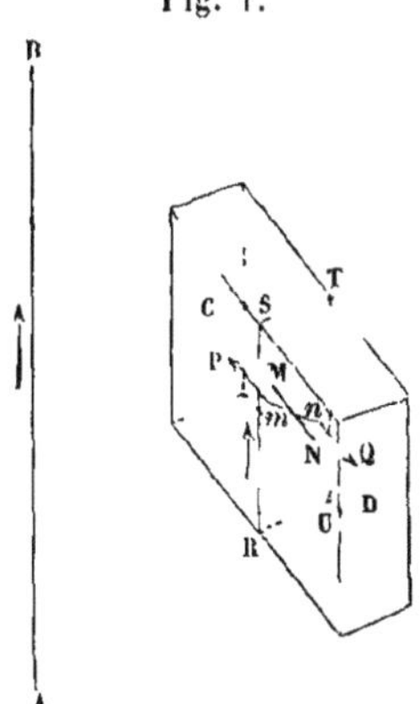

lélépipédique, dont le pôle nord soit en C; M. Biot, n'ayant pas admis l'identité des fluides électriques et magnétiques, continue de supposer des particules de fluide boréal et de fluide austral, placées deux à deux, une de chaque sorte, sur de petites droites, telles que MN parallèles à l'axe de l'aimant, et c'est sur ces molécules qu'il suppose qu'agissent les forces attractives et répulsives du conducteur AB.

Puisque l'aimant reste stable dans la direction perpendiculaire au plan qui passe par son milieu et par la direction de ce conducteur, il faut que, quand MN prend une position infiniment voisine *mn*, les forces P et Q, qui étaient supposées agir sur les points M et N, dans deux directions opposées, suivant les prolongements de MN, agissent parallèlement à la première situation de cette ligne, et, par conséquent, perpendiculairement au plan qui passe par le milieu de MN, où se trouvent tous les rayons vecteurs.

Mais, après avoir établi l'identité de l'électricité et du magnétisme par les expériences que j'ai faites, le 9 octobre, devant l'Académie, en remplaçant tantôt un des courants électriques que j'avais d'abord fait agir l'un sur l'autre, tantôt tous les deux, par des aimants placés comme ils doivent l'être pour que la disposition de l'électricité que j'y admets fût la même que dans le courant que remplaçait l'aimant, et en montrant que les actions restent les mêmes dans ce changement, j'ai dû considérer l'action attractive du courant du fil conducteur AB sur la portion RS d'un des courants de l'aimant qui lui est parallèle et dirigé dans le même sens, et son action répulsive sur la portion TU du même courant qui lui est aussi parallèle et dirigée en sens contraire, et m'appuyant sur ce que j'ai établi directement par les expériences sur l'action mutuelle de deux fils conducteurs, sans l'intermède d'aucun aimant, qu'il devait y avoir effectivement attraction dans ce premier cas et répulsion dans le second, j'ai vu que, pour maintenir l'aimant dans la situation où l'expérience prouve qu'il est amené par le fil conducteur, il fallait que les forces qui en émanent fussent dans le plan RSTU, perpendiculaire à l'axe de l'aimant, dans la situation où il se fixe après avoir oscillé quand on l'en détourne. Or ce plan est précisément celui qui passe par le courant de l'aimant et le fil conducteur, s'il n'y a qu'un courant, et le plan moyen entre tous ceux qui sont dans le même cas, relativement à chaque courant de l'aimant qui en contient nécessairement sur toute sa longueur.

Lorsque l'aimant est infiniment peu détourné de sa première position, les forces X et Y, qui agissaient sur les portions de courant RS, TU, se trouvent agir sur les directions sensiblement parallèles qu'elles ont dans la figure, et leur moment pour ramener le barreau aimanté à sa première position est dans le même sens que dans la supposition qu'a préférée M. Biot, et proportionnelle de même au sinus de l'angle de déviation, c'est-à-dire à cet angle même, puisqu'on le suppose très petit. Je n'ai pas besoin d'ajouter qu'en partant de la théorie de ces phénomènes, fondée sur l'identité de l'électricité et du magnétisme, l'action du courant du fil conducteur AB est nulle sur les deux portions de courant ST, UR, qui sont horizontales, car les attractions et les répulsions de toutes les petites portions des conducteurs se compensent nécessairement dans ces directions.

La théorie qui ramène tous les phénomènes de l'aimant à ceux qu'offre l'électricité, quand on fait agir deux courants l'un sur l'autre, théorie appuyée d'ailleurs sur bien d'autres faits, a, à l'égard des phénomènes dont nous nous occupons, ces deux avantages :

1° De ne pas faire agir le fil conducteur AB sur des particules magnétiques dont rien ne démontre l'existence, et qui sont une supposition gratuite, mais sur des dispositions de l'électricité suivant les lignes RS, TU, semblables à celles qu'on établit dans un fil de laiton, et se conduisent précisément de la même manière que le fait cette dernière dans les expériences où il n'y a point d'aimants;

2° De n'admettre que des forces attractives ou répulsives entre deux points que suivant la ligne qui joint ces deux points.

Il me reste à montrer, par des résultats précis de calcul, fondés sur cette théorie, que les actions mutuelles entre les courants électriques de deux aimants produisent tous les mêmes phénomènes qui suivent de la supposition des deux fluides magnétiques, l'un austral, l'autre boréal, qu'elles s'accordent même mieux avec quelques circonstances de ces phénomènes, qu'on avait négligées parce qu'elles ne concordaient peut-être pas assez bien avec l'hypothèse adoptée. Ce sera le sujet d'un autre Mémoire; je me bornerai dans celui-ci à indiquer comment j'ai trouvé l'expression mathématique de l'action de deux courants, ou plutôt la manière dont y entrent les angles qui déterminent, en général, la position respective de deux petites lignes dans l'espace. Je me suis d'abord assuré, par l'emploi des formules ordinaires de la Trigonométrie sphérique, qu'il y avait deux fonctions des sinus et des cosinus de ces angles qui s'accordaient avec la loi ([1]) que j'ai communiquée à l'Académie, dans la séance du 6 novembre, et que j'avais vérifiée exactement sur des fils conducteurs pliés en hélices. Les calculs qui m'ont donné ces deux fonctions sont contenus dans la Note qui fait suite à ce Mémoire ([2]).

La somme des produits de ces fonctions, multipliées par des constantes arbitraires, satisfaisait par conséquent aussi à cette loi. Ces deux fonctions étaient de plus symétriques, relativement aux deux petites lignes, ce qui était évidemment une condition indispensable.

Les angles dont il est ici question sont, en général, au nombre de trois. Nommons α l'angle formé par une de ces lignes avec celle qui en joint le milieu à celui de l'autre, β l'angle correspondant relativement à cette dernière, et γ l'angle formé par les deux plans qui passent par chacune des petites lignes et par la droite qui joint leurs milieux. Alors une des deux fonctions, dont je viens de parler, sera $\cos\alpha\cos\beta$, l'autre $\sin\alpha\sin\beta\cos\gamma$; car il est aisé de voir que $\sin\alpha\sin\beta$ ne peut satisfaire à la loi citée plus haut si ce produit n'est pas multiplié par $\cos\gamma$; m et n étant deux nombres, on aura la formule

$$m\cos\alpha\cos\beta + n\sin\alpha\sin\beta\cos\gamma,$$

qui paraît comprendre toutes les formules qui y satisfont. Si $m = n$, cette valeur devient

$$m(\cos\alpha\cos\beta + \sin\alpha\sin\beta\cos\gamma),$$

qui se réduit à $m\cos h$, en nommant h l'angle des directions des deux lignes. Dans ce cas, l'action ne varierait pas lorsque, sans changer la distance des deux petites lignes, on en transporterait une parallèlement à elle-même autour de l'autre; mais alors il n'y aurait point d'action entre deux courants dont les directions formeraient un angle droit, ce qui est contraire à l'expérience.

J'ai calculé les effets produits en supposant dans cette formule

([1]) *Loi des courants sinueux*. L'énoncé de cette loi a été donné plus haut, art. II, p. 23. (J.)

([2]) La substance de cette Note a été insérée, avec quelques nouveaux développements, dans le cahier de septembre du *Journal de Physique*. (A.)

Nous ne la reproduisons pas ici pour ne pas faire double emploi avec les développements donnés plus loin dans l'article XXVII et qui sont presque identiques. (J.)

d'abord $m = 0$, puis $n = 0$, afin d'avoir, en ajoutant les résultats, des valeurs des intégrales pour toutes les valeurs positives de m et de n. Ces calculs donnent, dans les deux cas, l'attraction d'un courant infini, en raison inverse de la distance, comme cela ne pouvait manquer d'arriver, d'après ce que j'ai dit ci-dessus. Ce cas n'est donc pas propre à éclaircir la question relativement aux valeurs numériques de m et de n; il est bien probable que n est très petit relativement à m, d'après les résultats généraux de l'expérience, ou plutôt que ce coefficient n est absolument nul, et que, comme je le crois et l'ai annoncé lundi dernier à un des Membres de l'Académie, la valeur de l'attraction ou de la répulsion entre deux portions infiniment petites dx, dz de courants électriques est exprimée simplement par la formule

$$\frac{k\,dx\,dz \sin\alpha \sin\beta \cos\gamma}{r^2},$$

en nommant r leur distance. L'analogie de cette formule et de celle qu'on obtiendrait en faisant au contraire $n = 0$ avec la formule qui exprime le coefficient du changement de température, lorsque deux petites surfaces sont exposées chacune à la chaleur rayonnante de l'autre, me paraît très digne de remarque; mais je n'en parlerai pas ici, pensant que j'aurai bientôt l'occasion de revenir sur ce sujet ([1]).

([1]) La supposition de $n = 0$ a, on peut le dire, dérouté Ampère jusqu'au milieu de l'année 1822. Elle l'avait conduit à un théorème inexact, dont on trouve l'énoncé dans les *Mémoires de l'Académie des Sciences*, t. IV, p. CXLVIII, et à quelques autres conséquences, également erronées, renfermées dans les n°s 31-43 de l'*Exposé des nouvelles découvertes sur le Magnétisme et l'Électricité*, par Babinet (et Ampère), publié dans le cinquième Volume de la traduction du *Système de Chimie de Thomson* par RIFFAULT (1822).

Dans une série de Mémoires lus à l'Académie, les 11 et 26 décembre 1820 et les 8 et 15 janvier 1821, Ampère avait essayé de calculer, avec la formule ainsi simplifiée, les expériences de Biot et Savart, soit dans le cas du fil rectiligne, soit dans le cas du fil oblique, et n'était arrivé nécessairement qu'à des résultats inexacts et incomplets. Ces Mémoires, dont les originaux existent dans les Archives de l'Académie, n'ont jamais été publiés : une analyse en a été donnée dans un article, sans nom d'auteur, inséré dans le tome V des *Annales des Mines*, p. 535-558, et réimprimé dans son *Recueil d'Observations*, etc., p. 69-90. (J.)

VIII.

ANALYSE DES MÉMOIRES LUS A L'ACADÉMIE LES 11 ET 26 DÉCEMBRE 1820 ET LES 8 ET 15 JANVIER 1821 [1];

PAR M.-A. AMPÈRE.

Dans la séance du 11 décembre, M. Ampère a lu une Note sur quelques expériences qu'il venait de faire : l'une d'elles confirme ce qu'il avait dit dans le Mémoire lu le 4 décembre, et tend à prouver qu'en effet la valeur de la fraction $\frac{n}{m}$ est très petite et doit être considérée comme absolument nulle.

M. Ampère termine cette Note en remarquant l'analogie que présente la formule

$$\frac{gh \sin\alpha \sin\beta \cos\gamma}{r^2}$$

avec celle qui exprime la quantité de chaleur rayonnante qu'une portion infiniment petite de surface reçoit d'une autre petite portion de surface ou qu'elle lui envoie. Il résulte de cette analogie que deux portions de surface couvertes de courants électriques dirigés dans le même sens exercent, à quelque distance que ce soit, la même action attractive ou répulsive sur un point pour lequel elles interceptent des portions égales d'une surface sphérique infinie, de même que des surfaces également échauffées exercent, dans le même cas, la même action calorifique. Il s'ensuit aussi que, si les courants électriques des deux surfaces ont lieu en sens contraire, les actions qu'elles exercent dans ce cas se détruisent mutuellement [2]. C'est sur cette considération que M. Ampère fonde une explication très simple des diverses circonstances qu'on observe

---

[1] Extrait d'un article inséré dans les *Annales des Mines*, t. V, p. 535-558, et reproduit dans le *Recueil d'Observations électrodynamiques*, p. 69-90. (J.)

[2] Ce théorème est le théorème inexact auquel il est fait allusion dans la Note précédente. (J.)

dans l'action mutuelle de deux aimants. Il en indique plusieurs, qui résultent immédiatement de cette conséquence de sa formule, et qui ne s'expliquent pas aussi bien dans l'hypothèse ordinaire sur la cause des phénomènes magnétiques. Quelques faits semblent si peu d'accord avec cette hypothèse, qu'on ne voit guère comment ceux qui l'adoptent pourraient en rendre raison. Tels sont la disposition de la limaille de fer sur un parallélépipède d'acier aimanté; le changement d'attraction en répulsion entre un aimant et un fil conjonctif dont les directions font un angle droit, quand le fil conjonctif, en se mouvant parallèlement à lui-même, passe d'une situation où il correspond à l'intervalle des deux pôles de l'aimant, à une situation où il se trouve hors de cet intervalle; et une observation de M. Boisgiraud, que ce physicien a publiée avec d'autres expériences intéressantes, dans le cahier de novembre des *Annales de Chimie et de Physique* (1).

Dans la séance du 18 novembre 1820, M. Biot lut un Mémoire où il donna, d'après l'expérience, la loi suivant laquelle l'action d'un conducteur voltaïque est à chacun de ses points proportionnelle au sinus de l'angle que forme sa direction avec la ligne menée de ce point à celui sur lequel il agit, conformément à la formule que M. Ampère avait communiquée le 4 décembre à l'Académie, et dont il avait parlé à M. Arago dès le 8 novembre, en rédigeant avec lui une Note insérée deux jours après dans le *Moniteur*. Les expériences que M. Biot rapporte dans son Mémoire ont été faites postérieurement à cette dernière époque, mais avant le 4 décembre, et sans qu'il eût connaissance de la formule dont le résultat qu'il a obtenu est un cas particulier.

Dans la séance du 26 décembre suivant, M. Ampère lut un Mémoire, qui est une suite de celui qu'il avait lu le 4 du même mois, et dans lequel, après avoir montré l'importance de la loi qu'il avait communiquée à l'Académie le 6 novembre 1820, par les conséquences qu'il en avait tirées, l'auteur avait annoncé que, cette loi n'ayant encore été vérifiée qu'à l'égard des conducteurs pliés en hélice, il s'occuperait des moyens de s'assurer qu'elle n'avait pas lieu seulement dans le cas où les conducteurs sont de cette forme, mais à l'égard des courants électriques, en général, de

(1) *Voir* plus haut, p. 53. (J.)

quelque manière que soient disposés les fils métalliques qu'ils parcourent.

Comme c'est de cette loi qu'il a déduit l'expression analytique de l'action mutuelle de deux portions infiniment petites de courants électriques, dont on peut conclure, par les méthodes ordinaires d'intégration, toutes les circonstances de cette action, pour des courants de grandeur finie, soit à l'égard de ceux qu'on produit avec une pile de Volta, soit à l'égard des courants disposés dans les aimants, de la manière qu'il a précédemment expliquée, on sent qu'il a dû chercher les moyens de la vérifier par des expériences directes et susceptibles de précision.

D'après l'énoncé déjà donné de cette loi, il est aisé de voir qu'elle se réduit à ceci :

Si l'on fixe sur la direction d'un courant électrique deux points infiniment rapprochés, et qu'on substitue à la petite portion de courant comprise entre ces points une autre portion de ce même courant, suivant une ligne pliée ou contournée d'une manière quelconque, mais se terminant toujours aux mêmes points, sans s'en écarter nulle part à une distance finie, cette substitution ne changera en aucune manière l'action exercée, dans quelque direction que ce soit, par la petite portion de courant que l'on considère sur une portion de courant électrique éloignée de la première d'une quantité finie.

M. Ampère remarque qu'il n'en est ainsi que parce que tous les points de la ligne supposée infiniment petite sont censés à la même distance de celui sur lequel elle agit; d'où il suit que l'action d'un circuit fermé infiniment petit serait nulle, par la compensation qui aurait toujours lieu entre l'attraction exercée par une de ces moitiés et la répulsion exercée par l'autre sur un point situé à une distance finie; mais les forces égales, dues à l'action de ce point sur les deux moitiés du circuit, n'en tendraient pas moins à placer celui-ci dans une direction déterminée qu'elles conspirent à lui donner. Les courants électriques d'un aimant devant être considérés comme des circuits infiniment petits, relativement à leurs distances aux courants terrestres, sont ainsi amenés, par l'action de ces derniers, dans une direction déterminée, sans qu'il en résulte aucune force tendant à les transporter dans l'espace, ce qui est conforme à l'expérience. Si un circuit d'une grandeur finie produit des attractions ou des répulsions, c'est uniquement parce que, l'action diminuant en raison inverse du carré de la distance, il n'y a plus, entre les actions produites par ses diverses portions qui se trouvent à différentes distances du courant électrique ou de l'aimant sur lequel il agit, la même compensation qui aurait lieu nécessairement si elles étaient toutes à la même distance de ce courant ou de cet aimant.

L'auteur donne ensuite la description d'un instrument propre à vérifier directement la loi que nous venons d'énoncer, instrument qu'il a depuis fait construire, et avec lequel il a fait des expériences qui en confirment pleinement l'exactitude, quelle que soit la manière dont les petites portions du fil conducteur sont pliées ou contournées (¹).

. . . .

Dans un dernier Mémoire, lu à l'Académie des Sciences les 8 et 15 janvier 1821, M. Ampère a donné quelques essais de calcul, relatifs à l'action mutuelle d'un fil conjonctif et d'un aimant, d'après les formules qui lui servent pour déduire de la loi dont nous venons de parler toutes les circonstances de cette action; il l'a terminé par l'examen d'une question qui ne lui paraît pas susceptible d'être résolue d'une manière certaine, avant qu'on ait poussé plus loin ces calculs et qu'on ait comparé les résultats avec ceux de l'expérience, dans des cas où l'on n'a point encore fait d'observation précise. Il s'agit de savoir si les courbes fermées, suivant lesquelles ont lieu les courants électriques qui donnent à l'acier aimanté les propriétés qui le caractérisent, sont situées concentriquement autour de la ligne qui joint les deux pôles de l'aimant, ou si ces courants sont répartis dans toute sa masse autour de chacune de ses particules, toujours dans des plans perpendiculaires à cette ligne. Plusieurs considérations que l'auteur n'a pas développées lui semblent donner quelques probabilités de plus à cette dernière manière de concevoir l'existence des courants électriques dans les aimants; mais, comme presque tous les phénomènes connus jusqu'à présent s'expliquent également bien dans

---

(¹) Cet instrument ne diffère que par des détails de construction de celui qui sera décrit plus loin (art. XVIII) d'une manière plus complète, et qui est représenté dans la *fig.* 1 de cet article. (J.)

la première, il a cru devoir laisser cette question indécise, jusqu'à ce que de nouveaux calculs et de nouvelles expériences aient fourni toutes les données nécessaires à sa solution (1).

---

(1) C'est dans ce passage, extrait textuellement du Mémoire inédit, lu le 15 janvier 1821, qu'apparaît, pour la première fois, l'hypothèse des courants particulaires. Cette hypothèse avait été suggérée à Ampère par Fresnel, comme il résulte du fragment suivant, écrit de la main d'Ampère, et qui devait faire partie d'un Mémoire sur la *Theorie du Magnetisme,* qu'Ampere préparait à ce moment et qu'il ne put terminer à cause du mauvais état de sa santé. (*Voir* la *Réponse à la Lettre de Van Beck*, art. XXII.) (J.)

« Cette hypothèse (l'hypothèse des courants autour des particules) m'a été communiquée par M. Fresnel, qui trouvait plusieurs avantages à considérer de cette manière les courants électriques de l'aimant. Je m'écarterais trop de mon sujet si je voulais exposer les raisons qui peuvent l'appuyer, celles qui me paraissent rendre plus probable la manière dont j'ai d'abord conçu les courants électriques de l'aimant, telle que je l'ai admise dans le cours de ce Mémoire, et surtout si je voulais examiner une troisième manière de les concevoir, qui, conservant complètement l'analogie des courbes fermées dans des plans perpendiculaires à l'axe d'un aimant, et des lignes qui vont de l'extrémité positive d'un fil conducteur à l'extrémité négative, parallèlement à sa longueur, analogie prouvée par un si grand nombre de faits qu'elle m'a, pour la plupart, indiqués d'avance, présentait, pour le calcul de l'action mutuelle de deux courants, la même facilité que l'hypothèse de M. Fresnel, et tendait, en outre, à ramener à un principe unique les attractions et répulsions électriques ordinaires, et celles que j'ai reconnues entre deux courants électriques, en rendant compte de toutes les différences qui semblent établir, entre les uns et les autres, une dissemblance ou même une opposition complète.

« Cette troisième hypothèse, que j'avais déduite de quelques faits que j'ai reconnus depuis s'expliquer également bien dans celle que j'expose ici, est d'ailleurs trop éloignée de la manière dont tous les physiciens ont considéré la cause des phénomènes électriques pour qu'on puisse s'y arrêter. Quelle que soit l'opinion qu'on adopte sur de pareils sujets, les faits et les lois auxquelles ces faits sont soumis restent les mêmes, ainsi que les moyens par lesquels il est donné à l'homme d'arriver à la connaissance de ces lois. »

IX.

COMPARAISON DE LA SUPPOSITION DES COURANTS AUTOUR DE L'AXE AVEC CELLE DES COURANTS AUTOUR DE CHAQUE MOLÉCULE;

PAR A. FRESNEL [1].

Par l'analogie de l'aimantation de chaque anneau de la surface d'un cylindre d'acier placé dans une hélice traversée par un courant, j'avais conclu, dans la supposition des courants autour de l'axe [2]:

1° Que le courant d'un fil conjonctif produirait un autre courant dans un fil d'acier parallèle au premier, et dont les extrémités seraient mises en communication par un conducteur;

2° Qu'au moyen d'une sorte de polarisation produite dans les particules du fil d'acier par l'action du fil conjonctif, le courant se perpétuerait dans le premier, après que le fil conjonctif aurait cessé d'agir sur lui, de même que les courants se perpétuaient dans le cylindre retiré de l'hélice;

3° Que si l'on supprimait la communication entre les deux extrémités du fil d'acier, la polarisation de ses particules ne pouvant plus continuer à produire le courant, il devait se manifester une tension d'électricité opposée à ses deux extrémités, et j'avais conçu sur ce principe l'idée d'un appareil voltaïque composé d'un faisceau de semblables fils. Ces expériences, faites par différents procédés, entre autres par les grenouilles, qui offrent l'épreuve la plus sensible, n'ont donné aucun résultat.

Dans la théorie des courants autour de chaque molécule, un fil conjonctif parallèle à un fil d'acier doit produire autour des molécules de celui-ci des courants dans le plan passant par les deux fils. Il n'y aura pas de courant longitudinal; des grenouilles in-

[1] Note autographe et inédite de Fresnel, trouvée dans les papiers d'Ampère, appartenant à l'Académie des Sciences. (J.)

[2] *Voir* la Note de Fresnel, *Sur des Essais*, etc., art. V, p. 76.

terposées entre les deux extrémités de ce fil ne seront pas affectées; l'eau ne sera pas décomposée, etc. Le fil d'acier ne présentera ensuite aucun signe de magnétisme: mais, si l'on prenait un tel fil et qu'on le tournât en hélice, de manière que le côté de sa surface qui était en regard avec le fil conjonctif se trouvât en dedans ou en dehors de l'hélice, ce fil formerait un aimant dont le sens du magnétisme dépendrait du sens de l'hélice et du sens dans lequel serait placé le côté du fil d'acier qui était en regard avec le fil conjonctif.

Dans la supposition des courants autour de l'axe, le sens de l'aimantation d'une aiguille par l'action d'un aimant cylindrique creux dans l'intérieur duquel elle est placée doit être le même que celui de l'aimant, c'est-à-dire que les deux mêmes pôles de l'aiguille et du cylindre doivent se trouver du même côté. L'expérience de l'aimantation d'une aiguille par une hélice confirme ce résultat. Il faut remarquer qu'il est contraire à celui de la théorie ordinaire du magnétisme. Dans cette théorie, une aiguille placée dans un cylindre creux doit s'aimanter, de manière que ses pôles soient opposés à ceux du cylindre situés du même côté.

Dans la théorie des courants autour de chaque molécule, le sens de l'aimantation d'une aiguille placée dans un aimant creux doit être contraire à celui de l'aimant; c'est-à-dire que les pôles contraires de l'aiguille et de l'aimant doivent être du même côté,

Fig. 1.

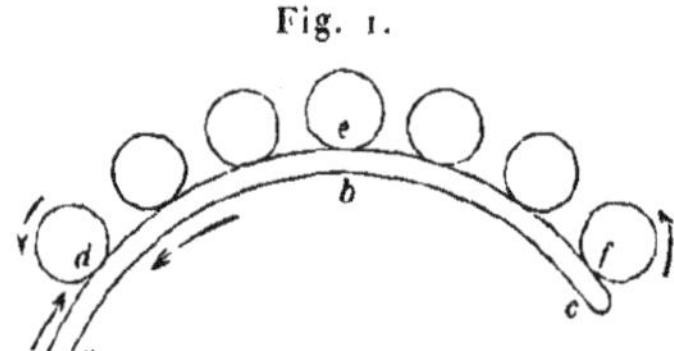

Portion de la dernière spire de cette hélice.

Il faut supposer le fil de retour *abc* et le fil *def* dans une même surface cylindrique perpendiculaire au plan de la figure.

Le fil, en revenant contre lui-même, après avoir formé chaque anneau, ne doit pas se toucher pour que le courant électrique passe toujours par les anneaux.

comme dans la théorie ordinaire. Je m'étais proposé de faire cette expérience par l'électricité, au moyen d'une hélice (*fig.* 1) formée d'un fil tourné de manière à offrir une suite d'anneaux pour représenter les courants autour des molécules, et revenant ensuite en formant une hélice simple entre les circonvolutions de la première pour neutraliser son action longitudinale et son action circulaire et ne laisser que l'action des anneaux.

Une telle hélice devra aimanter une aiguille placée dans son intérieur, en sens contraire d'une hélice simple, et agir extérieurement dans le même sens que cette dernière.

Dans la supposition des courants autour de l'axe, si l'on fend longitudinalement un cylindre creux d'acier aimanté, il doit aussitôt perdre sa propriété magnétique. On ne doit pouvoir aimanter une hélice d'acier, dans le sens de son axe, qu'autant que ses deux extrémités sont mises en communication par un conducteur, et, si l'on coupe le conducteur, l'hélice doit cesser subitement d'être magnétique. J'ai aimanté des hélices, dans le sens de leur axe, en les plaçant dans une autre hélice que je faisais traverser par des décharges de Leyde, cela quoique leurs extrémités ne fussent pas en communication. Dans cette même supposition, une hélice d'acier, traversée par une décharge de Leyde et qui s'aimante alors, comme je l'ai reconnu, ne peut le faire que par l'action longitudinale du courant et non par l'action circulaire.

Dans la supposition des courants autour de chaque particule, on peut fendre longitudinalement un aimant creux, sans détruire son magnétisme. On peut aimanter une hélice, dans le sens de son axe, sans mettre en communication ses deux extrémités. Une hélice qui s'aimante par une décharge qui la traverse le fait par l'action longitudinale du courant qui l'aimante dans le sens de son fil et par l'action circulaire qui l'aimante dans le sens de son axe et qui concourt avec la première.

Dans la théorie ordinaire du magnétisme une aiguille, mise dans un aimant creux au milieu de sa longueur, s'aimantera d'autant moins fortement qu'elle sera plus courte et que l'aimant sera plus long. J'ai mis une aiguille dans l'intérieur et au milieu d'une longue hélice, par laquelle j'ai fait passer une décharge de Leyde, et l'aiguille m'a paru aussi fortement aimantée qu'avec la même hélice, coupée seulement un peu plus longue que l'aiguille. Il faudrait faire cette expérience avec l'hélice à anneaux.

X.

DEUXIÈME NOTE SUR L'HYPOTHÈSE DES COURANTS PARTICULAIRES;

PAR A. FRESNEL [1].

J'ai déjà remarqué qu'il n'est pas indifférent de supposer que le magnétisme consiste en des courants autour de l'axe des aimants ou autour de chacune de leurs particules; que des phénomènes, qui sont des conséquences de la première hypothèse et que l'expérience ne réalise pas, ne doivent pas, en effet, se produire d'une manière observable dans la seconde; que cette dernière est la seule dont les résultats s'accordent avec ceux de la théorie ordinaire du magnétisme, qui, généralement, représente d'une manière très fidèle les phénomènes de l'aimant, de sorte que, pour reproduire dans tous les cas ces phénomèmes au moyen d'un courant électrique, il faudrait le faire passer par l'*hélice à anneaux*, dont j'ai conçu l'idée. J'ajouterai encore que la particularité qu'un aimant n'est pas chaud, tandis qu'il semble devoir l'être dans l'hypothèse des courants autour de l'axe, n'est pas une difficulté dans l'hypothèse des courants autour des particules; car, si un courant électrique, en traversant une masse de particules d'un corps conducteur, l'échauffe, on ne voit pas que ce soit une nécessité que des courants autour des particules d'une semblable masse l'échauffent aussi : les circonstances ne sont plus les mêmes; on ne connaît pas assez la cause de la chaleur que développe un courant électrique, et l'on n'a que des idées trop incomplètes sur la constitution des corps, pour savoir si, dans ce cas, l'électricité doit produire de la chaleur.

Si l'on démontrait qu'une particule entourée d'un courant élec-

---

[1] Note autographe et inédite de Fresnel, trouvée dans les papiers d'Ampère, appartenant à l'Académie. La collection des papiers d'Ampère renferme deux copies de cette Note, toutes deux de la main de Fresnel. Les deux Notes ne diffèrent que par quelques détails insignifiants de rédaction. Ni l'une ni l'autre ne porte de titre ni de signature; une seule porte la date du 5 juin 1821. (J.)

trique représente exactement, par son action, une particule dans laquelle, à deux endroits opposés, seraient deux principes, deux fluides attractifs l'un pour l'autre et répulsifs chacun pour lui-même, avec une intensité réciproque au carré de la distance; considérant la ligne passant par la particule entourée d'un courant perpendiculairement au plan de ce courant, comme l'analogue de celle traversant l'autre particule et passant par ses pôles, on conclurait aisément de là l'action mutuelle de deux aimants, dans l'hypothèse des courants autour de chaque particule; il est facile de voir que, supposant les courants d'égale intensité autour de toutes les particules de la longueur d'un barreau aimanté, l'action ne devra émaner que de la surface terminant le barreau à chacune de ses extrémités, parce que les actions des côtés en regard de toutes les particules de la longueur du barreau se neutraliseront et qu'il ne restera que les actions des côtés extérieurs des particules des extrémités. La théorie ordinaire donne le même résultat, en supposant la décomposition du fluide magnétique naturel égale dans toutes les particules de la longueur. Ainsi, quant à l'explication des phénomènes purement magnétiques, les deux théories ne seraient plus, en quelque sorte, que la même; elles auraient les mêmes propriétés.

Il n'en est pas de même relativement aux phénomènes *électro-magnétiques;* il faudrait ajouter à la théorie ordinaire du magnétisme la supposition d'une certaine action entre les fluides magnétiques des aimants et le courant électrique d'un fil conjonctif; tandis qu'en admettant que l'état magnétique consiste en des courants électriques, comme l'expérience fait reconnaître une action entre ces courants, on voit qu'il peut y en avoir une entre un fil conjonctif et un aimant.

D'après cette manière de concevoir la constitution électrique des aimants, un fil conjonctif n'agira pas sur tous les points de leur longueur, comme quelques expériences peuvent le faire croire, mais n'agirait que sur leurs pôles, et ces expériences s'expliqueraient par la direction de la force agissant sur ces pôles, direction qui, pour chaque pôle d'un aimant, ferait un angle avec le plan renfermant le fil et passant par le pôle (1).

---

(1) Ce paragraphe, de même que le suivant, manque dans l'une des rédactions. (J.)

On peut facilement démontrer que la direction de la résultante des forces qu'un fil conjonctif rectiligne indéfini exerce sur chaque pôle d'un barreau situé dans une ligne perpendiculaire au fil conjonctif est perpendiculaire au plan renfermant la ligne et le fil et que le sens de la résultante pour un pôle est contraire au sens de la résultante pour l'autre pôle. On peut examiner si, lorsque ce barreau restant dans le même plan s'incline au fil conjonctif et lorsqu'il s'incline à ce plan, la résultante est encore perpendiculaire au plan renfermant le fil et passant par le pôle qu'on considère, ce qui, dans le dernier cas, ne me paraît pas devoir avoir lieu.

L'action des aimants n'émane pas que des surfaces qui les terminent à leurs pôles. J'ai mis bout à bout en contact, par toute l'étendue des surfaces les terminant à leurs pôles contraires, deux barreaux aimantés semblables, et j'ai trouvé sur chaque barreau, de chaque côté du point de contact, jusqu'à une certaine distance, du magnétisme de même nature que celui de l'extrémité en contact du barreau sur lequel je l'observais. L'intensité de l'action des barreaux est à son maximum à leurs extrémités et décroît des extrémités vers le milieu.

Pour concevoir ce décroissement, il faudra admettre, dans la théorie électrique du magnétisme, que l'intensité des courants autour des particules croît des extrémités des barreaux vers le milieu, suivant une certaine loi, loi telle que les différences entre les intensités des courants successifs décroissent à partir des extrémités des barreaux, suivant la même loi que l'intensité du magnétisme, à partir des extrémités, ce qui est, généralement, la condition de cette loi. D'après cette loi, l'intensité des courants sur un barreau, à une distance finie de l'extrémité, doit être, mathématiquement parlant, infiniment plus grande qu'à l'extrémité.

Si l'on suppose que le décroissement de l'intensité du magnétisme des extrémités des barreaux vers le milieu soit représentée par une logarithmique (ce qui ne peut être vrai, à la rigueur), l'intensité des courants, à une distance donnée de chaque extrémité, sera proportionnelle à $\frac{b^d - 1}{b^d}$, expression dans laquelle d est la distance entre l'extrémité et le point auquel on considère l'intensité des courants, l'unité étant la distance entre l'extrémité et le point auquel l'intensité du magnétisme est à l'intensité du magnétisme à l'extrémité :: 1 : b.

L'intensité des courants est aussi, dans ce cas, proportionnelle à $\frac{a^d - c^d}{a^d - 1}$, a étant l'intensité du magnétisme à l'extrémité, d la distance comptée de l'extrémité, à laquelle on considère l'intensité des courants, exprimée par la distance, à laquelle l'intensité est c, prise pour unité. On peut de même exprimer l'intensité des courants aux différents points de la longueur du barreau par une loi quelconque de décroissement de l'intensité du magnétisme.

Pour concevoir ce décroissement de l'intensité du magnétisme dans la théorie ordinaire, il faut admettre que la décomposition du fluide magnétique naturel croît en quantité dans les particules, depuis les extrémités des barreaux jusqu'à leur milieu, suivant la même loi que l'intensité des courants dans la théorie électrique. Si l'on suppose que l'intensité du magnétisme décroisse des extrémités vers le milieu, suivant une logarithmique, la quantité de fluide naturel décomposé, à un point quelconque, sera représentée par les mêmes expressions que l'intensité des courants, d étant la distance à laquelle on considère la quantité de la décomposition.

(5 juin 1821.)

XI.

NOTICE SUR QUELQUES EXPÉRIENCES ÉLECTROMAGNÉTIQUES (¹);

PAR LE PROFESSEUR G. DE LA RIVE.

Les découvertes d'OErsted et les nombreuses additions qu'elles ont reçues des travaux de MM. Ampère, Arago et autres, ont fait naître un désir général de les connaître, de répéter les expériences, de les étudier et de les considérer sous divers points de vue. Mais il est difficile d'avoir à sa disposition de puissants appareils voltaïques; les ingénieux instruments inventés par M. Ampère demandent des ouvriers habiles et assez de frais. C'est, à mon avis, rendre service à la Science que de chercher à diminuer les obstacles matériels que l'on trouve dans les recherches et mettre un grand nombre de personnes à portée d'étudier une nouvelle expérience : c'est donner une plus grande chance à de nouvelles découvertes. C'est dans ce but que je communique au public deux petits appareils, que tout amateur peut exécuter lui-même, presque sans frais, et au moyen desquels il peut reconnaître quelques-uns des phénomènes curieux nouvellement découverts.

Le premier (*fig.* 1) m'a été suggéré par les aiguilles flottantes du Dr Neef. Il consiste en deux petites bandes de zinc et de cuivre, larges de deux lignes et longues de trois pouces environ. On les passe toutes les deux dans une petite rondelle de liège qui sert de flotteur. La partie inférieure de chaque bande doit dépasser, d'un pouce environ, le flotteur; la partie supérieure se recourbe en demi-cercle et est liée par un fil de cuivre, formant ainsi une espèce d'anneau non fermé, moitié cuivre, moitié zinc. Il est bon de diminuer un peu la largeur des bandes de zinc et de cuivre dans la partie supérieure, afin que le flotteur puisse conserver son équilibre.

(¹) *Bibliothèque universelle de Genève*, t. XVI, p. 201 (mars 1821).

On pose le liège sur de l'eau légèrement acidulée par de l'acide muriatique, et l'on voit immédiatement le dégagement de gaz qui s'opère sur la partie des bandes de zinc et de cuivre plongée dans le liquide. Le courant voltaïque se trouve ainsi établi, et l'on peut, avec M. Ampère, le considérer comme allant du zinc au cuivre, puis faisant le tour de l'anneau supérieur, revenant au zinc, d'où il retourne au cuivre en allant toujours dans le même sens. En conséquence, si, le zinc étant à droite de l'observateur et le cuivre à sa gauche, on présente horizontalement et perpendiculairement au plan de l'anneau et dans son centre le pôle boréal d'un barreau aimanté (j'entends par pôle boréal celle des extrémités qui se dirigerait vers le sud), l'anneau sera repoussé et le flotteur s'éloignera. Si, dans cette même situation, on lui présente le

Fig. 1.

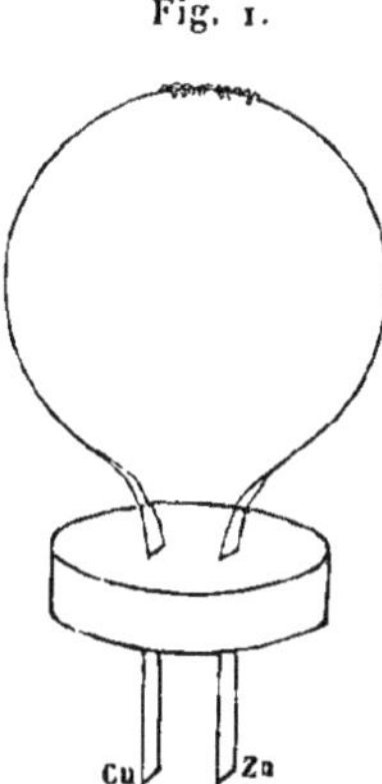

pôle austral, l'anneau sera attiré, et, le barreau aimanté restant immobile et horizontal, l'anneau et son flotteur s'approcheront de la main de l'observateur, avec une vitesse graduellement augmentée.

Ceux qui connaissent le Mémoire de M. Ampère vérifieront ainsi sa belle découverte de l'attraction des courants voltaïques et magnétiques, lorsqu'ils vont dans le même sens, et de leur répulsion lorsqu'ils vont en sens contraire.

L'autre appareil est destiné à donner à un fil de cuivre, tourné en hélice, un pôle boréal et un pôle austral au moyen d'un courant voltaïque. M. Ampère a décrit un aimant de ce genre dans son Mémoire, p. 24 et 25 ([1]). En voici un à la portée de tout le monde et qu'on peut exécuter soi-même en quelques instants. Il consiste (*fig.* 2) en une petite rondelle de liège, dans laquelle on fixe une bande de cuivre et une de zinc, près l'une de l'autre, de la largeur de deux lignes environ, qui dépassent la partie inférieure du liège d'un pouce et de deux lignes seulement la partie supérieure. On se procure du fil de cuivre recouvert de soie, qu'on plie en hélice autour d'un tube de deux lignes de diamètre; on construit ainsi une hélice qui, dégagée du tube, ait environ six pouces de long; on la sort du tube, puis on fait revenir chaque extrémité des fils par l'intérieur de l'hélice, en les faisant sortir tous les deux vers le milieu par une spire également éloignée des deux extrémités. On fixe une extrémité du fil, dépouillé de sa soie, à la partie supérieure de la barre de cuivre, et l'autre ex-

Fig. 2.

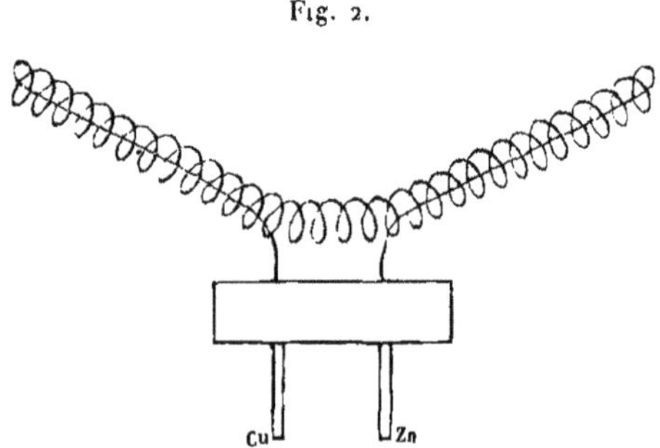

trémité, arrangée de même, à la partie supérieure de la bande de zinc, et cela en leur faisant faire deux ou trois révolutions autour du zinc et du cuivre. On ajuste l'hélice de manière que l'équilibre du flotteur ne soit point dérangé, et on le place sur de l'eau légèrement acidulée avec de l'acide muriatique. Le courant voltaïque s'établit, part du zinc, va au cuivre, entre dans ce fil, gagne l'extrémité de ce côté de l'hélice, parcourt toutes ses spires et revient au zinc par l'autre extrémité du fil, sans avoir été troublé par aucune communication métallique, la soie isolant partout le fil de cuivre. L'hélice aura alors à une de ses extrémités un pôle

([1]) Pages 22 et 23 de la présente édition.

boréal et à l'autre un pôle austral, qui seront attirés et repoussés par les pôles d'un barreau aimanté : suivant le sens dans lequel on aura tourné l'hélice, le pôle austral sera du côté du cuivre ou du côté du zinc.

. . . .

(1) Si l'on présente horizontalement et perpendiculairement au plan de l'anneau (2) un barreau aimanté, et que dans le pôle présenté et dans l'anneau les courants aillent dans le même sens, l'anneau sera attiré et viendra s'enfiler dans le barreau. Mais si l'on change le pôle du barreau aimanté, alors, les courants allant en sens contraires, dans le barreau et dans l'anneau, celui-ci sera repoussé et s'éloignera du barreau, mais, en même temps, il cherchera à se donner une autre position qui amène les deux courants dans le même sens; il fera donc spontanément un demi-tour a droite ou à gauche, et, ayant placé son courant dans le même sens que ceux du barreau, il sera de nouveau attiré.

. . . .

En examinant de plus près les attractions et les répulsions produites sur cet anneau par l'aimant, je trouvai quelques résultats difficiles à expliquer. Si l'on fait agir un barreau aimanté sur les côtés extérieurs de l'anneau, on verra qu'en le faisant glisser le long de ce côté, l'anneau sera détourné à gauche ou à droite, jusqu'à ce qu'on arrive au centre du barreau; là, si celui-ci n'a pas de points conséquents, le flotteur ne tournera ni à droite ni à gauche, et si les courants, soit dans le côté de l'anneau qui se

---

(1) *Bibliothèque universelle de Genève*, t. XVIII, p. 269. Extrait d'un article de G. de la Rive, sur les découvertes d'Œrsted, d'Ampère et de Faraday. (J.)

(2) Un anneau flotteur formé de six ou huit spires de fil de cuivre recouvert de soie, le diamètre des spires étant d'environ un pouce et demi. (J.)

présente, soit dans le barreau, sont dans la même direction, le flotteur sera attiré; si les courants sont dans un sens opposé, il sera repoussé : ceci s'explique facilement d'après l'hypothèse de M. Ampère; mais si on laisse l'anneau s'éloigner du centre du barreau et s'approcher d'une de ses extrémités, alors il vient appuyer ses deux côtés contre le barreau. Or, dans ces deux côtés, les courants vont en sens contraire : dans l'un, le courant va de haut en bas, et, dans l'autre, de bas en haut, et ils vont tous les deux attirés par le côté du barreau dans lequel les courants sont tous dans le même sens; tandis que, suivant la théorie, l'un des côtés devrait être repoussé, l'autre attiré. Non seulement les deux côtés de l'anneau sont attirés, mais il se manifeste encore une espèce de mouvement qu'on n'aurait point prévu d'avance; le plan de l'anneau en se collant contre le barreau avance latéralement vers l'extrémité dont il est le plus près, jusqu'à ce que l'une des branches ayant dépassé cette extrémité, l'anneau s'enfile dans le barreau et remonte jusqu'à son centre.

XII.

EXTRAIT D'UNE LETTRE D'AMPÈRE AU PROFESSEUR DE LA RIVE, SUR DES EXPÉRIENCES ÉLECTROMAGNÉTIQUES ([1]).

Paris, le 12 juin 1822.

Monsieur,

A l'occasion du Mémoire de M. Faraday ([2]), vous avez ajouté à nos connaissances, sur les phénomènes électrodynamiques, un fait nouveau qui me paraît très important pour éclaircir la théorie de ces phénomènes ([3]). Je veux parler de la manière dont un conducteur voltaïque plié en anneau, après que ses deux branches se sont appliquées contre un des côtés d'un aimant, lorsque le pôle

Fig. 1.

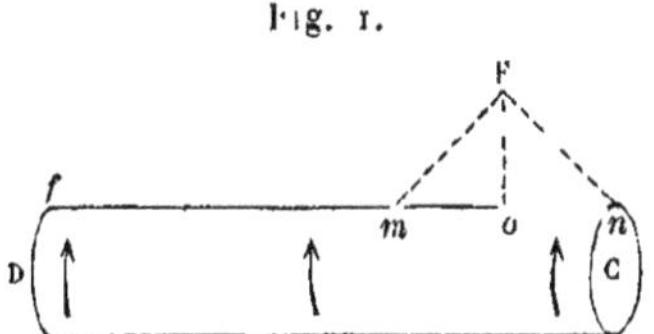

de l'aimant répond à l'intérieur de l'anneau, glisse le long de ce côté en s'éloignant de son milieu, jusqu'à ce qu'une de ses branches, atteignant l'extrémité du barreau aimanté, tourne autour d'elle, et que l'anneau entourant alors ce barreau revienne à son milieu.

. . . .

Je me bornerai dans cette lettre à vous exposer un résultat auquel je suis parvenu, il y a plusieurs mois, mais que je n'ai point encore publié, excepté l'indication que j'en ai faite dans une Note jointe à l'*Analyse des travaux de l'Académie royale des Sciences pendant l'année* 1821, p. 22 et 23, de la partie ma-

---

([1]) *Bibl. univ. Sc. et Arts*, t. XX, p. 185-192; *Recueil d'observ.*, p. 252.

([2]) *Voir* l'article XIII qui suit. (J.)

([3]) Voir *Bibl. univ. Sc. et Arts*, décembre 1821. (A.)

thématique par M. Delambre, qui a bien voulu y consigner cette Note ([1]). Vous avez, sans doute, reçu cette Analyse, qui a été publiée le 8 avril dernier. Voici en quoi consiste le résultat dont je parle.

Considérons d'abord un aimant cylindrique DC (*fig.* 1) comme ayant autour de chacune de ses particules des courants électriques, qui, d'après ma théorie, seront dirigés du côté qu'on voit dans la figure, comme l'indiquent les flèches de cette figure, lorsque l'extrémité D sera le pôle austral et l'extrémité C le pôle boréal.

Supposons d'abord, quoique cela ne soit pas probablement ainsi, que ces courants soient tous de la même intensité et dans des plans perpendiculaires à l'axe de l'aimant DC, et qu'on en approche, dans une direction perpendiculaire au plan de la figure, un fil conducteur dont la projection soit en E; si le courant de ce fil conducteur va de l'espace antérieur au plan de la figure à celui qui est postérieur au même plan, il sera attiré par tous les courants des particules de l'aimant; abaissons sur cet aimant du point E la perpendiculaire E*o*, et, à partir de l'extrémité *n* de l'aimant, prenons $om = on$, en décomposant, parallèlement à l'axe de l'aimant, les attractions exercées par les particules de cet aimant sur le fil conducteur projeté en E sur le plan de la figure; il est évident que les composantes parallèles à l'axe CE, résultant des attractions des particules situées dans les intervalles *om*, *on*, seront égales et opposées, en sorte qu'elles ne tendront à produire dans ce fil conducteur aucun mouvement parallèle à CD, mais il restera les composantes des forces attractives des particules situées dans l'intervalle *mf*, qui le feront mouvoir vers *f* jusqu'à ce qu'il atteigne le milieu de l'aimant, point auquel il devra s'arrêter après avoir oscillé de part et d'autre de ce milieu. C'est ce que vous avez vérifié, dans vos ingénieuses expériences, sur l'anneau voltaïque flottant.

Si le courant du fil conducteur projeté en E allait, au contraire, de l'espace postérieur au plan de la figure, à l'espace antérieur, il y aurait répulsion entre ce fil et toutes les particules de l'aimant; les répulsions de composées, parallèlement à l'axe des particules situées dans les intervalles *om*, *on*, se détruiraient encore mutuel-

([1]) *Voir* art. XVIII

lement, et il resterait les répulsions provenant des particules de l'intervalle *mf*, qui repousseraient le fil conducteur vers l'extrémité *n* de l'aimant dont il est le plus près, comme vous l'avez aussi vérifié.

Cette action parallèle à l'axe de l'aimant est, dans les deux cas, d'autant plus grande, que le point E est plus loin du milieu de cet axe, parce que la portion *mf*, qui la produit, est alors plus grande, et que la distance *mo* à laquelle elle agit est plus petite,

Représentons maintenant par *abcd* (*fig.* 2) la section faite dans un aimant par un plan qui passe par son axe, A l'extrémité de cet aimant, qui se dirige vers le nord, et B celle qui se dirige au midi; les courants de chacune de celles des particules de l'aimant qui se trouvent dans l'axe ne pourront qu'être dans des plans perpendiculaires à cet axe, et leurs directions, d'après la situation que nous supposons aux pôles de cet aimant, seront, dans la partie supérieure de chacune de ses particules, celles qu'indiquent les flèches marquées sur l'axe de A en B. Considérons maintenant les

Fig. 2.

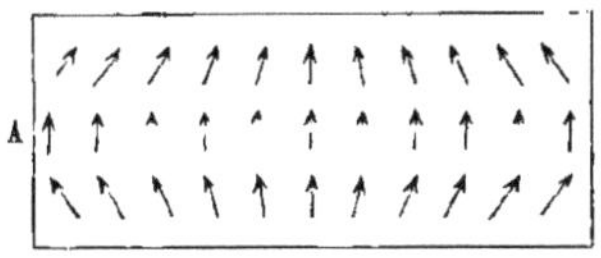

A B

courants électriques des autres particules formant des séries parallèles à la série AB; il résulte de ce qui précède que les parties de ces courants les plus éloignées de l'axe tendront, par l'action de ceux de la série AB, et successivement de toutes les séries comprises entre l'axe et la série que l'on considère, à se porter vers le milieu de l'aimant, tandis que les parties des mêmes courants qui se trouvent du côté de l'axe tendront à être repoussées vers l'extrémité de l'aimant la plus voisine. Les plans des courants électriques des particules des séries latérales devront donc, en vertu de cette action, se disposer dans des plans d'autant plus inclinés à l'axe de l'aimant qu'elles seront plus éloignées de cet axe et s'écarteront davantage de son milieu; en sorte que ces courants, dans la partie supérieure de chaque particule, devront prendre la direction marquée par les flèches de la figure dans toute la masse de l'aimant.

D'après les calculs de M. Savary, confirmés en ce point par les expériences de M. Faraday sur les fils conducteurs pliés en hélice, que ce célèbre physicien a consignées dans son Mémoire du 11 septembre 1821, les points auxquels on donne dans l'aimant le nom des pôles, devraient être situés précisément à ses extrémités, quand on suppose que tous les courants électriques d'un aimant sont situés dans des plans exactement perpendiculaires à son axe, et qu'ils ont tous la même intensité. C'est ce qui n'a pas lieu pour les aimants ordinaires, mais seulement pour ceux qu'a construits, avec des fils d'acier extrêmement fins, un jeune physicien de Paris, déjà célèbre par ses belles recherches sur l'électricité développée par la pression (¹); or il est aisé de voir qu'indépendamment de ce que cet effet serait produit par une intensité variable des courants, qui serait d'autant plus grande que ces courants seraient plus près du milieu de l'aimant, ainsi que je l'ai admis d'abord, ce même effet est une suite nécessaire de l'inclinaison des plans des mêmes courants, dans le sens que je viens d'indiquer. Il l'est également de voir que le même fil conducteur qui est attiré dans l'intervalle des deux pôles doit être repoussé au delà; que les deux extrémités de deux aimants qui portent des noms contraires doivent s'attirer non seulement quand les axes des deux aimants sont en ligne droite, mais encore quand ils sont dans la position représentée dans la *fig.* 3. Cette inclinaison des plans des courants élec-

Fig. 3.

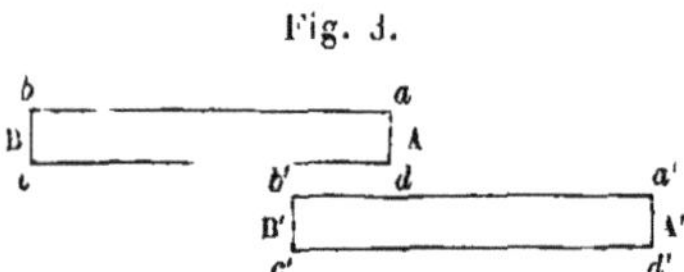

triques des aimants donne une solution plus complète que celle dont je me suis servi dans le post-scriptum de la lettre à M. Van-

(¹) A. Becquerel, *Annales de Chimie et de Physique*, [2], t. XII, p. 113, 1823. Contrairement à l'assertion d'Ampère, Becquerel établit dans ce Mémoire, publié un an plus tard, que la distribution du magnétisme dans des fils d'acier de $\frac{1}{80}$ de millimètre de diamètre suit encore la loi trouvée par Coulomb pour des fils d'acier moins fins. (J.)

Beck, que vous avez pu lire dans l'exemplaire de mon recueil, que vous a remis M. Pictet ([1]).

Il ne reste plus qu'à voir pourquoi, dans l'observation nouvelle que vous doit la Physique, quand les deux branches du fil conducteur plié en anneau se sont appliquées contre l'aimant, elles glissent jusqu'à ce qu'une d'elles atteigne son extrémité; mais c'est encore là une suite nécessaire de ce que la plus voisine du milieu de l'aimant est attirée vers ce milieu, et que la plus éloignée en est repoussée avec une force évidemment plus grande que la force attractive exercée sur l'autre branche, ces deux forces étant parallèles à l'axe de l'aimant, et la seconde étant exercée sur une branche de fil conducteur plus éloignée du milieu de l'aimant.

Je suis, etc. AMPÈRE.

([1]) *Voir* article XVII. (J.)

XIII.

MÉMOIRE SUR LES MOUVEMENTS ÉLECTROMAGNÉTIQUES ET LA THÉORIE DU MAGNÉTISME,

PAR M. FARADAY [1].

En cherchant, au commencement de la semaine dernière, à déterminer la position de l'aiguille aimantée par rapport au fil conjonctif de l'appareil voltaïque, j'ai été conduit à une série d'expériences qui me paraissent faire voir, sous un jour nouveau, l'action électromagnétique et le magnétisme lui-même, et rendre plus distinct et plus clair ce qu'on en connaît déjà. Tant de physiciens éminents ont touché à ce sujet, qu'il me paraissait douteux qu'on pût y rencontrer quelque chose de nouveau ou qui fût digne d'intérêt; mais, comme mes expériences paraissent rapprocher considérablement les différentes opinions que l'on a émises, je me suis déterminé à en publier l'exposé, dans l'espoir qu'elles pourront contribuer à rendre plus parfaite cette branche importante de nos connaissances.

L'appareil dont j'ai fait usage est l'appareil inventé par Hare, de Philadelphie, et appelé par lui *calorimoteur* [2]. C'est un appareil formé d'une seule paire de plaques de grande dimension disposées de manière à renforcer l'effet par leur induction mutuelle. Il en résulte que les indications relatives aux positions et aux mouvements des aiguilles des pôles, etc., sont contraires à

---

[1] *Quarterly Journal of Science*, etc., t. XII, London, 1822, p. 76; *Experimental Researches*, t. II, p. 127.

La traduction de ce Mémoire, par Anat. Riffault, suivie de Notes d'Ampère et de Savary, a été publiée dans les *Annales de Chimie et de Physique* [2], t. XVIII, 1827, p. 337, et dans le *Recueil d'observations*, etc., p. 125. La traduction donnée ici est celle de Riffault, revue et corrigée. Les numéros entre crochets [] renvoient aux Notes d'Ampère et de Savary, placées à la fin du Mémoire. (J.).

[2] Hare, *Ann. of Philos.* [2], t. I, p. 89 et 206; *Annales de Chimie et de Physique* [2], t. XX, p. 314. (J.).

celles qui correspondent à un appareil à plusieurs plaques (¹); car, si l'on suppose que, dans ce dernier, le courant aille, dans le fil conjonctif, du zinc au cuivre, ce même courant va du cuivre au zinc dans chacun des couples formés par l'assemblage de deux plaques; or, le fil que j'emploie fait simplement communiquer les deux plaques d'un même couple. Dans les figures jointes à ce Mémoire, on a désigné par les lettres Z et C les extrémités du conducteur qui sont respectivement en contact avec les plaques de zinc et de cuivre; les sections sont toutes horizontales et vues d'en haut; on s'est servi de flèches pour marquer tantôt le pôle nord de l'aiguille, ou le pôle de l'aimant qui se dirige vers le nord, et tantôt le sens d'un mouvement : on n'éprouvera aucune difficulté à voir, dans chaque cas, ce qu'elles représentent.

Ayant placé ce fil conducteur verticalement et en ayant approché une aiguille aimantée pour déterminer les positions où elle était attirée ou repoussée, au lieu de trouver quatre seulement de ces positions, une attractive et une répulsive pour chaque pôle, j'en trouvai huit [1], deux attractives et deux répulsives pour chacun d'eux. Ainsi, en laissant prendre à l'aiguille sa position naturelle, transversalement au fil, situation qui, pour la raison indiquée plus haut, se trouverait définie par des termes inverses de ceux qu'emploie Œrsted, puis la retirant lentement, de manière à rapprocher son pôle nord du fil, il y a d'abord attraction, comme cela doit être; mais, en continuant à rapprocher du fil l'extrémité de l'aiguille, l'attraction se change en répulsion, bien que le fil soit toujours du même côté de l'aiguille. Si le fil conducteur est placé de l'autre côté, par rapport à la même moitié de l'aiguille, on trouve qu'il y a répulsion depuis le centre de rotation jusqu'à une certaine distance de l'extrémité, puis attraction sur une petite longueur jusqu'à l'extrémité : la *fig.* 1 montre les positions d'attraction pour les pôles nord et sud; la *fig.* 2 celles des répulsions.

Le fil étant toujours vertical, si on l'approche d'un des pôles de l'aiguille, ce pôle s'écarte et passe du côté du fil où le pousse l'attraction ou la répulsion exercée par l'extrémité; mais en conti-

---

(¹) Tel, par exemple, que celui de Volta, dans lequel le dernier zinc forme le pôle positif et le dernier cuivre le pôle négatif. (J.).

nuant à faire marcher le fil vers le centre de l'action, on voit, dans tous les cas, la déviation diminuer; puis elle devient nulle, comme si le fil était sans action sur l'aiguille; enfin, l'aiguille change de sens, et l'aiguille a une tendance marquée à passer du côté opposé.

Il est évident, d'après cela, que le centre d'action de chacune

Fig. 1. Fig. 2.

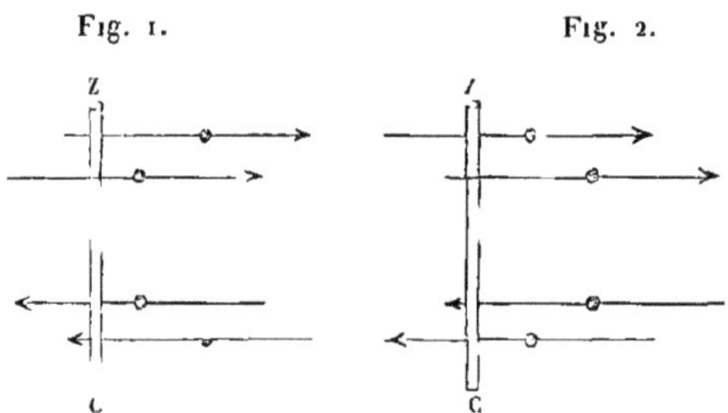

des moitiés de l'aiguille ou le pôle vrai, comme il convient de l'appeler, n'est point placé à l'extrémité, mais seulement à quelque distance de cette extrémité. Il est également évident que ce point a une tendance à tourner autour du fil et, par suite, le fil autour de ce point; et, comme les mêmes effets ont lieu en sens contraire à l'autre pôle, il est évident que chacun d'eux a, par lui-même, le pouvoir d'agir sur le fil, à l'exclusion de toute autre partie de l'aiguille et indépendamment de l'autre pôle.

Tout ceci s'entendra facilement en se reportant à la *fig.* 3, qui

Fig. 3.

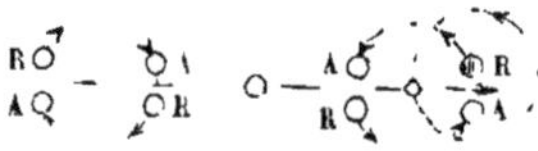

représente la section du fil dans ses différentes positions par rapport à l'aiguille : les pôles sont représentés par deux points, et les flèches indiquent, en chaque point, le sens dans lequel le fil tend à être entraîné autour du pôle.

Plusieurs conclusions importantes se déduisent de ces faits : par exemple, qu'il n'y a point d'attraction entre le fil et l'un quelconque des pôles de l'aimant; que le fil doit tourner autour du pôle et, réciproquement, le pôle autour du fil [2]; que l'attraction ou la répulsion qui s'exercent entre deux fils conducteurs, et probablement aussi entre deux aimants, sont des actions complexes; que les pôles magnétiques vrais sont uniquement les centres d'action de tout le barreau, etc. J'exposerai, avec leurs preuves, ceux de ces faits qu'il m'a été possible de confirmer par l'expérience.

La rotation du fil et du pôle l'un autour de l'autre étant le premier fait important à constater pour établir la nature de leur action mutuelle, j'ai essayé différents moyens pour réaliser ce mouvement. La difficulté était d'obtenir, pour une portion du fil, une suspension assez délicate pour lui permettre de tourner facilement, tout en lui donnant assez de masse pour assurer un bon contact. Je l'ai résolue de la manière suivante : l'extrémité d'un fil de laiton fut soudée à un bouton d'argent; on creusa dans le bouton une petite cavité et, en amalgamant le métal, on réussit à faire tenir dans la cavité renversée une goutte de mercure; le fond de la cavité déterminait l'extrémité supérieure de l'axe de rotation; une petite coupe semblable, en cuivre, remplie de mercure et placée dans une cuvette, au-dessous de la première, formait l'extrémité inférieure. On plia ensuite un fil de cuivre en forme de manivelle, et, après avoir amalgamé ses extrémités, on lui donna une longueur convenable pour plonger dans les deux godets. Pour éviter, autant que possible, les frottements sur le godet inférieur, on allégea le fil en lui faisant traverser un bouchon qu'on pouvait faire plonger à volonté dans l'eau de la cuvette : on avait ainsi un système très mobile avec de bons contacts. Il suffisait, pour compléter l'appareil, de mettre les godets en communication avec la pile. En approchant alors un aimant de l'axe, le fil se mit à tourner jusqu'à ce qu'il vînt au contact de l'aimant; portait-on rapidement l'aimant de l'autre côté du fil, celui-ci faisait une nouvelle révolution, et il était évident que le mouvement de rotation aurait continué indéfiniment, si le prolongement de l'aimant n'eût pas mis obstacle à son passage. Pour éviter cet inconvénient, on enleva le fil et la capsule inférieure, et l'on mit à la place une espèce de cuve à mercure, un peu profonde; on fixa au fond de la cuve, avec de la cire, un petit aimant cylindrique, de manière que son axe fût dans la verticale de la coupe supérieure et que l'un de ses pôles dépassât de la moitié ou des trois quarts d'un pouce la surface du mercure, on prit un fil de cuivre rectiligne, assez long pour atteindre, d'un côté, à la capsule, et plonger, de l'autre, d'un demi-pouce dans le mercure; ses extrémités furent amalgamées; l'extrémité inférieure passait à travers une petite sphère en liège flottant sur le mercure; la poussée exercée sur le fil était ainsi augmentée; de cette manière l'extrémité supérieure du fil appuyait contre la petite coupe, tandis que l'autre plongeait dans le mercure, à une petite distance de l'aimant, dont elle était séparée par la sphère de liège; le fil, presque vertical, était ainsi libre à son extrémité inférieure et pouvait tourner librement autour du pôle. En faisant alors communiquer les deux plaques avec la capsule supérieure, d'une part, et le mercure de la cuvette, de l'autre, on voyait le fil se mettre immédiatement à tourner autour du pôle de l'aimant, et la rotation continuer tant que les communications restaient établies [3].

Pour donner un plus grand diamètre au cercle décrit par ce fil, on éloigna le bouchon de l'aimant en retenant le conducteur par un fil de platine formant une boucle autour de l'aimant. Le mouvement de rotation reprit sitôt que les communications furent rétablies, seulement il était d'autant plus lent que la distance était plus grande.

Le sens du mouvement dépend de la manière dont les communications sont établies et de la nature du pôle que l'on fait agir. Quand la partie supérieure du fil est en communication avec le zinc et la partie inférieure avec le cuivre, le mouvement autour du pôle nord ou du pôle sud de l'aimant se fait dans le sens indiqué par les *fig.* 4 et 5; il se fait en sens contraire, quand les communications sont renversées.

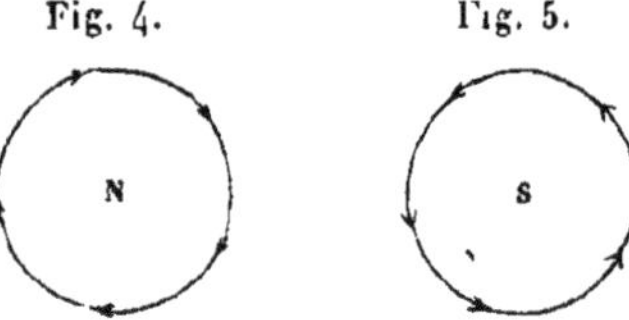

Fig. 4. Fig. 5.

Quand au lieu de placer le pôle sur l'axe de rotation on l'approche d'un côté ou de l'autre du fil, il n'y a ni attraction, ni répulsion; le fil tend seulement à décrire le cercle qui a encore le pôle pour centre, dans le sens indiqué plus haut, et cela, quelle que soit la position du pôle par rapport au fil.

Si le pôle est à l'extérieur, par rapport au fil, le mouvement du fil est de sens contraire à celui qui se produit quand le pôle est à l'intérieur; mais ce mouvement s'arrête bientôt; il tend encore à se produire autour du pôle comme centre; mais cette tendance est bientôt contre-balancée par les liaisons qui obligent le fil à décrire un cercle autour de l'axe.

Il fallait maintenant faire tourner l'aimant autour du fil. On y parvint en lestant l'aimant avec un cylindre de platine, de manière à lui permettre de flotter verticalement sur le mercure, le pôle supérieur restant au-dessus de la surface. Faisant alors communiquer le mercure avec l'une des plaques, et plongeant normalement dans le métal l'autre extrémité du fil conducteur, tout près de l'aimant flottant, le pôle supérieur se mit à tourner autour du fil; le pôle inférieur, placé trop loin, ne pouvait empêcher ni même contrarier sensiblement ce mouvement.

Le sens du mouvement dépend naturellement de la nature du pôle et du sens des communications. Quand la partie supérieure du fil communique avec le zinc et la partie inférieure avec le cuivre, le sens dans lequel se meut le pôle nord ou le pôle sud est celui qui est indiqué par les *fig.* 6 et 7. Le mouvement est de sens contraire, quand les communications sont renversées.

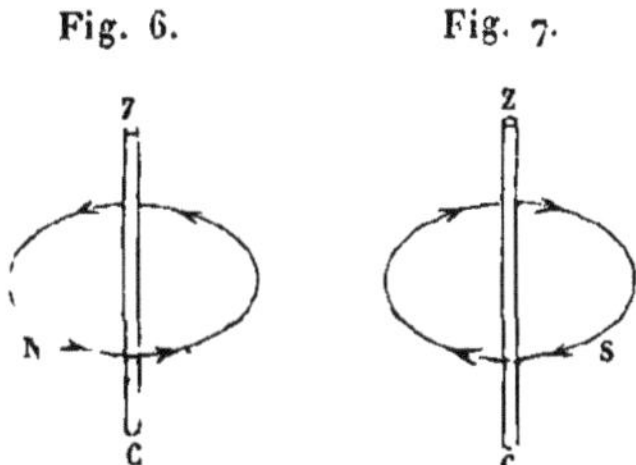

Ayant ainsi réussi ces deux expériences, j'essayai de faire tourner soit le fil, soit l'aimant autour de son axe même, en l'empêchant de tourner en cercle autour de l'autre; mais je ne pus obtenir le plus léger indice d'un pareil mouvement, et, en y réfléchissant, je ne crois pas, en effet, que la chose soit possible. Les mouvements sont évidemment dus à un courant ou à quoi que ce soit qui passe à travers ce fil, et non pas au fil lui-même, qui ne doit être regardé que comme le support du courant. Lorsque, par la forme donnée au fil, ce courant décrit une courbe, il est aisé de concevoir comment, dans les révolutions, il entraîne le fil avec lui; mais lorsque celui-ci est droit, le courant doit se mouvoir sans communiquer aucun mouvement au fil qu'il traverse ([1]).

M. Ampère a fait voir que deux fils conducteurs, semblables à ceux dont il s'agit, s'attirent lorsque les courants sont dirigés dans le même sens, et qu'ils se repoussent quand les courants sont de sens contraires, l'attraction et la répulsion ayant lieu entre eux en lignes droites. L'attraction du pôle nord de l'aiguille aimantée par l'un des côtés du fil et du pôle sud par le côté opposé, et la répulsion de ce même pôle par les côtés opposés, ont porté le Dr Wollaston à nommer ce magnétisme *magnétisme vertigineux,* et il conçoit que les phénomènes peuvent être expliqués, en supposant qu'un courant électromagnétique, dont la direction dépend de celle du courant électrique, tourne autour de l'axe du fil conjonctif et qu'il développe, de part et d'autre de cet axe, des forces nord et sud ([2]). Il est, en effet, bien constaté que le fil conjonctif a des pouvoirs opposés aux deux extrémités d'un même diamètre, ou plutôt que ce pouvoir se continue, dans la même direction, tout autour du fil; d'où il suit, évidemment, que les attractions et les répulsions des fils de M. Ampère, ne sont pas des actions simples, mais des résultats complexes [4].

Un cas simple de mouvement magnétique est celui de la rotation d'un courant autour d'un pôle ou d'un pôle autour d'un courant. Si l'on tourne le fil en hélice, comme le fait M. Ampère, tout le magnétisme vertigineux d'une même espèce, pour parler comme le Dr Wollaston, ou d'un même côté du fil, est concentré dans l'axe de l'hélice, tandis que le magnétisme de l'autre espèce est beaucoup plus disséminé. De la sorte, toutes les actions exercées par une grande longueur de fil, du côté de l'axe de l'hélice, pour faire tourner le pôle autour du fil, tendent toutes à entraîner ce pôle dans un même sens, tandis que la puissance motrice du côté opposé à l'axe est dispersée et affaiblie considérablement dans son

([1]) *Voir* plus loin les expériences d'Ampère et de Liouville; la première montrant qu'on peut faire tourner un aimant autour de son axe, sans l'action d'un courant; la seconde, qu'on ne peut faire tourner, dans les mêmes conditions, une portion rectiligne de conducteur sous l'action d'un aimant. (J.)

([2]) *Voir* la note de la page 70. (J.)

action sur le pôle. Par suite, l'action exercée d'un côté du fil est très concentrée, et ses effets très énergiques, tandis que celle qui a lieu de l'autre côté devient insensible. On obtient par là un moyen de séparer l'une des forces de l'autre; et alors, quand on examine l'extrémité de l'hélice, on trouve qu'elle ressemble beaucoup à un pôle magnétique : toute la puissance est concentrée à l'extrémité de l'hélice; elle attire ou repousse un pôle d'aimant dans toutes les directions; et j'ai trouvé, depuis, qu'elle fait tourner le fil conjonctif, comme le fait un pôle magnétique. Cette extrémité peut, dès lors, être considérée comme identique avec un pôle magnétique : les expériences que je vais rapporter, par la suite, me paraissent apporter un grand poids à cette opinion.

Dans la supposition que le pôle d'une aiguille aimantée présente les propriétés d'un des côtés du fil, les phénomènes qu'il présente avec ce fil lui-même offrent un moyen d'analyse qui nous fera parvenir probablement, si l'on sait en user, à une connaissance plus intime de l'état des forces qui agissent dans les aimants. Lorsqu'il est placé près du fil mis en communication avec la batterie, il tourne en cercle autour de lui, marchant vers le côté qui l'attire et s'éloignant de celui qui le repousse; en d'autres termes, il est en même temps attiré et repoussé par deux forces égales et, par conséquent, ne s'approche ni ne s'éloigne. En vertu des forces développées par les deux côtés du fil, le pôle, par un double effet pour s'éloigner de l'un et s'approcher de l'autre, décrit un cercle, le sens du mouvement étant déterminé par la nature du pôle et l'état du fil, d'après la loi mentionnée plus haut.

Les phénomènes que l'on observe en approchant un pôle magnétique de deux ou de plusieurs fils, ou deux pôles d'un seul fil ou de plusieurs, ne sont que des applications de cette double action et sont de nature à conduire à des vues plus correctes sur le magnétisme. Ces expériences se font aisément en chargeant avec du platine l'un des pôles de l'aiguille, de manière que l'autre puisse flotter au-dessus de la surface du mercure, ou encore en faisant flotter l'aiguille, au moyen d'un bouchon, sur l'eau d'un vase au fond duquel on a mis un peu de mercure en communication avec les fils. En décrivant ces expériences, je ne m'arrêterai point aux détails d'exécution, je laisserai également de côté toutes les déductions qui n'ont pas un intérêt immédiat.

M. Ampère a fait voir que deux fils semblables s'attirent mutuellement, et sir H. Davy a prouvé que les parcelles de limaille de fer qui adhèrent à ces deux fils s'attirent mutuellement du même côté ([1]). Ces fils se trouvent dans la position pour laquelle les influences nord et sud des deux fils les attirent l'un vers l'autre. Ils semblent, en outre, se neutraliser réciproquement dans les parties qui se regardent; car, entre elles, le pôle d'un aimant reste sans action; tandis que si l'on réunit les deux fils, il se meut autour de leur partie extérieure, comme il le ferait autour d'un seul fil; et, comme leurs actions sont de même sens, on trouve que le maximum d'effet a lieu vis-à-vis de la partie extérieure et opposée des deux fils. Si l'on emploie plusieurs fils semblables, en les disposant l'un à côté de l'autre, en forme de ruban, le résultat est le même et l'aiguille tourne autour de l'ensemble; les fils intérieurs paraissent avoir perdu une partie de leur force, qui se trouverait transportée sur les fils extrêmes, dans des directions opposées, de sorte que le mouvement du pôle flottant s'accélère beaucoup dans le voisinage des bords de l'espèce de ruban formé par les fils. Si, au lieu d'un système de fils parallèles, on emploie une lame de métal, l'effet est encore le même; c'est sur le tranchant de la lame que semblent concentrées les actions dues aux différentes parties : on a ainsi un moyen d'éloigner à volonté, dans le sens de la largeur, les deux côtés du fil.

Si l'on dispose parallèlement deux fils dans des états opposés et qu'on en approche le pôle, il tendrait à se mouvoir autour de chacun d'eux, d'après la loi établie; mais comme les courants sont de sens contraires, le sens des deux rotations serait aussi contraire; il en résulte que le pôle, placé à égale distance des deux fils, est entraîné dans une direction perpendiculaire à la ligne qui les joint, soit en s'approchant, soit en s'éloignant; il présente ainsi ce fait curieux, qu'il est d'abord attiré par les deux fils, et repoussé par eux ensuite (*fig.* 8). Si l'on intervertit les communications ou si l'on change le pôle, le mouvement a lieu, suivant la même ligne, mais en sens contraire. Si les deux courants opposés sont ceux d'un même fil recouvert de soie, replié sur lui-même (*fig.* 9), ce fil, mis en communication avec le pôle, devient un ai-

---

([1]) *Voir* le Mémoire de Davy, n° IV. p. 71. (J.)

mant d'une espèce singulière (¹). Avec un pôle nord, par exemple, qu'on présente à l'un des côtés du fil, il y a attraction vis-à-vis de l'intervalle qui sépare les deux fils et, au contraire, répulsion, de part et d'autre, de cet intervalle; sur l'autre face, le même pôle nord est repoussé dans l'intervalle des deux courants et attiré, de part et d'autre, de cet intervalle : avec le pôle sud, les attractions et les répulsions se présentent en ordre inverse.

Lorsqu'on fait agir à la fois les deux pôles de l'aiguille aimantée sur le fil ou sur les fils, les effets produits sont d'accord avec ceux qui précèdent. Ainsi, quand on approche le fil conjonctif, tenu verticalement, d'une aiguille qui flotte sur l'eau, celle-ci tourne sur elle-même jusqu'à ce que son axe soit placé transversalement,

Fig. 8. Fig. 9. Fig. 10.

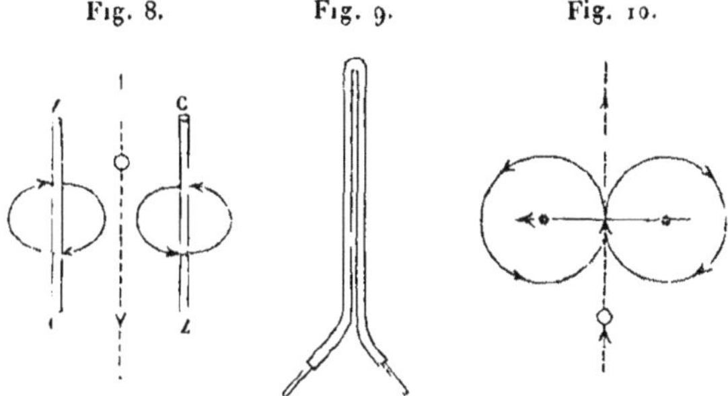

par rapport au fil, les deux pôles étant respectivement dans la direction que chacun tendrait à prendre dans le mouvement de rotation défini plus haut. L'aiguille s'approche alors du fil, son centre (et non l'un ou l'autre des pôles) s'y portant en ligne droite. Si l'on déplace alors le conducteur et qu'on le porte de l'autre côté de l'aiguille, celle-ci s'éloigne suivant la même ligne, de sorte que le fil semble ici attirer et repousser à la fois l'aiguille. La *fig.* 10 fera concevoir plus aisément cet effet : les pôles et la direction du fil ne sont pas marqués, parce qu'ils sont les mêmes que précédemment. Si l'on renverse l'un ou l'autre, les effets sont intervertis. L'expérience est analogue à celle qui a été décrite plus haut : le pôle tendrait à passer entre deux fils dissemblables, ici le fil tend à passer entre deux pôles différents [5].

(¹) Remarque déjà faite par Œrsted. (*Voir* n° I, p. 5.) (J.)

Si l'on emploie deux fils dissemblables et que les deux pôles de l'aimant agissent à la fois, celui-ci est repoussé, détourné ou attiré de diverses manières, jusqu'à ce qu'il vienne se placer en travers entre les deux fils; tous ces mouvements peuvent être facilement déduits de l'action qu'un fil exerce sur un pôle, en tenant compte des actions des deux fils et des deux pôles. S'il arrive que l'aimant ne soit pas à égale distance des deux fils, ou que ceux-ci ne soient pas d'égale force, il marche lentement vers l'un d'eux et se comporte vis-à-vis de lui comme vis-à-vis du fil unique du paragraphe précédent.

Les *fig.* 11 et 12 feront voir plus clairement la direction des forces qui agissent sur les pôles quand l'aimant se trouve entre

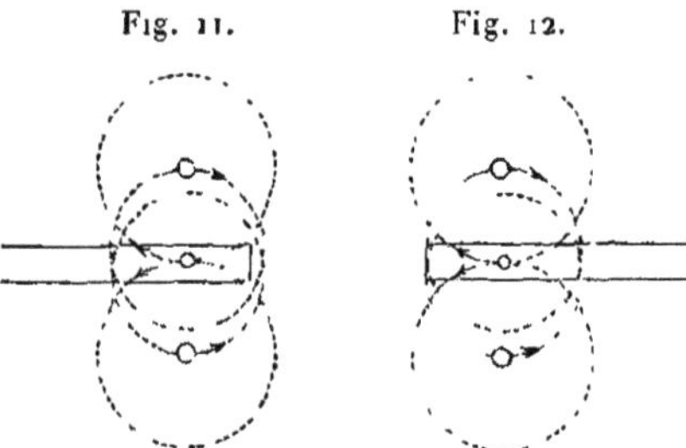
Fig. 11. Fig. 12.

deux fils dissemblables : la *fig.* 11 dans le cas de l'attraction, la *fig.* 12 dans le cas de la répulsion. On n'a point indiqué les noms des pôles ni le sens des courants, parce que chacune des figures sert pour les deux pôles; quand on considère un pôle en particulier, il faut attribuer aux courants le sens qui convient au cas de la figure.

Si l'on amène l'un des pôles auprès de l'un des fils, dans la situation où l'attraction paraît la plus forte, et qu'on aide par de légères secousses le mouvement de l'aiguille, on voit l'aiguille glisser le long du fil et s'arrêter transversalement à la hauteur de son milieu [6].

M. de la Rive a imaginé un petit appareil fort ingénieux, dont il a bien voulu me donner une copie : c'est un petit élément voltaïque ([1]) soutenu par un flotteur en liège. Deux petites lames de

([1]) *Voir* n° XI, p. 148, et n° XII, p. 153. (J.)

cuivre et de zinc traversent le bouchon et sont mises en communication à la partie supérieure par un fil métallique recouvert de soie, et qu'on a contourné en spirale en lui faisant faire quatre ou cinq tours autour d'un cylindre; les différentes spires sont rattachées par un fil de soie et forment une petite hélice d'un pouce environ de diamètre. L'appareil, placé sur de l'eau acidulée, obéit très facilement aux actions magnétiques, et est d'un emploi admirable pour répéter avec des hélices les expériences faites plus haut avec des fils droits. Ainsi, si l'on en approche un aimant à la hauteur de l'axe, l'appareil s'éloignera ou tournera sur lui-même jusqu'à ce que le côté de la spire contigu au pôle le plus voisin soit le côté que ce pôle attire. Il s'avance alors vers le pôle, le dépasse et s'en éloigne, jusqu'à ce qu'il vienne se placer au milieu de l'aimant, autour duquel il forme une espèce d'équateur, les mouvements et les positions relatives étant toujours ceux qui ont été définis plus haut (*fig.* 13). Si on le ramène vers l'un ou l'autre

Fig. 13.

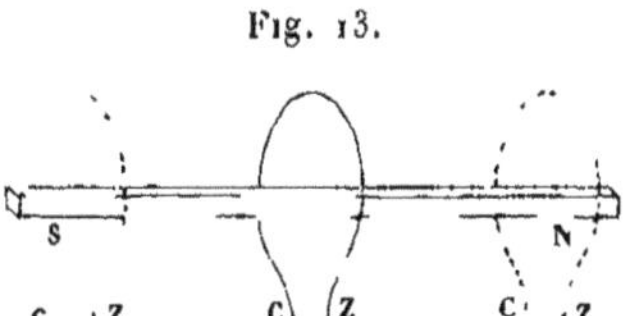

des pôles, il revient de lui-même au milieu; si on le place au milieu de l'aimant, mais avec une direction contraire du courant, il sort de l'aimant, du côté du pôle dont il se trouve le plus voisin, en paraissant d'abord attiré par le pôle, puis repoussé; si, par une cause quelconque, l'axe de l'aimant fait un angle avec celui de l'anneau, celui-ci fait un demi-tour sur lui-même et revient prendre la position équatoriale dont il a été question plus haut. Si, au lieu de laisser l'aimant passer dans la courbe, on le tient au-dessus d'elle, l'anneau s'arrête dans un plan perpendiculaire à l'aimant, mais dans une direction opposée à la première, de sorte que l'aimant placé soit à l'intérieur, soit à l'extérieur de l'anneau, l'amène toujours dans une position déterminée.

Quand les pôles de l'aimant sont placés au-dessus du flotteur, on observe des mouvements et des positions d'équilibre qui semblent, au premier abord, présenter des anomalies, mais qu'il est cependant facile, avec un peu d'attention, de ramener au mouvement de rotation d'un fil autour d'un pôle. Je ne crois pas nécessaire d'insister davantage sur ce point.

La *fig.* 13 montre les positions de l'anneau dans le cas de l'attraction et de la répulsion; les deux courbes pointillées sont attirées par les pôles les plus proches; il y aurait répulsion si l'on changeait les positions relatives.

De ce que le milieu de l'aimant constitue, relativement à l'anneau, une position d'équilibre stable, on peut conclure qu'une hélice puissante pourrait tenir suspendue en son centre une aiguille fortement aimantée. Ce résultat a été obtenu, en partie, en faisant flotter l'aiguille verticalement sur l'eau dans un tube de verre et contournant le fil en hélice autour du tube.

Parmi tous ces mouvements magnétiques entre les fils conducteurs et les pôles, tous ceux qui se présentent sous forme d'attraction ou de répulsion, c'est-à-dire tous ceux qui se font en ligne droite, exigent au moins deux pôles et un fil, ou deux fils et un pôle; tous ceux qui ont lieu entre un seul fil et un seul pôle ne peuvent, qu'en apparence, présenter ce caractère rectiligne; ils se réduisent toujours à des mouvements circulaires. Tous ceux qui ont étudié expérimentalement ces phénomènes [7] ont admis, je crois, que les forces semblables se repoussent et que les forces dissemblables s'attirent, et que ces forces opposées se rencontrent soit dans les pôles de l'aimant, soit dans les deux côtés diamétralement opposés du fil conjonctif. A ce point de vue, le cas le plus simple de l'action magnétique est celui de l'action exercée par un pôle d'hélice; car une hélice, en séparant les états magnétiques des deux côtés opposés du fil, de manière à les rendre indépendants l'un de l'autre, ou à peu près, nous permet de mettre en action deux de ces quatre forces seulement, à l'exclusion des deux autres; et l'expérience semble montrer que, lorsque les forces sont semblables, il y a répulsion, et attraction dans le cas contraire; de sorte que la combinaison de ces forces magnétiques permet de réaliser deux cas de répulsion et un d'attraction (1).

L'exemple du mouvement magnétique qui vient après celui-ci,

---

(1) Ceci n'est peut être pas vrai en toute rigueur; car, bien que l'action contraire soit bien affaiblie, elle n'est pas entièrement supprimée. (F.)

dans l'ordre de la simplicité, est celui qui se rapporte à trois forces ou aux apparences produites par un pôle et un fil; ce sont les mouvements circulaires décrits dans la première partie de ce Mémoire : ils se partagent en deux, un pôle nord et le fil autour de l'un de l'autre, et un pôle sud avec le fil autour de l'un de l'autre. On a établi la loi à laquelle sont soumis ces mouvements.

Viennent ensuite les actions entre deux fils qui, ainsi que M. Ampère l'a fait voir, s'attirent quand ils sont semblablement électrisés; car alors les côtés opposés sont l'un vers l'autre, et les quatre forces se combinent pour rassembler les courants et former une double attraction; mais quand les fils sont différemment électrisés, ils se repoussent, parce qu'alors, aux deux côtés du fil, les mêmes forces sont opposées et produisent une double répulsion.

Les mouvements résultant de l'action de deux pôles différents et d'un fil viennent maintenant : le fil tend à décrire des cercles opposés autour des pôles; conséquemment, il est tiré suivant une ligne transversale passant par le centre de l'aiguille dans laquelle ils sont placés. Si le fil se trouve du côté vers lequel les cercles se joignent, il est attiré; s'il est du côté opposé où ils se séparent, il est repoussé (*fig.* 10).

Les mouvements d'un pôle avec deux fils sont encore les mêmes que les précédents; lorsque les fils sont dissemblables, le pôle tend à décrire deux cercles opposés autour de chacun d'eux; quand il se trouve du côté des fils où les cercles se rencontrent, il est attiré, et il est repoussé du côté où les circonférences se séparent (*fig.* 8, 11 et 12).

Enfin, le mouvement entre deux pôles et deux fils dissemblables offre l'exemple de plusieurs forces combinées pour produire un seul effet.

M. Ampère, en raisonnant sur la découverte de M. Œrsted, a été conduit à adopter une théorie au moyen de laquelle il cherche à expliquer les propriétés des aimants, en y supposant l'existence de courants électriques disposés concentriquement autour de l'axe de l'aimant. A l'appui de cette théorie, il courba d'abord un fil en hélice, dans lequel les courants devaient se mouvoir autour de l'axe d'un cylindre presque perpendiculairement à cet axe. Les extrémités d'une pareille hélice furent reconnues, lorsqu'on les fit communiquer avec l'appareil voltaïque, s'être constituées dans des états magnétiques opposés, et présenter l'apparence de pôles. Après avoir étudié l'action mutuelle des pôles et des fils, et découvert les mouvements circulaires, il m'a semblé qu'on ferait un grand pas vers la confirmation de cette théorie, si l'on pouvait parvenir à définir l'action de l'hélice, et à la comparer à celle de l'aimant, d'une manière plus rigoureuse qu'on ne l'avait fait jusqu'à présent, ainsi qu'à former des aimants électriques artificiels et à analyser les aimants naturels. Mes essais, dans cette voie, ont été assez heureux pour pouvoir ramener l'action d'un pôle électromagnétique, tant au point de vue de l'attraction que de la répulsion, au mouvement circulaire décrit plus haut.

Si l'on prend un fil conducteur long de trois pouces, et qu'on fasse circuler un pôle magnétique autour de son milieu, en lui faisant décrire un cercle d'un diamètre un peu moindre qu'un pouce, les forces qui agissent sur lui restent les mêmes en tous les points du cercle (*fig.* 14); que l'on courbe alors le conducteur,

Fig. 14.

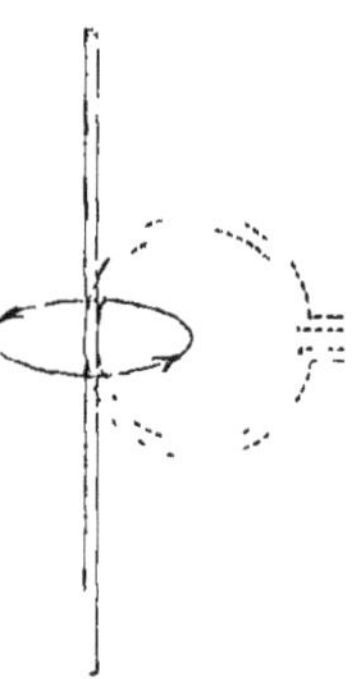

sans toucher à la partie autour de laquelle tourne le pôle, comme l'indique la portion pointillée de la figure, et qu'on assujettisse le pôle à décrire encore le même cercle, il est bien évident que le fil agira sur le pôle d'une manière différente dans les différents points du parcours. Les actions de toutes les parties du fil seront concordantes pour lui faire traverser le centre de l'anneau; mais, dès qu'il aura dépassé ce point et qu'il s'éloignera, certaines portions n'auront plus d'action, et d'autres des actions de sens contraires, jusqu'à ce qu'il arrive à la partie opposée du cercle; là, il n'est plus sollicité que par une très petite partie des forces qui le faisaient mouvoir d'abord. A mesure qu'il continue de tourner dans le même sens, son mouvement s'accélère, les actions allant en croissant, jusqu'à ce qu'il atteigne de nouveau le centre de l'anneau, où ces actions atteignent leur maximum, après quoi elles diminuent comme auparavant. Ainsi le pôle tourne d'une manière continue autour du fil sous l'action de forces constamment variables.

Considérons le plan de l'anneau et, dans ce plan, le centre de l'anneau; ce point se présente comme le centre des actions qui agissent sur le pôle; c'est, pour ainsi dire, le pôle du système magnétique constitué par l'anneau. C'est lui qui semble faire tourner le pôle de l'aimant, l'attirant d'un côté, le repoussant de l'autre, et avec une force variable avec la distance. Mais tout cela n'est qu'une apparence, les forces émanent de l'anneau et le centre n'est que le point où leur action est concentrée ; et bien qu'il semble réunir les deux propriétés opposées d'attirer et de repousser, c'est une pure conséquence de sa situation au milieu de l'anneau; le mouvement se fait, en réalité, toujours dans le même sens, et l'action exercée sur le pôle est due uniquement au fil.

Nous avons fait voir précédemment que deux ou un plus grand nombre de fils semblablement électrisés, mis sur la même ligne, l'un à côté de l'autre, agissent comme s'il n'y en avait qu'un seul, toute la force étant comme accumulée sur les fils extrêmes, par une sorte d'influence mutuelle des fils les uns sur les autres. On a remarqué, en même temps, qu'il en est de même pour une lame métallique qui joint les deux extrémités de l'appareil, son pouvoir étant en apparence le plus fort vers les tranchants de la lame. Si alors on dispose une série d'anneaux concentriques intérieurement les uns aux autres, de manière que le courant électrique les traverse tous dans le même sens, ou si, ce qui est la même chose, l'on fait avec un fil métallique une spirale (*fig.* 15), dans le plan qui va de son centre à sa circonférence, et qu'on en fasse communiquer les extrémités avec la batterie, alors le cercle de révolution, suivant lequel le pôle tend à se mouvoir, demeurera encore le même que dans la *fig.* 14, et passera à travers le centre des anneaux ou de la spirale; mais la force sera considérablement augmentée. En construisant une pareille spirale, ce fait se trouve démontré d'une manière fort curieuse; elle soulève, en effet, une énorme quantité de limaille de fer, qui forme presque un cône, tant est forte l'action du centre, et son action sur l'aiguille aimantée, par deux côtés différents, est extrêmement puissante [8].

Si, au lieu de mettre les anneaux les uns dans les autres, on les juxtapose de manière à former un cylindre, ou bien qu'on contourne le fil en hélice, la même espèce de neutralisation s'opère dans les anneaux intermédiaires, et tout l'effet se trouve accumulé encore dans les extrémités. La ligne que le pôle décrirait dans ce cas, en supposant qu'il soit maintenu à une distance constante de la surface intérieure et extérieure, sera d'abord l'axe du cylindre, puis il contournera l'extrémité, suivra la surface extérieure et reviendra, par l'autre extrémité, suivre de nouveau l'axe du cylindre. Dans ce cas, l'action serait probablement maximum aux deux extrémités et minimum à égale distance des deux.

Fig. 15.

Supposons maintenant l'espace intérieur du cylindre rempli par des anneaux et des spires, parcourus par des courants de même sens; la nature et la direction des forces seront les mêmes, leur intensité seule aura augmenté. L'action serait maximum sur l'axe, à cause de la forme circulaire, et les propriétés opposées des deux côtés du centre de l'anneau, auxquelles il semble devoir sa puissance attractive et répulsive, se retrouveraient aux deux extrémités du cylindre : on aurait là deux points présentant, en apparence, des actions opposées, l'une attractive, l'autre répulsive, des deux pôles d'un aimant. Concevons, maintenant, que le pôle ne soit plus assujetti à décrire une courbe à une distance constante de la surface extérieure du système, anneau, spirale plate ou cylindre; il est évident que si on le place sur l'axe, à une distance convenable, il sera sollicité par deux ou un plus grand nombre de forces dans des cercles égaux; il se dirigera donc en ligne droite sur le lieu des intersections de ces cercles, et s'approchera ou s'éloignera des points dont il a été question, comme s'il était soumis à des attractions ou des répulsions en lignes droites. Si on le place en dehors de l'axe, il se déplacera en lignes courbes par rapport aux mêmes points, la direction et la grandeur des forces étant déterminées en chaque point par les lignes courbes qui représentent, en intensité et en direction, les forces émanées des diverses portions de fil qui forment les extrémités du cylindre, de la spirale ou de l'anneau.

Ainsi, les phénomènes d'une hélice ou d'un cylindre solide, formé par l'enroulement en spirale d'un fil recouvert de soie, sont ramenés à la simple révolution du pôle magnétique autour du fil conjonctif de la batterie voltaïque, et leur ressemblance avec le magnétisme est si grande, que les plus fortes présomptions viennent à l'esprit de les attribuer les uns et les autres à la même force, comme l'a fait M. Ampère. La limaille de fer, répandue sur un papier tenu au-dessus de ce cylindre, se dispose en lignes courbes allant d'une extrémité à l'autre, et indiquant la route que suivrait le pôle, exactement de la même manière qu'avec un aimant ordinaire; les extrémités attirent et repoussent comme celles d'un aimant; enfin, la ressemblance est complète presque sur tous les points. Les expériences suivantes éclairciront et confirmeront la vérité de ces remarques sur l'action de l'anneau, de l'hélice ou du cylindre, et elles feront voir en quoi ces actions sont d'accord avec les actions magnétiques et en quoi elles en diffèrent, car il y a aussi des différences.

Ayant fait flotter presque à fleur d'eau, à l'aide d'un morceau de liège, un petit aimant, on présenta à ses pôles, dans différentes positions, un fil de cuivre courbé en anneau (*fig.* 16), et dont les extrémités étaient en communication avec la batterie; le pôle était tantôt attiré vers l'anneau, tantôt repoussé, suivant la position du pôle et la manière dont les communications étaient établies. Si l'on présentait le fil vis-à-vis du pôle, l'aimant passait de côté et en dehors, quand il était repoussé; de côté et en dedans, quand il était attiré; lorsqu'on le plaçait dans l'intérieur de l'anneau, il se mouvait de côté, en sens opposé, cherchant à tourner autour du fil. Ces actions sont de même espèce que celles que M. de la Rive a fait connaître; elles montrent parfaitement les relations qui existent entre l'anneau et le pôle; j'en ai déjà mentionné plusieurs; il est facile de voir qu'elles s'accordent avec l'explication donnée.

Avec une spirale plane, le pouvoir magnétique acquiert une grande énergie, et, quand les spires ne sont pas au contact jusqu'au centre, on reconnaît aisément l'influence du bord intérieur du fil sur l'extérieur, soit à l'aide du pôle d'une aiguille aimantée, soit par la limaille de fer. Avec la limaille, le phénomène est très beau et très instructif. Quand on pose la spirale à plat sur un tas de limaille, les parcelles se disposent en lignes droites perpendiculaires au plan de l'anneau, mais qui s'inclinent ensuite d'un côté ou de l'autre, dans le sens du rayon, vers le bord le plus voisin, de manière à représenter exactement le chemin qu'un pôle décrirait autour des anneaux; les parcelles de limailles placées au centre se

Fig. 16.

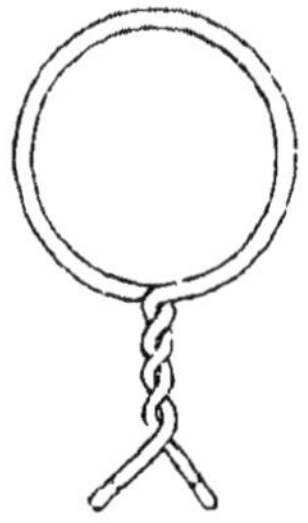

disposent en filaments d'un demi-pouce de longueur, perpendiculaires au plan de l'anneau, et forment comme un axe réel à la spirale; ces filaments n'ont aucune tendance à s'incliner dans un sens ou dans l'autre; leur forme et leur arrangement sont donc tout à fait ceux qui résultent de ce qui a été dit plus haut; partout ailleurs les parcelles forment aussi des filaments, mais qui s'inclinent plus ou moins à partir du centre, suivant qu'elles en sont plus ou moins loin.

L'expérience avec une hélice présentait un intérêt particulier, parce que, dans notre manière d'expliquer les attractions et les répulsions, c'est-à-dire les mouvements d'approche ou de recul, relativement aux extrémités, il se dégageait quelques conséquences qui, si elles se trouvaient vérifiées pour les hélices et aussi pour les aimants, étaient de nature à fournir des preuves puissantes en faveur de leur identité. Ainsi, une extrémité qui paraît attirer un pôle quand il est à l'extérieur doit le repousser quand il est à l'intérieur, et celle qui paraît repousser le même pôle à l'extérieur doit l'attirer à l'intérieur; c'est-à-dire, les mouvements à l'intérieur et à l'extérieur, qui sont de directions opposées relativement à un point déterminé, sont toujours des mouvements de même sens, relativement à l'extrémité de l'hélice. Plusieurs phénomènes de ce genre ont déjà été décrits à propos des *fig.* 8, 11, 12 et 13; en voici d'autres.

L'hélice était formée d'un fil de cuivre recouvert de soie enroulé sur un tube de verre d'un pouce environ de diamètre; elle avait à peu près trois pouces de long. Une aiguille aimantée, presque de même longueur, était placée sur un petit flotteur de liège, de manière à avoir des mouvements très libres. L'hélice ayant été mise en communication avec la pile et plongée dans l'eau où flottait l'aiguille, ses extrémités exerçaient sur les pôles les attractions et les répulsions qui ont été décrites plus haut. Quand on approchait l'extrémité d'un pôle sur lequel elle agissait par attraction, celui-ci entrait dans le tube de verre, mais sans s'arrêter vis-à-vis du *pôle de l'hélice*, comme nous l'appellerons pour le moment; il continuait son chemin à l'intérieur du tube, entraînant l'aiguille à l'intérieur du tube et jusqu'à ce qu'il arrivât au pôle opposé de l'hélice, c'est-à-dire au pôle qui l'aurait repoussé à l'extérieur. On pouvait répéter les mêmes effets avec l'autre pôle de l'aimant et l'autre pôle de l'hélice; le pôle de l'aiguille pénétrait dans le tube et l'aiguille s'arrêtait dans la même position que dans le premier cas.

Ainsi, chaque extrémité de l'hélice semble attirer et repousser les deux pôles de l'aimant; mais ceci n'est qu'une conséquence naturelle du mouvement circulaire, dont l'existence a été démontrée plus haut par l'expérience, et chaque pôle, en particulier, aurait parcouru tout l'intérieur de l'hélice et aurait tourné ensuite autour de la partie extérieure, s'il n'eût été contrarié par le mouvement de sens contraire que l'hélice tendrait à donner au pôle opposé. On a vu que les deux pôles tendent à circuler en sens contraires autour d'un fil; il en est de même pour le mouvement à travers et au dehors d'une hélice; le pôle, attiré par l'une des extrémités de l'hélice, pénètre à l'intérieur, jusqu'à ce que l'autre pôle, d'abord éloigné, finisse par subir à son tour l'action de l'hélice; et c'est quand tous les deux sont à l'intérieur de l'hélice et placés symétriquement par rapport aux extrémités, que les actions qui agissent sur eux deviennent égales et de sens contraires, et que, par suite, l'aiguille peut rester en équilibre. Si, dans cette situation, il était possible de séparer les deux pôles de l'aiguille, chacun d'eux s'échapperait au dehors par l'extrémité de l'hélice, qui semblait l'attirer auparavant : c'est ce qui résulte évidemment de l'ensemble des expériences.

Si l'on retourne l'aiguille et qu'on la place dans cette même position, les pôles en regard de l'aimant et de l'hélice, qui sont ceux qui s'attiraient à l'extérieur, se repoussent maintenant qu'ils sont à l'intérieur; l'aiguille est dans une position d'équilibre instable, et tend à s'échapper du tube du côté où la distance des deux pôles opposés devient moins grande. On peut voir que ce mouvement présente, dans son état passager pendant que l'aiguille sort de l'hélice, une attraction entre deux pôles semblables, puisque le pôle intérieur qui détermine le mouvement s'approche de l'extrémité qui le repousserait s'il était à l'extérieur (1).

Les expériences peuvent être répétées avec l'anneau de M. de la Rive; dans ce cas, c'est l'anneau et non l'aimant qui est mobile; mais, comme les mouvements sont réciproques, on peut aisément les prévoir d'avance.

Une lame de cuivre contournée en forme de cylindre, et dont les deux extrémités plongent dans deux vases juxtaposés et pleins de mercure, se comporte comme l'hélice quand on y fait passer le courant.

On fit avec du fil de cuivre recouvert de soie un cylindre solide, en prenant comme axe une portion du fil lui-même et en enroulant dessus plusieurs couches [9]. Ce système, de même que l'hélice précédente, avait des pôles en tout semblables aux pôles

(1) Le pouvoir magnétisant de l'hélice est si grand, qu'il peut arriver, quand le mouvement est lent, que les pôles de l'aiguille soient renversés; le résultat pourrait alors induire en erreur. (F.).

sud et nord d'un aimant; il attirait la limaille, donnait un mouvement de révolution au fil conjonctif, présentait quatre positions d'équilibre, comme on l'a trouvé pour les aimants dans les premières pages de ce Mémoire; enfin, il donnait avec la limaille des courbes identiques à celle qu'on obtient avec les aimants; ces courbes représentent la trajectoire que parcourait un pôle sud ou nord entièrement libre.

Maintenant, en présence de l'accord si complet que nous trouvons entre les apparences que présentent une hélice traversée par un courant et un aimant cylindrique, et même un barreau régulier quelconque, il est difficile, tout d'abord, de garder un doute sur ce point, que la cause, quelle qu'elle soit, qui détermine les propriétés de l'un, ne détermine aussi les propriétés de l'autre, attendu qu'il n'y a pas, je crois, d'expérience magnétique dans laquelle un des systèmes ne puisse être substitué à l'autre. Dans le barreau aimanté, toutes les actions qui s'exercent sur un simple pôle, sur la limaille, etc., s'accordent avec l'hypothèse d'une circulation continue qui, si l'aimant n'était pas solide, irait de l'intérieur à l'extérieur, toujours dans le même sens.

Il y a cependant des différences entre les apparences produites par un aimant et celles qui sont dues à une hélice ou un cylindre. Le pôle d'un aimant attire le pôle opposé d'une aiguille aimantée, dans toutes les positions et toutes les directions; quand l'hélice est placée à côté de l'aiguille, presque parallèlement, et les pôles opposés en regard, de manière qu'il y ait attraction, si l'on fait mouvoir l'hélice, de manière que le pôle de l'aiguille s'approche de plus en plus de son milieu, le pôle est repoussé un peu avant de l'atteindre et dans une position où il serait encore attiré par un aimant. Cet effet est dû probablement au défaut de continuité que présentent les spires successives de l'hélice; on n'a plus la même uniformité d'action qu'avec les anneaux en nombre infini dans lesquels on peut supposer l'aimant subdivisé.

Une autre différence consiste en ce que les pôles, c'est-à-dire les points vers lesquels tend l'aiguille quand elle pointe normalement sur une des extrémités ou sur la face latérale d'un aimant ou d'une hélice, et que l'on peut considérer comme étant particulièrement les centres d'action, sont situés, dans l'hélice, à l'extrémité de son axe et non à quelque distance de cette extrémité;

tandis que dans les aimants les plus réguliers, le pôle est toujours en un point de l'axe situé à quelque distance de l'extrémité [10]. Lorsque l'aiguille est présentée normalement à l'extrémité de l'aimant, elle se place en ligne droite avec son axe; quand on la présente perpendiculairement à une face, elle se dirige vers un point situé à quelque distance de l'extrémité, tandis qu'avec une hélice ou un cylindre, c'est toujours vers cette extrémité même. Cette différence doit probablement être attribuée à une différence de distribution dans l'aimant et dans l'hélice de la cause qui produit les effets magnétiques. Dans cette dernière, la distribution est nécessairement uniforme, puisque le courant lui-même est uniforme. Dans l'aimant, l'intensité est probablement plus grande au milieu que partout ailleurs; quand on approche un pôle nord d'un pôle sud, on sent leur activité augmenter, et d'autant plus, qu'ils sont plus voisins; il est naturel d'admettre qu'il en est de même pour les deux moitiés de l'aimant qui sont actuellement réunies au milieu. Quand on applique un morceau de fer doux à l'extrémité d'une des tranches d'un aimant en fer à cheval, on rapproche immédiatement le pôle de cette extrémité; mais si le morceau de fer doux vient à toucher en même temps l'autre extrémité, le pôle se déplace dans le sens opposé et s'affaiblit en même temps; il se déplace et s'affaiblit d'autant plus que le contact est plus parfait. Il est présumable que, si le contact était absolu, les deux pôles de l'aimant se trouveraient diffusés dans toute la masse, et qu'il n'y aurait plus ni attraction, ni répulsion. Il n'y a donc rien d'improbable à ce que, par quelque cause que ce soit, il y ait une plus grande accumulation d'action au milieu de l'aimant qu'aux extrémités; ce qui ferait que ces pôles sont à quelque distance des extrémités au lieu d'être à ces extrémités mêmes.

Une troisième différence résulte de ce que les pôles semblables des aimants, quoique se repoussant à distance, s'attirent cependant quand ils arrivent au contact. Cette action est faible, mais je ne crois pas qu'on puisse l'attribuer à ce qu'un des pôles l'emporte sur l'autre; car les aimants les plus égaux donnent lieu au même phénomène, et, d'autre part, les pôles n'éprouvent aucun changement dans leur magnétisme; ils soulèvent autant de limaille, sinon plus, quand ils sont ainsi unis que quand ils sont séparés, tandis que des pôles de sens contraire, quand ils sont en contact, n'ont plus qu'une action très faible : avec les hélices, on n'obtient jamais cette attraction entre deux pôles semblables.

Toutes les tentatives que j'ai faites pour obtenir des aimants en hélice ou en spirale plate sont restées sans succès. Ayant enroulé, sous forme de cylindre, une lame d'acier et l'ayant ensuite aimantée, j'ai trouvé que l'une de ses extrémités était nord tout autour et l'autre sud; mais l'intérieur et l'extérieur avaient les mêmes propriétés; le pôle d'une aiguille n'aurait jamais remonté l'axe pour redescendre extérieurement sur les côtés, comme dans le cas d'une hélice, il se serait arrêté devant le pôle opposé ([1]). Il est donc certain que les anneaux dont on peut concevoir le cylindre formé ne sont pas dans le même état que ceux qui composent l'hélice. J'ai essayé aussi d'aimanter un disque circulaire d'acier, de manière à avoir un pôle au centre d'un côté, et l'autre pôle au centre du côté opposé, dans le but d'imiter la spirale (*fig.* 15); je n'ai pu réussir et n'ai obtenu qu'une distribution de magnétisme très irrégulière.

M. Ampère n'a pas, je crois, d'opinion arrêtée sur la grandeur des courants électriques qu'il suppose exister dans les aimants perpendiculairement à leur axe. Dans un passage de son Mémoire, il les regarde, il me semble, comme ayant leurs centres sur l'axe même de l'aimant; mais cela ne peut avoir lieu dans l'aimant cylindrique creux, à moins qu'on n'en suppose deux de direction opposée, un sur la surface intérieure, l'autre sur la surface extérieure. Il avance, autre part, je crois, que ces courants sont infiniment petits; il serait probablement possible d'expliquer le cas de l'aimant le plus irrégulier, en donnant à chacun de ces petits courants la direction requise par la théorie.

Dans tout ce que je viens de dire pour expliquer les mouvements électromagnétiques et montrer la relation qui existe entre les aimants électriques et les aimants ordinaires, je n'ai entendu adopter de préférence ni rejeter aucune théorie sur la cause du magnétisme. Il paraît tout à fait probable que dans un barreau aimanté régulier, l'acier ou le fer sont dans le même état que le fil de cuivre qui forme l'hélice, et, peut-être, comme le suppose M. Ampère, par l'effet d'une même cause, savoir, les courants électriques;

([1]) *Voir* les notes de Fresnel, n^{os} X et XI, p. 144 et suiv. (J.)

mais il faudrait, de la présence d'une force telle que l'électricité, d'autres preuves que celles qui résultent des effets magnétiques [12]. Quant à ce qui concerne les deux côtés opposés du fil conjonctif et les forces qui en émanent, je n'ai employé ce mot *deux* que pour distinguer l'une de l'autre les deux séries d'effets. La haute autorité du Dr Wollaston est attachée à l'opinion qu'il suffit, pour expliquer tous les phénomènes, d'un simple courant électromagnétique tournant autour de l'axe d'un fil dans un sens déterminé par la position des pôles voltaïques (¹).

M. Ampère, qui s'est livré avec tant de zèle et de succès à l'étude de cette branche de la Physique, a déduit de sa théorie la conclusion qu'un fil circulaire, faisant partie du circuit qui réunit les pôles de la pile, doit être dirigé par le magnétisme terrestre et avoir comme position d'équilibre un plan perpendiculaire au méridien magnétique et à l'aiguille d'inclinaison. L'expérience aurait, dit-on, été déjà réalisée, mais son exactitude a été contestée, tant au point de vue théorique qu'au point de vue expérimental [13]. Comme l'aimant dirige le fil quand on lui donne la forme d'un anneau et que l'anneau lui-même fait dévier l'aiguille, j'ai essayé de répéter l'expérience et j'y ai réussi de la manière suivante : je formai un appareil voltaïque à l'aide de deux plaques courbées circulairement et communiquant entre elles par un fil de cuivre; les plaques furent placées, avec de l'acide étendu, dans une petite capsule de verre, et celle-ci mise à flotter sur la surface de l'eau; abandonné ensuite à lui-même dans une atmosphère tranquille, l'instrument se disposa de telle manière que le plan de l'anneau était perpendiculaire au méridien magnétique; écarté de cette position, dans un sens ou dans l'autre, il y revenait de nouveau, et, en examinant le côté de l'anneau dirigé vers le nord, je reconnus que c'était précisément celui qui, d'après la théorie, serait attiré par un pôle sud. Un circuit voltaïque, fait avec une capsule d'argent et formant une espèce d'anneau, donna le même résultat : on l'obtint encore plus facilement avec le petit appareil flotteur de M. de la Rive. Quand on le plaçait sur l'eau acidulée, le dégagement du gaz l'empêchait de prendre une position bien stable, mais quand on l'engageait, avec l'eau acidulée, dans une

(¹) *Voir* p. 70.

espèce de capsule flottant sur l'eau, faite avec le col d'un vase florentin, il prenait de suite la position voulue et même oscillait lentement autour de cette position.

Puisqu'un fil conjonctif droit est dirigé par un aimant, il y a lieu de croire qu'il sera également dirigé par la Terre et prendra une direction perpendiculaire au méridien magnétique. Il doit même se comporter vis-à-vis du pôle magnétique terrestre, comme vis-à-vis d'un pôle d'aimant, et tendre à tourner autour de lui. Ainsi, d'après la théorie, un fil horizontal, perpendiculaire au méridien et en communication avec la pile, ne devrait pas avoir le même poids, suivant que les communications seront établies d'une manière ou de l'autre, puisque, dans un cas, il tendrait à tourner de haut en bas, et dans l'autre de bas en haut. Cette altération du poids serait d'ailleurs différente aux différents points du globe. On produit bien cet effet avec un aimant, mais je n'ai pu réussir à l'obtenir au moyen seul du magnétisme terrestre [14].

11 septembre 1821 (1).

---

(1) Faraday a publié, dans le *Quarterly Journal of Science*, t. XII, p. 280, une Note additionnelle à ce Mémoire, dans laquelle il décrit deux dispositions d'appareils avec lesquels on peut répéter facilement l'expérience des rotations.

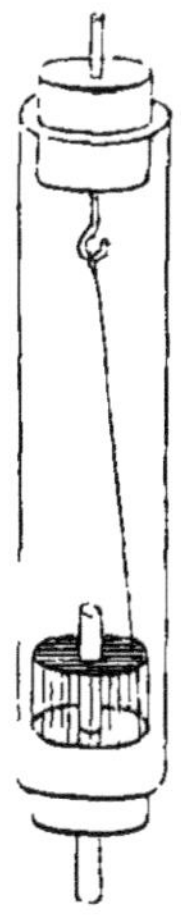

Nous reproduisons ici la figure du plus simple de ces deux appareils : il consiste en un tube de verre fermé par deux bouchons. Dans le bouchon inférieur passe

Notes relatives au Mémoire de M. Faraday.

[1] Cette succession d'attractions et de répulsions, lorsqu'on promène un fil conducteur vertical le long d'une aiguille aimantée suspendue par son centre, avait été observée par M. Oersted. Elle se déduit immédiatement, dans la théorie de M. Ampère, de la composition des forces qui résultent de l'action qu'exerce chaque élément des courants dont il admet l'existence autour des particules de cette aiguille, sur chaque élément du fil conducteur.

Quand on remplace, dans cette expérience, l'aimant par un conducteur plié en hélice, il est aisé de déduire, des formules données par M. Ampère, l'équation d'une courbe fermée, telle que le fil vertical exerce des actions contraires sur la moitié de ce cylindre la plus voisine, suivant qu'il est situé au dedans ou au dehors de cette courbe : on trouve ainsi qu'elle passe par les deux extrémités de l'hélice. Dans l'aimant, les courants, par leur action mutuelle, doivent se condenser vers son milieu, et la même courbe se change en une courbe peu différente qui passe par deux points situés à une petite distance des extrémités de l'aimant. Ces deux points sont ceux autour desquels tourne, en effet, le fil conducteur, dans l'expérience décrite ici par M. Faraday, conformément à la théorie de M. Ampère.

[2] L'action révolutive du fil conducteur et d'un aimant l'un autour de l'autre, que M. Faraday considère comme fait primitif dans tout ce Mémoire, ne suffirait pas pour soumettre les phénomènes au calcul; il faudrait qu'il eût déterminé, d'une manière précise, l'action qui a lieu entre chaque élément du fil et chaque particule de l'aimant. Si alors, comme le fait M. Wollaston, on suppose autour de tous les points du conducteur des courants électromagnétiques transversaux, on ne fait que déplacer l'hypo-

---

un petit cylindre de fer doux, autour duquel on verse du mercure, mais de manière que l'extrémité du cylindre dépasse un peu le niveau. Le bouchon supérieur porte un crochet auquel est suspendu, par une boucle, un petit fil rectiligne de platine, dont l'extrémité inférieure plonge dans le mercure. Quand on met l'appareil en communication avec une toute petite pile et qu'on approche un aimant de l'extrémité inférieure du morceau de fer doux, on voit le fil de platine prendre un mouvement rapide de rotation. (J.)

thèse de M. Ampère, en attribuant au fil conducteur ce que ce savant attribue à l'aimant, et réciproquement; alors l'effet produit reste le même, et, dans cette explication, comme dans celle de M. Ampère et dans toutes les autres, le mouvement circulaire et uniforme de l'aimant vertical et du fil vertical, l'un autour de l'autre, est toujours un fait composé résultant d'une multitude d'actions élémentaires.

Les attractions et les répulsions de deux fils conducteurs d'une longueur finie, découvertes par M. Ampère, ne sont pas non plus des faits simples; il nous semble qu'on ne peut donner ce nom qu'aux lois de l'action mutuelle, qu'il faut admettre entre deux points pour qu'il en résulte, entre deux assemblages d'une infinité de ces points, les phénomènes qu'ils nous présentent; dès lors, les faits simples ne peuvent être observés immédiatement, mais seulement conclus des observations à l'aide du calcul : c'est sous ce point de vue qu'on doit considérer les lois de l'action de deux petites portions de courants électriques, telles que les a données M. Ampère; elles sont confirmées, jusqu'à présent, par tous les phénomènes connus et, en particulier, par ceux que vient de découvrir M. Faraday.

[3] Ces mouvements circulaires s'expliquent facilement dans la théorie de M. Ampère. En effet, soit A (*fig.* 17) la projection

Fig. 17.

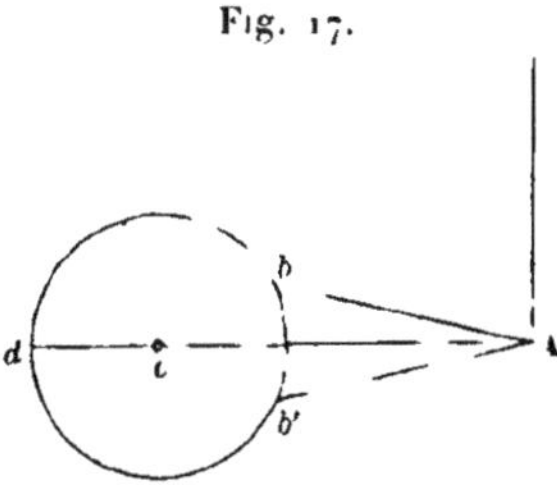

d'un fil conducteur vertical; dbb' le courant qui tourne autour d'une particule de l'aimant; si b et b' sont symétriquement placés, de part et d'autre, du plan vertical projeté en cA, un point quelconque du conducteur A éprouvera de b et b' des actions égales, mais en sens contraire; les composantes de ces actions, dans le plan vertical projeté en cA, se détruiront donc, et les composantes horizontales perpendiculaires à ce plan s'ajouteront; le fil A devra donc se mouvoir dans un cercle autour du centre c. Si maintenant on conçoit un aimant cylindrique et vertical, on voit aisément, par une composition de forces semblables, que la résultante des actions de chaque courant élémentaire tend à faire tourner le fil A autour de l'axe du cylindre. Ce premier mouvement expliqué, il est facile d'en déduire ceux d'un aimant autour d'un ou de plusieurs fils rectilignes, ou d'un fil plié en anneau, en spirale ou en hélice.

Quant au sens du mouvement, M. Ampère établit que deux courants AB et DC (*fig.* 18), dont les directions sont à angle droit,

Fig. 18.

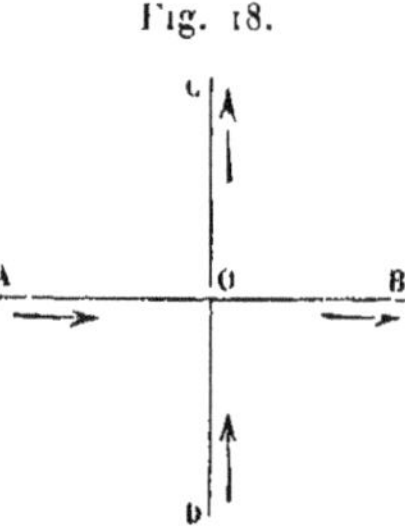

et qui ont lieu dans le sens marqué par les flèches, s'attirent dans les angles BOC et AOD, où ils ont, suivant les côtés de ces angles, des directions semblables, et qu'ils se repoussent dans les angles AOC, BCD, où leurs directions sont opposées, puisque l'un parcourt un côté de l'angle en s'approchant du sommet de cet angle et l'autre en s'en éloignant ([1]); d'où il suit que si, dans l'expérience de M. Faraday, le courant dans le fil conducteur va en s'éloignant des courants de l'aimant, ce fil doit être transporté dans le sens des courants. S'il va en s'en rapprochant, le fil doit se mouvoir dans la direction opposée aux courants de l'aimant, c'est-à-dire précisément comme l'a observé M. Faraday dans ces deux cas.

Dans toutes les hypothèses, si le fil se prolongeait de quantités égales au-dessus et au-dessous du milieu de l'aimant, il n'y aurait

([1]) Tout cela est d'ailleurs une suite nécessaire de la formule donnée par M. Ampère, dans le cahier du *Journal de Physique* du mois de septembre 1820 formule consignée dans les *Annales des Mines*, t. V, p. 550. (*Voir* p. 136.) (A.)

point d'action qui tendît à les faire tourner l'un autour de l'autre, toujours dans le même sens.

[4] Si M. Faraday, dans ce passage, entendait seulement que les attractions et répulsions des courants électriques sont des faits compliqués en tant qu'ils résultent d'une infinité d'actions entre toutes les parties infiniment petites de ces courants, il serait d'accord avec M. Ampère; mais il les regarde comme compliqués, sous un autre point de vue, parce qu'il prend l'action révolutive pour le fait primitif, et montre très bien que ces attractions et répulsions peuvent y être ramenées; mais nous venons de faire voir qu'en considérant, au contraire, comme fait primitif les attractions et répulsions entre les petites portions de courants électriques, d'après les lois données par M. Ampère, on en déduit immédiatement les mouvements circulaires des fils conducteurs et des aimants les uns autour des autres. La seule chose qu'on puisse en conclure, c'est que les faits qui, comme ceux dont il est ici question, s'expliquent également bien des deux manières, ne peuvent servir à résoudre la question. Nous nous bornerons à remarquer que toutes les actions qui produisent les autres phénomènes découverts jusqu'à ce jour, ont lieu entre deux points suivant la ligne qui les joint, comme les attractions et répulsions admises par M. Ampère, entre deux petites portions de courants électriques, et dont on peut déduire si facilement tous les faits électromagnétiques, y compris ceux dont M. Faraday vient d'enrichir la Science; en sorte qu'en adoptant la théorie de M. Ampère, ces faits rentrent dans les lois générales de la Physique, et qu'on n'est pas obligé d'admettre comme fait simple et primitif une action révolutive dont la nature n'offre aucun autre exemple, et qu'il nous paraît difficile de considérer comme tel.

[5] Cette expérience, où la masse entière d'un aimant est attirée par un fil conducteur dont la direction est perpendiculaire à la sienne quand son pôle austral est à gauche du courant électrique du fil et repoussée quand il est à droite, est due à M. Ampère, qui l'a communiquée à l'Académie des Sciences le 18 septembre 1820 [*Annales de Chimie et de Physique*, t. XV, p. 200 [1]]. L'expli-

[1] *Voir* p. 42.

cation en est bien plus simple dans sa théorie, puisque cette attraction et cette répulsion sont celles de deux courants, l'un dans le fil et l'autre dans l'aimant, qui ont la même direction dans le premier cas et des directions opposées dans le second.

[6] Cette expérience ne diffère point de celle de M. Boisgiraud (*Annales*, t. XV, p. 284-286), que M. Ampère a citée [*Annales*, t. XV, p. 218 (¹)] comme une confirmation remarquable de sa théorie, dont elle dérive immédiatement. Les expériences dues à M. de la Rive, dont l'auteur parle immédiatement après, sont également des conséquences nécessaires de cette théorie; elles en sont autant de preuves et ont été considérées comme telles par le savant physicien de Genève, dans une lettre qu'il écrivit à M. Ampère en lui envoyant ses appareils.

[7] Il faut en excepter M. Ampère, qui admet l'attraction entre les courants semblablement dirigés et la répulsion entre ceux qui le sont en sens contraire. Nous n'entrerons pas ici dans le détail des raisons par lesquelles il a cru pouvoir établir que, lorsqu'il s'agit des actions mutuelles de deux portions de fluide mues dans le même sens ou en sens contraire, l'attraction doit avoir lieu dans le premier cas et la répulsion dans le second.

[8] La grande intensité d'action d'une telle spirale est une des premières expériences de M. Ampère. Il a fait voir avec quelle énergie elle était attirée par le pôle d'un aimant.

[9] C'est un appareil de ce genre que M. Ampère a annoncé être encore plus identique à l'aimant que la simple hélice. Les expériences dans lesquelles il a imité l'aimant avec un fil conducteur plié en hélice et dont une partie revenait suivant l'axe de cette hélice ont été communiquées à l'Académie royale des Sciences, dans la séance du 6 novembre 1820.

[10] Nous ne répéterons pas ce que nous avons dit de la concentration des courants vers le milieu de l'aimant, qui, dans la théorie de M. Ampère, est la cause de la différence entre la manière d'agir des hélices et des aimants, dont parle ici M. Faraday.

(¹) *Voir* p. 53.

[11] Quand on suppose les courants dans l'aimant autour de son axe, l'analogie du cylindre creux avec l'hélice devrait être complète; mais si l'on admet, comme l'a fait M. Ampère dans un Mémoire lu à l'Institut en janvier 1821, que ces courants sont établis autour des particules des aimants, hypothèse qu'il annonçait dans ce Mémoire comme lui paraissant la plus probable (1), l'aiguille aimantée dans l'intérieur du cylindre creux se trouve toujours en dehors des courants, tandis que, dans l'hélice, elle leur est intérieure; ce qui doit produire les différences d'action qu'a remarquées M. Faraday.

[12] Il faudrait, pour produire des effets chimiques ou des effets de tension, pouvoir interrompre, par des liquides dans le premier cas, et par des substances isolantes dans le second, les courants établis dans l'aimant ou en exciter dans d'autres corps par l'influence de ces mêmes courants. Le premier moyen est impossible si, comme tout l'annonce, les courants existent autour des particules des aimants. M. Ampère a constaté l'impossibilité du second en suspendant à un fil très fin un cercle de cuivre A (*fig.* 19), dans l'intérieur et très près du contour d'une spirale

Fig. 19.

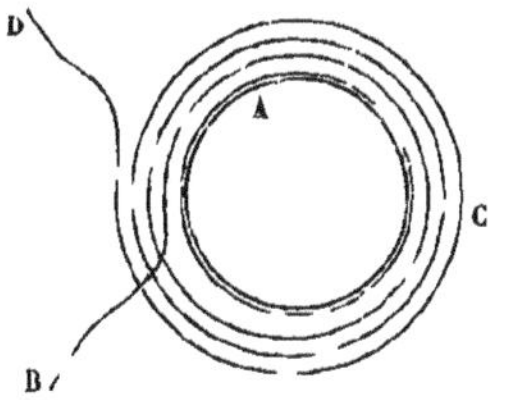

BCD de même métal, enveloppée de soie, dont les extrémités B

(1) *Voir* le compte rendu de ce Mémoire dans une Notice insérée dans le *Journal des Mines*, t. V, p. 535-558 (*voir* p. 140). Cette même hypothèse a reçu depuis un nouveau degré de probabilité par une expérience faite par M. Ampère, au mois de juillet 1821, et qui sera décrite dans la Note suivante; il en résulte que l'on ne peut point exciter le courant électrique par influence; ce qui a porté l'auteur a penser que les courants électriques existent, avant l'aimantation, autour des particules des corps susceptibles de magnétisme, mais qu'ils y existent dans toutes sortes de directions; ce qui fait que leurs actions sur des points situés hors de ces corps se détruisent mutuellement; ces actions ne se manifestent que quand on donne, par l'aimantation, des directions déterminées à ces courants. (A.)

et D communiquaient aux pôles d'une forte pile. Si un courant électrique s'était développé dans le cercle A, ce cercle aurait été attirable au moyen d'un fort aimant; or, il n'y a eu ni attraction ni répulsion. Ce fait vient à l'appui de l'opinion de M. Ampère sur la préexistence de l'action électromotrice et des courants électriques autour des particules des corps susceptibles de recevoir l'aimantation, courants qui ne produisent point d'action au dehors tant qu'ils existent dans toute sorte de directions, et qui n'en manifestent qu'après que, par l'aimantation, on leur a donné des directions parallèles, comme on dirige un circuit voltaïque mobile par un aimant ou un conducteur fixe. Ce n'est pas, au reste, que M. Ampère n'admette qu'il peut y avoir des compositions et des décompositions d'électricité produites dans un corps conducteur par l'influence de celles d'un conducteur voisin en communication avec les deux extrémités de la pile; mais, comme elles seraient alors précisément les mêmes que dans un espace semblable où il n'y aurait aucun corps pondérable, il n'en peut résulter des effets analogues à ceux d'un courant électrique dû à l'action électromotrice d'un élément voltaïque ou d'une particule d'aimant. Toute attraction ou répulsion produite entre deux corps par les courants électriques qui les parcourent exigent évidemment que les courants de chacun de ces corps soient produits par une cause qui réside en eux.

[13] La direction d'un conducteur mobile de fil de laiton que parcourt un courant électrique, par la seule action terrestre, n'est pas moins un résultat de l'expérience que de la théorie. Les expériences qui constataient cette découverte furent faites, par M. Ampère, au mois d'octobre 1820 et communiquées à l'Académie des Sciences le 30 du même mois. Ces expériences furent plusieurs fois répétées dans le courant de novembre, en présence d'un grand nombre de savants, entre autres, de MM. de Humboldt, Fourier, Delambre, Arago, Dulong, Vauquelin, Matthieu, de Bournon, Legendre, Chevreul, Beudant, etc., qui peuvent tous attester la vérité de ce fait. M. Dulong, faisant aux élèves de l'École Polytechnique une leçon sur ce sujet, le 21 décembre 1820, répéta lui-même devant eux celle où l'on fait tourner le conducteur mobile autour d'un axe vertical, pour imiter le mouvement en déclinai-

son de l'aiguille aimantée; expérience très frappante par le peu de temps que met le conducteur à se porter dans un plan perpendiculaire au méridien magnétique, et qui aurait sans doute réussi partout où l'on a essayé de la répéter, si, au lieu de la tenter par d'autres moyens, on avait construit l'appareil très simple imaginé par M. Ampère et décrit dans le Cahier de septembre 1820 des *Annales*. M. Dulong employa l'appareil dont Ampère se servait depuis deux mois pour répéter cette expérience. Vers la même époque, M. Thillaye la fit aussi dans ses leçons au collège Louis-le-Grand. [*Voyez*, pour la description des appareils et des expériences, ainsi que pour celle d'un autre appareil avec lequel M. Ampère a montré, aux mêmes savants et à la même époque, l'inclinaison du circuit voltaïque par l'action du globe terrestre, les *Annales de Chimie et de Physique*, t. XV, p. 191-195 (¹)]. Nous ferons seulement remarquer que les mouvements correspondants à ceux de l'aiguille d'inclinaison, qu'on observe dans un circuit voltaïque de forme rectangulaire, suspendu comme l'est ordinairement cette aiguille, se trouvent décrits d'une manière incomplète dans l'endroit des *Annales* que nous venons de citer, mais qu'ils ont été exposés, avec tous les détails nécssaires, dans la *Bibliothèque universelle*, t. XVI, p. 113-114, art. 8.

[14] Le mouvement d'un fil conducteur, toujours dans le même sens, par la seule action du globe terrestre a été obtenu par M. Ampère au moyen de l'appareil représenté ici (*Pl. III*, *fig.* 20 et 23), et décrit dans ce Volume, p. 238; l'usage en est expliqué p. 241 (²).

(¹) *Voir* p. 35.
(²) *Voir* p. 190.

XIV.

EXPÉRIENCES RELATIVES AUX NOUVEAUX PHÉNOMÈNES ÉLECTRODYNAMIQUES (1) OBTENUS AU MOIS DE DÉCEMBRE 1821 (2);

Par M.-A. AMPÈRE.

Pour produire un mouvement continu de révolution dans un conducteur voltaïque par l'action d'un autre conducteur, de la terre ou d'un aimant, je me sers, à présent, d'un appareil qui diffère surtout de celui que j'ai décrit dans les *Annales*, t. XVIII, p. 331 et suiv. (3), en ce qu'il est mis en action par une pile de Volta, dont on peut augmenter l'énergie à volonté en augmentant le nombre et l'étendue des plaques. Cet appareil consiste en

(1) J'ai dit plus haut, dans la note qui est au bas de la page 200 (*voir* p. 235), pourquoi le nom d'*electromagnetiques* ne pouvait plus être donné aux phénomènes d'attraction et de répulsion produits par les fils conducteurs de la pile de Volta, et les motifs qui me portaient à remplacer cette dénomination par celle d'*electrodynamiques,* qui exprime leur caractère propre, celui d'être produits par l'électricité en mouvement. Soit que l'on considère ce mouvement comme continu, ce qui me paraît peu probable, ou comme une succession, dans toutes les particules des fils conducteurs, de décompositions et de recompositions du fluide résultant de la reunion des deux électricités, il a été généralement admis depuis Volta, et me paraît aujourd'hui complètement démontré par la raison que j'en ai donnée page 205. Voici, au reste, comment s'exprime, à ce sujet, M. Biot, dans la Notice *Sur l'aimantation imprimee aux métaux par l'electricité en mouvement,* qu'il lut à la séance publique de l'Académie des Sciences, le 2 avril 1821 : « D'après les notions que nous avons données plus haut sur la construction de l'appareil voltaique, il est évident que l'électricité qu'il développe n'a pas une autre nature que l'électricité développée par le frottement dans nos machines ordinaires : seulement celle-ci est retenue et fixée, au lieu que l'autre est en mouvement. » (*Journal des Savants,* avril 1821, p. 232.) (A.)

(2) Extrait des Notices lues à l'Académie royale des Sciences, dans les séances des 3 et 10 décembre 1821 et 7 janvier 1822; publié dans les *Annales de Chimie et de Physique* [2], t. XX, p. 60-74, 1822; *Recueil d'Observations,* p. 237.

(3) Dans un article ayant pour titre : *Note sur un appareil à l'aide duquel on peut vérifier toutes les proprietés des conducteurs de l'électricité voltaique, découvertes par M. Ampère,* et qui n'a pas été reproduit dans le présent Volume. (J.)

un vase métallique formé par deux parois circulaires concentriques ABC, *abc* (*fig.* 1) : à la partie évidée *abc* s'adapte un bou-

Fig. 1.

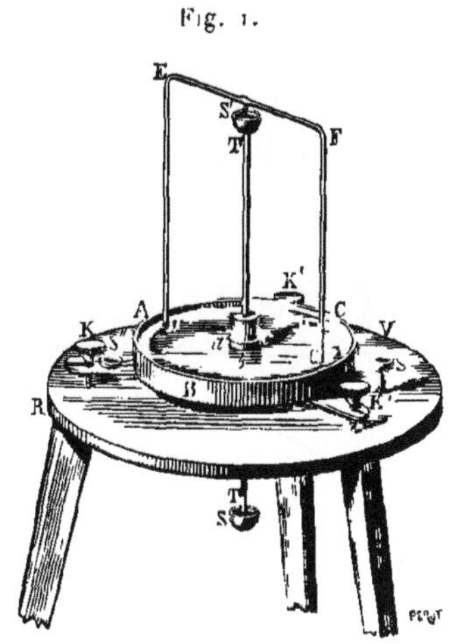

chon de liège dans lequel glisse, à frottement, une tige de cuivre TT′, portant, à ses deux extrémités, de petites coupes S et S′. Dans la coupe supérieure S′ repose, sur une pointe fine, la partie mobile du conducteur : elle est composée d'un fil de cuivre plié en fer à cheval DEFG, qui supporte un cercle DHG de même matière. A l'un des côtés du vase est soudée une coupe S″, et, dans le prolongement du même diamètre, on place une autre coupe S‴ sur le plateau en bois RV. Le vase ABC est soutenu au-dessus de ce plateau, dont le diamètre est à peu près double de celui du vase, à la distance d'un ou deux centimètres; les trois vis K, K′, K″ servent à mettre le vase de niveau. Au centre du plateau est un trou circulaire de même grandeur que l'ouverture *abc* pratiquée au centre du vase métallique. Pour observer l'action qu'exerce sur la partie mobile DEFG un autre conducteur, je forme ce dernier avec une lame de cuivre LL′L″ (*fig.* 2), revêtue d'un ruban de soie, courbée en spirale de dix ou douze tours, et portant aux deux bouts deux appendices LM, L‴M‴, dont les extrémités nues plongent dans les coupes S″ et S‴.

Les choses étant ainsi disposées, on verse de l'eau acidulée dans le vase ABC et du mercure dans toutes les coupes; on plonge l'appendice intérieur LM de la spirale dans une des coupes, S″ par exemple ; l'appendice extérieur L‴M‴ plonge en même temps dans l'autre coupe S‴, où vient se rendre le fil qui part de l'extrémité négative de la pile, et l'on ferme le circuit voltaïque en plongeant dans la coupe S le fil qui part de l'extrémité positive. Le courant monte alors par la tige TT′; descend, de part et d'autre du conducteur mobile, dans le cercle DHG ; traverse, en rayonnant, l'eau

Fig. 2.

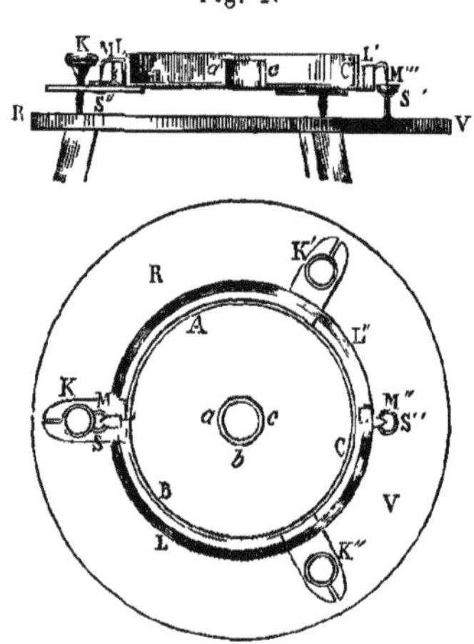

acidulée pour atteindre la coupe S″; parcourt la spirale du dedans au dehors ; arrive à la coupe S‴, et de là, à l'extrémité négative de la pile.

Soient D et G (*fig.* 3) les projections horizontales des fils DE

Fig. 3.

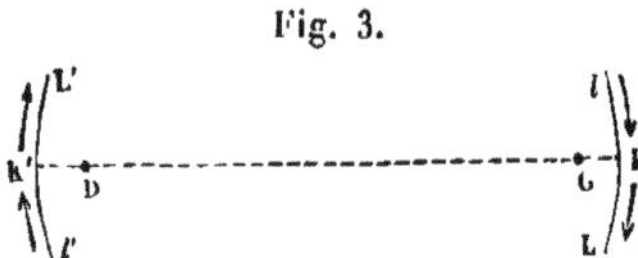

et FG (*fig.* 1), LK*l* et L′K′*l*′ (*fig.* 3) deux portions d'une même spire, voisines de ces projections. Si l'on se rappelle qu'il y a attraction entre deux conducteurs voltaïques, dont les directions forment un angle droit quand le courant électrique qui les parcourt va dans tous les deux en s'éloignant ou en s'approchant de la perpendiculaire commune qui en mesure la plus courte distance, et qu'il y a répulsion quand l'un des courants va en s'éloignant de cette perpendiculaire et l'autre en s'en approchant, on verra que le courant descendant en G est attiré par lK et repoussé par KL. Il en résulte une force unique qui tend à faire tourner le fil en sens contraire de la direction du courant de la spirale. D'une autre part, l'action que $l'K'$ exerce sur le courant descendant en D est attractive, et celle de K′L′ sur le même courant est répulsive. Ces deux forces se combinent encore en une seule qui tend aussi à faire tourner le fil en sens inverse du courant de la spirale. Cette nouvelle force s'ajoute donc à la précédente, et, des actions semblables se renouvelant dans chaque position des fils, tout le système du conducteur mobile tourne d'une manière continue, en sens inverse du courant de la spirale, aussi longtemps que la communication reste établie.

Sans rien changer au reste de l'appareil, on fait faire un demi-tour à la spirale, de manière à plonger l'appendice L‴M‴ (*fig.* 2) dans la coupe S″ et LM dans la coupe S‴; alors la direction du courant reste la même dans le conducteur mobile; mais, dans la spirale, le courant s'établit du dehors en dedans, et l'appareil se meut dans un sens contraire à celui de sa rotation, dans l'expérience précédente, parce qu'il y a alors répulsion entre les branches des conducteurs qui s'attiraient et attraction entre celles qui se repoussaient, comme il est aisé de le voir en faisant attention au sens dans lequel le courant électrique parcourt alors ces branches (1).

On n'obtiendrait pas cet effet en changeant seulement l'ordre des communications avec les extrémités de la pile; car alors le courant, entrant par la coupe S‴, circulerait dans la spirale du dehors au dedans, ce qui tendrait à changer le sens du mouvement, comme dans l'expérience précédente; mais, d'une autre

(1) On voit, en effet, d'après les lois de l'action électrodynamique, que quand une portion mobile de conducteur voltaïque forme un angle droit avec la direction d'un conducteur fixe et se trouve toute d'un même côté de ce conducteur, elle tend, en général, à se mouvoir parallèlement au conducteur fixe : 1° en sens contraire du courant de ce dernier, quand celui de la portion mobile tend vers le conducteur fixe; 2° dans le même sens que ce courant quand celui de la portion mobile va en s'éloignant. (A.)

part, le courant qui descendait dans le conducteur mobile deviendrait ascendant, ce qui tendrait à renverser une seconde fois le sens du mouvement et le rétablirait, par conséquent, dans sa direction primitive.

Si, maintenant, on enlève la spirale et si l'on plonge les deux fils de la pile dans les coupes S et S', le fil mobile sera soumis à la seule influence de la Terre. Or, dans cette expérience, comme dans tous les phénomènes qui dépendent de l'action électrodynamique du globe, la Terre agit comme le feraient des courants voltaïques situés dans des plans perpendiculaires à la direction de l'aiguille d'inclinaison, et, tournant de l'est à l'ouest, en passant par le sud, elle doit donc produire un mouvement semblable à celui que détermine la spirale; mais ce mouvement est plus lent (¹), à moins que l'action de la spirale ne fût très faible. Ce qui distingue cette expérience des précédentes, c'est que, le sens des courants terrestres étant invariable, le sens du mouvement du conducteur change quand on renverse l'ordre des communications avec les extrémités de la pile. Le mouvement de révolution est dans le sens des courants terrestres, c'est-à-dire qu'il a lieu de l'est à l'ouest, en passant par le sud, lorsque le courant voltaïque monte dans les deux branches DE et FG, parce qu'alors il va en s'éloignant de ces courants; il a lieu en sens contraire quand le courant est descendant dans les mêmes branches (²).

On peut substituer à la spirale un aimant ou un faisceau d'aimants dans une direction à peu près verticale, en plaçant dans l'ouverture *abc* l'extrémité supérieure des aimants et faisant reposer l'inférieure dans la coupe S; pour prévoir ce qui doit alors arriver, il faut se rappeler ce que j'ai établi dans mes précédents Mémoires, savoir, que l'action d'un aimant est toujours identique à celle qu'exerceraient des courants tournant autour de ses parti-

---

(¹) Dans des expériences faites avec MM. Fourier, Thillaye, Pouillet et plusieurs autres physiciens, nous avons obtenu ce mouvement assez rapide pour être très facile à observer en nous servant d'une pile de 10 paires seulement, dont les plaques de zinc n'avaient que 4 pouces de largeur sur 6 de hauteur, et étaient enveloppées de cuivre, suivant le procédé de M. Wollaston. (A.)

(²) L'action des courants terrestres n'est pas la même que celle de la spirale; l'action de la Terre sur les branches verticales est nulle; la rotation est due seulement à l'action sur les branches horizontales. L'erreur commise ici par Ampère sera rectifiée par lui un peu plus tard. *Voir* Art. XX. (J.)

cules dans des plans à peu près perpendiculaires à son axe, et dont la direction serait la même que celle des courants terrestres, lorsque les pôles de l'aimant sont situés, l'un par rapport à l'autre, comme ceux du globe, et que cet aimant est, par conséquent, placé dans la position contraire à celle que l'action terrestre tend à lui donner. Dans la *fig.* 4, les flèches F indiquent la direction des courants dans la partie supérieure de chaque particule, et les flèches F′ la direction de ces mêmes courants au-dessous de chaque

Fig. 4.

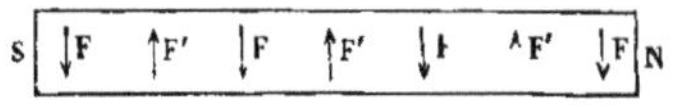

S ↓F ↑F′ ↓F ↑F′ ↓F ↑F′ ↓F N

particule, la lettre N indiquant le pôle austral qui se dirige au nord, et la lettre S le pôle boréal.

Cela posé, en appliquant aux courants des aimants ce qui a été dit du courant en spirale, on reconnaîtra facilement que le pôle austral, présenté au-dessous du cercle DHG (*fig.* 1), le fera tourner dans le sens DHG quand le courant sera descendant dans les deux branches, et dans le sens DGH quand le courant y sera ascendant. Le pôle boréal produira des effets opposés.

Le même effet peut s'obtenir en remplaçant l'aimant vertical par plusieurs aimants horizontaux, dont les pôles homologues sont dirigés vers le centre de la tige TT′, comme le représente la *fig.* 5 (¹). Les courants parallèles qui ont lieu à la face supérieure de chaque particule de ces aimants agissent comme remplaçant des portions discontinues de la spirale employée dans la première expérience. Cette action est, à la vérité, contrariée par les courants opposés de la face inférieure des mêmes particules; mais elle produit cependant son effet, parce qu'elle s'exerce à une moindre distance du conducteur mobile. Ces aimants horizontaux se placent dans l'intervalle qui se trouve entre le vase métallique et le plateau, sur lequel on peut les placer à différentes distances de son centre, pour comparer les effets qu'ils produisent, suivant qu'ils sont plus ou moins éloignés de ce centre.

Si l'on remplace le conducteur mobile DEFGH par une spirale en fil de cuivre MM′M″ (*fig.* 6), terminée par une crosse M″M‴LK

(¹) Cette figure a été supprimée comme inutile. (J.)

perpendiculaire au plan de la courbe et qui appuie, par son extrémité garnie d'une pointe d'acier K, sur le fond de la coupe S′ (*fig.* 1), on peut, avec le même appareil, répéter une expérience de M. Savary, de laquelle il résulte que les courants voltaïques qui ont lieu dans l'eau acidulée exercent les mêmes actions que les courants établis dans des conducteurs métalliques. Pour faire cette expérience avec succès, il faut rendre la spirale bien horizontale, et en maintenir les spires dans un même plan à l'aide de trois petites règles EE′, E′E″, E″E (*fig.* 6), attachées à tous les contours de la spirale et formant un triangle équilatéral. En établissant alors la communication de la coupe S (*fig.* 1), par exemple, à l'extrémité positive de la pile et de la coupe S″ à l'extrémité négative, le courant monte par la tige TT′, descend par la crosse KLM″ (*fig.* 6) dans la spirale, où elle tourne du dedans au dehors,

Fig. 6.

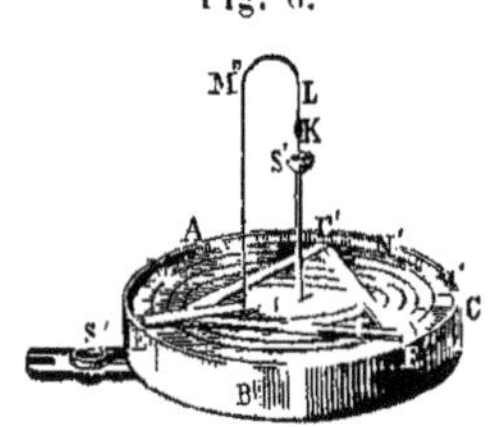

s'échappe, en rayonnant à travers l'eau, de la dernière spire à la paroi extérieure du vase ABC, et atteint la coupe S″ qui ferme le circuit. Soit M′C (*fig.* 6) un des courants établis dans l'eau acidulée, il repousse la partie M′N de la spirale et attire la partie M′N′, où il reste une portion du courant électrique qui ne traverse que plus tard l'eau acidulée. Il en résulte une force unique qui tend à faire marcher la spirale dans le sens N′M′N; des forces semblables agissent sur tous les points de la dernière spire, et il en résulte la rotation dans le sens indiqué. Si la spirale est assez près du fond du vase, outre les courants horizontaux dont je viens de parler, il s'en établit dans l'eau de verticaux qui se rendent au fond de ce vase; mais ces derniers allant, comme les courants horizontaux, en s'éloignant des courants de chaque spire, ils tendent à faire tourner l'ensemble de ces spires dans le même sens et à en accélérer le mouvement. Ce mouvement n'est pas dû à l'action de la Terre; car, si cela était, il changerait lorsqu'on renverse l'ordre des communications avec les extrémités de la pile, ce qui n'arrive pas et ne doit pas arriver s'il est l'effet des courants de l'eau acidulée; car alors le courant, partant de la coupe S', se rendra à travers l'eau à la spirale, la parcourra du dehors au dedans pour atteindre la coupe S', et l'extrémité négative de la pile; la direction des courants se trouvera ainsi renversée à la fois dans l'eau et dans le conducteur spiral, et le mouvement devra conserver la même direction.

Fig. 7. Fig. 8.

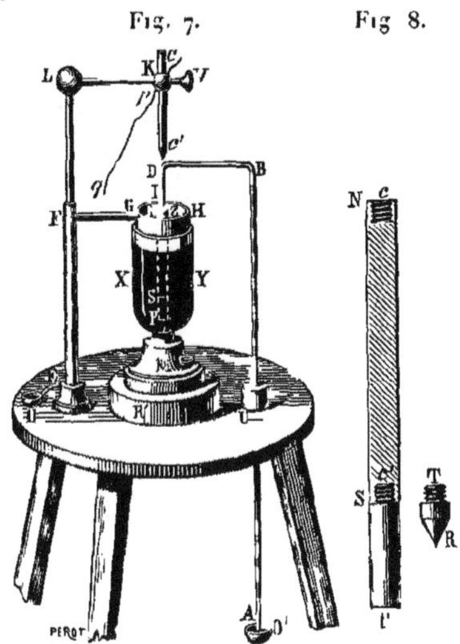

Il est cependant à remarquer que la Terre exerce une action sur la partie M''M'''LK du conducteur mobile; et, selon que cette action, dont l'effet a été déterminé dans une des expériences précédentes, favorise ou contrarie le mouvement que l'on va produire, celui-ci est plus ou moins rapide.

Pour observer le mouvement d'un aimant soumis à l'action des conducteurs voltaïques, je me sers d'un aimant cylindrique NS (*fig.* 8) terminé par deux vis creuses *c*, *c'*, à chacune desquelles peut s'adapter alternativement un contrepoids en platine P, assez lourd pour maintenir l'aimant vertical quand on le plonge dans le mercure. Celui-ci est contenu dans une éprouvette à pied MXY (*fig.* 7), dans laquelle plonge un anneau en cuivre HI soudé à l'extrémité d'une tige de cuivre recourbée GFE, qui porte une coupe métallique O pleine de mercure : une seconde tige métallique ABDZ, glissant à frottement dans un bouchon de liège U, et portant à son extrémité inférieure une coupe O′, se termine, à son autre extrémité, par une pointe Z située dans le prolongement de l'axe du vase. En faisant glisser la tige métallique dans le bouchon U, on peut à volonté élever ou abaisser la pointe Z. Un tasseau de bois R sert à soulever l'éprouvette pour faire plonger l'anneau HI dans le mercure. Cet appareil peut servir pour répéter l'expérience de M. Faraday. Pour cela, je plonge le fil conducteur, qui part du pôle positif de la pile dans la coupe O′, et la pointe Z dans le mercure de l'éprouvette; il s'établit, à la surface du mercure, un grand nombre de courants qui partent du centre pour aller à la circonférence. On peut les diviser en trois espèces relativement à l'aimant sur lequel ils agissent. Les uns sont tangents

Fig. 9. Fig. 10.

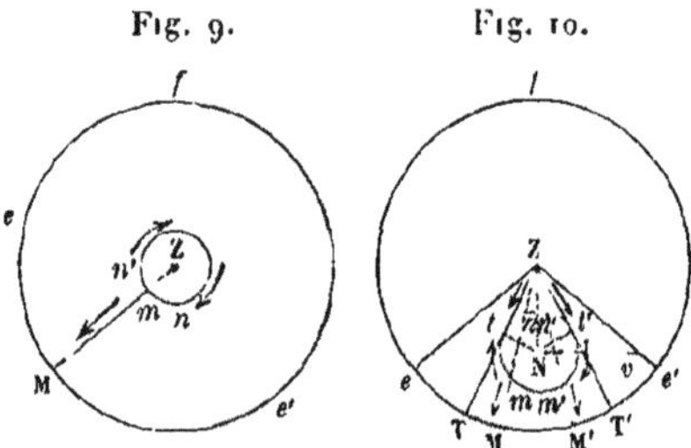

à sa circonférence, d'autres le traversent, les troisièmes ne le rencontrent pas. Examinons maintenant l'action de chaque espèce de courants dans un plan de niveau : soient efe' (*fig.* 10) la section de l'anneau, Z le point d'où partent tous les courants, et ZT, ZT′ les deux courants tangents à l'aimant dont la section est représentée par $tmm't'n'n$, et dont je supposerai que le pôle austral est tourné vers le fond de l'éprouvette; le courant ZT′ attire la partie de chacun des courants appartenant aux particules de l'aimant qui tourne sa convexité vers ce courant, puisque le mouvement de l'électricité y a lieu dans le même sens. Le même courant ZT repousse l'autre partie de chacun des courants de l'aimant, mais avec une intensité moindre, à cause de la plus grande distance. Au contraire, le courant ZT repousse la partie la plus voisine de chaque courant de l'aimant et attire la plus éloignée. Il résulte donc de ces diverses actions deux forces égales, l'une attractive, dirigée suivant Nt', l'autre répulsive dans le sens tN, et ces deux forces se combinent en une seule perpendiculaire à ZN, dans le sens Nv. Les mêmes raisonnements sont exactement applicables aux courants extérieurs Ze, Ze'. Ces courants, pris deux à deux symétriquement, donnent naissance à une force résultante dirigée suivant Nv. Quant aux courants qui traversent l'aimant, on peut les partager chacun en trois portions : l'une du point Z à l'aimant; la seconde dans l'intérieur de l'aimant; la troisième depuis l'aimant jusqu'à l'anneau efe'. La seconde portion sera sans effet, parce qu'elle ne produira que des attractions ou des répulsions réciproques entre les particules de l'aimant, et que de pareilles forces ne peuvent lui imprimer aucun mouvement. Quant à la première portion Zn et la troisième mM, en examinant l'action qu'elles exercent sur les courants des particules de l'aimant, on voit aisément qu'il en résulte, encore dans la même direction, une force unique perpendiculaire à ZM; un courant ZM', placé symétriquement de l'autre côté de ZN, produira une force égale qui sera de même perpendiculaire à sa direction, et ces deux forces se combineront en une seule dirigée suivant Nv; l'ensemble de tous les courants horizontaux fera donc mouvoir l'aimant suivant Nv. Des effets semblables se reproduisant dans chaque position successive de l'aimant, celui-ci tournera autour du point Z, parce que la vitesse acquise sera à chaque instant détruite par la résistance du mercure.

Le courant vertical descendant DZ (*fig.* 7) exerce un autre genre d'action beaucoup plus faible, à la vérité, et le plus souvent détruit par le frottement du mercure, mais dont on obtient parfois quelques indices dans les expériences. Ce courant attire la partie de chacun des courants de l'aimant, dont la direction, dans le sens tn (*fig.* 10), converge avec le courant descendant DZ et en repousse la partie opposée; il en résulte dans l'aimant une tendance à tourner dans le sens $tnn't'$, et une nouvelle force qui s'ajoute à celle des courants horizontaux émanés du point Z.

D'après ce qui précède, le mouvement de translation de l'aimant aura toujours lieu tant que cet aimant ne sera traversé que par des courants qui entrent d'un côté et sortent de l'autre; mais si on les rendait tous affluents dans l'aimant ou qu'ils en sortissent tous, il n'en résulterait plus qu'un mouvement de rotation de l'aimant lui-même. Pour réaliser ce mouvement, que j'ai obtenu le premier, on met du mercure dans la cavité supérieure du barreau cylindrique cc' (*fig.* 8), et l'on y fait plonger le fil Z; alors tous les courants divergent de l'axe de l'aimant vers l'anneau de cuivre. Soit ZM (*fig.* 9) un de ces courants, la portion Zm est sans action, d'après ce qui a été dit précédemment, sur les parties nm, $n'm'$ (*fig.* 10) des courants ZM, ZM'; la portion mM (*fig.* 9) attire la partie de chacun des courants des particules de l'aimant, où ces courants vont en s'éloignant de mM dans la direction mn', et repousse la partie où ils vont en s'en approchant dans la direction nm; toutes ces forces réunies tendent à faire tourner l'aimant sur lui-même dans le sens $n'mn$; résultat conforme à celui de l'expérience ([1]).

J'ai aussi obtenu le mouvement de rotation d'un conducteur voltaïque sur son axe. Pour qu'on puisse le produire avec le même appareil, il faut que le pied EF (*fig.* 7) de la potence EFG se continue par une colonne en verre FL qui porte une tige horizontale de cuivre KL, à laquelle est attachée la boîte K, destinée à recevoir l'aimant cylindrique cc' de la *fig.* 8, de manière que le centre de cette boîte se trouve dans la verticale passant par le point Z; on y fixe l'aimant cc' par la vis de pression V. Avant de placer l'aimant dans cette boîte, on remplace le contrepoids de platine P par un cône d'acier RT (*fig.* 8) qui porte en T une vis semblable à celle du contrepoids, et qui s'adapte à la même cavité c' de l'aimant : comme la vis du cône n'atteint pas le fond de cette cavité, il y reste la place de quelques gouttes de mercure qu'on a soin d'y introduire avant que d'y adapter le cône, pour que la communication soit plus complète entre ce cône et l'aimant que le courant électrique doit parcourir successivement. L'extrémité c' de l'aimant qui porte le cône étant ensuite tournée en bas, on met un peu de mercure dans la cavité c de l'autre extrémité, et l'on y fait plonger la pointe Z du conducteur ABDZ, comme on le voit dans la *fig.* 11. On place alors sous l'aimant un conducteur de cuivre NN' (*fig.* 12), dont l'extrémité inférieure porte un contrepoids de platine O, et la supérieure une petite coupe UV, dans

([1]) On peut, dans cette expérience, se passer du contrepoids P, en suspendant l'aimant cc' (*fig.* 8) à un fil très fin pq (*fig.* 7) qui se tord quand l'aimant tourne. (A.)

laquelle on met un peu de mercure où vient plonger la pointe R du cône. Ce conducteur flotte sur le mercure de l'éprouvette XMY, comme l'aimant dans l'expérience précédente, et lorsqu'on met les coupes O et O′ (*fig.* 7) en communication avec les deux extrémités d'une forte pile, on le voit tourner sur lui-même par l'action de l'aimant *cc′*, surtout si l'on a soin de diminuer le frottement du mercure de l'éprouvette contre la surface extérieure du conducteur par de petites secousses données à l'appareil.

J'ai rendu ce mouvement de rotation plus rapide et plus aisé à obtenir sans employer une pile aussi forte, en remplaçant ce conducteur par un tube de cuivre; sa masse étant alors réduite à peu de chose, celle du contrepoids de platine doit être diminuée dans la même proportion. La cause de ce mouvement de rotation que

Fig. 11. Fig. 13. Fig. 12.

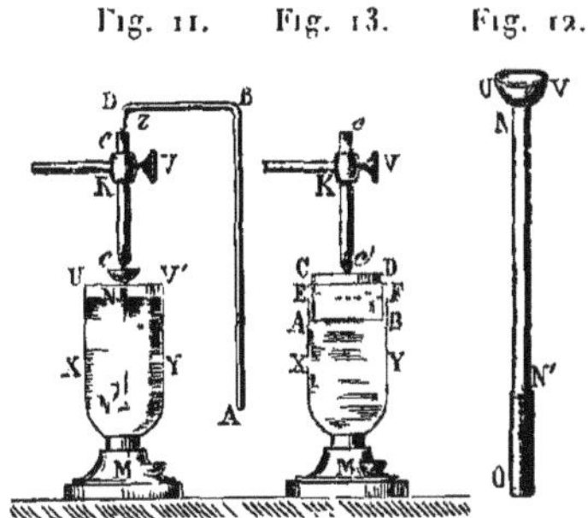

j'ai obtenu le premier est évidente, quand on fait attention que le conducteur NN′ (*fig.* 12) ne doit pas être considéré comme conduisant seulement l'électricité suivant une droite sans épaisseur, mais comme un faisceau d'autant de courants électriques qu'il contient de séries de particules parallèles à son axe : on voit alors que cette expérience rentre dans celle où l'aimant imprime au conducteur le mouvement de révolution continu, tandis que, quand c'est l'aimant qui est mobile, le mouvement de révolution et celui de rotation ne peuvent être assimilés, mais doivent être expliqués séparément, comme je l'ai fait plus haut.

En ajoutant à cet appareil un bout de tuyau de cuivre ABCD (*fig.* 13), qui s'adapte à frottement dans le cercle de cuivre HI (*fig.* 7), et qui porte près de son ouverture supérieure un diaphragme en verre EF (*fig.* 13), on a une disposition très commode pour répéter l'expérience de sir H. Davy sur la rotation du mercure. On place d'abord ce tuyau dans l'anneau HI (*fig.* 7) de manière qu'ils communiquent entre eux, soit par simple contact, soit en plongeant tous deux dans le mercure de l'éprouvette XMY; on met ensuite, dans la partie du tuyau ABCD (*fig.* 13) qui est au-dessus du diagramme EF, une couche de mercure de peu d'épaisseur; on y fait plonger la pointe du cône TR (*fig.* 8) qui a été adapté à l'extrémité inférieure de l'aimant cc', et, les communications étant établies comme lorsqu'il s'agissait de faire tourner le conducteur NN' (*fig.* 11), on voit le mercure tourner de même autour de la pointe du cône par l'action de l'aimant.

On reconnaît sur-le-champ la cause de ce mouvement, qui devient plus rapide et plus facile à observer quand on met un peu d'eau acidulée sur la surface du mercure, en faisant attention aux courants électriques qui parcourent les rayons du tuyau ABCD, en allant, soit du centre à la circonférence, soit de la circonférence au centre de ce tuyau, suivant que le courant est descendant ou ascendant dans l'aimant cc'.

Dans toutes ces expériences, on change le sens des mouvements en renversant les pôles soit de l'aimant, soit de la pile, et, par conséquent, le mouvement reprendrait sa direction primitive si l'on faisait à la fois ces deux changements.

XV.

SUR UNE EXPÉRIENCE ÉLECTROMAGNÉTIQUE CURIEUSE (¹);

PAR P. BARLOW.

Monsieur, je ne sais si l'expérience électromagnétique suivante pourra ajouter quelque lumière aux résultats si intéressants obtenus par M. Faraday, de l'Institution royale, mais elle est d'une

Fig. 1. Fig. 2.

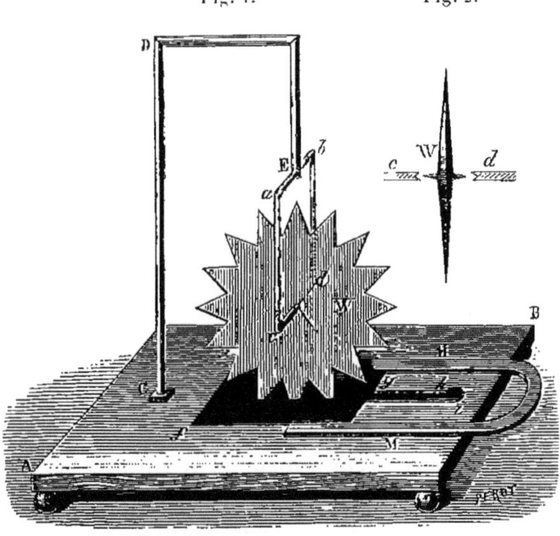

nature si particulière et si curieuse, qu'elle pourra, je pense, intéresser ceux de vos lecteurs qui essayeront de la répéter.

L'appareil est représenté dans la figure ci-contre : AB est une planche rectangulaire de bois dur; CDE, une colonne de cuivre; *abcd*, un rectangle de fil de cuivre soudé en E, dont le côté inférieur horizontal sert d'axe à une roue dentée W, qui peut tourner

(¹) Lettre au Dʳ Tilloch, *Phil. Mag.* [2], t. 59, p. 241; 1822.

librement; *fg* est une petite auge de mercure creusée dans le bois; *gi*, une petite rigole communiquant avec elle; enfin, H*m* est un fort aimant en fer à cheval.

On verse du mercure dans l'auge, de manière que les dents de la roue pénètrent un peu au-dessous de la surface, et on le recouvre d'un peu d'acide nitrique très étendu. Quand on établit les communications avec la pile par la colonne CO et par la rigole *gi*, la roue W se met immédiatement à tourner avec une vitesse telle qu'on peut à peine la suivre à l'œil.

L'appareil galvanique que j'emploie est un *calorimoteur* de Hare, que j'ai fait construire avec les plaques d'une ancienne batterie, 20 de zinc et 20 de cuivre, chacune de 10 pouces carrés. Mais l'expérience réussit avec un appareil moins puissant.

La *fig*. 2 donne le détail de l'agencement de la roue; j'ajouterai que, pour avoir de bons contacts, il est nécessaire d'amalgamer les coussinets et les pointes.

Si l'on renverse le sens du courant ou qu'on retourne l'aimant, le sens de la rotation change en même temps : je trouve que l'appareil marche mieux quand la roue tourne vers l'intérieur.

Voici une autre expérience curieuse qui a, d'ailleurs, été le point de départ de celle que je viens de décrire.

En répétant les expériences de M. Faraday, le jeune homme qui me sert de préparateur eut l'idée d'essayer l'effet d'un aimant en fer à cheval sur un fil métallique suspendu librement entre ses branches et parcouru par le courant. Le fil dont l'extrémité inférieure plongeait dans du mercure se mit à osciller rapidement, en sortant chaque fois du mercure; les communications se trouvant rompues, il retombait, était projeté de nouveau et ainsi de suite, tant qu'on maintenait la communication avec la batterie.

Ce jeune homme, du nom de James Marsh, est un ouvrier très intelligent, attaché au laboratoire de l'Arsenal; c'est lui qui a construit mon *calorimoteur* et la plupart de mes autres appareils. Il serait à désirer qu'il fût mis en état de faire un emploi plus profitable des talents remarquables dont il est doué.

Veuillez agréer, etc., P. BARLOW.

Académie royale militaire,
13 mars 1822.

XVI.

SUR UN NOUVEAU PHÉNOMÈNE ÉLECTROMAGNÉTIQUE;

PAR SIR H. DAVY (¹).

Dans un sujet aussi obscur que l'électromagnétisme et qui touche confusément, par tant de points, à la chaleur, la lumière, l'électricité et l'affinité chimique, il n'est pas difficile de bâtir des *hypothèses;* mais la Science est encore dans un état trop voisin de l'enfance pour permettre le développement d'une *théorie* satisfaisante; ses progrès ne peuvent être assurés que par des faits nouveaux et des expériences de nature à ouvrir les voies à une vue générale et complète des phénomènes. C'est cette conviction qui m'engage à rendre compte à la Société d'un phénomène que j'ai observé, il y a environ quinze mois, dans le laboratoire de l'Institution Royale, et que j'ai eu tout récemment l'occasion de revoir d'une manière plus parfaite, grâce à M. Pepys, qui a bien voulu mettre à ma disposition la grande batterie qu'il a fait construire pour l'Institution Royale, batterie formée d'une seule paire de plaques d'environ 200 pieds carrés (²). Je m'abstiendrai de tout détail minutieux, l'expérience qui m'a conduit à la découverte en question étant elle-même très simple; elle est plus brillante avec de grands appareils; mais il suffit pour l'observer d'une paire de plaques d'une quinzaine de pieds.

Aussitôt que M. Faraday eut fait connaître ses ingénieuses expériences sur les rotations électromagnétiques, j'eus l'idée d'es-

(¹) Mémoire lu devant la Société Royale le 6 mars 1823. *Trans. Phil. for* 1823; *Œuvres de Davy,* t. VI, p. 257-263. Une traduction de ce Mémoire, par An. Riffault, a été insérée dans les *Annales de Chimie et de Physique,* [2], t. XXV, p. 64. (J.)

(²) C'était une pile d'un seul élément, formée par deux plaques, l'une de cuivre, l'autre de zinc, ayant chacune 50 pieds de long et 2 pieds de large et enroulées en hélice autour d'un cylindre de bois (*Trans. Phil. for* 1823; *Annales de Chimie et de Physique,* t. XXV, p. 217). (J.)

sayer l'action d'un aimant sur une masse de mercure faisant partie d'un circuit électrique, convaincu que l'absence de toute disposition mécanique pour soutenir le conducteur permettrait au phénomène de se montrer sous une forme plus simple; je trouvai, en effet, qu'en amenant deux fils dans le mercure, perpendiculairement à la surface, mettant ceux-ci en communication avec une forte pile, et plaçant soit au-dessus, soit au-dessous de l'un d'eux le pôle d'un fort aimant, le mercure se mettait immédiatement à tourner autour de l'axe du fil dans le sens qu'on pouvait prévoir, d'après les autres exemples de rotations électromagnétiques, et avec une vitesse qu'on augmentait considérablement quand, au lieu d'un seul pôle, on faisait agir simultanément deux pôles *opposés* placés l'un au-dessus, l'autre au-dessous du fil.

Des masses de mercure, de plusieurs pouces de diamètre, entrent ainsi en mouvement, et se mettent à tourner toutes les fois que le pôle d'un aimant est placé sur l'axe du fil; la rotation cesse quand on place le pôle entre les deux fils, et deux courants opposés s'établissent alors dans le mercure, l'un à droite, l'autre à gauche de l'aimant. Ces faits et quelques autres, qu'il serait trop long de décrire, me portèrent à penser que le passage de l'électricité dans le mercure y produisait des mouvements indépendants de l'aimant, et que les effets que je viens de décrire résultaient de la superposition de deux autres.

J'essayai de mettre en évidence l'existence de ces mouvements dans le mercure en recouvrant la surface d'un acide faible, en y répandant des corps finement divisés, comme de la poudre de lycopode ou de l'oxyde de mercure, etc., mais sans résultat visible. Je réfléchis alors qu'étant donnée la position des fils, les courants, s'ils avaient lieu, devaient se produire dans les couches inférieures du mercure et non à la surface : je renversai, en conséquence, la disposition de l'expérience. Je pris deux fils de cuivre de $\frac{1}{6}$ de pouce environ de diamètre, dont les extrémités étaient aplaties et polies avec soin; je les fis passer à travers deux trous pratiqués, à 3 pouces de distance, dans le fond d'un vase de verre; ils y furent assujettis avec du mastic et leur surface, sauf les extrémités polies, fut recouverte de cire, pour les isoler du mercure; on remplit alors le vase de manière que la surface du mercure dépassât l'extrémité des fils de $\frac{1}{10}$ ou de $\frac{1}{12}$ de pouce.

L'appareil fut alors introduit dans le circuit d'une pile puissante. Sitôt le contact établi, on observa le *phénomène* qui fait l'objet principal de cette Note : le mercure entre immédiatement dans une agitation violente; sa surface s'élève au-dessus de chaque fil sous la forme d'un petit cône, et de petites vagues semblent s'échapper dans toutes les directions, à partir du sommet; le seul point sans agitation est celui de la rencontre des deux courants au milieu de la distance des deux fils.

En plaçant alors le pôle d'un aimant puissant à grande distance (quelques pouces) au-dessus d'un des fils, le sommet du cône correspondant s'abaisse et sa base s'étend; l'effet va en s'accusant au fur et à mesure qu'on approche le pôle, en même temps l'agitation devient moindre. Plus près encore la surface devient plane, et un mouvement de rotation s'établit lentement autour du fil. Si l'on approche l'aimant davantage, la rotation s'accélère; à $\frac{1}{2}$ pouce de la surface, le mercure se déprime en forme de tourbillon et atteint presque le sommet du fil.

Dans mes premières expériences, la hauteur des cônes ou sources de mercure atteignait $\frac{1}{10}$ ou $\frac{1}{12}$ de pouce, et les dépressions des tourbillons à peu près autant; mais, dans les expériences faites à l'Institution Royale, le niveau du mercure dépassant davantage les fils, les élévations et les dépressions étaient beaucoup plus considérables et allaient à $\frac{1}{5}$ ou $\frac{1}{6}$ de pouce. Naturellement, quels que soient le pôle de l'aimant et le fil que l'on emploie, et que l'on agisse sur un seul des fils ou sur les deux à la fois, la rotation a toujours lieu conformément aux lois bien connues qui déterminent ces effets.

Pour voir quelle part une élévation de température, en diminuant la densité du mercure, pouvait avoir dans ces phénomènes, je plaçai un thermomètre délicat dans le mercure, au-dessus de l'un des fils : mais je n'ai point constaté d'élévation de température immédiate; la température du mercure s'élève graduellement comme celle des fils; mais le même effet se produit dans tout le circuit. C'est ce que j'ai prouvé, d'une manière encore plus évidente, en faisant de tout l'appareil le réservoir d'un thermomètre surmonté d'un tube fin rempli de mercure. A l'instant où le mercure devient électromagnétique, on ne constate aucune augmentation de volume.

Ce phénomène ne peut être attribué aux répulsions électriques ordinaires; car, dans le cas des circuits électromagnétiques, des conducteurs électrisés de la même manière s'attirent au lieu de se repousser, et c'est quand ils sont dans des états *opposés* qu'ils se repoussent lorsqu'on les approche l'un de l'autre.

On ne peut non plus rapporter l'effet en question à une action résultant du passage de l'électricité d'un bon à un mauvais conducteur, analogue à celle qui donne lieu dans l'air au phénomène du moulinet électrique; du moins, c'est ce que semblent prouver les faits suivants. On a substitué des fils d'acier aux fils de cuivre; les faits se sont montrés les mêmes, quoique avec une intensité moindre, probablement parce que les fils d'acier laissent passer une quantité moindre d'électricité. Or, en comparant le pouvoir conducteur de cylindres égaux de mercure et d'acier, placés dans des tubes de verre identiques, par la quantité de limaille de fer qui s'attache au tube, j'ai trouvé le pouvoir conducteur du mercure beaucoup plus grand que celui de l'acier (¹) : le premier métal soulève 58 grains de limaille pendant que le second n'en prend que 37.

D'autre part, de l'étain fondu a été substitué au mercure dans une capsule de porcelaine, et l'on y a fait plonger alternativement des fils de cuivre et des fils d'acier; on obtint les mêmes élévations et les mêmes phénomènes de rotation par l'aimant qu'avec le mercure; or on avait constaté, par une expérience directe, que le pouvoir conducteur de l'étain est sensiblement le même un peu avant et après le point de fusion, et beaucoup plus grand que celui du mercure. Enfin on établit la communication avec la batterie au moyen de deux tubes ayant sensiblement le même diamètre que les fils et remplis de mercure, de sorte que l'électricité traversait le mercure sur une longueur de plusieurs pouces avant d'entrer dans la capsule; les résultats furent toujours les mêmes.

A voir les petites vagues qui semblent descendre rapidement tout autour des cônes, je croyais qu'elles entraîneraient dans leur mouvement des corps légers placés sur le mercure; je n'ai pu cependant constater la moindre trace de mouvement avec une roue très légère et très mobile autour de son axe; de fines poussières

(¹) Conclusion évidemment erronée, la conductibilité du mercure étant, au contraire, huit fois moins grande que celle de l'acier. (J.)

semées à la surface du mercure participaient aux ondulations, mais sans déplacement latéral; de la limaille de fer très fine répandue sur le cône se disposait en lignes droites perpendiculaires à la ligne joignant les deux fils et restait immobile même au centre du cône. C'est donc un phénomène nouveau, qui, à certains égards, présente de l'analogie avec celui des marées : tout se passe comme si le passage de l'électricité diminuait l'action de la gravité sur le mercure. L'expérience citée plus haut (p. 209) montre qu'il n'y a pas de changement dans le volume de la masse totale de mercure; on l'a montré également en enfermant l'appareil dans une espèce de manomètre terminé par un tube fin contenant une masse d'air limitée par de l'huile : l'expansion ou la contraction de la masse d'air aurait accusé les plus petits changements de volume dans la masse de mercure; or il n'y avait pas le moindre mouvement quand on fermait ou qu'on ouvrait alternativement le circuit, et qu'on ne le laissait pas fermé assez longtemps pour que le mercure pût s'échauffer.

Ce phénomène, qui présente les mêmes effets aux deux pôles opposés, semble tout à fait contraire à l'idée d'attribuer les phénomènes électromagnétiques au transport ou au mouvement d'un simple fluide impondérable.

Je m'abstiendrai de toute conjecture au sujet du nouveau phénomène, pour les raisons que j'ai données en commençant, et je n'ajouterai plus qu'un mot : je ne saurais terminer ce Mémoire sans mentionner une circonstance intéressante pour l'histoire des progrès de l'électromagnétisme, et qui, bien que connue de beaucoup de membres de la Société, n'a jamais, à ma connaissance, été rendue publique, savoir, que c'est à la sagacité du Dr Wollaston que nous devons l'idée première de la possibilité de faire tourner un conducteur traversé par un courant par l'influence d'un aimant. J'ai été témoin, au commencement de 1821, d'une expérience qu'il entreprit à ce sujet, sans succès, il est vrai, dans le laboratoire de l'Institution Royale.

XVII.

RÉPONSE A LA LETTRE DE M. VAN BECK, SUR UNE NOUVELLE EXPÉRIENCE ÉLECTROMAGNÉTIQUE (1);

PAR M.-A. AMPÈRE.

MONSIEUR,

C'est avec un grand chagrin que j'ai différé jusqu'à présent de répondre à la lettre que vous m'avez fait l'honneur de m'écrire, et qui m'a été remise par M. de Blainville; malade et surchargé d'occupations, je n'ai pu trouver le temps qui m'eût été nécessaire pour cela.

J'ai appris avec beaucoup de plaisir l'intéressante expérience dont vous me parlez dans votre lettre; elle est bien évidemment en faveur de l'opinion sur la manière dont les courants électriques existent dans les aimants, que je proposais comme la plus probable dans le Mémoire que je lus, il y a un an, à l'Académie royale des Sciences (2). Je l'aurais seule admise dès cette époque,

(1) Cette lettre a été insérée dans le cahier d'octobre 1821 du *Journal de Physique*, t. XCIII, p. 447. (A.)

La lettre de Van Beck à Ampère (Utrecht, 15 septembre 1821) et une autre à de Blainville (10 octobre 1821), insérées à la suite l'une de l'autre dans le t. XCIII du *Journal de Physique*, p. 312, sont relatives à quelques expériences d'aimantation de plaques d'acier, au moyen de fortes décharges. Dans la première, Van Beck constate qu'avec une plaque rectangulaire allongée, l'action de la décharge par un fil parallele au grand axe provoque des polarités différentes sur les deux côtés longs; et que si l'on met ensuite le fil parallèle au petit axe et qu'on fasse passer une nouvelle décharge, la polarité primitive est détruite seulement, jusqu'à une certaine distance, de part et d'autre du fil, pour faire place dans cette région à une nouvelle polarité perpendiculaire à la première. Dans la seconde, il fait passer la décharge par un fil qui traverse normalement une plaque d'acier par un trou central. Il n'y a pas de polarité sensible; mais, si l'on vient à couper la plaque d'acier suivant un diamètre, chaque partie montre une forte polarité. Cette expérience est l'analogue de la célebre expérience de l'aimant annulaire de Gay-Lussac et Welter, faite en 1820. (J.)

(2) Ce Mémoire fut lu dans les séances de l'Académie des 8 et 15 janvier 1821. (A.)

sans l'opposition qu'elle éprouva de la part de ceux à qui je la communiquai, avant d'en parler à l'Académie; c'est cette opposition qui me la fit présenter seulement comme une opinion qui avait quelques probabilités de plus en sa faveur, en attendant que j'eusse fait des expériences qui pussent décider la question. J'en essayai plusieurs pour atteindre ce but; mais j'aurais voulu en pouvoir présenter qui ne laissassent aucun doute avant de les publier, et je n'y étais pas encore parvenu lorsque l'affection de poitrine dont je fus tourmenté l'année dernière m'obligea de suspendre toute recherche de ce genre. J'en fis une, cependant, au mois de juillet 1821, qui fixa entièrement mon opinion à cet

Fig. 1.

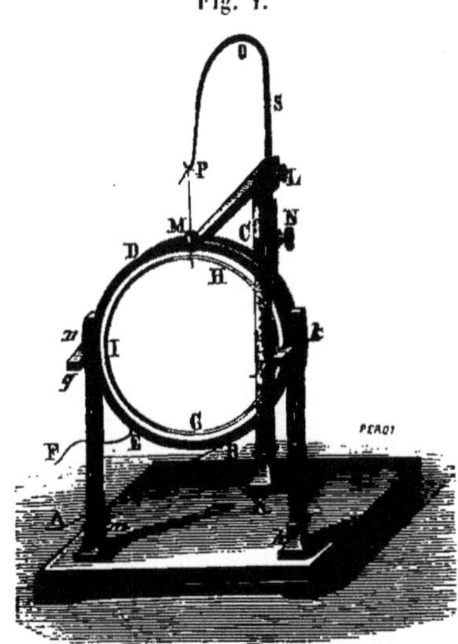

égard, quoiqu'elle ne prouve que d'une manière indirecte que les courants électriques ont lieu, dans les aimants, autour de chaque particule. Ce que cette expérience prouve directement, c'est que la proximité d'un courant électrique n'en excite point, par influence, dans un circuit métallique de cuivre, même dans les circonstances les plus favorables à cette influence. Voici l'expérience que je fis alors pour m'en assurer : je formai avec un long fil de cuivre ABCDEF, revêtu d'un ruban, une spirale BCDE dont les tours étaient séparés les uns des autres par la soie de ce ruban; je disposai cette spirale, comme on le voit dans la *fig.* 1, sur le pied en bois *hkmn*; les deux extrémités A et F de ce fil communiquaient avec celles de la pile de douze triades d'un pied carré, dont je me suis servi pour la plupart de mes expériences. La partie supérieure de cette spirale était traversée par un petit tube de verre M, passant entre les spires qui se trouvaient les unes en avant et les autres en arrière de ce tube; un fil métallique très fin le traversait sans en toucher les parois intérieures; il était attaché par un bout à la potence KSOP, qu'on faisait monter ou descendre à volonté en tournant le bouton N, et qu'on arrêtait à la hauteur convenable en serrant la vis de pression L; le cercle mobile GHI était suspendu au bout de ce fil, de manière à être concentrique à la spirale, situé dans le même plan, et très près des spires dont elle se composait. Le pied *hkmn* portait en outre deux petites règles *kp*, *nq*, sur lesquelles on pouvait appuyer les aimants qui devaient agir sur le cercle mobile. Cette disposition m'a paru la plus convenable pour exciter dans ce cercle des courants électriques par influence, si cela était possible; mais, en le présentant à l'action d'un fort aimant, je n'ai pas aperçu qu'il prît aucun mouvement, malgré la grande mobilité de ce genre de suspension ([1]).

C'est de cette expérience que j'ai conclu, dans le temps où je l'ai faite, que les courants électriques, dont j'admettais déjà l'existence autour de chaque particule des aimants, existaient également autour de ces particules avant l'aimantation, dans le fer, le nickel et le cobalt, mais que, s'y trouvant dirigés en toutes sortes de sens, il n'en pouvait résulter aucune action au dehors, les uns tendant à attirer ce que les autres repoussent, comme il arrive à de la lumière dont les divers rayons étant polarisés en tous sens ne présentent aucun signe de polarisation. S'il en est ainsi, l'aimantation doit s'opérer toutes les fois que l'action d'un aimant ou celle d'un fil conducteur vient à donner à tous ces courants une direction commune, en vertu de laquelle leurs actions sur un point situé à l'extérieur du corps s'ajoutent au lieu de s'entre-détruire : cette action produit alors le même effet sur ces courants qu'on lui voit produire, dans mes expériences, sur celui d'une portion mobile du conducteur, quand cette portion mobile

([1]) *Voir* article XXV le résultat différent obtenu par Ampère. (J.)

tourne pour prendre la direction qu'elle tend à lui donner. Ne pourrait-on pas penser que ce ne sont pas seulement les corps susceptibles d'être aimantés, dont les particules exercent sur le fluide formé par la réunion des deux électricités où elles sont constamment plongées l'action décomposante ou, comme on la nomme ordinairement, l'action électromotrice, qui produit autour d'elles des courants électriques; que la même action est exercée par les particules de tous les corps; que les courants qui en résultent autour de ces particules en déterminent la température qui se met ensuite en équilibre, comme on l'explique communément : en sorte que la seule différence qui se trouve à cet égard entre les corps susceptibles d'aimantation et ceux qui ne le sont pas consisterait dans la propriété qu'auraient les particules des premiers de laisser déplacer les courants électriques qui circulent autour d'elles, tandis que dans les autres corps les courants excités autour de chaque particule ne seraient pas susceptibles de changer de direction, ou ne le pourraient que par une force supérieure à celles qui ont été exercées jusqu'à présent sur ces courants ([1]).

Si cette manière de concevoir les choses était fondée, on pourrait espérer de donner quelques degrés de magnétisme à des corps qui, jusqu'à présent, n'en ont pas paru susceptibles, en employant les moyens les plus énergiques pour y diriger les courants électriques, et l'on aurait une explication bien simple de quelques observations où l'on a cru reconnaître des signes d'aimantation dans la plupart des corps, et de l'expérience de M. Arago sur l'aimantation par la pile de Volta d'un morceau de fil de platine, qui conserva quelques instants, après l'action du fil conducteur, la propriété d'attirer de la limaille de fer ([2]).

([1]) Dans une lettre d'Ampère a M. G. de la Rive, on lit, à propos de ce passage : « ..... La rapidité avec laquelle j'écrivais cette lettre et la crainte de la rendre encore trop longue m'ont empêché de dire, en cet endroit, que de là devaient nécessairement résulter des attractions et des répulsions entre les particules, dépendant de la situation respective de leurs faces et de leurs angles, en sorte que de telles faces doivent s'attirer en vertu de ces courants, telles autres se repousser, et que les attractions doivent se changer en répulsions lorsqu'on retourne une des particules; ce qui me paraît fournir la seule explication, exempte de difficultés, que l'on puisse donner, dans l'état actuel de la Physique, des phénomènes de la cristallisation. » (J.)

([2]) *Voir* p. 60. (J.)

M. Œrsted a regardé les compositions et décompositions de l'électricité, que j'ai désignées sous le nom de *courants électriques*, comme l'unique cause de la chaleur et de la lumière, c'est-à-dire des vibrations du fluide répandu dans tout l'espace et qu'on ne peut guère considérer, dans l'hypothèse généralement adoptée de deux fluides électriques, que comme la réunion de ces deux fluides dans la proportion où ils se saturent mutuellement. Cette opinion du grand physicien, auquel nous devons les premières expériences sur l'action que les fils conducteurs exercent sur les aimants, s'accorde parfaitement avec l'ensemble des phénomènes et acquiert un nouveau degré de probabilité lorsqu'on fait attention :

1° Que si le choc ou la pression de deux corps, dont un au moins est idio-électrique, produit des électricités de tension d'espèces opposées dans ces deux corps et, par conséquent, la décomposition du fluide neutre résultant de la réunion des deux électricités, il est bien probable que la même décomposition a lieu lors du choc ou de la pression de deux corps conducteurs, mais qu'on ne peut alors la constater par l'observation de leur état électrique, parce qu'aussitôt qu'ils sont dans des états électriques différents, les deux électricités se réunissent en vertu de la conductibilité de ces corps; cette réunion serait alors la cause de la chaleur qui se produit dans ce cas, en ébranlant l'éther environnant, comme la combinaison rapide de l'oxygène et de l'hydrogène, par exemple, ébranle l'air lorsqu'un mélange de ces deux gaz, flottant dans l'atmosphère, vient à se convertir en eau et produit les vibrations de l'air environnant auxquelles est dû le bruit de la détonation.

2° Que dans la combinaison de deux substances, dont l'une est électropositive et l'autre électronégative, il y a, en général, une production de chaleur qui se trouve naturellement expliquée par la réunion des deux électricités dans le rapport où elles se neutralisent mutuellement. Pour se faire une idée nette de la manière dont se doit faire cette réunion, il faut remarquer que le transport des substances électronégatives à l'extrémité positive de la pile, et celui des substances électropositives à l'autre extrémité, prouvent, conformément à l'opinion émise par les hommes dont les découvertes ont le plus étendu nos connaissances en Chimie et en Physique, que les particules de ces substances sont essentiellement dans les deux états électriques opposés, et que leurs propriétés chimiques dépendent, du moins en grande partie, de l'état électrique où elles se trouvent. Comme rien ne peut changer les propriétés des substances simples, on ne peut douter que cet état électrique ne leur soit essentiel, en sorte qu'une particule d'oxygène, par exemple, ne peut jamais perdre l'électricité négative qui lui est propre, ni une particule d'hydrogène, son électricité positive. Mais un volume fini d'un de ces deux gaz, ou de tout autre corps dans le même cas, ne peut manifester aucun signe d'électricité, parce que celle qui est propre à chaque particule doit, d'après les lois ordinaires des actions électriques, décomposer le fluide neutre qui remplit l'espace autour de cette particule, repousser l'électricité de même nom, attirer l'électricité d'espèce opposée et former ainsi de cette dernière une sorte de petite atmosphère telle que, son action à distance se trouvant égale et opposée à celle de l'électricité propre à la particule, il n'en résulte aucun effet qu'on puisse observer.

C'est ainsi qu'une bouteille de Leyde chargée à l'intérieur d'une espèce d'électricité, et à l'extérieur de l'électricité opposée, n'attire pas sensiblement les corps légers dont on l'approche, et n'aurait absolument aucune action sur eux si elle était d'un verre infiniment mince, et que les deux électricités fussent, par conséquent, exactement en équilibre (¹). Considérons donc une particule d'oxygène négative et son atmosphère positive, comme une bouteille de Leyde dont la garniture intérieure est négative et l'extérieure positive, tandis qu'une particule d'hydrogène peut être assimilée à une bouteille de Leyde chargée en sens contraire. Toutes les fois qu'une cause quelconque, telle, par exemple, que l'élévation de température, mettra en communication l'électricité positive libre autour des particules d'oxygène, et l'électricité négative libre qui entoure les particules d'hydrogène dans un mélange de ces deux gaz, ces deux électricités se réuniront pour former du fluide neutre, et il en résultera, d'après ce que nous venons de dire, la chaleur et la lumière qui se développent dans ce cas, tandis que

(¹) L'action serait nulle, quelle que fût l'épaisseur du verre, si l'armature extérieure enveloppait complètement l'armature intérieure. (J.)

les particules des deux gaz formeront de l'eau; en admettant, comme cela résulte d'autres considérations, que deux particules d'eau sont formées de deux particules d'hydrogène pour une d'oxygène, ces particules restant toujours dans l'état électrique qui leur est essentiel, il est évident que la particule d'eau se conduira comme n'ayant aucune électricité, si celle d'une particule d'hydrogène étant + 1, celle d'une particule d'oxygène est — 2. Dans ce cas, l'eau n'aura aucune action sur le fluide neutre environnant, et il ne se formera pas aux dépens de ce fluide une atmosphère électrique autour des particules de l'eau, pour établir l'équilibre relatif, puisqu'il existe alors entre les deux électricités opposées de leurs éléments; c'est ce qui paraît, en effet, avoir lieu, du moins à très peu près; mais, dans d'autres combinaisons de deux corps, l'un électronégatif, l'autre électropositif, où le premier, d'après le nombre des particules qui entrent dans ces combinaisons, donnerait une quantité totale d'électricité négative qui ne serait pas égale à l'électricité positive de l'autre, la particule du composé qui en résulterait se conduirait comme ayant essentiellement une électricité semblable à celle de ces deux électricités qui l'emporterait sur l'autre et égale à leur différence.

Cette électricité restante dans les particules du composé, retenant autour d'elles des atmosphères électriques de l'espèce opposée, il est évident que si les particules électronégatives dominaient dans la combinaison, ce serait une partie de leurs atmosphères positives qui fournirait l'électricité de même espèce des atmosphères des particules du composé électronégatif, et que l'excédent produirait du fluide neutre avec les atmosphères négatives des particules du corps électropositif; c'est le cas des acides dont la nature électronégative est établie depuis longtemps : dans le cas, au contraire, où les particules électropositives seraient prépondérantes dans la combinaison, l'électricité négative de leurs atmosphères resterait en partie autour des particules du composé, et le surplus neutraliserait les atmosphères positives de l'élément électronégatif : c'est ce qui arrive quand ce composé est de nature alcaline.

Les particules des acides et des alcalis étant ainsi entourées d'électricité de nature opposée à celle qui leur est propre, c'est-à-dire, les particules des premiers d'atmosphères d'électricité positive, et celles des seconds d'atmosphères d'électricité négative, il y aura encore formation de fluide neutre quand elles viendront à se réunir pour produire un sel; quand l'équilibre se trouvera établi seulement entre les électricités propres des particules élémentaires dont il sera composé, ce sera un sel neutre; tandis que le sel sera acide ou alcalin s'il reste un excès d'électricité négative ou d'électricité positive dans la combinaison, cet excès étant toujours compensé d'ailleurs, quant aux effets qui pourraient en résulter à toute distance appréciable, par des atmosphères d'électricité opposée qui se formeront nécessairement autour de chaque particule du sel.

Cette manière de concevoir les choses me semble une suite nécessaire de l'opinion admise par d'illustres physiciens, qui attribuent les propriétés chimiques des corps simples à l'état électrique de leurs particules, et de l'impossibilité qu'une particule soit dans un tel état, sans repousser de l'espace environnant l'électricité de même nom et attirer autour d'elle de l'électricité opposée; en l'adoptant, on ne peut s'empêcher d'admettre : 1° la réunion des deux électricités toutes les fois que deux corps se combinent, ce que je me proposais d'établir; 2° la production d'une quantité du fluide neutre résultant de cette réunion, d'autant plus grande qu'il y a plus de différence entre l'état électrique de leurs particules.

Mais cette digression m'a trop écarté de la question dont nous nous occupions, celle de la disposition des courants électriques dans les aimants, non autour de leurs axes, mais autour de chacune de leurs particules. J'avais cru d'abord avoir trouvé, en faveur de cette dernière manière de concevoir les choses, une preuve qui me semblait encore plus décisive que toutes celles dont nous avons parlé jusqu'à présent, dans une expérience que j'ai faite au mois de décembre 1821 et que j'ai communiquée à l'Académie des Sciences dans la séance du 7 janvier dernier. M. Faraday avait dit, dans son Mémoire en date du 11 septembre 1821, qu'il n'avait pu réussir à faire tourner autour de leurs axes ni un aimant, par l'action d'un fil conducteur, ni un fil conducteur par celle d'un aimant. J'ai voulu vérifier ce que ce grand physicien dit sur ce sujet, et j'ai observé des effets différents de ceux qu'il annonce. J'ai placé pour cela, dans une éprouvette pleine de mercure et dans une situation verticale, un aimant cylindrique, aux deux extrémités duquel se trouvaient deux cavités dont le fond était creusé en écrou, afin de visser à l'une d'elles un contrepoids de platine qui la fît plonger dans le mercure et maintînt l'aimant dans la situation où je l'avais mis; la cavité de l'autre extrémité, qui s'élevait au-dessus du mercure de la sixième partie de la longueur de l'aimant, contenait un peu de mercure dans lequel plongeait l'extrémité inférieure d'un fil de cuivre vertical communiquant avec un des pôles de la pile; celle-ci était de l'autre côté en communication avec le mercure de l'éprouvette, dans une première expérience par quatre fils de cuivre parallèles au premier dans la partie de leur longueur située au-dessus de cette éprouvette, et ensuite par un seul fil qui traversait le fond de l'éprouvette. L'aimant a tourné sur son axe, très rapidement dans le premier cas, moins rapidement dans le second, mais cependant encore assez vite pour mettre parfaitement en évidence l'action qu'exerçait sur lui le courant électrique produit par la pile : ce mouvement cessait dès que la communication était interrompue ([1]). J'ai aussi fait tourner un conducteur que parcourait le courant électrique disposé précisément comme l'aimant de l'expérience précédente, et portant à sa partie supérieure une petite coupe pleine de mercure pour les communications; ce conducteur tournait, mais faiblement, par l'action d'un barreau aimanté; cette action, dans l'expérience que j'ai faite, était même trop faible pour vaincre d'abord le frottement du conducteur et du mercure où les deux tiers au moins de sa longueur étaient plongés; il fallait diminuer ce frottement par de petites secousses, en frappant sur la table où reposait l'éprouvette; on observait alors l'effet désiré, sans qu'il pût rester aucun doute sur sa cause. Ayant constaté ces faits et attribuant alors uniquement la rotation de l'aimant à l'action du fil conducteur, et celle du fil conducteur à l'action de l'aimant, ils m'avaient paru décider la question sur la disposition des courants électriques que j'admets dans les aimants, et montrer qu'ils ont nécessairement lieu autour de chaque particule et ne peuvent être supposés concentriques à

([1]) Ayant communiqué mon expérience à M. Faraday, il m'a écrit que dès le lendemain du jour où il avait reçu la lettre dans laquelle je lui en faisais part, il avait répété cette expérience et avait alors obtenu le même mouvement que moi. (A.)

l'axe; voici comment je raisonnais alors à cet égard : dans l'expérience où l'aimant tourne par l'action d'une portion de fil conducteur, placé au-dessus de lui dans le prolongement de son axe, il est évident que si l'on cherche, par la formule que j'ai donnée pour cela, la valeur de l'action mutuelle de deux portions infiniment petites de courants électriques, on trouvera que cette action est toujours nulle quand on prend une de ces deux petites portions sur le prolongement de l'axe vertical de l'aimant, et l'autre sur une circonférence horizontale concentrique à cet axe, parce qu'un des facteurs de la valeur générale de l'action est le cosinus de l'angle formé par deux plans passant tous deux par la droite qui joint les milieux des deux petites portions, et qui passent, en outre, l'un par la ligne qui représente la direction d'un des courants, et l'autre par la ligne qui représente celle de l'autre courant; or, ici l'un de ces plans est celui qui joint l'axe de l'aimant à un point de la circonférence, et l'autre est un plan mené tangentiellement à ce même point de la circonférence par le milieu de la petite portion de courant électrique placé sur le prolongement de l'axe de l'aimant; ces deux plans sont évidemment perpendiculaires l'un à l'autre, et l'angle qu'ils forment étant droit, le cosinus de cet angle est nul, ce qui rend nulle l'action mutuelle des deux petites portions de courants électriques. Dans la supposition où tous les courants électriques d'un aimant cylindrique seraient ainsi concentriques à son axe, il n'y aurait donc aucune action entre eux et le conducteur dirigé suivant le prolongement de l'axe de l'aimant, ce qui me semblait contraire à l'expérience que j'avais faite. Voilà pourquoi j'en avais conclu que cette supposition devait nécessairement être rejetée; au contraire, quand on admet les courants de l'aimant vertical, toujours dans des plans horizontaux, mais autour des particules de cet aimant, son axe rencontre les plans des petites circonférences décrites par ces courants en dehors de ces petites circonférences; et si l'action exercée par un conducteur situé dans le prolongement de l'axe de l'aimant vertical est encore nulle, pour la même raison que dans le cas précédent, sur deux de leurs points qui se trouvent aux deux extrémités d'un diamètre mené par leur centre perpendiculairement à l'axe de l'aimant, elle ne l'est pas, d'après la même formule, sur les deux demi-circonférences situées à droite et à gauche de ce diamètre. On voit aisément qu'il y a attraction sur tous les points de l'une et répulsion sur tous les points de l'autre, et qu'en ne tenant compte que des composantes horizontales de ces attractions et répulsions, puisque leurs composantes verticales ne peuvent déranger l'aimant en le soulevant ou en l'inclinant, à cause de la stabilité de son équilibre de flottaison dans une situation verticale, toutes ces composantes horizontales se réunissent pour faire tourner l'aimant autour du conducteur, dans le sens où l'expérience montre qu'il tourne en effet.

Mais cette preuve ne doit plus être établie de la même manière, depuis que de nouvelles expériences et les réflexions qu'elles m'ont suggérées m'ont appris que le mouvement de rotation de l'aimant sur son axe, que j'ai obtenu le premier, et celui de révolution du même aimant autour d'un fil conducteur vertical, découvert par M. Faraday, sont dus beaucoup moins à l'action de ce fil qu'à celle des courants électriques établis dans le mercure, et dont la réaction est la cause de la rotation du mercure dans l'expérience de Sir H. Davy [1]. Je n'ai point le temps de vous donner à ce sujet tous les éclaircissements que je suis obligé de réserver pour un Mémoire particulier, dont je m'occupe actuellement; il ne peut me rester, d'ailleurs, aucun doute sur les effets produits par les courants électriques du mercure, puisque j'ai obtenu le mouvement rectiligne de l'aimant flottant, par la seule action de ces courants.

J'ai trouvé, dans le détail des faits relatifs au genre d'action dont nous nous occupons, plusieurs autres preuves de la disposition des courants électriques autour de toutes les particules des aimants; diverses circonstances s'expliquent mieux lorsque l'on considère les choses de cette manière, et que l'on admet que les courants existent dans les métaux susceptibles de magnétisme avant l'aimantation, et peut-être dans tous les autres corps, mais qu'ils ne peuvent exercer d'action qu'autant qu'ils reçoivent une direction déterminée, soit par un autre aimant, soit par un courant voltaïque. On conçoit, en effet, sur-le-champ par là : 1° que l'aimantation ne saurait changer la température du corps qui l'éprouve, puisqu'il n'y a pas, d'après cette manière de concevoir comment

[1] Le Mémoire de Davy (n° XVI) n'était pas encore publié. (J.)

un barreau d'acier reçoit les propriétés magnétiques, plus de décompositions et de recompositions d'électricité après l'aimantation qu'il n'y en avait auparavant; 2° que la cause qui aimante un corps ne lui communique pas la propriété d'exercer l'action électromotrice, ce qui avait paru difficile à admettre à plusieurs physiciens qui ont fait de cette difficulté une objection contre ma théorie, mais que cette cause ne fait que diriger les courants électriques préexistants, précisément comme nous voyons qu'elle dirige une portion mobile du circuit voltaïque dans mes expériences; 3° pourquoi on peut aimanter une aiguille à une assez grande distance et à travers des corps non conducteurs, en faisant agir sur elle le fil qui communique avec les deux extrémités de la pile, puisque l'expérience montre que ce fil agit aussi malgré les mêmes obstacles pour diriger un conducteur mobile; 4° comment un fil d'acier placé par Sir H. Davy, dans une situation où il était parallèle à un conducteur voltaïque voisin, a acquis une aimantation transversale, comme s'il était composé de petits aimants perpendiculaires à sa direction, aimantation qui a cessé aussitôt que les communications de ce conducteur avec les extrémités de la pile ont été interrompues, tandis qu'un fil d'acier, dont la direction faisait un angle droit avec celle du même conducteur, s'aimantait longitudinalement, comme l'est l'aiguille d'une boussole, et conservait indéfiniment son aimantation après l'interruption du courant produit par la pile (¹). Il est aisé de voir, en effet, que, d'après les lois de l'action mutuelle de deux courants électriques, telles que je les ai établies, les courants circulaires qui tournent dans le même sens tendent à se repousser et à changer mutuellement leurs directions quand ils sont dans un même plan, et que le contraire a lieu quand ils sont dans des plans parallèles et que leurs centres se trouvent sur une droite perpendiculaire à ces plans; cette dernière position est celle d'un courant circulaire dans un plan perpendiculaire à celui de la *fig.* 2, et qui serait projeté en $a'd'$ sur le plan de cette figure, relativement à un autre courant semblable et tournant dans le même sens, projeté en ad sur le même plan; cette situation est celle où ces deux courants ont, à même distance, une force attractive plus considérable; si, sans changer

(¹) *Voir* p. 66.

leur distance, on transporte le courant en $a'''d'''$, on aura la situation du maximum de répulsion; il y a donc, en supposant toujours que les plans de ces deux courants sont parallèles, une situation intermédiaire en $a''d''$, par exemple, où leur action attractive ou répulsive devient nulle; d'où il est aisé de conclure que dans le cas où l'illustre physicien, que je viens de citer, a aimanté transversalement un fil d'acier en le plaçant près d'un conducteur voltaïque, dans une direction parallèle à ce conducteur, on devait voir cesser, dès que le courant était interrompu, les propriétés magnétiques que ce fil avait acquises dans une direction perpendiculaire à sa longueur, et en vertu desquelles il agissait comme s'il était composé de petits aimants perpendiculaires à cette longueur; tandis que, placé en travers du fil conducteur et aimanté à l'ordinaire par l'action de ce fil, il conservait indéfiniment les deux pôles produits

Fig. 2.

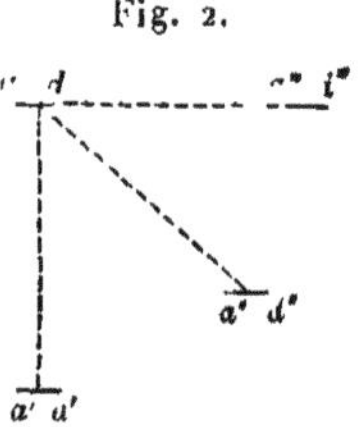

vers ses extrémités. En effet, dans les deux cas, l'action du fil doit donner à tous les courants que j'admets autour des particules de l'acier une direction telle, que leurs plans passant à peu près par le fil conducteur, cette direction soit la même que celle du courant du fil, dans la partie de chacun des courants de l'aimant qui se trouve du côté de ce fil, et, dès lors, dans le cas de l'aimantation transversale, un quelconque d'entre eux ne se trouve évidemment dans une des situations où il y a attraction, telles que celles où sont placés, dans la *fig.* 2, les courants projetés en ad et en $a'd'$, qu'à l'égard des courants qui sont à côté de lui dans l'épaisseur de l'aimant sur une petite portion de sa longueur, tandis que ce courant est repoussé par tous ceux du reste de l'aimant. Il n'est donc pas étonnant qu'alors la disposition produite par l'action du conducteur cesse avec cette action, puisque presque tous les courants tendent à se déranger mutuellement. Dans le cas, au contraire, où la direction du fil d'acier forme un angle droit avec celle du conducteur, le courant d'une particule n'est repoussé que par ceux des particules qui se trouvent à côté et près de lui; ceux de tout le reste de l'aimant sont, à son égard, dans la situation où il y a attraction, et la disposition établie par l'action du conducteur peut se conserver plus facilement quand cette action cesse, ainsi que cela arrive en effet. Il faut toujours supposer, cependant, que les courants éprouvent quelque difficulté à changer leur direction autour des particules; car, sans cela, ils reprendraient aussitôt, par leur action mutuelle, des directions où il n'y aurait plus aucun courant repoussé par les courants voisins, et où ces courants seraient, par conséquent, dirigés en différents sens et sans action au dehors. Cette condition peut être satisfaite d'une infinité de manières : afin d'en indiquer une facile à concevoir, on peut prendre le cas de huit courants dans les plans des faces d'un octaèdre régulier, dirigés de manière que ceux de deux faces voisines aient la même direction du côté de l'arête où se joignent ces deux faces.

Cette dernière considération explique pourquoi les particules du fer doux, dont les courants changent de direction avec la plus grande facilité, ne conservent point l'aimantation qu'elles ont reçue, quand la cause qui l'a produite vient à cesser.

On voit aussi, par ce qui précède, la cause de la difficulté qu'on éprouve à aimanter, même pour peu de temps, une plaque d'acier, de manière que ses pôles soient situés au milieu des deux grandes faces de cette plaque, comme le grand physicien, dont j'ai cité plus haut l'excellent Mémoire, l'a reconnu en cherchant à aimanter ainsi des plaques d'acier pour leur faire imiter l'action d'un fil conducteur plié en spirale (¹).

Les nouveaux faits contenus dans ce premier Mémoire de M. Faraday, et celui de la répulsion qu'un fil conducteur très fin et vertical éprouve de la part du mercure dans lequel il plonge par son extrémité inférieure, qu'il a publié dans un second Mémoire (²),

---

(¹) *Voir* le Mémoire de Faraday, n° XIII, p. 181. (J.)

(²) FARADAY, *Note on new Electro-Magnetical motions* (*Quarterly J. of Sc.*, XII, p. 416, 1822; *Experim. Researches*, II, p. 151).

Un fil de cuivre, replié deux fois à angle droit, en forme d'étrier, est attaché à l'extrémité d'un levier très mobile, et les deux extrémités, soigneusement amalgamées, plongent dans deux vases séparés remplis de mercure bien propre. Quand

sont de nouvelles preuves de ma théorie qui aurait pu les faire prévoir avant que l'expérience eût été faite, puisqu'ils résultent immédiatement de la loi que j'ai déduite de mes premières expériences, et sur laquelle j'ai fondé presque tout ce que j'ai fait depuis, savoir, que les petites portions de deux courants électriques qui parcourent les deux côtés d'un angle s'attirent quand les courants sont dans le même sens, c'est-à-dire quand ils vont tous deux en s'approchant ou tous deux en s'éloignant du sommet de cet angle, tandis qu'ils se repoussent quand ils parcourent ces deux côtés en sens contraire, l'un se portant vers le sommet de l'angle, et l'autre allant en s'en éloignant, actions qui atteignent leur maximum à égales distances entre les petites portions des deux courants, quand le sommet de l'angle qu'ils forment s'éloigne à l'infini et qu'ils deviennent parallèles.

La dernière expérience que M. de la Rive vient de publier dans le numéro de décembre de la *Bibliothèque universelle*, t. XVIII, p. 276 et 277 de la partie des Sciences et Arts ([1]), et que cet habile physicien indique comme ne s'accordant pas avec ma théorie, dans toutes les circonstances qu'elle présente, m'en a paru aussi une suite toute naturelle, quand on fait attention aux actions qu'exercent sur le fil plié en anneau, non pas seulement les courants de l'aimant dans la partie où l'anneau le touche, mais l'ensemble de tous les courants de cet aimant. On voit alors pourquoi les deux branches de l'anneau s'appliquent toutes deux contre l'aimant, quoique le courant électrique les parcoure en sens contraire, pourvu que l'une le touche entre ses deux pôles, et l'autre dans l'intervalle compris entre un des pôles et l'extrémité de l'aimant voisine de ce pôle, seul cas où les deux branches soient toutes deux attirées par l'aimant. Il y a plus d'un an que, dans un Mémoire lu à l'Académie royale des Sciences le 11 décembre 1820, j'avais montré comment ce fait était une suite de

on établit le courant d'un vase à l'autre, par l'intermédiaire du fil, celui-ci est soulevé, quelle que soit l'orientation. Faraday explique cette action en remarquant que la masse de mercure soulevée par le fil amalgamé, en vertu de l'action capillaire, est moindre pendant que le courant passe et que le poids apparent du fil en est diminué d'autant. L'explication est évidemment la même que pour l'expérience d'Ampère, relative à la répulsion de deux éléments de courants. (*Voir* n° XXV.) (J.)

([1]) *Voir* le n° XII.

l'action de tous les courants électriques de l'aimant. Je l'avais déjà observé à cette époque, mais sans y mettre d'importance, puisqu'il revient à ce que dit M. Œrsted dans son premier écrit sur l'action mutuelle des aimants et des conducteurs voltaïques, quand il y décrit cette action dans le cas où un conducteur vertical agit sur un aimant horizontal. Mon Mémoire n'a pas été imprimé, mais M. Gilet de Laumont en a rendu compte dans le *Journal des Mines*, et, en rapportant les différents faits sur lesquels j'avais fondé les motifs qui me paraissaient devoir faire adopter ma théorie préférablement à l'explication qu'on donne ordinairement des phénomènes magnétiques, il compte parmi ces faits, conformément à ce que j'avais dit dans le Mémoire dont il s'agit : *le changement d'attraction en répulsion entre un aimant et un fil conjonctif dont les directions font un angle droit, quand le fil conjonctif, en se mouvant parallèlement à lui-même, passe d'une situation où il correspond à l'intervalle des deux pôles de l'aimant, à une situation où il se trouve hors de cet intervalle* ([1]). Il me semble qu'on ne peut exprimer plus clairement le fait en question.

Il est bien aisé aussi de voir que, quand on considère les actions exercées par les courants de toute la masse d'un aimant, sur un conducteur perpendiculaire à son axe, la résultante de toutes ces actions, décomposée parallèlement, à l'axe donne une force qui est toujours dirigée dans le même sens et va en croissant à mesure que le conducteur s'éloigne du milieu de l'aimant pour se porter vers un de ses pôles, parce que le nombre des particules qui agissent dans le même sens, va en augmentant. Dans l'expérience de M. de la Rive, c'est, d'après la direction du courant du conducteur relativement à ceux de l'aimant, la branche de l'anneau la plus proche du milieu de l'aimant qui y est attirée, tandis que celle qui en est à une plus grande distance tend à s'en éloigner de plus en plus; cette répulsion est, par conséquent, plus grande que l'attraction, et l'anneau doit glisser le long de l'aimant en s'éloignant de son milieu, ainsi que cela arrive lorsqu'on fait l'expérience, jusqu'à ce que, l'une des branches de l'anneau ayant dépassé l'extrémité de l'aimant, celui-ci se trouve enfilé dans l'an-

([1]) *Voir* les *Annales des Mines*, t. V, p. 552 et 553.

neau, qui revient au milieu de l'intervalle des deux pôles, parce que son courant électrique ayant alors la même direction que ceux des particules de l'aimant, est attiré de tous côtés par eux. Je ne m'étendrai pas plus longtemps sur ce sujet, dont je me propose de parler ailleurs avec plus de détail. Il y a plus d'un mois que j'ai commencé cette lettre, mes occupations m'ont empêché, jusqu'à présent, de l'achever; je vous prie, Monsieur, d'agréer mes excuses d'avoir été si longtemps sans vous écrire. Mon projet était d'y insérer des réponses aux diverses objections qui ont été faites contre ma théorie; vous venez de lire une partie de ces réponses; il ne me restait plus à éclaircir que quelques difficultés dont la solution se présente assez facilement pour que je puisse me dispenser de la donner, et l'objection beaucoup plus importante que m'a faite M. Œrsted, dans l'excellent Mémoire inséré dans le cahier de septembre du *Journal de Physique* (¹). J'avais en quelque sorte répondu à cette dernière, ainsi qu'aux difficultés que d'autres physiciens avaient déduites des circonstances que présente l'aimantation de l'acier par les divers procédés connus, en examinant les mêmes questions dans un exposé de tout ce qui avait paru sur l'électromagnétisme avant le mois d'avril dernier : cet exposé (²) est de M. Babinet, professeur de Physique au collège royal de Saint-Louis, et j'y ai fait diverses additions, parmi lesquelles se trouvent la réponse à l'objection de M. Œrsted, et des détails sur l'aimantation qui me paraissent propres à lever tous les doutes qui pourraient rester sur la cause à laquelle j'attribue les propriétés des aimants. Je joins ici ces deux morceaux sous forme de post-scriptum.

J'ai l'honneur d'être, etc.

Lorsque les deux aimants parallèles et vis-à-vis l'un de l'autre, *abcd*, *a'b'c'd'* (*fig.* 3), dont les pôles de même nom A et A', B et B' sont voisins, se repoussent, cette répulsion provient de ce que les courants de la face de l'aimant A'B' projetée en *a'b'* sont

(¹) *Beobacht. uber den Électromagnetismus* (*J. Schw.*, t. XXXII, p. 199, 1821; *Journal de Physique*, t. XCIII, p. 161, 1821.)

(²) Cet exposé a été inséré dans le cinquième Volume de la dernière édition, donnée par M. Riffaut, de la traduction de la *Chimie* de Thomson; il a été publié séparément chez Méquignon-Marvis, rue de l'École-de-Médecine, n° 3, à Paris. (A.)

ascendants et repoussent les courants descendants de la face voisine *cd* de l'aimant AB. L'action réciproque des courants de ces deux faces ou, plus généralement, de toutes les particules de l'aimant, détermine la nature de l'action mutuelle des deux aimants. Mais il n'en est plus de même quand ces deux aimants, sans cesser d'être parallèles, ne sont pas vis-à-vis l'un de l'autre, mais placés comme on le voit dans cette figure. Alors les courants de la face *cd* n'ont plus autant l'avantage de la proximité et de l'action directe pour repousser ceux de la face $a'b'$, et, en se bornant à considérer les actions mutuelles des quatre faces verticales projetées en *ab*, *cd*,

Fig. 3.

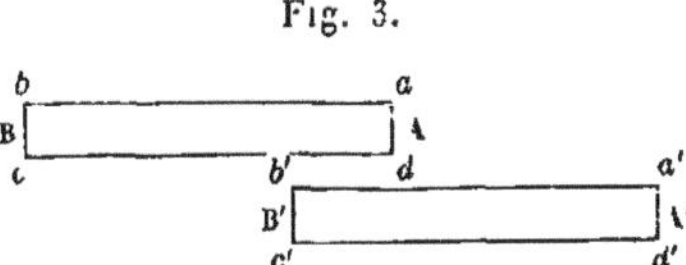

$a'b'$, $c'd'$, on voit facilement qu'il y a répulsion entre *cd* et $a'b'$ et entre *ab* et $c'd'$, tandis qu'il y a attraction entre *ab* et $a'b'$ et entre *cd* et $c'd'$; si l'on fait attention que la répulsion des faces voisines *cd* et $a'b'$ est plus affaiblie par l'obliquité que ne l'est l'attraction des faces *ab*, $a'b'$ et *cd*, $c'd'$, on concevra facilement qu'il y a une certaine position des deux aimants où la répulsion cesse pour faire place à l'attraction, comme le montre l'expérience.

Les deux aimants AB, A'B' étant toujours parallèles, quelle que soit d'ailleurs leur situation, il y a répulsion entre tous les courants voisins dont les plans ont, avec la ligne qui en joint les centres, une obliquité plus grande que celle où la répulsion se change en attraction, ainsi que je l'ai expliqué tout à l'heure en parlant des courants projetés en *ad* et $a''d''$ (*fig.* 2), tandis qu'il y a attraction entre tous les autres pour lesquels l'obliquité est moindre; d'où il suit qu'en partant de la situation où ils sont vis-à-vis l'un de l'autre et se repoussent, et en faisant mouvoir l'un des aimants de manière à rapprocher de plus en plus deux pôles de noms contraires, tels que A et B' (*fig.* 3), on arrive à la position où la répulsion se change en attraction. Car le nombre des courants dont la situation est analogue à celle de *ad* et $a'''d'''$ (*fig.* 2) et donne lieu à la répulsion, va en diminuant, et, au contraire, le nombre de ceux qui s'attirent, parce que leur situation respective se rapproche de celle $a'd'$ à l'égard de ad, va en augmentant. C'est pour cette raison que deux aimants s'attirent dans la situation représentée (*fig.* 3), quand le pôle B′ de l'aimant A′B′ répond à un point de l'autre aimant suffisamment rapproché de A. Alors deux pôles de noms différents A et B′ se trouvent voisins.

De même, en partant de la position de deux aimants où leurs axes sont situés dans la même droite et s'attirent, ce qui a lieu quand les pôles de même nom sont voisins et les courants des deux aimants dans le même sens, on voit, en les faisant passer de cette position à celle de la *fig.* 3, que l'attraction s'affaiblit de plus en plus, et qu'en continuant de les déplacer dans le même sens, elle devient nulle et fait enfin place à la répulsion : alors deux pôles de même nom se trouvent voisins.

L'identité d'action d'un aimant et d'un conducteur voltaïque se soutient quand on fait agir un aimant sur un barreau d'acier pour lui communiquer la vertu magnétique; son action est alors précisément la même que celle du fil métallique qui joint les deux extrémités de la pile, dans les expériences où l'on emploie ce fil pour aimanter un barreau.

Supposons d'abord qu'on place sur ce barreau une spirale dont le centre réponde à un point quelconque de sa longueur, on verra à ce point se former un point conséquent, et les deux parties du barreau de chaque côté de ce point s'aimanter, de manière que les courants électriques que j'admets dans les aimants se trouvent dirigés comme ceux de la spirale dans les points où elle touche le barreau, et que les deux extrémités de celui-ci soient, par conséquent, des pôles de même nom, de l'espèce des pôles magnétiques que représente la spirale vue du côté où elle agit sur le barreau. Cette expérience, facile à répéter, ne diffère point de l'aimantation d'un barreau par un fil transversal, d'après le procédé de Sir H. Davy. Substituons maintenant à la spirale le pôle d'un aimant où les courants tournent dans le même sens que dans cette spirale, de manière que son axe soit comme celui de la spirale perpendiculaire au barreau; celui-ci sera aimanté précisément de la même manière; il se formera de même un point conséquent au milieu de la partie du barreau touchée par le pôle de l'aimant, et ses deux extrémités présenteront, comme dans le cas de la spirale, un pôle de même nom que celui de l'aimant qui aura été mis en contact avec le barreau.

En faisant glisser, soit la spirale, soit l'aimant, d'une extrémité à l'autre du barreau, toujours dans le même sens, la partie de ce barreau qui se trouvera à chaque instant du côté par où commence le mouvement, conservera ses courants dans la direction qui leur aura été donnée, mais les courants de l'autre partie du barreau seront changés en courants dans la direction opposée, à mesure que le mouvement de la spirale ou de l'aimant les fera trouver de l'autre côté de cette spirale ou de cet aimant, en sorte que l'extrémité du barreau par laquelle aura commencé le mouvement devra présenter un pôle de même nom que celui de l'aimant, et l'extrémité par laquelle il aura fini offrira un pôle de nom contraire, ce qui est conforme à l'expérience.

Mais, si le barreau est d'un acier très dur, une partie des courants qui auront d'abord reçu une direction contraire entre le point de contact et l'extrémité de ce barreau, vers laquelle on porte l'aimant, pourront la conserver malgré l'aimantation en sens opposé que tendent à recevoir ensuite les points du barreau où ils existent; et alors ce barreau offrira des points conséquents, comme il arrive, en effet, souvent quand on emploie ce procédé d'aimantation.

Si l'on suppose qu'on incline l'aimant dont on se sert pour aimanter le barreau, on rendra l'aimantation plus facile et l'on tendra à diminuer le nombre des points conséquents, pourvu que l'inclinaison ne soit pas trop grande. Pour bien concevoir cette circonstance, il faut faire attention que si, d'une part, on diminue l'action d'une partie des courants de l'aimant, parce qu'on les éloigne par là du barreau, cette action est augmentée pour ceux des courants qui doivent conserver leur direction dans le barreau après l'aimantation, parce que l'angle que forment leurs plans avec ceux des courants de l'aimant devient aigu, ce qui ne peut manquer de favoriser l'action de ces derniers; c'est précisément le contraire pour les courants en sens opposé, qui doivent changer de direction à mesure que l'aimant les dépasse en continuant son mouvement le long du barreau; ils ne peuvent que perdre de leur intensité à mesure que l'axe de l'aimant s'incline sur celui du barreau : il ne faut pourtant pas que l'angle de ces axes devienne trop petit, parce qu'alors le changement de distance prenant une plus grande influence, l'action de l'aimant, pour produire les premiers courants, irait à son tour en diminuant, et le barreau s'aimanterait moins bien que quand l'aimant est médiocrement incliné sur le barreau. Il est inutile de rappeler que ces divers résultats sont tous conformes à l'expérience.

Si, au lieu de promener le long du barreau un seul aimant dont l'axe fasse un angle droit avec le sien, on en emploie deux, à une petite distance l'un de l'autre, qui le touche par les pôles de noms contraires, il est évident que, d'après la manière dont les courants électriques tendent à se diriger mutuellement, les actions des courants des deux aimants se contrarieront pour tous les points du barreau situés hors de l'intervalle de ces aimants, tandis qu'elles se réuniront pour diriger, dans le même sens, les courants de tous les points du même barreau situés dans cet intervalle. Ces derniers courants acquérant ainsi, dans ce sens, une énergie bien supérieure à celle des premiers, conserveront seuls leur direction lorsque, les aimants ayant parcouru toute la longueur du barreau, l'intervalle qui les sépare aura occupé successivement toutes les parties de cette longueur. C'est ce moyen d'aimantation qui est connu sous le nom de *double touche,* et il est aisé de voir que toutes les circonstances qu'il présente sont une suite nécessaire de ma théorie et de l'aimantation d'un barreau d'acier par un conducteur voltaïque. L'analogie de l'explication déduite de cette théorie et de celle qu'on donne de la double touche, dans l'hypothèse de deux fluides magnétiques agissant d'après les mêmes lois que les deux fluides électriques, me dispense d'entrer à ce sujet dans de plus grands détails.

M. Arago a montré, par une expérience très simple, que quand un barreau est aimanté sur une partie de sa longueur, cette partie tend, par son action sur le reste du barreau, à en continuer l'aimantation dans le même sens, pourvu qu'il ne soit pas d'une trempe trop dure, ce qui pourrait empêcher cet effet d'avoir lieu, à cause de la difficulté d'aimanter un acier très fortement trempé, et même, dans ce cas, l'aimantation est encore produite dans le même sens, dans les parties voisines de la partie déjà aimantée; on s'en assure aisément en enveloppant d'un conducteur plié en hélice une partie seulement d'un fil d'acier, pendant quelque temps, et en examinant ensuite l'action qu'exerce ce fil d'acier sur une petite aiguille; on trouve qu'il est aimanté dans le même sens, sur une étendue qui est ordinairement à peu près double de celle qui était enveloppée par le conducteur; seulement l'intensité va en diminuant graduellement à mesure qu'on s'éloigne de la partie enveloppée. Ce fait, qui est une conséquence nécessaire et immédiate de la théorie où l'on considère les phénomènes magnétiques comme produits par des courants électriques, s'explique également dans la théorie ordinaire de l'aimant, puisque, dans un barreau aimanté en partie, chaque particule de la portion aimantée tend à décomposer le fluide de la particule suivante, de manière à lui donner des pôles situés dans le même sens que les siens, afin que les pôles voisins, dans ces deux particules, soient d'espèces opposées, comme cela doit être dès qu'on admet que les deux fluides magnétiques s'attirent mutuellement et que chacun d'eux repousse les molécules magnétiques de même espèce que les siennes.

Lorsqu'à l'extrémité d'un barreau d'acier ou de fer on applique le pôle d'un aimant en ligne droite avec le barreau, celui-ci s'aimante dans la partie qui est voisine du point de contact, dans le même sens que l'est cet aimant, ce qui s'explique également bien dans les deux hypothèses, puisque, si l'on admet dans l'aimant des courants électriques, ils doivent, d'après l'expérience de M. Arago que nous venons de citer, diriger ceux du barreau, de manière qu'ils tournent autour de ses particules, dans la même direction, et en faire, par conséquent, un nouvel aimant dont les pôles soient situés, l'un par rapport à l'autre, dans le même sens que ceux du premier aimant; et que si l'on attribue, au contraire, les phénomènes magnétiques à la séparation, dans chacune de ses particules, des deux fluides qui s'y neutralisaient auparavant par leur réunion, l'effet de l'aimant, quand il touche, par exemple, le barreau par son pôle austral, est d'attirer le fluide boréal de chaque particule et d'en repousser le fluide austral, en sorte que toutes les particules deviennent des aimants dont le pôle boréal est du côté de l'aimant et le pôle austral du côté opposé, de manière qu'elles se trouvent toutes aimantées dans le même sens que lui. Quelle que soit donc celle de ces deux hypothèses qu'on adopte, on en doit conclure également que la partie déjà aimantée ne peut agir sur celle qui ne l'est pas encore que comme le fait l'aimant lui-même, puisque les pôles de cette partie sont situés dans le même sens que ceux de l'aimant; elle ne peut donc que tendre à propager successivement l'aimantation, toujours dans le même sens, jusqu'à l'autre extrémité du barreau : c'est ce qui arrive, en effet, quand il est de fer doux, et la propagation des propriétés magnétiques le long du barreau est, en général, très rapide dans ce cas, parce que cette substance n'oppose qu'une très faible résistance, soit dans l'une des hypothèses à la direction des courants électriques, soit dans l'autre à la séparation des deux fluides magnétiques.

Mais, lorsque le barreau est d'acier, surtout quand il est trempé de manière qu'il n'acquière qu'avec difficulté les propriétés de l'aimant, on observe un phénomène très remarquable dont l'explication mérite une attention particulière. Ce phénomène consiste en ce qu'alors il se forme un point conséquent sur le barreau, et que ce barreau présente, au delà de ce point, des pôles situés en sens opposé à celui des pôles de la partie qui est en contact par son extrémité avec l'aimant, et en a reçu une aimantation semblable à celle de cet aimant.

Il est bien démontré, par l'espèce des pôles qui se développent aux extrémités des deux fragments d'un aimant que l'on casse par lesquelles ces fragments adhéraient avant la rupture, que l'hypothèse des deux fluides magnétiques ne peut subsister qu'en admettant, comme l'a établi le célèbre Coulomb, que ces deux fluides ne passent jamais, ainsi que le fait l'électricité, d'une particule à l'autre, et que tous les phénomènes magnétiques sont dus à leur séparation dans une même particule, en sorte qu'un aimant n'est qu'un assemblage d'autant de petits aimants qu'il contient de particules, dont chacun a un pôle austral et un pôle boréal. Il est évident alors que, quand un barreau a été aimanté sur une partie de sa longueur par le contact d'une de ses extrémités avec un aimant, la partie aimantée l'étant dans le même sens que cet aimant, elle ne peut agir que comme lui, et qu'elle joint nécessairement son action à la sienne pour propager l'aimantation le long du barreau, toujours dans le même sens; à quoi peut-on donc attribuer dans cette supposition la production d'un point conséquent et l'aimantation en sens contraire de la partie du barreau située au delà de ce point?

Il paraît d'abord qu'on tombe dans le même inconvénient lorsqu'on attribue les phénomènes magnétiques aux courants électriques qui s'établissent dans le barreau; car, lorsqu'il n'y a encore qu'une partie du barreau où les courants soient dirigés dans le même sens, ces courants doivent tendre à donner, de proche en proche, la même direction aux courants du reste du barreau. Pour voir comment il peut arriver, par la difficulté que ceux-ci éprouvent à changer de direction dans l'acier fortement trempé, qu'il se forme un point conséquent, et qu'au delà de ce point les courants tournent dans le sens opposé, considérons les trois barreaux AB, A'B', A''B'' (*fig.* 4), et supposons que le premier seul soit

Fig. 4.

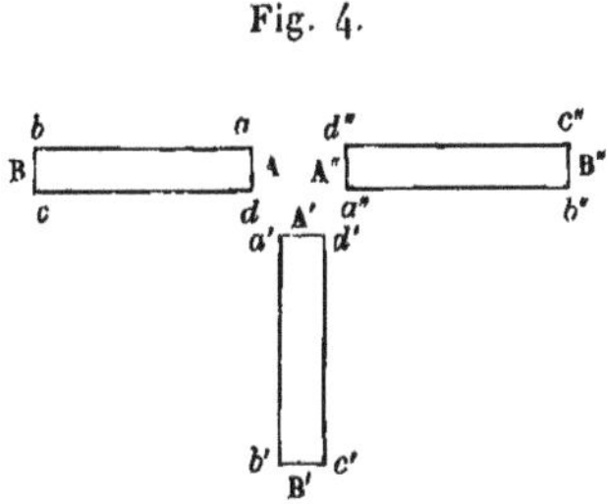

aimanté, et qu'en les laissant dans les directions où ils sont représentés dans cette figure, on les rapproche les uns des autres, de manière que l'angle *d* du premier touche l'angle *a'* du second, et l'angle *d'* de celui-ci l'angle *a''* du troisième; il est clair qu'en regardant A comme le pôle austral de l'aimant AB, ses courants, dans sa face antérieure, suivront la direction *ad*, puisque c'est en plaçant l'observateur dans cette direction, le dos tourné à l'axe de l'aimant, que l'extrémité A se trouve à sa droite; les courants du barreau A'B' devront donc, d'après tout ce que nous avons dit, avoir alors la même direction au point où l'angle *d* est supposé en contact avec l'angle *a'*; ils passeront donc par la face postérieure de ce barreau de *a'* en *d'*, et reviendront par la face antérieure dans la direction *d'a'*, d'où il suit que A'B' s'aimantera de manière que son pôle boréal sera en A' à gauche de l'observateur placé dans ce courant et tournant le dos à l'axe du barreau A'B';

ainsi aimanté, ce barreau communiquera les propriétés magnétiques à A″B″, de manière que leurs courants aient la même direction aux angles a'' et d' par lesquels ils se touchent, les courants du barreau A″B″ iront donc sur sa face antérieure dans la direction $a''d''$, et comme l'extrémité A″ est à la droite de l'observateur placé, dans ces courants, toujours de la même manière, A″ sera le pôle austral de A″B″.

L'aimant AB qui aurait aimanté A″B″, de manière que le pôle boréal de celui-ci fût en A″, s'il l'avait touché immédiatement par son pôle austral A, l'aimantera donc, au contraire, de manière que A″ soit un pôle austral de même nom que A, quand ils ne communiqueront que par l'intermède du barreau A′B′ dont l'axe est perpendiculaire aux leurs; or c'est précisément ce qui arrive quand il se forme un point conséquent dans un barreau fortement trempé qui touche le pôle austral d'un aimant par une de ses extrémités. La partie voisine du barreau s'aimante d'abord, de manière que cette extrémité soit un pôle boréal, comme l'extrémité B de l'aimant AB que nous prendrons pour représenter cette partie du barreau, en représentant l'autre partie du même barreau par A″B″; tant que l'électricité de cette dernière partie pourra obéir librement à l'action des courants de AB, on aura le cas où, AB étant déjà aimanté, et A″B″ ne l'étant point encore, ils se touchent immédiatement, c'est-à-dire que l'aimantation se propagera toujours dans le même sens; mais, si la dureté de la trempe s'oppose à cet effet, il arrivera dans le barreau, quoique continu, ce qui arrive à AB et à A″B″ quand ils ne communiquent qu'à l'aide du barreau A′B′, dont l'axe est perpendiculaire à la direction des leurs; en sorte que les courants de quelques-unes de ses particules tourneront autour d'une normale à sa surface, dans le sens où nous venons de voir que tournent les courants de A′B′. Ces courants tendront donc à aimanter le reste du barreau dont nous parlons, en sens contraire, comme ceux de A′B′ aimantent A″B″, de manière que ses pôles soient situés en sens inverse de ceux AB, et il se produira ainsi un point conséquent, conformément à l'expérience que nous nous étions proposé d'expliquer.

Je rouvre aujourd'hui, 27 mars 1822, ma lettre commencée le 12 janvier dernier, pour vous faire part, Monsieur, d'une expérience que je viens de faire : j'ai, au moyen d'un nouvel appareil, dont je me propose de donner bientôt une description détaillée, rendu aussi rapide que je pouvais le désirer le mouvement de révolution, toujours dans le même sens, d'un conducteur vertical, tant par l'action seule de la Terre que par celle d'un conducteur horizontal plié en spirale et faisant partie du même circuit voltaïque, mouvement que j'avais déjà obtenu, il y a plus de trois mois, dans ces deux cas, mais très lent et difficile à bien observer par l'imperfection de l'appareil dont je faisais alors usage.

XVIII.

EXPOSÉ SOMMAIRE DES NOUVELLES EXPÉRIENCES ÉLECTROMAGNÉTIQUES FAITES PAR DIFFÉRENTS PHYSICIENS, DEPUIS LE MOIS DE MARS 1821, LU DANS LA SÉANCE PUBLIQUE DE L'ACADÉMIE ROYALE DES SCIENCES, LE 8 AVRIL 1822;

PAR M.-A. AMPÈRE [1].

'histoire des Sciences nous offre des époques marquées par des découvertes fécondes qui amènent à leur suite une multitude d'autres découvertes. Telle fut, à la fin du dernier siècle, celle où Volta inventa l'instrument que la juste reconnaissance du monde savant a consacré à son auteur, en lui donnant le nom de *pile voltaïque*.

Cet instrument est composé d'un certain nombre de plaques de deux métaux différents, qui alternent entre elles, et avec une substance liquide, de manière que, d'une extrémité de l'appareil à l'autre, les deux métaux et le liquide se suivent toujours dans le même ordre.

La première et la dernière plaque portent chacune un fil métallique : tant que ces fils restent séparés, ils présentent tous les caractères des corps électrisés ; mis à la fois en contact avec un corps susceptible de décomposition, leur action devient un des plus puissants moyens d'analyse, et la Chimie doit à l'emploi de ce moyen de nouvelles substances et des idées plus justes sur la nature des principaux matériaux du globe que nous habitons ; enfin, lorsque ces deux fils sont intimement réunis, les phénomènes purement électriques et les phénomènes chimiques disparaissent, mais l'électricité qui parcourt alors les fils d'un mouvement continu avec une inconcevable rapidité manifeste son activité par de nouveaux effets qui ne sont pas moins remarquables. L'élévation

---

[1] *Journal de Physique*, t. XCIV, p. 61-66, et *Recueil d'observat. électr.*, p. 199. (J.)

de la température de ces fils, leur incandescence, leur combustion étaient les seuls qu'on eût remarqués, quand M. Œrsted, en découvrant que les mêmes fils exercent, dans ce cas, un nouveau genre d'action, différent à tous égards des attractions et des répulsions produites par l'électricité ordinaire, a pour jamais attaché son nom à une nouvelle époque qui sera peut-être marquée, dans l'histoire des Sciences, par des résultats aussi nombreux et aussi importants que ceux qu'elles ont dus à la découverte de Volta.

On donne ordinairement à ce nouveau genre d'action le nom d'*action électromagnétique*, parce que, dans le premier exemple d'une telle action, celui qu'a observé M. Œrsted, elle s'exerce entre un aimant et le fil conducteur de l'électricité qui joint les deux extrémités de la pile (1).

Le savant professeur danois a ouvert, par cette grande découverte, une nouvelle carrière aux recherches des physiciens. Ces recherches n'ont pas été infructueuses; elles ont conduit à la découverte d'une foule de faits dignes de captiver l'attention de tous ceux qui s'intéressent aux progrès des Sciences.

Dans la séance publique tenue l'année dernière par l'Académie, j'ai cru devoir présenter une analyse rapide des phénomènes dus à l'action électromagnétique qu'on avait jusqu'alors observés [1]. Aujourd'hui, j'essayerai d'exposer, en peu de mots, les résultats des nouvelles expériences qu'a vues naître l'année qui vient de s'écouler.

Sir H. Davy, ayant remarqué que les différents métaux ne conduisent pas le courant voltaïque avec une égale facilité, a mesuré, par des moyens simples et précis, les divers degrés de leur faculté

(1) Depuis que j'ai découvert l'action mutuelle de deux conducteurs voltaïques, qui est évidemment de même nature que celle d'un conducteur sur un barreau aimanté, et qui agit sans le concours d'aucun aimant, le nom d'*action électromagnétique*, que je n'emploie ici que pour me conformer à l'usage, ne saurait plus convenir pour désigner cette sorte d'action. Je pense qu'elle doit l'être sous celui d'*action electrodynamique*. Ce nom exprime que les phénomènes d'attraction et de repulsion qui la caractérisent sont produits par l'électricité en mouvement dans les conducteurs voltaïques, tandis que les attractions et répulsions, toutes differentes de l'électricité ordinaire, ne supposent que l'inégale distribution des deux fluides électriques en repos dans les corps où elles se manifestent, et nous offrent ainsi cette autre manière d'agir de ces fluides, qu'on connaît depuis longtemps et qu'on devrait distinguer de la précédente en lui donnant le nom d'*action electrostatique*. (A)

conductrice. Il a déterminé l'influence de la température sur les effets de la pile; il a montré que, dans le cas où le courant voltaïque traverse, sous la forme d'une gerbe lumineuse, de l'air raréfié, il est attiré ou repoussé par un barreau aimanté, de la même manière que quand il est conduit par un fil métallique. Cette expérience est d'autant plus remarquable, qu'elle confirme l'ingénieuse explication qu'a donnée M. Arago du singulier et brillant phénomène des aurores boréales. Enfin voici un dernier fait que le savant physicien anglais vient de découvrir : quand on place un barreau fortement aimanté dans une situation verticale, au-dessus ou au-dessous d'une coupe qui contient du mercure où plongent deux conducteurs mis en communication avec les extrémités de la pile, il se forme dans le mercure un tourbillon autour de chaque conducteur.

M. Faraday, à qui la Chimie doit l'importante découverte des chlorures de carbone, a fait connaître, entre un aimant et un conducteur voltaïque, une action toute différente dans ses effets de celle qu'a découverte M. Œrsted; elle s'en rapproche seulement en ce qu'on peut les déduire toutes deux de la loi générale à laquelle j'ai tenté de ramener tous les phénomènes électromagnétiques. Cette action produit un mouvement de révolution qui se continue toujours dans le même sens. Ce mouvement s'observe également dans un conducteur libre de se mouvoir autour d'un aimant fixe, et dans un aimant que l'on rend mobile en le faisant flotter sur du mercure. L'aimant tourne alors autour du point où le conducteur est en contact avec le mercure.

Le même physicien a fait une expérience très remarquable : elle met en évidence l'action mutuelle de deux courants qui parcourent, en sens contraires, les deux côtés d'un angle droit. Si l'on fait plonger, dans deux coupes pleines de mercure, les extrémités d'un fil métallique, plié en fer à cheval et suspendu en équilibre dans une situation verticale, on voit ce fil s'élever à l'instant où l'on met les coupes en communication avec les extrémités de la pile. Le courant électrique, suivant alors des directions opposées dans le mercure et dans le fil métallique, établit entre ces deux corps une répulsion qui est la cause de ce phénomène.

Il résulte des premières expériences de M. Œrsted et de la manière dont j'ai ramené les phénomènes de l'aimant à ceux de l'électricité, que si l'on place un conducteur flottant, courbé en anneau, à côté d'un barreau aimanté, les branches de l'anneau seront toutes deux attirées ou toutes deux repoussées quand le pôle de l'aimant répondra à l'intérieur de l'anneau. M. de la Rive a reconnu ce fait nouveau que, dans le cas où les deux branches sont attirées, l'anneau, après s'être appliqué contre l'aimant, glisse jusqu'à ce qu'une de ses branches en atteigne l'extrémité, et passe de l'autre côté. L'anneau qui entoure alors le barreau revient et s'arrête au milieu de l'intervalle des deux pôles.

Dès que j'eus connaissance du Mémoire dans lequel M. Faraday annonçait le mouvement de révolution qu'un aimant imprime toujours dans le même sens à un conducteur voltaïque, il me fut aisé de voir que si l'on n'avait pas observé plutôt cet effet, c'est que l'on s'était servi de conducteurs formant des circuits presque fermés, dans lesquels l'action électromagnétique ne peut produire cette sorte de mouvement, parce qu'elle tend toujours à faire tourner une moitié du circuit dans son sens, et l'autre moitié dans le sens opposé, dès que celle-ci a été amenée à la place de la première par une demi-révolution de l'appareil. Je voulus savoir ensuite si le même mode d'action avait lieu entre deux conducteurs voltaïques, ainsi qu'entre un conducteur et le globe terrestre. Dans mes expériences du mois de décembre 1821, je fus assez heureux pour obtenir le mouvement de révolution continu dans ces deux cas; mais, à cause de l'imperfection des appareils dont je me servais d'abord pour produire ce mouvement, il n'avait lieu qu'avec une extrême lenteur. Depuis, j'ai construit un instrument au moyen duquel on rend le même mouvement plus rapide, et par là plus facile à observer.

M. Faraday, dans le cours de ses recherches sur le mouvement de révolution dont je viens de parler, avait vainement essayé d'imprimer, soit à l'aimant, soit au conducteur voltaïque, un mouvement de rotation autour de leurs axes. J'ai obtenu d'abord la rotation de l'aimant et, peu de temps après, celle du conducteur. Frappé de la rapidité avec laquelle je voyais l'aimant tourner sur lui-même, j'ai cherché la cause du peu de succès des premières expériences faites pour obtenir ce mouvement. Dans cette vue, j'ai remarqué que, d'après les lois générales de l'action électrodynamique, si un courant électrique tend à faire tourner un aimant dans un sens quand le courant se porte vers l'aimant, il tendra à le faire tourner dans le sens opposé quand le courant s'en éloigne. Ainsi, tant que le courant, d'une part, se porte vers l'aimant, et de l'autre s'en éloigne, en traversant deux corps qui ne sont pas liés avec cet aimant, les deux corps tendent à le faire tourner en sens opposé, et, par conséquent, il reste en équilibre entre deux forces égales. Mais, lorsque le barreau aimanté sert lui-même de conducteur et remplace l'un de ces corps, la partie du courant qui le traverse ne peut plus lui imprimer aucun mouvement. L'une des deux forces qui se faisaient équilibre se trouvant ainsi supprimée, l'autre agit seule et fait tourner l'aimant. Cette condition était, en effet, remplie dans mon expérience; et c'est sans doute parce qu'elle ne l'était pas dans les premières tentatives faites à cet égard qu'il n'y a pas eu de rotation.

Enfin M. Savary, dont les premiers essais dans la carrière des Sciences annoncent les progrès qu'elles lui devront probablement un jour, ayant imaginé un appareil propre à observer le mouvement qu'imprime à un conducteur plié en spirale l'action des courants qui traversent l'eau acidulée dans laquelle il plonge, lorsque le circuit voltaïque, dont ces courants font partie, se continue par le conducteur, j'ai fait exécuter cet appareil, et j'ai trouvé qu'effectivement il tournait dans le sens qu'avait prévu le jeune physicien auquel nous le devons. Ce sens est déterminé par celui des spires; il reste toujours le même quand on renverse la direction des courants; c'est ce qui distingue le mouvement dû à cette cause de celui qui est produit par l'action du globe terrestre, et qui a lieu en sens opposés quand les courants sont excités alternativement dans deux directions contraires. La force émanée du globe, étant plus faible que celle des courants de l'eau acidulée, s'ajoute ou se retranche suivant que ces deux forces agissent pour faire tourner la spirale dans le même sens ou en sens contraire. On remarque, en effet, que le mouvement de révolution est plus rapide dans le premier cas que dans le second.

Tels sont les nouveaux progrès que vient de faire une branche de la Physique, dont nous ne soupçonnions pas même l'existence il y a seulement deux années, et qui déjà nous a fait connaître des faits plus étonnants peut-être que tout ce que la Science nous avait jusqu'à présent offert de phénomènes merveilleux. Un mouvement qui se continue toujours dans le même sens, malgré les frottements, malgré la résistance des milieux, et ce mouvement produit par l'action mutuelle de deux corps qui demeurent constamment dans le même état, est un fait sans exemple dans tout ce que nous savions des propriétés que peut offrir la matière inorganique; il prouve que l'action qui émane des conducteurs voltaïques ne peut être due à une distribution particulière de certains fluides en repos dans ces conducteurs, comme le sont les attractions et les répulsions électriques ordinaires. On ne peut attribuer cette action qu'à des fluides en mouvement dans le conducteur qu'ils parcourent, en se portant rapidement d'une des extrémités de la pile à l'autre extrémité.

J'avais, le premier, signalé l'identité d'action entre les conducteurs voltaïques et des courbes fermées, situées transversalement sur la surface ou dans l'intérieur d'un barreau aimanté. J'en avais conclu que les aimants doivent les propriétés qui les caractérisent à des courants électriques, semblables à ceux que produit l'appareil de Volta et dirigés suivant ces courbes. D'autres physiciens ont cru pouvoir renverser cette analogie, en continuant d'expliquer les phénomènes magnétiques comme on l'avait fait jusqu'alors, et en supposant que les particules des conducteurs devenaient, par l'action de la pile, de véritables aimants, dont les axes étaient perpendiculaires à ceux de ces conducteurs.

J'avais examiné cette hypothèse avant de me décider pour celle que j'ai adoptée, et je l'avais rejetée plutôt d'après l'ordre général des faits qu'en m'appuyant sur des preuves directes. Ces preuves résultent aujourd'hui des nouveaux phénomènes que je viens de rappeler, parce qu'ils sont propres [2] aux portions mobiles des conducteurs voltaïques qui ne forment pas des circuits presque fermés, et qu'on ne peut dès lors imiter avec des aimants; tandis qu'on peut, comme je l'ai fait voir depuis longtemps, imiter tous les phénomènes que présentent ces derniers corps avec des fils conducteurs, en pliant ces fils de manière à en former des circuits presque fermés. Ils agissent alors comme un barreau aimanté, dans lequel l'explication la plus naturelle des faits m'a conduit à supposer des courants électriques qui forment des circuits toujours complètement fermés.

C'est ainsi que de deux hypothèses servant à expliquer un certain nombre de phénomènes, celle où l'on ne peut en rendre raison qu'en s'efforçant de la faire concorder avec eux, est ordinairement démentie par d'autres phénomènes dont le temps amène successivement la découverte; et celle, au contraire, qui n'est pour ainsi dire que l'expression des véritables rapports des faits qu'elle explique, se trouve confirmée chaque fois que l'expérience nous en fait connaître de nouveaux.

Notes sur cet exposé des nouvelles expériences relatives aux phénomènes produits par l'action électrodynamique, faites depuis le mois de mars 1821.

[1] La Notice que je lus dans la séance publique du 2 avril 1821 étant très abrégée, ce n'est qu'en consultant l'analyse des travaux de l'Académie royale des Sciences pendant l'année 1820, qui fut publiée le même jour, qu'on peut se faire une idée suffisante des résultats obtenus à cette époque sur les phénomènes électrodynamiques; on y trouve une indication précise de tout ce que M. Arago et moi avions fait alors sur ce sujet. Mon travail y est présenté comme étant *divisé naturellement en trois parties bien distinctes :* la première *se compose des faits nouveaux relatifs à l'action mutuelle de deux portions de conducteurs voltaïques et à celle du globe terrestre sur un conducteur mobile;* la seconde, *de quelques nouveaux faits relatifs à l'action mutuelle des fils conducteurs et des aimants, découverte par M. Œrsted, qui complètent les résultats obtenus par ce célèbre physicien, et des conséquences que j'ai déduites de ces résultats et de mes propres expériences, relativement à l'identité de l'électricité et du magnétisme;* la troisième *consiste dans les recherches que j'ai faites sur les lois mathématiques des attractions et répulsions de deux fils métalliques faisant partie d'un circuit voltaïque; lois déduites,* 1° *de l'égalité des actions exercées sur un conducteur rectiligne mobile par deux conducteurs fixes, l'un rectiligne, et l'autre plié et contourné à chacun de ses points, de manière que les distances de ces points*

à ceux du conducteur mobile soient sensiblement les mêmes que celles des points du conducteur fixe rectiligne, 2° *de quelques résultats généraux des faits déjà connus ou de ceux que j'avais observés.*

Cette distinction entre les trois parties de mon travail, qui se trouve aussi énoncée de la même manière dans la Notice sur ce sujet, insérée dans le t. XVI de la *Bibliothèque universelle,* est d'autant plus importante, que ces trois parties de mes recherches sur ce genre d'action sont absolument indépendantes les unes des autres, et me semblent devoir être examinées séparément par les physiciens qui veulent s'en faire une idée juste; mais cet examen suppose qu'elles soient exposées avec des détails suffisants, et les deux premières seules l'ont été dans le Mémoire qui est au commencement de ce Recueil; la troisième l'était dans des Mémoires lus à l'Académie royale des Sciences, les 4, 11 et 26 décembre 1820, qui n'ont point été imprimés, mais dont les principaux résultats ont été publiés dans le *Journal de Physique*, Cahier de septembre 1820, et dans une Note insérée dans les *Annales des Mines*, t. V, p. 537 et suivantes, Note que j'ai réimprimée dans ce Volume, p. 69 et suivantes (¹). C'est dans ces Ouvrages que j'ai donné la formule qui représente l'action mutuelle de deux portions infiniment petites de courants électriques. Cette formule contenait un coefficient dont je ne suis parvenu à déterminer la valeur que depuis peu de temps; comme cette détermination est le sujet d'un Mémoire dont la rédaction m'occupe actuellement, je me bornerai ici à extraire, de ceux que j'ai lus à l'Académie en 1820, les détails relatifs à la manière dont j'avais dès lors établi ma formule, telle qu'elle se trouve dans les Ouvrages que je viens de citer.

Le premier fait général que je déduisis de mes expériences sur l'action mutuelle de deux conducteurs voltaïques consiste en ce que, si deux portions de conducteurs voltaïques agissent l'une sur l'autre, et qu'on vienne à changer la direction du courant électrique dans l'une d'elles, sans faire aucun changement dans leurs positions respectives, l'action qui s'exerçait auparavant entre elles, si elle était attractive, se change en une action répulsive égale, et,

(¹) *Voir*, p. 136, un extrait de cette Note. (J.)

si elle était répulsive, en une attraction de même intensité ([1]). J'appliquai ce résultat, confirmé par toutes les expériences que j'avais faites sur des courants électriques d'une longueur finie, à deux portions infiniment petites de ces courants, que je ne pouvais soumettre immédiatement à l'expérience, et j'en tirai cette conclusion, que l'action mutuelle de deux portions infiniment petites de fils conducteurs, est nécessairement nulle toutes les fois qu'il n'y a, dans leur situation respective, aucune circonstance qui distingue l'un de l'autre les deux sens suivant lesquels une de ces deux petites portions peut être parcourue par le courant électrique; car alors, en y renversant le sens de ce courant, l'action, si elle existait, devrait rester la même; attractive si elle était attractive, et répulsive si elle l'était, tandis que, d'après le fait général dont je viens de parler, l'attraction se change, au contraire, dans ce cas, en répulsion et la répulsion en attraction. Ainsi, ce ne peut être que quand la situation respective des deux petites portions de fils conducteurs présente des circonstances qui distinguent, dans chacune de ces portions, les deux sens suivant lesquels le courant électrique peut les parcourir alternativement, qu'il est possible qu'il s'exerce entre elles une action attractive

---

([1]) Si, après avoir changé le sens du courant dans l'un des conducteurs, on le change aussi dans l'autre, la répulsion qui, par le premier changement, avait pris la place de l'attraction sera, pour la même raison, remplacée à son tour par l'attraction, en sorte que l'action redeviendra telle qu'elle était d'abord. On voit de même que quand les fils se repoussent d'abord, si l'on change la direction du courant dans l'un d'eux, l'action devient attractive, et qu'elle redevient répulsive quand on le change aussi dans l'autre : or, toutes les fois que deux portions d'un même circuit, l'une fixe et l'autre mobile, agissent l'une sur l'autre, on change à la fois le sens du courant dans toutes les deux, quand on fait communiquer chaque extrémité du circuit avec celle de la pile qui communiquait auparavant avec l'autre extrémité du même circuit : ce double changement n'en peut donc produire aucun dans l'action mutuelle de ces deux parties, et le mouvement de la partie mobile doit rester par conséquent le même, ce qu'on observe en effet constamment. Mais cette remarque si simple devient très importante pour distinguer sur-le-champ les mouvements produits dans le conducteur mobile par l'action des parties fixes du circuit, des mouvements qui pourraient lui être imprimés par la pile elle-même, le globe terrestre ou un aimant. Il suffit, pour cela, de renverser les communications entre les deux extrémités du circuit et celles de la pile, les mouvements dus à l'action mutuelle des diverses parties de ce circuit restent alors les mêmes, et ceux qui seraient produits par l'action de la pile, de la terre ou d'un aimant, ont à l'instant lieu en sens contraire. (A.)

ou répulsive selon le sens, déterminé par ces circonstances, qu'on y donne au courant électrique.

Considérant alors deux petites portions de courants électriques, l'une dans un plan et l'autre dirigée perpendiculairement à ce plan, il me fut aisé de voir 1° que, quand cette dernière est au-dessus et au-dessous du plan, les deux sens dans lesquels elle peut être parcourue par le courant électrique sont distingués l'un de l'autre par cette circonstance que, dans un cas, ce courant va en s'approchant du plan et, dans l'autre, en s'en éloignant; que rien ne s'oppose, par conséquent, alors à ce qu'il y ait une action soit attractive, soit répulsive, entre les deux petites proportions que l'on considère, pourvu que le sens du courant de celle qui est dans le plan puisse aussi être déterminé par des circonstances dépendantes de la situation respective de ces deux petites portions, ce que j'examinerai tout à l'heure, 2° que si, au contraire, le milieu de la portion infiniment petite perpendiculaire au plan se trouve dans ce plan, tout étant égal des deux côtés du plan, il n'y aura plus aucune différence entre les deux sens suivant lesquels le courant électrique peut la parcourir qui dépende de sa situation, relativement à celle qui est dans le plan, et les deux portions de fils conducteurs ne pourront plus exercer aucune action l'une sur l'autre; résultat qu'on peut énoncer généralement ainsi : l'action attractive ou répulsive de deux portions infiniment petites de courants électriques devient nécessairement nulle quand leur situation respective dans l'espace est telle, que si l'on fait passer par le milieu de l'une d'elles un plan perpendiculaire à sa direction, la droite, qui représente la direction de l'autre, se trouve tout entière dans ce plan.

Lorsque la petite portion perpendiculaire à un plan où se trouve la direction de l'autre est au-dessus ou au-dessous de ce plan, on voit, par la même raison, qu'il ne peut y avoir d'action entre elles que quand le sens du courant est aussi déterminé par des circonstances dépendantes de leur situation respective dans la petite portion qui se trouve dans ce même plan. Si nous concevons qu'on ait tiré une ligne du milieu de celle-ci au pied de la perpendiculaire sur laquelle se trouve la première petite portion de courant électrique, nous verrons que, tant que la direction de celle qui est dans le plan formera deux angles inégaux, l'un aigu et l'autre obtus, avec cette ligne, le sens du courant sera déterminé par l'inégalité de ces angles, parce que, dans un cas, il ira, en s'éloignant de leur sommet commun, du côté de l'angle aigu, et que, dans l'autre cas, il ira en s'en éloignant du côté de l'angle obtus : les deux petites portions de courants électriques pourront donc alors agir l'une sur l'autre, comme elles agissent en effet d'après l'expérience; mais, si ces deux angles sont droits, il ne pourra plus y avoir de distinction entre les deux sens du courant passant par la petite portion de fil conducteur qui est dans le plan, parce que toutes les circonstances seront les mêmes de part et d'autre de la ligne qui en joint le milieu au pied de la perpendiculaire; d'où il suit que l'action mutuelle entre les deux petites portions de courants électriques sera nécessairement nulle.

Ce cas, au reste, rentre dans celui que j'ai d'abord examiné, puisque, si l'on élève alors au milieu de la petite portion de courant électrique, qui est dans le plan que nous avons considéré jusqu'ici, un second plan perpendiculaire à sa direction, l'autre petite portion se trouvera tout entière dans ce second plan, et qu'une des deux petites portions sera ainsi dans le plan élevé perpendiculairement sur le milieu de l'autre. La première expérience qui me fournit les données dont j'avais besoin pour exprimer, par une formule, la valeur de l'action électrodynamique, fut faite avec un fil conducteur roulé en hélice autour d'un tube de verre d'un petit diamètre, dans l'intérieur duquel revenait, par l'axe de cette hélice, une portion rectiligne du même fil, ainsi que je l'ai expliqué dans ce Volume, pages 27 et 28, et dans le t. XV des *Annales de Chimie et de Physique*, p. 175 et 176 [1]. Je m'assurai, par des expériences plusieurs fois répétées avec des conducteurs très mobiles, que la réunion de cette hélice et de cette portion du fil conducteur rectiligne n'exerçait aucune action sur un autre fil conducteur parallèle à l'axe de l'hélice. Je me rendis compte de ce résultat, en admettant, comme une loi générale de l'action électrodynamique, que si l'on conçoit dans l'espace une ligne représentant en grandeur et en direction la résultante de deux forces qui sont semblablement représentées par deux autres lignes, et qu'on suppose dans les directions de ces lignes trois portions in-

[1] Pages 24 et 25 du présent Volume.

finiment petites de courants électriques, dont les forces attractives ou répulsives sont proportionnelles à leurs longueurs, la petite portion dirigée suivant la résultante exercera, dans quelque direction que ce soit sur une autre portion infiniment petite de courant électrique, la même action que la réunion des deux petites portions dirigées suivant les composantes.

Je communiquai cette loi à l'Académie royale des Sciences, dans un Mémoire lu à la séance du 6 novembre (¹). Je remarquai, dans ce Mémoire : 1° que les attractions et répulsions, dont j'avais reconnu l'existence entre des portions de fils conducteurs, ne peuvent être produites comme le sont celles de l'électricité ordinaire, par l'inégale distribution des deux fluides électriques qui s'attirent mutuellement, et dont chacun repousse une autre portion de fluide de même espèce que lui, puisque toutes les propriétés, jusqu'alors connues des fils conducteurs, montrent que ni l'un ni l'autre de ces deux fluides ne se trouvent en plus grande quantité dans un corps qui sert de conducteur au courant électrique, que dans le même corps à l'état naturel; 2° qu'il est difficile de ne pas en conclure que ces attractions et répulsions pourraient bien être produites par le mouvement rapide des deux fluides électriques parcourant en sens contraire le conducteur par une suite de décompositions et recompositions presque instantanées : mouvement admis, depuis Volta, par tous les physiciens qui ont adopté la théorie donnée par cet illustre savant de l'admirable instrument dont il est l'auteur; 3° qu'en attribuant à cette cause les attractions et répulsions des fils conducteurs, on ne peut se dispenser d'admettre que les mouvements des deux électricités dans ces fils se propagent tout autour dans le fluide neutre qui est formé de leur réunion, et dont tout l'espace doit nécessairement être rempli lorsqu'on explique comme on le fait ordinairement les phénomènes de l'électricité ordinaire; en sorte que quand les mouvements produits ainsi dans le fluide environnant, par deux petites portions de courants électriques, se favorisent mutuellement, il en résulte entre elles une tendance à se rapprocher, ce qui est en effet le cas où on les voit s'attirer; et que, quand les mêmes mouvements se contrarient, les deux petites portions de courants tendent à s'éloigner l'une de

(¹) *Voir* le *Moniteur* du 10 novembre 1820.

l'autre, comme le montre l'expérience; 4° que, si l'on regarde les attractions et répulsions dont il est ici question comme produites en effet par cette cause, la loi d'après laquelle une petite portion de courant électrique peut être remplacée par deux autres qui soient à son égard ce que sont deux forces relativement à la résultante de ces deux forces, est une suite nécessaire de cette supposition, puisque les vitesses se composent comme les forces, et que le mouvement communiqué au fluide qui remplit l'espace par la petite portion de courant représenté en grandeur et en direction par la résultante est nécessairement le même que celui qui résulterait, dans le même fluide, de la réunion des deux petites portions de courants représentées de la même manière par les deux composantes.

A l'époque où je m'occupais de ces idées, M. Fresnel me communiquait ses belles recherches sur la lumière, dont il a déduit les lois qui déterminent toutes les circonstances des phénomènes de l'Optique. J'étais frappé de l'accord des considérations sur lesquelles il s'appuyait, et de celles qui s'étaient présentées à mon esprit relativement à la cause des attractions et répulsions électrodynamiques. Il prouvait, par l'ensemble de ces phénomènes, que le fluide répandu dans tout l'espace, qui ne peut être que le résultat de la réunion des deux électricités, était à peu près incompressible, passait à travers tous les corps comme l'air à travers une gaze, et que les mouvements excités dans ce fluide s'y propageaient par une sorte de frottement des couches déjà en mouvement sur celles qui ne l'étaient pas encore. D'après cela, il était naturel de penser que le courant électrique d'un fil conducteur faisait en partie partager son mouvement au fluide neutre environnant, et frottait en partie contre lui, de manière à donner naissance à une réaction de ce fluide sur le courant, qui ne pouvait tendre à déplacer celui-ci tant que la différence de vitesse était la même de tous les côtés du courant électrique, mais qui devait tendre à le mouvoir soit du côté où cette différence de vitesse et, par conséquent, la réaction serait moindre, c'est-à-dire du côté où un autre courant électrique pousserait le fluide de l'espace dans le même sens, soit du côté opposé à celui où elle serait plus grande, parce qu'il s'y trouverait un autre courant électrique tendant à pousser le même fluide en sens contraire, suivant que les deux courants qui agiraient aussi l'un sur l'autre seraient dirigés dans le même sens ou auraient des directions opposées.

Ces considérations conduisent à admettre l'attraction entre les courants qui vont dans le même sens, et la répulsion entre ceux qui sont dirigés en sens contraire, conformément aux résultats de l'expérience; mais je ne me suis jamais dissimulé que, faute de moyen pour calculer tous les effets des mouvements des fluides, elles étaient trop vagues pour servir de base à une loi dont l'exac-

Fig. 1.

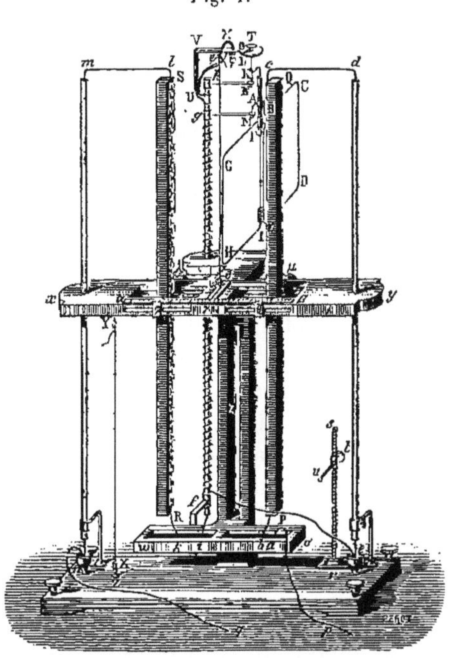

titude pouvait être constatée par des expériences directes et précises. C'est pourquoi je me bornerai à la présenter comme un fait uniquement fondé sur l'observation, et ne m'occupai que de la construction d'un appareil à l'aide duquel elle pût être vérifiée par des mesures tellement exactes, qu'il ne restât aucun doute à cet égard. Cet appareil, que j'ai fait graver dans le temps et qu'on voit ici représenté (*fig.* 1), était destiné à comparer, avec toute l'exactitude possible, l'action sur un conducteur mobile de deux conducteurs fixes, dont l'un fût rectiligne et l'autre formât une ligne sinueuse telle, que chacune de ses portions infiniment petites étant considérée comme la diagonale d'un parallélogramme, l'un des côtés de ce parallélogramme fût égal et parallèle à la petite portion correspondante du conducteur rectiligne fixe, et que son autre côté ne pût exercer aucune sorte d'action sur le conducteur mobile. Le meilleur moyen de satisfaire à cette dernière condition étant de faire en sorte que les petits côtés des parallélogrammes, dont les courants devaient être sans action sur le conducteur mobile, fussent partout perpendiculaires aux plans menés par leurs milieux et par ce conducteur, je disposai l'appareil de manière que cette condition fût remplie. Dès qu'il fut construit, il me servit à faire des expériences qui confirmèrent complètement la loi que je m'étais proposé de vérifier, et je communiquai ces expériences à l'Académie, avec une courte description de l'appareil, dans la séance du 26 décembre (¹). Cette description se trouve presque en entier dans la Notice insérée dans le t. V des *Annales des Mines*, et qui fait partie de ce recueil, où la description dont il s'agit est transcrite pages 89 et 90 : mais je crois nécessaire d'en donner ici une nouvelle plus détaillée et plus complète.

Les deux règles verticales en bois, PQ, RS, portent, dans des rainures pratiquées sur celles de leurs faces qui se trouvent en regard, la première un fil rectiligne *bc*, la seconde un fil *kl* formant, dans toute sa longueur et dans un plan perpendiculaire au plan qui joindrait les deux axes des règles, des contours et des replis tels que ceux qu'on voit dans la figure le long de la règle RS, de manière que ce fil ne s'éloigne, en aucun de ses points, que très peu du milieu de la rainure.

Ces deux fils sont destinés à servir de conducteurs à deux portions d'un même courant, que l'on fait agir par répulsion sur la partie GH d'un conducteur mobile composé de deux circuits rectangulaires presque fermés et égaux BCDE, FGHI, qui sont parcourus en sens contraire par le courant électrique, afin que les actions que la terre exerce sur ces deux circuits se détruisent mutuellement. Aux deux extrémités de ce conducteur mobile sont deux pointes A et K qui plongent dans les coupes M et N pleines

(¹) *Voir* le *Moniteur* du 31 décembre 1820. (A.)

de mercure, et soudées aux extrémités des deux branches de cuivre *g*M, *h*N. Ces branches sont en communication par les boîtes de cuivre *g* et *h*, la première avec un fil de cuivre *gfe* plié en hélice autour du tube de verre *hgf*, l'autre avec un fil rectiligne *hi* qui passe dans l'intérieur du même tube et se termine dans l'auge *ki* creusée dans une pièce de bois *vw* qu'on fixe à la hauteur que l'on veut contre le montant *z* avec la vis de pression *o*. D'après l'expérience dont j'ai parlé plus haut, cette portion du circuit, composée de l'hélice *gf* et du fil rectiligne *hi*, ne peut exercer aucune action sur le conducteur mobile. Pour que le courant électrique passe dans les conducteurs fixes *bc* et *kl*, les fils dont ces conducteurs sont formés se prolongent en *cde*, *lmn* dans deux tubes de verre [1] attachés à la traverse *xy* et viennent se terminer, le premier dans la coupe *e* et le second dans la coupe *n*. Tout étant ainsi disposé, on met du mercure dans toutes les coupes et dans les deux auges *ba*, *ki*, et l'on plonge le fil positif *pa* dans l'auge *ba*, qui est aussi creusée dans la pièce de bois *vw*, et le fil négatif *qn* dans la coupe *n*. Le courant parcourt tous les conducteurs de l'appareil dans l'ordre suivant, *pabcdefg*MABCDEFGHIKN*hiklmnq*, d'où il résulte qu'il est ascendant dans les deux conducteurs fixes et descendant dans la partie GH du conducteur mobile qui est soumise à leur action, et qui se trouve au milieu de l'intervalle des deux conducteurs fixes dans le plan qui passe par leurs axes. Cette partie GH est donc repoussée par *bc* et *kl*, d'où il suit que si l'action de ces deux conducteurs est la même à égales distances, GH doit s'arrêter au milieu de l'intervalle qui les sépare ; c'est ce qui arrive, en effet.

Il est bon de remarquer : 1° que les deux axes des conducteurs fixes étant à égale distance de GH, on ne peut pas dire rigoureusement que la distance est la même pour tous les points du conducteur *kl*, à cause des contours et des replis que forme ce conducteur; mais, comme ces contours et ces replis sont dans un plan perpendiculaire au plan qui passe par GH et par les axes des

(1) L'usage de ces tubes est d'empêcher la flexion des fils qui y sont renfermés, en les maintenant à des distances égales des deux conducteurs *bc*, *kl*, afin que leurs actions sur GH, qui diminuent celle de ces deux conducteurs, les diminuent également. (A.)

conducteurs fixes, il est évident que la différence de distance qui en résulte est la plus petite possible, et d'autant moindre que la moitié de la largeur de la rainure RS, que cette moitié est moindre que l'intervalle des deux règles, puisque cette différence, dans le cas où elle est la plus grande possible, est égale à celle qui se trouve entre le rayon et la sécante d'un arc dont la tangente est égale à la moitié de la largeur de la rainure, et qui appartient à un cercle dont le diamètre est l'intervalle des deux règles; 2° que si l'on décompose chaque portion infiniment petite du conducteur kl, comme on décomposerait une force en deux autres petites portions qui en soient les projections, l'une sur l'axe vertical de ce conducteur, l'autre sur des lignes horizontales menées par tous ses points dans le plan où se trouvent les replis et les contours qu'il forme, la somme des premières, en prenant négativement celles qui, ayant une direction opposée à la direction des autres, doivent produire une action en sens contraire, sera égale à la longueur de cet axe, en sorte que l'action totale résultant de toutes ces projections sera la même que celle d'un conducteur rectiligne égal à l'axe, c'est-à-dire à celle du conducteur bc situé à la même distance de GH; tandis que l'action des secondes sera nulle sur le même conducteur mobile GH, puisque les plans élevés perpendiculairement sur le milieu de chacune d'elles passeront sensiblement par la direction GH. La réunion de ces deux séries de projections produit donc nécessairement sur GH une action égale à celle de bc; et comme l'expérience prouve que le conducteur sinueux kl produit aussi une action égale à celle de bc, quels que soient les replis et le contour qu'il forme, il s'ensuit qu'il agit, dans tous les cas, comme la réunion des deux séries de projections, ce qui ne peut avoir lieu ainsi, indépendamment de la manière dont il est plié et contourné, à moins que chacune des parties de ce conducteur n'agisse séparément, comme la réunion de ses deux projections.

Pour que cette expérience ait toute l'exactitude désirable, il est nécessaire que les deux règles soient exactement verticales et qu'elles soient précisément à la même distance du conducteur mobile. Pour remplir ces conditions, on adapte une division $\alpha\beta$ à la traverse xy, et l'on y fixe les règles avec deux crampons η et θ et deux vis de pression λ, μ, ce qui permet de les écarter ou de les rapprocher à volonté, en les maintenant toujours à égale distance de $\gamma\delta$ milieu de la division. L'appareil est construit de manière que les deux règles sont perpendiculaires à la traverse xy, et on rend celle-ci horizontale à l'aide des vis que l'on voit aux quatre coins du pied de l'instrument et du fil à plomb YX qui répond exactement au point Z, déterminé convenablement sur ce pied, quand la traverse xy est parfaitement de niveau.

Pour rendre le conducteur ABCDEFGHIK mobile autour d'une ligne verticale située à égales distances des deux conducteurs bc, kl, ce conducteur est suspendu à un fil métallique très fin attaché au centre d'un bouton T, qui peut tourner sur lui-même sans changer de distance à ces deux conducteurs; ce bouton est au centre d'un petit cadran O sur lequel l'indice L sert à marquer l'endroit où il faut l'arrêter pour que la partie GH du conducteur mobile réponde, sans que le fil soit tordu, au milieu de l'intervalle des deux conducteurs fixes bc, kl, afin de pouvoir remettre immédiatement l'aiguille dans la direction où il faut qu'elle soit pour cela, toutes les fois qu'on veut répéter l'expérience. On reconnaît que GH est, en effet, à égale distance de bc et de kl, au moyen d'un autre fil à plomb $\psi\omega$ attaché à une branche de cuivre $\varphi\chi\psi$ portée, comme le cadran O, par le support UVO, dans lequel cette branche $\varphi\chi\psi$ peut tourner autour de l'axe du bouton φ qui la termine, ce qui donne la facilité de faire répondre la pointe de l'aplomb ω sur la ligne $\gamma\delta$ milieu de la division $\alpha\beta$. Quand le conducteur mobile est dans la position convenable, les trois verticales $\psi\omega$, GH et CD se trouvent dans le même plan, et l'on s'en assure aisément en plaçant l'œil dans ce plan, en avant de $\psi\omega$.

Le conducteur mobile se trouve ainsi placé d'avance dans la situation où il doit y avoir équilibre entre les répulsions des deux conducteurs fixes, si ces répulsions sont exactement égales; on les produit alors en plongeant dans le mercure de l'auge ba et de la coupe n les fils ap, nq, qui communiquent avec les deux extrémités de la pile, et l'on voit le conducteur GH rester dans cette situation, malgré la grande mobilité de ce genre de suspension, tandis que si l'on déplace même très peu l'indice L, ce qui amène GH dans une situation où il n'est plus à égales distances des conducteurs fixes bc, kl, on le voit se mouvoir à l'instant où l'on établit les communications avec la pile, en s'éloignant de celui de ces conducteurs dont il se trouve le plus près. C'est ainsi que j'ai constaté, dans le temps où j'ai fait construire cet instrument, l'égalité des actions des deux conducteurs fixes, par des expériences répétées plusieurs fois avec toutes les précautions nécessaires pour qu'il ne pût rester aucun doute sur leur résultat.

On voit dans la figure une tige verticale *rts* divisée en parties égales, et portant une petite potence mobile *tu* armée d'un crochet *u*. Cette partie de l'appareil, entièrement indépendante de l'expérience précédente, m'a servi, à la même époque, à suspendre avec un fil de métal très fin, une aiguille aimantée pour observer sur cette aiguille l'action d'un conducteur que je plaçais au-dessous du crochet *u*, sur le pied de l'appareil. Par cette disposition, je pouvais compter les oscillations qu'un courant électrique détermine dans un petit aimant placé à différentes distances au-dessus de ce courant.

Je me proposais de m'en servir à faire des expériences dont les résultats pussent être comparés à ceux du calcul, relativement à la durée des oscillations que ferait le petit aimant à différentes distances du conducteur voltaïque, en le considérant, dans ce calcul, comme un assemblage de courants électriques situés dans des plans perpendiculaires à son axe, afin de déduire de cette comparaison la loi suivant laquelle l'action mutuelle de deux portions infiniment petites de courants électriques dépend de leur distance.

J'avais, à la vérité, admis, dès mes premières recherches sur l'action, tantôt attractive, tantôt répulsive, que j'avais observée le premier entre deux conducteurs voltaïques, que cette action doit, entre deux portions infiniment petites, être en raison inverse du carré de leur distance. Mais j'avais établi cette loi non d'après des expériences précises, comme celle qui exprime comment la même action dépend des angles qui en déterminent la valeur, mais d'après des analogies que je jugeais suffisantes pour rendre au moins très probable qu'elle est, en effet, en raison inverse du carré de la distance. Quelle que fût la force de ces analogies, je pensais que c'est à l'expérience seule à décider les questions de ce genre, et puisqu'elle m'avait suffi pour établir la partie de ma formule qui dépendait des angles, je ne devais pas désespérer de déterminer de la même manière la loi d'après laquelle la distance doit entrer dans cette formule. Je ne fis cependant pas les expériences pour lesquelles j'avais ajouté à mon appareil le support *rstu*, d'abord, parce que je fus prévenu dans cette recherche par MM. Biot et Savart, qui en firent d'analogues avec un instrument disposé de manière à donner des résultats plus exacts que celui que j'avais imaginé ; et ensuite parce que j'aurais désiré faire directement ces expériences sur l'action mutuelle de deux conducteurs, en faisant agir un fil conducteur, non sur un aimant, mais sur une portion mobile du même circuit voltaïque.

Des expériences précises sur le nombre des oscillations que fait un conducteur mobile, lorsqu'il est soumis à l'action d'un conducteur fixe faisant partie du même circuit voltaïque, présentent de nombreuses difficultés. Il faut, pour en comparer les résultats à ceux de la formule qu'on se proposerait de vérifier, calculer d'après cette formule le rapport des durées des oscillations, en attribuant aux deux conducteurs des formes déterminées ; ce qui ne peut se faire que par approximation lorsqu'il s'agit de la mienne, puisque l'on tombe sur des intégrations par quadrature qui ne peuvent être obtenues sous forme finie. Il faut ensuite donner exactement à ces conducteurs les formes qu'on leur a supposées dans le calcul, et soustraire le conducteur mobile tant à l'action du globe terrestre qu'à celle des autres parties du circuit nécessaires pour le mettre, ainsi que le conducteur fixe, en communication avec les deux extrémités de la pile. Il faut enfin pouvoir faire l'expérience à différentes distances entre les deux conducteurs.

J'ai pensé qu'un des cas où l'on peut calculer plus facilement la valeur que doit avoir l'action mutuelle de deux conducteurs, d'après la formule par laquelle j'ai exprimé celle de deux de leurs éléments, est celui où ces deux conducteurs sont des demi-circonférences de même rayon. Cette forme est d'ailleurs celle qu'il convient de choisir comme facile à exécuter avec une grande précision, en coupant, au tour, les conducteurs de cette forme dans un cercle de cuivre, et parce qu'il est aisé de soustraire un conducteur mobile circulaire à l'action de la terre, en établissant ses communications avec le reste du circuit aux deux points où il est rencontré par le diamètre vertical autour duquel il doit tourner ; car alors le courant électrique se partage également entre ses deux branches, et les deux actions que le globe exerce sur ces branches étant égales et opposées, celle qui en résulte sur le conducteur entier est nulle dans toutes les positions que son mouvement autour de ce diamètre lui permet de prendre.

A l'égard des parties du circuit par lesquelles on met l'appareil en communication avec la pile, le meilleur moyen d'empêcher qu'elles n'agissent sur le conducteur mobile consiste à se servir de deux lames de cuivre revêtues de soie, qu'on applique l'une sur l'autre de manière qu'elles ne soient séparées que par l'épaisseur de cette soie, et qu'on fait communiquer d'un côté à l'appa-

Fig. 2, 3, 4, 5.

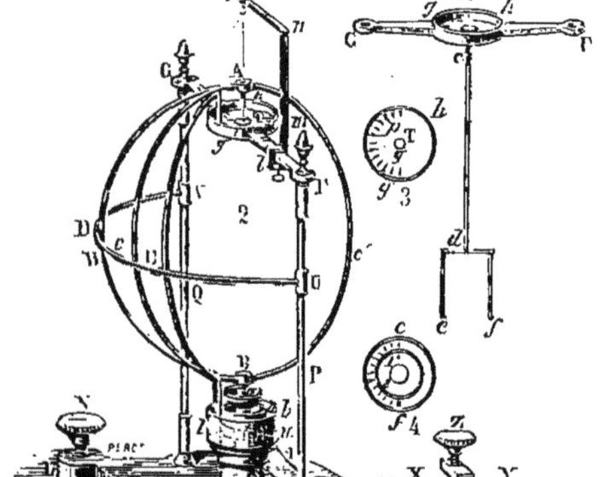

reil, et de l'autre à la pile; alors elles sont parcourues en sens contraire par le courant électrique; les points correspondants de ces deux lames exercent par conséquent des actions égales sur le conducteur mobile, l'un pour l'attirer, et l'autre pour le repousser, en sorte que ces deux actions se neutralisent complètement.

Voici maintenant une description abrégée de l'appareil que j'ai fait construire pour remplir ces conditions.

Les deux points A et B (*fig.* 2), situés sur une même verticale, sont les extrémités du diamètre commun aux deux demi-cercles fixes ADB, AEB et un cercle mobile $AcBc'$. Ce dernier peut être suspendu de deux manières : ou par une pointe qui y serait adaptée en A et reposerait en T dans une capsule en cuivre *gh* soutenue par deux tiges de verre P et Q, ou par un fil de soie extrêmement délié A*v* attaché en *v* à une tige métallique *lmnv*. Ce dernier genre de suspension est de beaucoup préférable au premier, dans lequel il s'exerce toujours un certain frottement en T, même quand on fait reposer la pointe sur une plaque d'agate ou sur une autre pierre encore plus dure. Il est vrai que la torsion du fil A*v* influe sur les oscillations produites par les courants électriques; mais on peut apprécier la force de torsion du fil en faisant osciller le cercle $AcBc'$, dégagé de toute influence électrique, et comptant le nombre d'oscillations qu'il fait dans un temps donné; on en déduira ensuite, par un calcul fort simple, de combien cette cause doit altérer les résultats de l'action électrique.

Quant aux deux demi-cercles fixes, ils sont terminés chacun par deux petites tiges verticales qui reposent, l'une dans la capsule supérieure *gh*, l'autre dans l'inférieure *tu* : elles y sont fixées par des rainures qu'on y a pratiquées, comme on peut le voir sur les *fig.* 3 et 4 qui représentent les projections horizontales de ces capsules. Les rainures *pq* (*fig.* 3) de la première doivent être toutes dirigées vers le centre T et correspondre verticalement aux rainures *rs* (*fig.* 4) de la seconde. Par ce moyen, on peut déplacer chacun des deux demi-cercles et faire l'expérience sous des angles quelconques que l'on mesurera au moyen du demi-cercle gradué VWU.

Il faut remarquer que la capsule inférieure n'est autre chose que l'espace compris entre deux parois cylindriques verticales *a*, *b*, auxquelles viennent se terminer les rainures *rs*. On la met en communication avec la pile au moyen de la lame de cuivre IK, qui est recouverte de soie depuis le point I jusqu'au point K, où elle est terminée par la capsule X.

Le cercle mobile communique par une pointe B*o* à la capsule *o*, qui termine un cylindre *o*S, soudé en H a une lame de cuivre recouverte de soie et terminée en L par la capsule Y.

Cela posé, lorsqu'on voudra soumettre cet appareil à l'action de la pile, on remplira de mercure toutes les capsules dans lesquelles se terminent les diverses parties du circuit voltaïque, et l'on plongera le rhéophore positif, par exemple, dans la capsule X et l'autre dans la capsule Y; ces rhéophores doivent être revêtus de soie et tordus ensemble sur la plus grande partie de leur longueur, pour neutraliser leur action sur le conducteur mobile. Le courant électrique partant de K se rendra d'abord dans la couronne cylindrique *ab*, puis montera le long des deux demi-cercles BDA, BEA, traversera le mercure contenu dans la capsule *gh*, remontera par la pointe TA et redescendra des deux côtés A*c*B, A*c'*B du cercle mobile; il repassera de là dans la capsule *o* et se rendra en L le long du cylindre *o*S et de la lame HL.

On voit qu'alors le courant sera ascendant dans les deux demi-cercles fixes et descendant dans le cercle mobile : celui-ci sera donc repoussé par les deux autres, et se mettra en mouvement s'il n'est pas à égale distance de chacun d'eux. On voit aussi que le courant descendant qui a lieu semblablement dans les deux parties A*c*B, A*c'*B rend nulle l'action du globe terrestre sur le cercle entier.

On a placé en M et N deux vis au moyen desquelles on peut rendre horizontal le pied LL'L" de l'instrument. Cela est important en ce que, si cette condition n'était pas remplie, le cercle mobile n'aurait plus un diamètre commun avec les deux demi-cercles fixes, et ne serait plus à égale distance de chacun d'eux : de plus, la pointe *o* pourrait s'appuyer contre la paroi inférieure de la capsule, de manière que la ligne de suspension ne serait plus verticale.

Les deux lames IK, HL ne pouvant être soudées au pied de l'instrument, puisqu'elles doivent rester isolées l'une de l'autre au moyen de la soie qui les enveloppe, y sont fixées au moyen d'une vis de pression Z que l'on peut serrer à volonté.

Tel est l'instrument que j'avais imaginé, tant pour vérifier la formule par laquelle j'ai exprimé l'action mutuelle des deux éléments de courants électriques, que pour déterminer les deux constantes que cette formule renferme.

On peut aussi employer cet instrument à mesurer l'action qu'un aimant exerce à diverses distances sur le conducteur circulaire A*c*B*c'*. Pour cela, on supprimera les deux demi-cercles ADB, AEB; on enlèvera la traverse GF (*fig.* 2) et on la remplacera par la traverse toute semblable GF (*fig.* 5) que l'on fera communiquer avec la capsule inférieure *tu* (*fig.* 2), au moyen d'une tige *cd* (*fig.* 5) terminée par deux branches *de*, *df* qui entreront dans les deux rainures *e*, *f* (*fig.* 4) diamétralement opposées. On fixera ensuite un aimant à différentes distances, et l'on comptera les oscillations qu'il fera faire au cercle A*c*B*c'* (*fig.* 2) quand on l'écartera du plan dans lequel il est en équilibre sous l'influence de l'aimant.

Il est inutile de faire observer que, pour que la tige *cd* (*fig.* 5) n'exerce aucune action sur le cercle mobile, il est nécessaire qu'elle soit située dans l'axe autour duquel il tend à tourner.

Je vais maintenant exposer les considérations au moyen desquelles je suis parvenu à la formule qui exprime l'attraction mutuelle de deux portions infiniment petites de courants électriques. Il est d'abord évident que l'action mutuelle de deux portions infiniment petites de courants électriques est proportionnelle à leur longueur; car toutes les attractions de leurs divers éléments, pouvant être considérées comme dirigées suivant une même droite, s'ajoutent nécessairement. Cette même action doit encore être proportionnelle aux intensités des deux courants. Pour exprimer en nombre l'intensité d'un courant quelconque, on concevra qu'on ait choisi un autre courant arbitraire pour terme de comparaison, qu'on ait pris deux éléments égaux dans chacun d'eux, qu'on ait cherché le rapport des attractions qu'ils exercent à l'unité de distance sur un même élément de tout autre courant dans la situation où il leur est parallèle, et où sa direction est perpendiculaire aux droites qui joignent son milieu avec les milieux des deux autres éléments. Ce rapport sera la mesure d'une des intensités en prenant l'autre pour unité.

Désignant donc par i et i' les rapports des intensités des deux courants donnés à l'intensité du courant pris pour unité, et par ds, ds' les petites portions que l'on considère dans chacun d'eux; leur attraction mutuelle, quand ils seront perpendiculaires à la ligne qui joint leurs milieux, parallèles entre eux et situés à l'unité de distance l'un de l'autre, sera exprimée par $ii'dsds'$; ce qui se réduira à $dsds'$ quand on considérera deux éléments du courant pris pour unité, parce que les nombres i, i' deviennent alors égaux à 1.

Si l'on veut maintenant rapporter la force attractive de ces cou rants à la pesanteur, on prendra pour unité de force le poids de l'unité de volume d'une matière convenue; mais alors le courant pris pour unité ne sera plus arbitraire; il devra être tel, que l'attraction entre deux de ses parties situées comme nous venons de le dire puisse soutenir un poids qui soit à l'unité de poids comme $ds\,ds'$ est à 1. Ce courant, une fois déterminé, le produit $ii'\,ds\,ds'$ désignera le rapport de l'attraction de deux éléments d'intensités quelconques, toujours dans la même situation, au poids qu'on aura choisi pour unité de force.

Cela posé, que l'on considère deux éléments placés d'une manière quelconque; leur action mutuelle dépendra de leurs longueurs, des intensités des courants dont ils font partie et de leur position relative. Cette position peut se déterminer au moyen de la longueur r de la droite qui joint leurs milieux, des angles α et β que font, avec un même prolongement de cette droite, les directions des deux éléments pris dans le sens de leurs courants res-

Fig. 6.

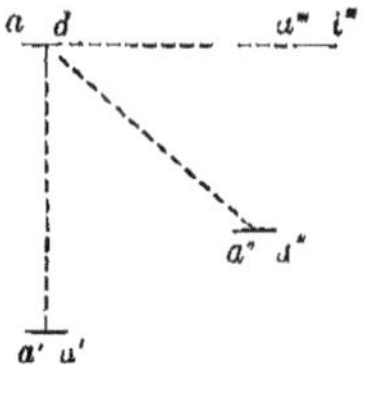

pectifs, et, enfin, de l'angle γ que font entre eux les plans menés par chacune de ces directions et par la droite qui joint les milieux des éléments.

La considération des diverses attractions observées dans la nature me portait à croire que celle dont je cherchais l'expression agissait de même en raison inverse du carré de la distance; je la supposai, pour plus de généralité, en raison inverse de la puissance $n^{\text{ième}}$ de cette distance, n étant une constante à déterminer. Alors, en représentant par ρ la fonction inconnue des angles α, β, γ, j'eus $\frac{\rho\, ii'\,ds\,ds'}{r^n}$ pour l'expression générale de l'action de deux éléments ds, ds' de deux courants ayant pour intensités i et i'. Il me restait à déterminer la fonction ρ; je considérai d'abord, pour cela, deux éléments ad, $a'd'$ (*fig.* 6) parallèles entre eux, perpendiculaires à la droite qui joint leurs milieux, et situés à une distance quelconque r l'un de l'autre, leur action étant exprimée, d'après ce qui précède, par $\frac{ii'\,ds\,ds'}{r^2}$. Si nous concevons que ad reste fixe et que $a'd'$ se meuve parallèlement à lui-même, de manière que son milieu soit toujours à la même distance de celui de ad, γ restant nul, la valeur de leur action mutuelle dépendra des angles désignés ci-dessus par α, β, qui seront alors égaux ou suppléments l'un de l'autre, selon que les courants seront dirigés dans le même sens ou en sens opposés : on aura donc, pour cette valeur, $\frac{ii'\,ds\,ds'\,\varphi(\alpha, \beta)}{r^n}$. Nommons k la constante positive ou négative à laquelle se réduit $\varphi(\alpha, \beta)$ quand l'élément $a'd'$ est en $a'''d'''$ dans le prolongement de ad et dirigé dans le même sens, l'action de ad sur $a'''b'''$ sera alors exprimée par $\frac{k\,ii'\,ds\,ds'}{r^2}$, ce qui montre que la constante k représente le rapport de cette action à celle de ab sur

Fig. 7.

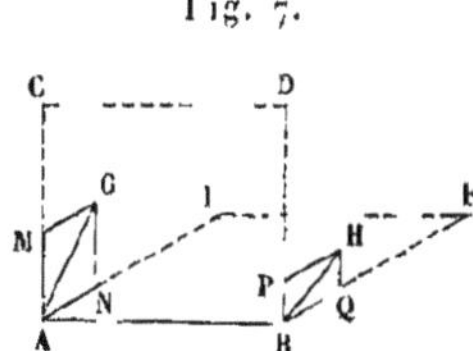

$a'b'$, rapport indépendant de la distance r, des intensités i, i' et des longueurs ds, ds' des deux éléments que l'on considère.

Ces valeurs de l'action électrodynamique, dans les deux cas les plus simples, suffisent pour trouver la forme générale de la fonction ρ, en partant de l'expérience qui montre que l'attraction d'un élément rectiligne infiniment petit est la même que celle d'un autre élément sinueux quelconque, terminé aux deux extrémités du premier, et de ce que j'ai établi pages 247 et suivantes, savoir, qu'une portion infiniment petite de courant électrique n'exerce aucune action sur une autre portion infiniment petite d'un courant situé dans un plan qui passe par son milieu et qui est perpendiculaire à sa direction. En effet, prenons d'abord le cas où les deux éléments sont situés dans des plans différents et perpendiculaires sur la ligne AB (*fig.* 7) qui joint leurs milieux. Soient AG la moitié d'un des deux éléments, et AH celle de l'autre, nous pourrons, dans le calcul, prendre ces moitiés au lieu des éléments mêmes ds, ds'. Menons par AB deux plans rectangulaires ACDB, AEFB, élevons dans ces plans les lignes AC, AE, BD, BF perpendiculaires sur AB, et désignons l'angle GAE par ζ, l'angle HBF par η et AB par r. Si maintenant on forme les deux rectangles GMAN, HPBQ, on pourra remplacer respectivement les éléments rectilignes AG, BH par les éléments sinueux AMG, BPH. Or MG produira le même effet que AN, puisqu'ils sont égaux, parallèles, et à une distance infiniment petite l'un de l'autre : semblablement PH pourra être remplacé par BQ; de sorte que l'action de AG sur BH sera la somme des actions de AM sur BP et BQ, et de AN sur BP et BQ, puisque ces quatre actions sont dirigées suivant AB. Mais, d'après le résultat que je viens de rappeler, l'action de AM sur BQ est nulle, ainsi que celle de AN sur PB; tout se réduit donc à l'action de AM sur BP et de AN sur BQ.

Or on a

$$\text{AM} = ds \sin\zeta, \quad \text{AN} = ds \cos\zeta,$$
$$\text{BP} = ds' \sin\eta, \quad \text{BQ} = ds' \cos\eta.$$

L'action mutuelle de AM sur BP sera donc représentée, d'après les formules précédentes, par $\frac{ii'\,ds\,ds' \sin\zeta \sin\eta}{r^n}$, et celle de AN sur BQ par $\frac{ii'\,ds\,ds' \cos\zeta \cos\eta}{r^n}$. Faisant la somme de ces deux expressions, on aura, pour celle de l'action des deux éléments AG, BH,

$$\frac{ii'\,ds\,ds'}{r^n}(\cos\zeta\cos\eta + \sin\zeta\sin\eta)$$

ou

$$\frac{ii'\,ds\,ds'}{r^n}\cos(\zeta - \eta)$$

ou, enfin,

$$\frac{ii'\,ds\,ds'\cos\gamma}{r^n},$$

γ désignant toujours l'angle des plans GAB, ABH.

Supposons, maintenant, le cas général de deux éléments AG, BH (*fig.* 8) faisant avec AB les angles $\text{GAB} = \alpha$, $\text{HBQ} = 6$; faisons passer par GA et AB le plan CABD, et par AB et BH le plan AEFB; désignons toujours l'angle qu'ils forment par γ; menons AC et BP perpendiculaires sur AB dans chacun de ces plans, et construisons les rectangles GMAN, BPHQ. On pourra remplacer AG par AM + AN, et BH par BP + BQ; et observant, comme dans le cas précédent, que l'action de AM sur BQ est nulle, ainsi que celle de AN sur BP, on voit que tout se réduit à l'action mutuelle de AM et BP et à celle de AN et BQ. Or on a

$$\text{AN} = ds\cos\alpha,\quad \text{AM} = ds\sin\alpha,$$
$$\text{AQ} = ds'\cos\beta,\quad \text{BP} = ds'\sin\beta.$$

Fig. 8.

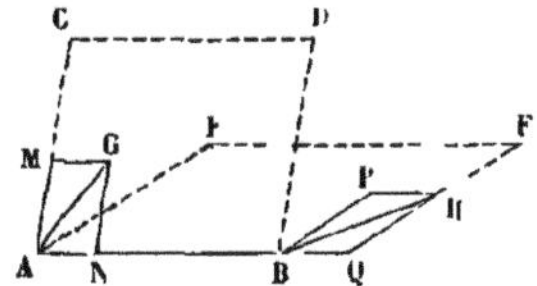

L'action de AM et BP sera donc, d'après le théorème précédent, $\frac{ii'ds\,ds'\sin\alpha\sin\beta\cos\gamma}{r^n}$, et celle de AN et BQ sera représentée par $\frac{kii'ds\,ds'\cos\alpha\cos\beta}{r^n}$, de sorte que l'action mutuelle des deux éléments AG, BH aura pour expression $\frac{ii'ds\,ds'(\sin\alpha\sin\beta\cos\gamma + k\cos\alpha\cos\beta)}{r^n}$.
Cette formule n'a été obtenue que par la considération d'un contour sinueux composé seulement de deux lignes droites. Mais il est facile de s'assurer que, quelles que soient les constantes k et n, elle convient au cas où le contour serait une portion quelconque de polygone et, par suite, un arc quelconque de courbe.

Soient, en effet, $ds_1, ds_2, \ldots, ds_m$ les côtés d'un contour polygonal infiniment petit terminé aux deux extrémités de l'élément ds : désignons par $\alpha_1, \alpha_2, \ldots \alpha_m$ les angles qu'ils font avec AB, et par $\gamma_1, \gamma_2, \ldots, \gamma_m$ les angles que les plans, menés respectivement par AB et chacun de ces côtés, font avec le plan ABF.

La projection de ds sur une droite quelconque devant être égale à la somme des projections des côtés $ds_1, ds_2, \ldots, ds_m$ sur la même droite, on trouvera d'abord, en prenant ces projections sur AB,

$$ds_1\cos\alpha_1 + ds_2\cos\alpha_2 + \ldots + ds_m\cos\alpha_m = ds\cos\alpha.$$

Faisons maintenant la projection des mêmes lignes sur AE (*fig.* 8) perpendiculaire à AB dans le plan ABFE, qui passe par l'élément

BH; la projection de l'élément AG sera déterminée par la perpendiculaire abaissée du point G sur AE, et aura pour expression $ds \cos GAE$. Mais, en considérant l'angle trièdre formé par les trois arêtes AC, AG, AE, et dont l'angle dièdre relatif à l'arête AC est droit, on aura, par un théorème connu de Trigonométrie sphérique,

$$\cos GAE = \cos CAG \cos CAE = \sin\alpha \cos\gamma,$$

et la projection de AG sera exprimée par $ds \sin\alpha \cos\gamma$. De même, les projections des éléments $ds_1, ds_2, \ldots, ds_m$ auront pour expressions respectives

$$ds_1 \sin\alpha_1 \cos\gamma_1, \quad ds_2 \sin\alpha_2 \cos\gamma_2 \ldots \quad ds_m \sin\alpha_m \cos\gamma_m,$$

et, par conséquent, on aura la seconde équation

$$ds_1 \sin\alpha_1 \cos\gamma_1 + ds_2 \sin\alpha_2 \cos\gamma_2, + \ldots + ds_m \sin\alpha_m \cos\gamma_m \quad ds \sin\alpha \cos\gamma.$$

Mais, d'après la formule trouvée précédemment, l'action de ds_1 sur ds' sera exprimée par

$$\frac{ds_1 ds'}{r^n}(\sin\alpha_1 \sin\theta \cos\gamma_1 + k \cos\alpha_1 \cos\theta);$$

celle de ds_2 sur ds' le sera par

$$\frac{ds_2 ds'}{r^n}(\sin\alpha_2 \sin\theta \cos\gamma_2 + k \cos\alpha_2 \cos\theta),$$

et ainsi des autres. Faisant la somme de toutes ces actions, puisque, tous ces côtés étant infiniment près du point A, les actions qu'ils exercent sur BH doivent être toutes considérées comme dirigées suivant AB, et réduisant d'après les deux équations que nous venons de poser, on trouvera

$$\frac{ii' ds\, ds'}{r^n}(\sin\alpha \sin\theta \cos\gamma + k \cos\alpha \cos\theta),$$

ce qui est précisément l'expression de l'attraction mutuelle des deux éléments ds, ds'.

Il est évident que le même raisonnement s'applique au cas où l'on remplace aussi BH par un contour polygonal quelconque. Il est donc démontré que, quelles que soient les constantes n et k, la formule que nous avons trouvée, en partant de la supposition qu'un élément rectiligne infiniment petit pouvait être remplacé par un contour composé de deux autres éléments rectilignes, exprime que le même élément peut être remplacé par tout autre contour polygonal ou curviligne terminé aux deux mêmes points. C'est ce qu'il était important de vérifier, afin de savoir si la formule obtenue, par une seule considération tirée de l'expérience que nous avons citée, convenait à toutes les circonstances que cette même expérience peut présenter.

Il restait encore à déterminer les deux constantes n et k. Or l'expérience précédente ne pouvait y contribuer en rien, précisément parce que la formule était d'accord avec elle, quelles que fussent ces constantes. Il fallait, pour cela, avoir recours à d'autres expériences que je me proposais de faire avec l'instrument dont on vient de lire la description; mais, comme j'allais m'occuper de cette recherche, je découvris un nouveau cas d'équilibre qui me fournit, entre n et k, la relation $2k + n = 1$; on verra, dans le Mémoire inséré dans ce Recueil, page 293 et suivantes ([1]), en quoi consiste l'expérience qui m'a conduit à cette relation, et quels sont les calculs par lesquels j'y suis arrivé.

L'analogie entre les diverses attractions qui ont été observées dans la nature me portant à supposer $n = 2$, l'équation que je venais de trouver entre n et k me donna $k = -\frac{1}{2}$; ce qui prouvait que l'attraction de deux éléments de courants dirigés dans le même sens et en ligne droite était négative, et que, par conséquent, il y avait alors répulsion. C'est ce que je vérifiai par l'expérience. Il ne me resta plus alors presque aucun doute que telles ne fussent, en effet, les valeurs de n et de k, et je négligeai de faire des expériences pour résoudre une question dont j'attendais d'ailleurs une solution complète du travail que venait d'entreprendre M. Savary, sur l'application de ma formule au calcul des phénomènes électrodynamiques.

[2] Dès que j'eus connaissance, à la fin d'octobre 1821, du Mémoire où M. Faraday avait publié, peu de temps auparavant, son importante découverte du mouvement continu de rotation d'un conducteur voltaïque autour d'un aimant, et d'un aimant autour d'un conducteur, et où il avait annoncé qu'il n'avait pu faire tour-

([1]) Voir n° XIX.

ner, par l'action de ce dernier, un aimant autour de son axe, je cherchai à produire cette sorte de mouvement en faisant agir des aimants disposés de toutes les manières que je pus imaginer, sur les conducteurs mobiles dont je m'étais servi jusqu'alors dans toutes mes expériences, et dont les deux extrémités se trouvaient dans l'axe de rotation, je parvins bientôt à ce résultat général, que tant que cette circonstance a lieu dans un conducteur dont toutes les parties sont liées invariablement entre elles, le mouvement continu de rotation est impossible, et il me fut facile d'en conclure qu'il l'est également par l'action mutuelle d'un aimant et d'un circuit fermé, de forme invariable, puisqu'un tel circuit peut toujours être considéré comme la réunion de deux portions de conducteur dont les extrémités sont dans un même axe de rotation pris à volonté. L'ensemble de la pile et des fils conducteurs formant toujours un circuit complètement fermé, j'en déduisis l'égalité des actions que deux parties quelconques de cet ensemble exercent en sens contraires, soit pour faire tourner un aimant mobile, soit pour tourner elles-mêmes autour d'un aimant fixe; égalité qui est un des principes les plus utiles pour l'explication des phénomènes. Je tirai aussi de ces considérations les trois conséquences suivantes : 1° le mouvement continu d'un conducteur mobile, dont l'extrémité supérieure se trouve dans l'axe de rotation, ne peut avoir lieu que quand son extrémité inférieure parcourt une circonférence autour de cet axe dans un liquide conducteur. M. Faraday l'avait obtenu en se servant du mercure; j'y substituai, avec avantage, de l'eau acidulée; 2° le conducteur liquide doit, par l'action du même aimant, tendre à tourner en sens contraire, conformément à ce que venait d'observer Sir H. Davy; 3° on ne réussit à faire tourner un aimant autour de son axe par l'action d'un circuit voltaïque que quand on fait passer une portion de ce circuit au travers de l'aimant, parce qu'alors, l'action de cette portion n'ayant plus lieu, le reste du circuit, qui exerce sur lui une action égale en sens contraire, lui imprime le mouvement désiré.

Toutes ces conséquences furent vérifiées par les nombreuses expériences que je fis aux mois de novembre et de décembre 1821, et que je communiquais, à mesure qu'elles réussissaient, à l'Académie des Sciences. Elles sont décrites dans l'article suivant, qui parut, peu de temps après, dans les *Annales de Chimie et de Physique,* t. XX, p. 60-74 (1). Enfin, les mêmes considérations me conduisirent à faire l'expérience d'où je conclus la relation $2k+n=1$ (2); je n'eus, pour cela, qu'à remplacer les aimants que je faisais agir sur mon conducteur mobile par le conducteur spiral représenté *Pl. VIII, fig.* 2 (3).

---

(1) *Voir* article XIV, p. 192.

(2) *Voir* article XIX.

(3) Voir *fig.* 2, p. 194.

XIX.

SECOND MÉMOIRE SUR LA DÉTERMINATION DE LA FORMULE QUI REPRÉSENTE L'ACTION MUTUELLE DE DEUX PORTIONS INFINIMENT PETITES DE CONDUCTEURS VOLTAIQUES.

Par M. A. AMPÈRE [1].

(Lu à l'Académie royale des Sciences, le 10 juin 1822.)

Lorsqu'on vient à découvrir un nouveau genre d'action jusqu'alors inconnu, le premier objet du physicien doit être de déterminer les principaux phénomènes qui en résultent, et les circonstances où ils se produisent; il reste ensuite à trouver le moyen d'y appliquer le calcul en représentant par des formules la valeur des forces qu'exercent les unes sur les autres les particules des corps où ce genre d'action se manifeste. Dès que j'eus reconnu que deux conducteurs voltaïques agissaient l'un sur l'autre, tantôt en s'attirant, tantôt en se repoussant, et que j'eus distingué et décrit les actions qu'ils exercent dans les différentes situations où ils peuvent se trouver l'un à l'égard de l'autre, je cherchai à exprimer de cette manière la valeur de la force attractive ou répulsive de deux de leurs éléments ou parties infiniment petites, afin de pouvoir en déduire, par les méthodes connues d'intégration, l'action qui a lieu entre deux portions de conducteurs données de forme et de situation.

L'impossibilité de soumettre directement à l'expérience des portions infiniment petites du circuit voltaïque oblige nécessairement à partir d'observations faites sur des fils conducteurs de grandeur finie, et il faut satisfaire à ces deux conditions que les observations soient susceptibles d'une grande précision, et qu'elles soient propres à déterminer la valeur de l'action mutuelle de deux portions infiniment petites. C'est ce qu'on peut obtenir de deux

[1] *Annales de Chimie et de Physique*, t. XX, 398-419, et *Recueil d'Obs. electr.*, p. 293

manières : l'une consiste à mesurer avec la plus grande exactitude des valeurs de l'action mutuelle de deux portions d'une grandeur finie, en les plaçant successivement, l'une par rapport à l'autre, à différentes distances et dans différentes positions; car il est évident qu'ici l'action ne dépend pas seulement de la distance; il faut ensuite faire une hypothèse sur la valeur de l'action mutuelle de deux portions infiniment petites, en conclure celle de l'action qui doit en résulter pour les conducteurs de grandeur finie sur lesquels on a opéré, et modifier l'hypothèse jusqu'à ce que les résultats du calcul s'accordent avec ceux de l'observation. C'est ce procédé que je m'étais d'abord proposé de suivre, comme je l'ai expliqué en détail dans un Mémoire lu à l'Académie des Sciences le 9 octobre 1820 ([1]); et, quoiqu'il ne nous conduise à la vérité que par la voie indirecte des hypothèses, il n'en est pas moins précieux, puisqu'il est souvent le seul qui puisse être employé dans les recherches de ce genre. Un des membres de cette Académie, dont les travaux ont embrassé toutes les parties de la Physique, l'a parfaitement décrit dans la Notice *Sur l'aimantation imprimée aux métaux par l'électricité en mouvement,* qu'il nous a lue le 2 avril 1821, en l'appelant « un travail en quelque sorte de divination, qui est la fin de presque toutes les recherches physiques » ([2]).

Mais il existe une autre manière d'atteindre plus directement le même but : c'est celle que j'ai suivie depuis et qui m'a conduit au résultat que je désirais; elle consiste à constater par l'expérience que les parties mobiles des conducteurs sont, en certains cas, exactement en équilibre entre des forces égales ou des moments de rotation égaux, quelle que soit d'ailleurs la forme de la partie mobile, et de chercher directement, à l'aide du calcul, quelle doit être la valeur de l'action mutuelle de deux portions infiniment petites, pour que l'équilibre soit en effet indépendant de la forme de la partie mobile.

C'est ainsi que j'ai déterminé cette valeur en combinant deux expériences de ce genre : l'une, que j'ai décrite dans un Mémoire

---

([1]) Ce Mémoire n'a pas été publié à part, mais les principaux résultats en ont été insérés dans celui que j'ai publié, en 1820, dans le tome XV des *Annales de Chimie et de Physique* (*voir* article II, p. 30). (A.)

([2]) *Voir* le *Journal des Savants,* avril 1821, p. 233. (A.)

lu à l'Académie le 26 décembre 1820, et dans ce recueil, pages 216 et suivantes ([1]), l'autre dont je viens de constater le résultat avec toute l'exactitude possible.

Ce dernier procédé ne peut être employé que quand la nature de l'action qu'on étudie donne lieu à des cas d'équilibre indépendants de la forme des corps; il est, par conséquent, beaucoup plus restreint dans ses applications que celui dont j'ai parlé tout à l'heure; mais, puisque les conducteurs voltaïques présentent des circonstances où cette sorte d'équilibre a lieu, il est naturel de le préférer à tout autre, comme plus direct et plus simple. Il y a d'ailleurs, à l'égard de l'action exercée par ces corps, un motif bien plus décisif encore de le suivre dans les recherches relatives à la détermination des forces qui la produisent : c'est l'extrême difficulté des expériences où l'on se proposerait, par exemple, de mesurer ces forces par le nombre des oscillations d'un corps soumis à leur action; cette difficulté vient de ce que, quand on fait agir un conducteur fixe sur une portion mobile du circuit voltaïque, les parties de l'appareil nécessaire pour établir les communications de cette portion mobile agissent sur elle en même temps que le conducteur fixe et altèrent ainsi les résultats des expériences : je crois cependant être parvenu à la surmonter dans un appareil propre à mesurer l'action mutuelle de deux conducteurs circulaires concentriques, l'un fixe et l'autre mobile, par le nombre des oscillations de ce dernier, et en faisant varier la distance par l'emploi de différents conducteurs fixes, dans lesquels on ferait passer successivement le courant électrique. Je décrirai ailleurs cet appareil, que je n'ai point encore fait exécuter.

Il est vrai qu'on ne rencontre pas les mêmes obstacles quand on mesure de la même manière l'action d'un fil conducteur sur un aimant; mais ce moyen ne peut être employé quand il s'agit de l'action que deux conducteurs voltaïques exercent l'un sur l'autre, et qui doit être le premier objet de nos recherches dans l'étude des nouveaux phénomènes. En effet, les expériences que j'ai communiquées à l'Académie au mois de décembre dernier ont prouvé que l'hypothèse par laquelle les physiciens de la Suède et de l'Allemagne avaient cru pouvoir expliquer l'action que j'ai décou-

([1]) *Voir* p. 251 et suivantes du présent Volume.

verte entre deux fils conducteurs, en les considérant comme des assemblages de petits aimants situés dans des directions perpendiculaires à leur longueur, est en opposition avec les faits, puisque deux assemblages d'aimants ainsi disposés, quelque forme qu'on leur donne, ne peuvent, ni d'après la théorie ordinaire des phénomènes magnétiques, ni d'après celle que j'ai cru devoir lui substituer, ni d'après des expériences variées que j'ai faites à ce sujet, il y a quelques mois, produire le mouvement continu toujours dans le même sens et la production de force vive qui se manifeste alors, d'où il suit nécessairement qu'il faut ou regarder l'action découverte par M. Œrsted entre un conducteur voltaïque et un aimant comme tout à fait indépendante de celle que j'ai reconnue entre deux fils conducteurs, ou l'y ramener en considérant, ainsi que je l'ai fait, non pas les conducteurs comme des assemblages d'aimants transversaux, mais au contraire les aimants comme devant leurs propriétés à une disposition de l'électricité autour de chacune de leurs particules, identique à celle de l'électricité dans les fils conducteurs (¹), disposition que j'ai désignée sous le

---

(¹) Il semble d'abord singulier que les mêmes faits, qui s'opposent absolument à ce qu'on attribue à l'aimantation transversale toutes les propriétés des conducteurs voltaïques, ne s'opposent pas à ce qu'on explique toutes celles des aimants, en les considérant comme des assemblages de courants électriques; j'ai expliqué la cause de cette différence dans un exposé sommaire des progrès de cette branche de la Physique, pendant l'année 1821, que j'ai lu à la séance publique de l'Académie du 8 avril 1822, et qui a été inséré dans le cahier de février 1822 du *Journal de Physique,* p. 199 et suivantes de ce Recueil (art. XVIII); elle vient de ce que, dans la première hypothèse, on devrait nécessairement pouvoir imiter, en employant seulement des aimants disposés convenablement, tous les phénomènes produits par l'action mutuelle de deux conducteurs, ce qui n'a pas lieu à l'égard du mouvement continu, toujours dans le même sens, qu'on ne peut obtenir qu'avec deux conducteurs ou avec un conducteur et un aimant; tandis que, dans ma manière de concevoir l'action magnétique, les courants électriques qui entourent chaque particule d'un aimant formant des circuits fermés, on ne doit pouvoir remplacer un conducteur voltaïque par un ou plusieurs aimants qu'à l'égard des phénomènes que le conducteur produit également, soit qu'il forme ou non un circuit fermé; or, dans l'expérience où j'ai obtenu le mouvement toujours dans le même sens par l'action mutuelle de deux fils conducteurs, il faut nécessairement, comme je l'expliquerai ailleurs plus en détail, que l'un d'eux ne forme pas un circuit complètement fermé; d'où il suit qu'on peut encore obtenir, comme M. Faraday l'a fait le premier, ce singulier mouvement en employant un aimant à la place de l'autre conducteur, mais jamais en remplaçant les deux conducteurs par des aimants; ce qui s'observe, en effet, dans les expériences que j'ai faites à ce sujet et que chacun peut aisément répéter. (A.)

nom de *courant électrique,* comme l'ont fait la plupart des physiciens qui ont écrit sur ce sujet : or il est clair que si l'action d'un fil conducteur sur un aimant était due à une autre cause que celle qui a lieu entre deux conducteurs, les expériences faites sur la première ne pourraient rien apprendre relativement à la seconde, et que si les aimants ne doivent leurs propriétés qu'à des courants électriques entourant chacune de leurs particules, il faudrait, pour pouvoir calculer les effets qu'ils doivent produire, que l'on sût s'ils ont la même intensité près de la surface de l'aimant et dans son intérieur, ou suivant quelle loi varie cette intensité; si les plans de ces courants sont partout perpendiculaires à l'axe du barreau aimanté, comme je l'avais d'abord supposé, ou si l'action mutuelle des courants d'un même aimant leur donne une situation d'autant plus inclinée à cet axe qu'ils en sont à une plus grande distance, et qu'ils s'écartent davantage de son milieu, comme le prouve la différence qu'on remarque entre la situation des pôles d'un aimant et celles des points qui jouissent des mêmes propriétés dans un fil conducteur roulé en hélice ([1]).

([1]) Je crois devoir insérer la note suivante, qui est extraite de l'*Analyse des travaux de l'Académie* pendant l'année 1821, publiée le 8 avril 1822. (*Voir* la partie mathématique de cette Analyse, p. 22 et 23.)

« La principale différence entre la manière d'agir d'un aimant et d'un conducteur voltaïque, dont une partie est roulée en hélice autour de l'autre, consiste en ce que les pôles du premier sont situés plus près du milieu de l'aimant que ses extrémités, tandis que les points qui présentent les mêmes propriétés dans l'hélice sont exactement placés à ses extrémités : c'est ce qui doit arriver quand l'intensité des courants de l'aimant va en diminuant de son milieu vers ses extrémités. Mais M. Ampère a reconnu, depuis, une autre cause qui peut aussi déterminer cet effet. Après avoir conclu de ses nouvelles expériences que les courants électriques d'un aimant existent autour de chacune de ses particules, il lui a été aisé de voir qu'il n'est pas nécessaire de supposer, comme il l'avait fait d'abord, que les plans de ces courants sont partout perpendiculaires à l'axe de l'aimant; leur action mutuelle doit tendre à donner à ces plans une situation inclinée à l'axe, surtout vers ses extrémités, en sorte que les pôles, au lieu d'y être exactement situés, comme ils devraient s'y trouver, d'après les calculs déduits des formules données par M. Ampère, lorsqu'on suppose tous les courants de même intensité et dans des plans perpendiculaires à l'axe, doivent se rapprocher du milieu de l'aimant d'une partie de sa longueur, d'autant plus grande, que les plans d'un plus grand nombre de courants sont ainsi inclinés et qu'ils le sont davantage, c'est-à-dire, d'autant plus que l'aimant est plus épais, relativement à sa longueur, ce qui est conforme à l'expérience. Dans les fils conducteurs pliés en hélice, et dont une partie revient par l'axe pour détruire l'effet de la partie des courants de chaque spire, qui agit comme s'ils étaient parallèles à l'axe, les deux circonstances qui, d'après ce que

C'est donc par l'observation des cas d'équilibre indépendants de la forme des conducteurs qu'il convient de déterminer la force dont nous cherchons la valeur. J'en ai reconnu trois : le premier consiste dans l'égalité des valeurs absolues de l'attraction et de la répulsion qu'on produit en faisant passer alternativement, en deux sens opposés, le même courant dans un conducteur fixe dont on ne change ni la situation, ni la distance au corps sur lequel il agit. Cette égalité résulte de la simple observation que deux portions égales d'un même fil conducteur recouvertes de soie pour en empêcher la communication, tordues ensemble de manière à former, l'une autour de l'autre, deux hélices dont toutes les parties sont égales, et parcourues par un même courant électrique, l'une dans un sens et l'autre en sens contraire, n'exercent aucune action,

Fig. 1.

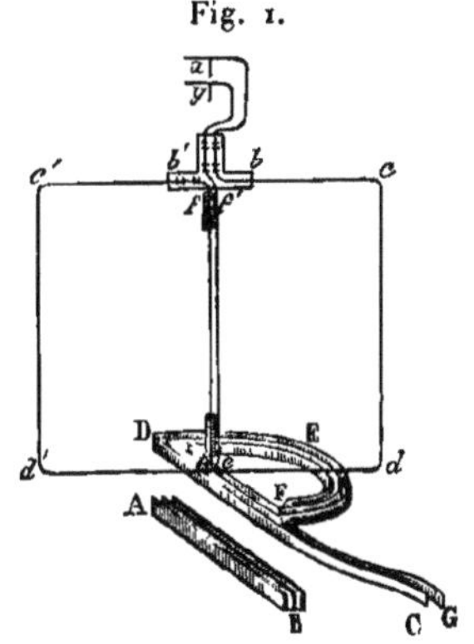

soit sur un conducteur mobile, soit sur un aimant; on peut aussi la constater à l'aide du conducteur mobile qu'on voit dans la *fig.* 9 de la *Pl. I* du Tome XVIII des *Annales de Chimie et de Physique,* relative à la description d'un de mes appareils électrodynamiques, et qui est représenté ici (*fig.* 1). On place, pour cela, un peu au-dessous de la partie inférieure $dee'd'$ de ce conducteur, et dans une direction quelconque, un conducteur rectiligne horizontal, plusieurs fois redoublé AB, de

nous venons de dire, n'ont pas nécessairement lieu dans les aimants, existent, au contraire, nécessairement dans ces fils; aussi observe-t-on que les hélices ont des pôles semblables à ceux des aimants, mais placés exactement à leurs extrémités, comme le donne le calcul. » (A.)

manière que le milieu de sa longueur et de son épaisseur soit dans la verticale qui passe par la pointe x et autour de laquelle tourne librement le conducteur mobile. On voit alors que ce conducteur reste dans la situation où on le place; ce qui prouve qu'il y a équilibre entre les actions exercées par le conducteur fixe sur les deux portions égales et opposées du circuit voltaïque *bcde*, *b'c'd'e'*, qui ne diffèrent que parce que, dans l'une, le courant électrique va en s'approchant du conducteur fixe AB, et, dans l'autre, en s'en éloignant, quel que soit d'ailleurs l'angle formé par la direction de ce dernier conducteur avec le plan du conducteur mobile : or, si l'on considère d'abord les deux actions exercées entre chacune de ces portions de circuit voltaïque et la moitié du conducteur AB dont elle est la plus voisine, et ensuite les deux actions entre chacune d'elles et la moitié du même conducteur dont elle est la plus éloignée, on verra aisément : 1° que l'équilibre dont nous venons de parler ne peut avoir lieu pour toutes les valeurs de cet angle, qu'autant qu'il y a séparément équilibre entre les deux premières actions et les deux dernières; 2° que si l'une des deux premières est attractive parce que les côtés de l'angle aigu formé par les portions de conducteur entre lesquelles elle a lieu sont parcourus dans le même sens par le courant électrique, l'autre sera répulsive, parce qu'elle aura lieu entre les deux côtés de l'angle égal opposé au sommet, qui sont parcourus en sens contraires par le même courant, en sorte qu'il faudra d'abord, pour qu'il y ait équilibre entre elles, que cette attraction et cette répulsion, qui tendent à faire tourner le conducteur mobile, l'une dans un sens et l'autre dans le sens opposé, soient égales en elles; et ensuite que les deux dernières actions, l'une attractive et l'autre répulsive, qui s'exercent entre les côtés des deux angles obtus opposés au sommet qui sont les suppléments des premiers, soient aussi égales entre elles. Il est inutile de remarquer que ces actions sont réellement les sommes des produits des forces qui agissent sur chaque portion infiniment petite du conducteur mobile, multipliées par leur distance à la verticale autour de laquelle il peut librement tourner; mais, comme les distances à cette verticale des portions infiniment petites correspondantes des deux branches *bcde*, *b'c'd'e'* sont toujours égales entre elles, l'égalité des moments rend nécessaire celle des forces.

Le second des trois cas généraux d'équilibre est celui que j'ai remarqué à la fin de l'année 1820; il consiste dans l'égalité d'action, sur un conducteur rectiligne mobile, de deux conducteurs fixes, situés à égales distances du conducteur mobile, l'un rectiligne et l'autre plié et contourné d'une manière quelconque, quelles que soient d'ailleurs les sinuosités formées par ce dernier. On peut voir, dans les Notes sur l'exposé sommaire des expériences électrodynamiques (¹), faites par différents physiciens en 1821 (²), la description de l'appareil avec lequel j'ai vérifié cette égalité d'action par des expériences susceptibles d'une grande précision. J'ai démontré, dans un Mémoire lu, le 4 décembre 1820, à l'Académie des Sciences (³), en partant de ce fait ainsi constaté, que si l'on nomme ρ une fonction des trois angles qui déterminent la situation respective de deux portions infiniment petites de courants électriques, proportionnelle à la force qu'elles exercent l'une sur l'autre à une distance déterminée, lorsqu'on fait varier cette situation et qu'on désigne ces trois angles par α, β, γ, α et β étant ceux que les directions des deux petites portions forment avec la ligne qui en joint les milieux, et γ l'inclinaison mutuelle des plans de ces deux angles, la fonction ρ sera nécessairement de la forme

$$\sin\alpha \sin\beta \cos\gamma + k \cos\alpha \cos\beta,$$

k étant un coefficient constant (⁴). Il me restait à déterminer la valeur de ce coefficient; je n'y réussis pas dans le temps, je vis seulement, d'après des expériences que j'ai communiquées à l'Académie le 11 décembre 1820, que cette valeur paraissait être d'autant plus petite que les expériences que je faisais pour la déter-

---

(¹) *Voir* ce que j'ai dit sur la préférence que j'ai donnée à cette dénomination, *Expériences électrodynamiques*, dans les notes qui sont au bas des pages 200 et 237 de ce recueil. (A.)

Voir pages 192 et 239 du présent Volume.

(²) *Voir* art. XVIII.

(³) *Voir* art. VII, p. 128.

(⁴) La quantité que je représente ici par k est désignée par $\frac{m}{n}$ dans le cahier de septembre du *Journal de Physique*, année 1820, où j'ai inséré la démonstration dont il est ici question et qu'on trouve, avec plus de détail, dans ce recueil, p. 225. (*Voir* art. XVIII, p. 261.) (A.)

miner étaient plus exactes. Comme je ne soupçonnais pas alors que cette valeur fût négative, j'en conclus seulement qu'elle pouvait être regardée comme nulle. J'ai trouvé depuis un troisième cas d'équilibre indépendant de la forme du fil conducteur, d'où résulte une relation entre k et l'exposant de la puissance de la distance de deux portions infiniment petites de courants électriques, à laquelle leur action mutuelle est réciproquement proportionnelle quand cette distance varie. La description de l'appareil avec lequel j'ai constaté ce nouveau cas d'équilibre, et le calcul par lequel j'en ai conclu la relation dont je viens de parler, sont le principal objet du Mémoire que j'ai l'honneur de présenter à l'Académie. Mais, comme ce calcul ne peut se faire qu'à l'aide d'une transformation par laquelle j'ai exprimé la fonction des trois angles α, β, γ, que je viens de nommer ρ, en différentielles partielles de la distance des deux portions infiniment petites de courants électriques que l'on considère, je crois devoir d'abord expliquer cette transformation.

Soient BM et B'M' (*fig.* 2) deux lignes représentant des fils

Fig. 2.

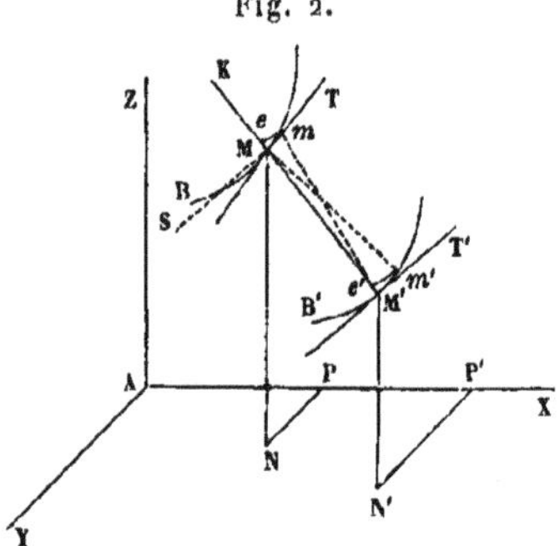

conducteurs, et qui seront, en général, deux courbes à double courbure; supposons que s et s' représentent les arcs BM et B'M', comptés depuis les points fixes B et B', $Mm = ds$, $M'm' = ds'$ seront deux portions infiniment petites de ces conducteurs, et leurs directions seront déterminées par les deux tangentes MT et M'T' : en nommant r la distance MM', r sera évidemment une fonction des deux variables indépendantes s et s'; si l'on abaisse des points m, m' les perpendiculaires me, $m'e'$ sur MM', qui pourront être considérées comme de petits arcs de cercles décrits respectivement des centres M′ et M, et qu'on prenne les angles α et β de manière qu'ils aient leur ouverture tournée du même côté, comme je l'ai supposé dans le calcul de la valeur de ρ, l'angle α étant pris, par exemple, entre la direction MT de Mm et le prolongement MK de M′M, et l'angle β entre la direction M′T′ de M′m' et la ligne M′M elle-même, on aura ces deux équations

$$\cos\alpha = -\frac{dr}{ds},$$

$$\cos\beta = \frac{dr}{ds'},$$

parce que ce point M′ reste fixe quand s varie seul dans la fonction r, et le point M quand c'est s'; on tire de là

$$\cos\alpha\cos\beta = -\frac{dr}{ds}\frac{dr}{ds'}\ (^1).$$

En différentiant la valeur de cos β par rapport à s, on trouve

$$\frac{d\beta}{ds}\sin\beta = \frac{d^2r}{ds\,ds'};$$

mais, quand le point M est transporté en m et que s devient, par conséquent, $s + ds$, l'angle β diminue évidemment, tant que l'angle γ des deux plans MMT, MM′T′ est aigu, d'une quantité qui est la projection de l'angle MM′m sur le plan MM′T′; et, comme cet angle est infiniment petit, on a

$$d\beta = -\,\mathrm{MM}'m\cos\gamma,$$

valeur qui s'applique aussi au cas où γ est un angle obtus, parce qu'alors β augmente avec s.

Mais l'angle MM′m a pour mesure

$$\frac{me}{\mathrm{M'M}} = \frac{ds\sin\alpha}{r};$$

---

(1) On trouverait

$$\cos\alpha\cos\beta = \frac{dr}{ds}\frac{dr}{ds'},$$

si l'on prenait pour α et β les angles M′MT, MM′T′, dont les ouvertures sont tournées en sens contraires; mais le résultat du calcul ne serait point changé parce que ce changement de signe de $\cos\alpha\cos\beta$ entraînerait celui de la valeur de k quand on déterminerait k, et donnerait, par conséquent, la même valeur pour

$$\sin\alpha\sin\beta\cos\gamma + k\cos\alpha\cos\beta. \qquad (\text{A.})$$

ainsi

$$\frac{d\beta}{ds} = - \frac{\sin\alpha \cos\gamma}{r},$$

d'où il suit que

$$\sin\alpha \sin\beta \cos\gamma = - r \frac{d^2 r}{ds\,ds'}.$$

En substituant ces valeurs de $\sin\alpha \sin\beta \cos\gamma$ et de $\cos\alpha \cos\beta$ dans celle de ρ, on obtient

$$\rho = -\left(r \frac{d^2 r}{ds\,ds'} + k \frac{dr}{ds} \frac{dr}{ds'}\right) = - r^{1-k}\left(r^k \frac{d^2 r}{ds\,ds'} + k r^{k-1} \frac{dr}{ds} \frac{dr}{ds'}\right)$$

$$= - r^{1-k} \frac{d\left(r^k \frac{dr}{ds}\right)}{ds} = - \frac{r^{1-k}}{1+k} \frac{d^2(r^{1+k})}{ds\,ds'}.$$

Comme c'est la quantité

$$\sin\alpha \sin\beta \cos\gamma + k \cos\alpha \cos\beta$$

que nous avons représentée par ρ, on a cette formule de Trigonométrie analytique, qui pourrait peut-être recevoir d'autres applications,

$$\sin\alpha \sin\beta \cos\gamma + k \cos\alpha \cos\beta = - \frac{r^{1\;k}}{1+k} \frac{d^2(r^{1+k})}{ds\,ds'}.$$

Si l'on y suppose $k = 1$, elle devient

$$\sin\alpha \sin\beta \cos\gamma + \cos\alpha \cos\beta = \frac{d^2\left(\frac{r^2}{2}\right)}{ds\,ds'};$$

et, si l'on représente par x, y, z trois coordonnées rectangulaires du point M, et par x', y', z' celles du point M' rapportées aux mêmes axes, x, y, z varieront seules avec s, et x', y', z' avec s', d'où il suit, à cause de

$$\frac{r^2}{2} = \frac{(x' - x)^2 + (y' - y)^2 + (z' - z)^2}{2},$$

que

$$\frac{d\left(\frac{r^2}{2}\right)}{ds'} = (x' - x) \frac{dx'}{ds'} + (y' - y) \frac{dy'}{ds'} + (z' - z) \frac{dz'}{ds'}$$

et que

$$\frac{d^2\left(\frac{r^2}{2}\right)}{ds\,ds'} = - \frac{dx}{ds} \frac{dx'}{ds'} \cdot \frac{dy}{ds} \frac{dy'}{ds'} - \frac{dz}{ds} \frac{dz'}{ds'};$$

on aura donc

$$\sin\alpha\sin\beta\cos\gamma + \cos\alpha\cos\beta = \frac{dx}{ds}\frac{dx'}{ds'} + \frac{dy}{ds}\frac{dy'}{ds'} + \frac{dz}{ds}\frac{dz'}{ds},$$

qui est évidemment la valeur du cosinus de l'angle formé par les directions de Mm et de $M'm'$; le cosinus de cet angle se trouve ainsi égal à

$$\sin\alpha\sin\beta\cos\gamma + \cos\alpha\cos\beta,$$

ce qui est d'ailleurs évident par le principe fondamental de la Trigonométrie sphérique.

Si l'on nomme i et i' les actions exercées à la distance 1 dans la situation où

$$\alpha = \beta = \frac{\pi}{2} \quad \text{et} \quad \gamma = 0,$$

ce qui donne $\rho = 1$, par deux portions des fils conducteurs BM et B'M' égales à l'unité de longueur, sur une portion égale à la même unité d'un troisième conducteur dont l'énergie électrodynamique soit prise pour l'unité des énergies respectives des divers conducteurs, et qu'on désigne par n l'exposant de la puissance de la distance de deux portions infiniment petites de conducteurs, à laquelle leur action mutuelle est réciproquement proportionnelle quand cette distance varie seule, il sera aisé de voir, d'après ce que j'ai donné sur ce sujet dans le cahier de septembre du *Journal de Physique* et dans ce Recueil, p. 225 et suivantes [1], que les intensités d'action des deux petites portions de conducteurs que j'ai nommées g et h dans la Note du *Journal de Physique* seront représentées ici, à cause que leurs longueurs sont ds et ds', par $i\,ds$ et $i'ds'$, et que leur action mutuelle le sera par

$$\frac{\rho\, ii'\, ds\, ds'}{r^n},$$

l'exposant n étant égal à 2, si cette action est, toutes choses égales d'ailleurs, en raison inverse du carré de la distance, comme je l'ai admis dès mes premiers travaux sur les phénomènes électrodynamiques, en me fondant, à la vérité, plutôt sur l'analogie que sur des preuves directes.

---

[1] *Voir* art. XVIII, p. 261 et suiv. (J.)

En remplaçant dans cette expression la fonction ρ par ses valeurs trouvées ci-dessus, elle devient

$$-r^{1-k-n}\frac{d\left(r^k\frac{dr}{ds'}\right)}{ds}ii'ds\,ds',$$

ou

$$-\frac{r^{1-k-n}}{1+k}\frac{d^2(r^{1+k})}{ds\,ds'}ii'ds\,ds'.$$

Si l'on désigne, conformément à une notation employée dans divers Ouvrages, et notamment dans le *Traité de Mécanique* de M. Poisson (t. I, art. 171), par dr la différentielle de la distance r relative au déplacement du point M, et par $d'r$ la différentielle de la même distance relative au déplacement du point M′, en sorte que ce qui, d'après la notation ordinaire, est exprimé par

$$\frac{dr}{ds}ds,$$

le soit par dr, que ds' soit remplacé par $d's'$, et que

$$\frac{dr}{ds'}ds'$$

le soit par $d'r$, on pourra écrire ces deux valeurs ainsi :

$$-ii'r^{1-n-k}d(r^k d'r),$$

$$-\frac{ii'r^{1-n-k}dd'(r^{1+k})}{1+k}.$$

On pourra se servir de celle de ces deux valeurs qui, dans chaque cas particulier, conviendra mieux au but qu'on se propose ; la première est la plus commode dans le cas où je m'en suis servi pour déterminer la relation entre n et k qui résulte de ma nouvelle expérience. Pour faire usage de ces formules, on calculera la valeur de r en fonction des six coordonnées des deux points M et M′, soit que ces coordonnées soient trois droites perpendiculaires, ou deux droites et un angle, ou deux angles et une droite, et l'on en déduira, par de simples différentiations, les valeurs des différentielles partielles de r qui entrent dans la formule qu'on emploie, en ayant soin de ne faire varier que les trois coordonnées du point M dans les différentiations marquées par le signe d, et que celles du point M′ dans les différentiations que représente le signe d'.

Un des avantages de la valeur que nous venons de trouver pour ρ consiste à ce qu'on peut n'exécuter, relativement aux coordonnées qu'on a choisies, que la différentiation relative au changement de position d'un des points M ou M′, et se contenter d'indiquer l'autre, ce qui simplifie beaucoup les calculs dans certains cas, comme on le verra quand je déterminerai la valeur de k, d'après le fait nouveau que j'ai observé et qui me reste à expliquer.

Ce fait peut être énoncé ainsi :

Un circuit fermé circulaire ne peut jamais produire de mouvement continu toujours dans le même sens, en agissant sur un conducteur mobile d'une forme quelconque qui part d'un point de l'axe élevé perpendiculairement sur le plan de ce circuit par le centre du cercle dont il forme la circonférence, et qui se termine

Fig. 3.

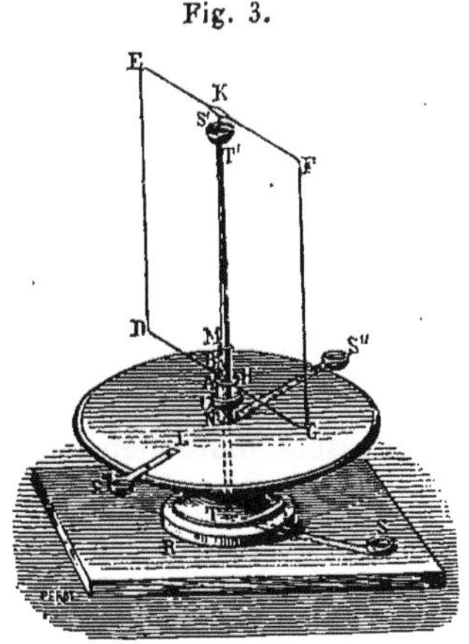

à un autre point du même axe, lorsque le conducteur mobile ne peut se mouvoir qu'en tournant autour de cet axe.

Pour s'en assurer par l'expérience, on adapte à la tige TT′ (*fig.* 3) une coupe annulaire C qui est isolée de la tige par un tube de verre Mm, et qui communique avec la coupe S″ par l'équerre en cuivre NnS″.

La spirale représentée (*fig.* 2, p. 194), à l'aide de laquelle on produit le mouvement continu dans l'appareil (*fig.* 1, p. 193), plonge, par ses deux extrémités, dans les coupes S″ et S‴ (*fig.* 3). Le conducteur mobile, appuyé par la pointe K dans la coupe S′, se compose de deux parties KFGH et KEDB égales et semblables pour que la terre n'agisse pas sur ce conducteur; elles sont réunies par un cercle BH concentrique à la tige TT' : à ce cercle est attachée une pointe A qui plonge dans le mercure de la coupe O. On établit les communications en plongeant, par exemple, le rhéophore positif dans S et le rhéophore négatif dans S'''; le courant se partage alors entre les deux directions STKEDBAONS'' et STKFGHAONS''; arrivé ainsi dans la coupe S'', il parcourt la spirale L L'L'' (*fig.* 2, p. 194) et se rend dans la coupe S''' (*fig.* 3), où l'on fait plonger l'appendice L'''M''' (*fig.* 2, p. 194), et qui est en communication avec l'extrémité négative de la pile par le rhéophore venant de cette extrémité qu'on y a fait plonger. Tout étant ainsi disposé, le conducteur mobile BDEFGH ne tourne plus d'une manière continue, comme celui de la *fig.* 1, p. 193, mais il ne prend aucun mouvement ou bien il oscille autour d'une position d'équilibre stable. On s'assure aisément que l'action serait complètement nulle si la spirale était construite avec une parfaite régularité; mais, comme il est difficile qu'il en soit ainsi, on voit varier la position d'équilibre avec les irrégularités de la spirale, et quand on fait un peu changer la forme de cette spirale, en la pressant avec la main, on a une nouvelle position d'équilibre; mais, dans aucun cas, on ne peut produire de mouvement continu (¹). Il convient, pour que les actions des portions ST, nS'' sur le conducteur mobile se détruisent mutuellement, que, quand on fait cette expérience, ces deux portions soient placées l'une au-dessous de l'autre, à la plus petite distance possible.

Considérons maintenant un courant circulaire horizontal dirigé

(¹) J'ai trouvé, depuis, que l'action est encore nulle lorsqu'on remplace le conducteur spiral faisant plusieurs tours, chacun d'une circonférence entière, par un conducteur CDEFG (*fig.* 1) plusieurs fois redoublé, et dont la portion DEF forme un demi-cercle dont le centre est dans l'axe du conducteur mobile *xbcdefb'c'd'e'f'y*, comme les portions CD, FG ne peuvent, d'après ce qui a été dit (p. 275), agir sur ce conducteur mobile, il ne reste que l'action de la demi-circonférence DEF sur la portion la plus voisine *bcde*, dont les deux extrémités sont dans l'axe, action qui, d'après l'expérience, n'imprime à cette portion aucune tendance à tourner toujours dans le même sens, quelle que soit sa position relativement au diamètre servant de corde au demi-cercle, d'où il suit évidemment que la même chose aurait lieu pour un conducteur fixe formant un arc de cercle quelconque, ainsi que je l'ai supposé dans le calcul qui donne la relation entre n et k. (A.)

en M′ (*fig.* 4) suivant la tangente M′T′, et agissant sur une portion infiniment petite d'un conducteur mobile BM, assujetti à tourner autour de la verticale AZ passant par le centre A du cercle dont le courant horizontal parcourt la circonférence et dont nous nommerons le rayon a; AZ étant pris pour axe des z, la verticale MN sera l'ordonnée z du point M, prenons pour les deux autres coordonnées de ce point la distance $AN = u$, et l'angle $XAN = t$,

Fig. 4.

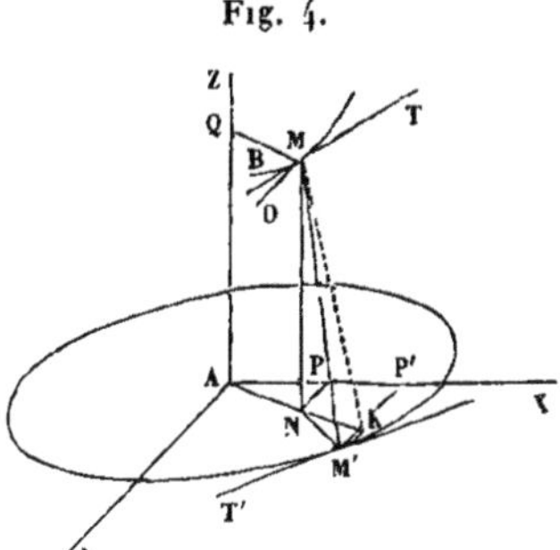

en nommant t' l'angle XAM′, on aura évidemment

$$r^2 = \overline{MN}^2 + \overline{NM'}^2 = z^2 + a^2 + u^2 - 2au\cos(t' - t),$$

expression où t' varie seul quand le point M′ se déplace, en sorte que

$$d'r = \frac{au\,d't'\sin(t' - t)}{r},$$

et que l'action d'une portion infiniment petite du courant horizontal située en M′ sur une portion infiniment petite du conducteur BM située en M est représentée par

$$-\,aii'\,r^{1-n-k}\,d't'\,d[r^{k-1}u\sin(t' - t)],$$

si l'on décompose cette force suivant la ligne MO perpendiculaire au plan AMNK, et qu'on abaisse du point M′ sur le rayon ANK la perpendiculaire $M'K = a\sin(t' - t)$, qui sera évidemment parallèle à MO, il faudra, pour avoir la composante suivant MO, multiplier la force suivant MM′, dont nous venons de trouver la valeur, par

$$\frac{M'K}{MM'};$$

ce qui donnera

$$-a^2 ii'd't' r^{-n-k} \sin(t'-t) d[r^{k-1} u \sin(t'-t)];$$

en multipliant cette quantité par la distance $MQ = u$ du point M à l'axe AZ, on aura, pour le moment de rotation,

$$-a^2 ii'd't' r^{-n-k} u \sin(t'-t) d[r^{k-1} u \sin(t'-t)]:$$

telle est l'action exercée par le petit arc ds' du conducteur fixe horizontal pour faire tourner le petit arc ds du conducteur mobile autour de cet axe; en l'intégrant relativement aux différentielles désignées par d, on aura cette action telle qu'elle est exercée par le petit arc ds' sur tout le conducteur mobile; or, d'après l'expérience qui prouve que cette action est nulle toutes les fois que ses deux extrémités sont dans l'axe, il faudra que l'intégrale soit nulle toutes les fois qu'elle sera prise entre deux limites pour lesquelles $u = 0$, quelle que soit d'ailleurs la forme du conducteur mobile et sa position relativement au petit arc ds' situé en M', c'est-à-dire, quelles que soient les valeurs de r et de t en fonctions de u qu'il faudrait substituer à r et à t pour intégrer de $u = 0$ à $u = 0$, si cette quantité n'était pas une différentielle exacte par rapport aux trois quantités r, t, u qui varient avec la position du point M : or on sait que, pour que la valeur d'une intégrale soit ainsi indépendante des relations des variables qui y entrent, et reste toujours la même entre les mêmes limites, il faut qu'elle se présente sous la forme d'une différentielle exacte entre ces variables considérées comme indépendantes, ce qui ne peut avoir lieu ici, à moins qu'on n'ait

$$k-1=-n-k$$

ou

$$k=\frac{1-n}{2}.$$

Telle est la relation que l'expérience démontre exister entre k et n. Quand $n = 2$, on a $k = -\frac{1}{2}$, mais, quelle que soit la force des analogies qui portent à penser que n est, en effet, égal à 2, on n'en a aucune preuve déduite directement de l'expérience, puisque toutes les expériences faites à ce sujet l'ont été en faisant agir un conducteur voltaïque sur un aimant, et ne s'appliquent, par conséquent, que par une extension, qu'on ne peut regarder comme une démonstration complète, à l'action mutuelle de deux portions infiniment petites de courants électriques.

La relation ci-dessus donne

$$n = 1 - 2k;$$

ce qui réduit la valeur de cette action à

$$- ii' r^k d(r^k d' r),$$

ou à

$$- \frac{ii' r^k dd'(r^{1+k})}{1+k}.$$

Dans la séance du 24 juin 1822, je lus, à l'Académie royale des Sciences, une Note additionnelle à ce Mémoire, où je tirai de ma formule, mise sous cette forme, deux résultats remarquables : le premier s'obtient lorsqu'on décompose la force que l'élément ds exerce sur l'élément ds', dans la direction de ce dernier, en la multipliant par

$$\cos\beta = - \frac{d' r}{d' s'},$$

ce qui donne

$$\frac{ii'}{d' s'} r^k d' r d(r^k d' r),$$

dont l'intégrale, par rapport à d, est

$$\frac{ii'(r^k d' r)^2}{2 d' s'} + C = \tfrac{1}{2} ii' r^{2k} d' s' \cos^2\beta + C',$$

qu'il faut prendre entre les limites marquées par les deux extrémités du conducteur BM (*fig.* 2). Si ce conducteur forme un circuit complètement fermé, les valeurs de r et de $\cos\beta$ seront les mêmes aux deux limites, puisque ces limites se trouveront au même point, et l'intégrale sera, par conséquent, nulle, d'où il suit que la résultante de toutes les actions exercées par un circuit fermé sur une petite portion de conducteur est toujours perpendiculaire à la direction de cette petite portion. Je remarquai, à ce sujet, qu'il en devait être de même d'un assemblage quelconque de circuits fermés, et, par conséquent, d'un aimant, lorsqu'on le considère comme tel, conformément à mon opinion sur la cause des phénomènes magnétiques, et c'est, en effet, ce qui résulte de plusieurs expériences dues à divers physiciens.

Le second résultat consiste en ce que, la valeur de k étant négative ([1]), l'expression de l'action mutuelle de deux portions infiniment petites de courants voltaïques,

$$\frac{ii'(\sin\alpha\sin\beta\cos\gamma + k\cos\alpha\cos\beta)}{r^n},$$

devient négative quand on suppose que les deux angles α et β tournés du même côté sont nuls, en sorte que les deux petites portions doivent se repousser quand elles se trouvent sur une même droite et qu'elles sont dirigées vers le même point de l'espace; j'en tirai cette conclusion, que toutes les parties d'un même courant rectiligne se repoussent mutuellement, que c'était probablement la cause des effets connus du moulinet électrique,

---

([1]) En vertu de l'équation $k = \frac{1-n}{2}$, la valeur de k n'est négative qu'autant que n est plus grand que 1; c'est pourquoi, avant d'avoir vérifié, par l'expérience décrite (p. 330), que cette valeur est, en effet, négative, je m'étais assuré que celle de n est plus grande que 1. Pour cela, après avoir trouvé, par un calcul très simple, que, quand on suppose $n = 1$, un conducteur fixe, de quelque forme qu'il

Fig. 5.

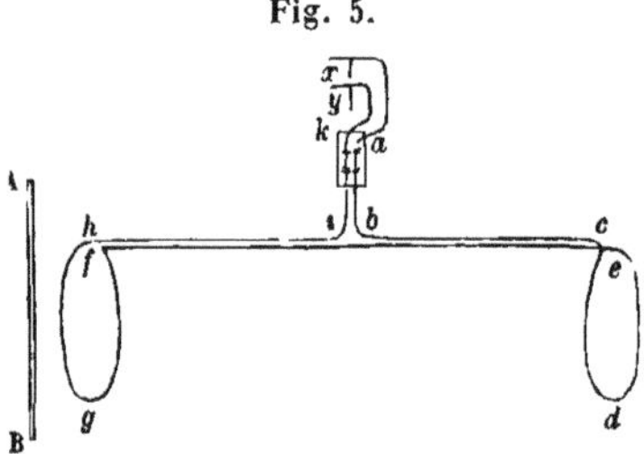

soit, ne peut exercer aucune action sur un conducteur circulaire situé dans le même plan, et que l'action entre ce conducteur circulaire et un conducteur rectiligne doit être attractive ou répulsive pour une même position de ces conducteurs, suivant que n est plus grand ou plus petit que 1, j'avais fait cette expérience dès le mois de mai 1822, et j'avais constaté que l'action dont il s'agit n'est pas nulle, et qu'il résulte du sens dans lequel elle a lieu que n est plus grand que 1 et que k est, par conséquent, négatif, en me servant du conducteur mobile représenté en $xabcdefghiky$ (*fig.* 5), sur lequel je faisais agir le conducteur vertical AB. La figure que j'en donne ici me paraît suffisante pour qu'on en ait une idée complète et pour qu'il soit inutile d'en donner une description détaillée. (A.)

qu'ainsi ces effets devaient être considérés comme le premier phénomène électrodynamique observé, et qu'on ne devait plus les expliquer comme on le fait communément.

Quoique les deux petites portions de courants électriques ne soient alors dirigées dans le même sens qu'en apparence, et qu'on doive plutôt les considérer comme par courant en sens contraire les deux côtés d'un angle de 200°, la répulsion, dans ce cas, était une chose si inattendue qu'il était nécessaire de la vérifier; on verra plus loin (art. XXV) que j'ai depuis fait cette expérience avec M. Auguste de La Rive, et qu'elle a complètement réussi. Nous observâmes ensemble, le 9 septembre 1822, que la répulsion a lieu, en effet, entre un courant établi dans le mercure et ce même courant prolongé dans un fil conducteur flottant, soit qu'il passe du mercure dans le fil ou du fil dans le mercure, en sorte qu'il est impossible d'attribuer ce phénomène, parfaitement semblable à celui du moulinet électrique, excepté que l'air est ici remplacé par le mercure, aux causes auxquelles on l'a attribué jusqu'à présent, dans le seul cas où on l'avait observé, celui où il a lieu dans l'air.

XX.

NOTE LUE A LA SÉANCE DU 24 JUIN 1822;

Par M.-A. AMPÈRE ([1]).

La détermination de la constante k, dans l'expression de l'action mutuelle de deux portions infiniment petites de courants électriques, que j'ai communiquée le 10 juin dernier à l'Académie, m'a conduit à mettre cette expression sous la forme très simple

$$\frac{2ii'}{\sqrt{r}}\frac{d^2(\sqrt{r})}{ds\,ds'}ds\,ds',$$

ou

$$\frac{ii'}{2}\frac{2r\,dd'r - dr\,dr'}{r^2},$$

dans laquelle on peut supprimer le facteur constant $\frac{ii'}{2}$. Cette transformation m'a conduit à deux résultats que je vais faire connaître en peu de mots :

1° L'action suivant la droite MM' qui joint deux éléments de courants électriques est

$$-\frac{2r\,dd'r - dr\,dr'}{r^2};$$

pour l'avoir suivant M'T', multipliez par $\cos \mathrm{MM'T'} = -\frac{d'r}{ds'}$, vous aurez

$$\frac{1}{ds'}\frac{2r\,d'r\,dd'r - dr\,dr'^2}{r^2} = \frac{d\left(\frac{dr'}{r}\right)^2}{ds'};$$

intégrant par rapport à d, on a, pour l'action de Bm sur ce petit arc ds',

$$\left[\frac{1}{r}\left(\frac{d'r}{ds'}\right)^2 + c\right]ds'.$$

([1]) Publiée d'après le manuscrit autographe d'Ampère, tiré des Archives de l'Académie des Sciences. (J.)

Si BM forme un circuit fermé, r et $\frac{d'r}{ds'}$ reprennent les mêmes valeurs aux deux limites, et l'intégrale est nulle, d'où il suit qu'il n'y a point d'action sur une petite portion de courant électrique dans la direction de cette petite portion, de la part d'un circuit fermé et, par conséquent, aussi de la part d'un aimant. D'où il suit que l'action exercée par un circuit fermé ou un aimant, est dans un plan perpendiculaire à la direction de la petite portion soumise à cette action.

Réciproquement, et en vertu du même calcul, la petite portion de courant électrique ne tend à faire mouvoir un circuit fermé et, par suite, une particule d'aimant, que dans une direction perpendiculaire à la sienne, résultat qui me paraît confirmé par presque toutes les expériences où l'on a observé les effets de la force dont nous parlons.

2° Il y a une action mutuelle entre deux portions infiniment petites d'un courant électrique rectiligne. On obtient la valeur de cette action en faisant les deux angles α et β égaux à zéro. On trouve ainsi

$$-\frac{gh}{2}\frac{ds\,ds'}{r^2},$$

le signe — qui précède cette valeur montre qu'elle est répulsive, et sa valeur fait voir qu'elle est égale à la moitié de l'attraction que ces deux petites portions exerceraient à la même distance, si elles étaient situées dans un même plan, dans des directions parallèles, toutes deux perpendiculaires à la droite qui en joindrait les milieux. Il me semble qu'on ne peut guère douter que le phénomène connu sous le nom de *moulinet électrique,* et qui me paraît le premier exemple des effets de l'action électrodynamique, ne soit dû à cette répulsion entre les petites portions d'un même courant électrique; ce courant existe alors, en effet, partie dans le conducteur mobile du moulinet, partie dans l'air (¹).

(¹) Dans un article sans nom d'auteur, mais évidemment d'Ampère, inséré dans le *Bulletin de la Société philomathique,* novembre 1822, dans le *Journal de Physique,* t. XCV, p. 248, octobre 1822, et, enfin, dans le *Recueil,* p. 325, on trouve la transformation suivante de la formule élémentaire :

L'action qui s'exerce entre les deux éléments suivant la ligne MM' qui les forme étant

$$-u'r^k d(r^k d'r),$$

si l'on dispose par β l'angle que fait MM' avec la direction de l'élément, on a

$$\cos\beta = -\frac{d'r}{d's'},$$

et, par suite,

$$u'd's'r^k d(r^k\cos\beta);$$

en décomposant cette action en deux autres, l'une dirigée suivant l'élément, l'autre perpendiculaire, on a, pour la composante suivant l'élément,

$$u'ds'r^k\cos\beta\, d(r^k\cos\beta) = \tfrac{1}{2}u'ds'\,d(r^{2k}\cos^2\beta),$$

et pour la composante perpendiculaire à l'élément,

$$u'ds'r^k\sin\beta\, d(r^k\cos\beta) = \tfrac{1}{2}u'ds'\tang\beta\, d(r^{2k}\cos^2\beta).$$

En remarquant que

$$d(r^{2k}\cos^2\beta\tang\beta) = d(r^{2k}\sin\beta\cos\beta) = r^{2k}d\beta + \tang\beta\, d(r^{2k}\cos^2\beta),$$

on peut mettre cette dernière sous la forme

$$\tfrac{1}{2}u'ds'[d(r^{2k}\sin\beta\cos\beta) - r^{2k}d\beta],$$

ou, puisque $2k - 1 = n$,

$$\tfrac{1}{2}u'ds'\left(d\,\frac{\sin\beta\cos\beta}{r^{n-1}} - \frac{d\beta}{r^{n-1}}\right),$$

et, enfin, si $n = 2$,

$$\tfrac{1}{2}u'\left(d\,\frac{\sin\beta\cos\beta}{r} - \frac{d\beta}{r}\right). \qquad \text{(J.)}$$

XXI.

EXTRAIT D'UNE LETTRE ADRESSÉE A M. FARADAY;

PAR M.-A. AMPÈRE (1).

Paris, 10 juillet 1822.

MONSIEUR,

Je suis vraiment si confus de n'avoir pas répondu de suite aux différentes lettres que vous m'avez fait l'honneur de m'écrire, que je ne sais comment vous en faire agréer mes excuses. La correspondance que vous avez la bonté d'entretenir avec moi est cependant bien précieuse pour moi; vos découvertes, en enrichissant la Physique de faits nouveaux, sont la principale cause de ce que j'ai pu ajouter à ce que j'avais fait, il y a deux ans, sur les phénomènes électrodynamiques. Mon silence forcé est venu surtout de ce que les occupations journalières que j'ai à l'École Polytechnique et dans l'Université, non seulement ne me laissent presque pas un moment à consacrer à d'autres occupations, mais encore me laissent dans un état de fatigue où je deviens incapable d'écrire. Je m'étais malheureusement proposé de vous faire une longue lettre où j'aurais exposé toutes les preuves qui me paraissent augmenter tous les jours en faveur de la manière dont j'ai ramené les phénomènes de l'aimant à ceux que j'ai découverts et annoncés à l'Institut, dans ses séances du 18 et du 25 septembre 1820, relativement à l'action mutuelle de deux conducteurs voltaïques, et, dans la séance du 30 octobre 1820, relativement à celle que la Terre exerce sur un conducteur mobile. Je n'ai jamais eu le temps nécessaire pour rédiger cette lettre, et je me sens d'autant plus coupable envers vous, à cet égard, que vous m'avez constamment répondu aussitôt mes lettres reçues, ce dont

(1) Lettre inédite. La minute autographe fait partie des papiers d'Ampère appartenant à l'Académie. Cette lettre, commencée à Paris, a été terminée à Clermont, le 25 juillet. (J.)

je vous ai une obligation infinie, et ce qui me fait regretter encore plus vivement de ne vous avoir pas pu montrer de mon côté la même exactitude.

. . . . (1).

La question au sujet des phénomènes dont nous nous occupons me semble consister uniquement à savoir si j'ai eu raison de supposer les courants en long dans les fils conducteurs et en travers dans les aimants, ou s'il faut admettre, comme M. Wollaston, qu'ils sont, au contraire, en long dans les aimants et en travers dans les fils conducteurs. Quand même les deux suppositions expliqueraient également bien les phénomènes, la mienne serait préférable comme s'accordant avec la théorie de Volta, sur l'instrument qui porte son nom, théorie qui montre comment les deux électricités doivent se porter, en sens opposés, le long du conducteur, d'une extrémité de la pile à l'autre, tandis que dans tout ce que nous savons de la nature de la pile, rien n'indique comment les fluides électriques pourraient tourner autour du conducteur, ni pourquoi ils tourneraient autour de ce conducteur plutôt dans le sens où l'on suppose qu'ils tournent en effet, que dans le sens opposé.

Cette objection n'a pas lieu dans ma manière d'expliquer les phénomènes, parce que j'admets d'abord que les courants préexistants autour de chaque particule du fer ou de l'acier, y sont dirigés dans toutes sortes de sens avant l'aimantation, d'où il suit que leur action totale sur un point situé à l'extérieur est nécessairement nulle. J'attribue, comme une chose probable, de semblables courants aux particules de tous les corps, mais j'admets qu'ils y restent invinciblement dans cette situation où ils ne peuvent agir au dehors, lorsque ces corps ne sont pas susceptibles d'aimantation; au contraire, dans le fer, le nickel et le cobalt, cette situation peut être changée, et ce changement a lieu par l'action, soit d'un fil conducteur, soit de la terre, soit d'un aimant qui dirige ces courants particulaires, précisément comme elle dirige, dans mes expériences, un conducteur plié de manière à faire un circuit presque fermé; elle tend donc à les diriger tous

(1) Une page supprimée relative à l'envoi de quelques-uns de ses Mémoires. (J.)

dans le même sens, et alors ils agissent au dehors, et je montre, tant par le raisonnement que par les expériences faites avec des hélices, qu'ils doivent alors, d'après les lois de l'action mutuelle de deux courants électriques, agir précisément comme le font, en effet, les aimants.

Des deux différences que vous avez remarquées entre la manière d'agir des aimants et des hélices, l'une, qui est relative à l'action d'une hélice sur un aimant placé dans son intérieur, ne peut être objectée à ce que je viens de dire, puisque les courants d'un aimant existant autour de chacune de ses particules ne peuvent jamais se trouver dans le cas d'agir que sur des points situés hors des circuits voltaïques qu'ils forment; l'autre différence, relative à la situation des points connus sous le nom de *pôles,* que j'avais d'abord expliquée par une plus grande intensité de l'électrisation dynamique au milieu de l'aimant, l'est plus naturellement et plus complètement d'après un travail que je n'ai pas encore publié, mais qui est indiqué dans l'*Analyse des travaux de l'Académie royale des Sciences,* pendant l'année 1821, partie mathématique, page 22. Cette *Analyse* a été publiée au mois d'avril dernier. Quant aux résultats de ce travail, il me faudrait plus de temps que je n'en ai pour les exposer en détail : ils sont fondés sur ce que l'action mutuelle des courants d'un même aimant, d'après les lois de cette action, ne peut manquer d'incliner sur son axe ceux qui existent dans des particules situées hors de son axe, et cela d'autant plus qu'elles sont plus loin de cet axe et du milieu de l'aimant, en leur donnant la situation représentée dans la *fig.* 25 de la *Pl. VI* du *Recueil* de mes Mémoires [1].

Cette inclinaison des courants des particules des aimants ne me sert pas seulement à rendre raison de la différence que vous avez remarquée entre la situation des pôles d'un aimant et ceux d'une hélice, mais encore à expliquer plusieurs phénomènes qu'offrent les aimants, et, entre autres, la disposition que prend de la limaille de fer soit autour, soit sur la surface d'un aimant, et, en particulier, sur les arêtes de ses bases, disposition qui n'a jamais été expliquée dans la théorie ordinaire de l'aimant, fondée sur la supposition de deux fluides magnétiques, et que je crois avoir le

---

(1) *Voir* p. 155, *fig.* 2.

premier fait rentrer dans les lois des autres phénomènes magnétiques, et en en rendant raison par l'inclinaison des courants des particules des aimants, relativement aux axes de ces aimants; il est vrai que depuis un professeur de Physique plein de mérite ([1]), et qui prépare dans ce moment un Ouvrage sur les phénomènes électrodynamiques, a remarqué que cette disposition pouvait aussi être expliquée dans la théorie des deux fluides magnétiques, en concevant que chaque particule contenant un excès de fluide austral à une de ses extrémités et un excès de fluide boréal à l'autre, l'axe magnétique de cette particule n'était pas, comme on le suppose ordinairement, parallèle à l'axe de l'aimant, mais qu'il lui était incliné de manière à se trouver perpendiculaire au plan dans lequel je montre que le courant électrique de la même particule doit se trouver dirigé par la combinaison de la cause extérieure qui a aimanté le barreau avec l'action qu'exercent, sur ce courant, ceux de toutes les autres particules du même barreau, dès qu'il a reçu l'aimantation. D'après la remarque de cet habile physicien, je ne peux plus donner cette disposition de la limaille de fer autour d'un aimant et sur sa surface, comme une preuve absolument sans réplique de la préférence que je crois due à ma théorie; mais n'est-ce point cependant un motif puissant en sa faveur, qu'après qu'elle m'a fourni la première explication satisfaisante des circonstances si remarquables que présente cette disposition de la limaille, on soit, en quelque sorte, obligé de traduire mon explication dans le langage de l'ancienne théorie pour pouvoir y rendre raison des mêmes circonstances.

Voilà quelques-unes des raisons que je pourrais faire valoir dans la supposition où les hypothèses, qu'on a opposées à ma manière de concevoir les phénomènes électrodynamiques, pourraient y satisfaire aussi bien que la théorie que j'en ai donnée; il ne me serait pas difficile d'en trouver beaucoup d'autres de ce genre; mais j'aime mieux me borner à ce qui me paraît présenter des preuves directes et précises de ma théorie.

1° Comme je l'ai dit dans la Notice lue à la séance publique de l'Académie des Sciences, le 8 avril dernier, une de ces preuves

---

([1]) Demonferrand, professeur de Physique au Collège royal de Versailles, auteur du *Manuel d'Électricité dynamique*, in-8, Paris, Bachelier, 1823. (J.)

résulte de la différence totale qui se trouve à l'égard du mouvement continu, toujours dans le même sens, entre les conducteurs mobiles qui forment des circuits presque fermés et ceux qui n'en forment pas. Le Mémoire que j'ai lu à la séance du 10 juin, et qui paraîtra incessamment dans les *Annales de Chimie et de Physique,* a surtout pour objet ce point important de la Physique électrodynamique. J'y ai d'abord établi, d'après des expériences très précises, ce fait nouveau qu'un conducteur mobile, qui ne peut que tourner autour d'un axe vertical passant par le centre d'un conducteur fixe circulaire et horizontal, n'éprouve, par l'action de ce dernier conducteur, aucune tendance à tourner toujours dans le même sens autour de l'axe vertical, quand il a ses deux extrémités dans cet axe, en sorte que pour avoir par l'action mutuelle de deux conducteurs, l'un fixe et l'autre mobile, le mouvement toujours dans le même sens, il faut que le premier forme un circuit presque fermé, et que le second, au contraire, ne fasse pas même la moitié du cercle, depuis un point de l'axe jusqu'à un autre et, à plus forte raison, qu'il ne forme pas un circuit fermé.

Comme, d'après ma théorie, un aimant n'agit que comme un assemblage de circuits voltaïques fermés, on peut remplacer le conducteur fixe par un aimant, et l'on a le mouvement toujours dans le même sens, comme vous l'avez obtenu de cette manière; mais le conducteur mobile ne peut jamais l'être par un aimant, en sorte que le mouvement continu toujours dans le même sens ne saurait être produit par l'action d'un aimant sur un autre aimant.

D'après ces faits, j'ai déterminé la valeur numérique du coefficient du second terme de la formule que j'ai donnée en 1820, pour exprimer l'action mutuelle de deux portions infiniment petites de courants électriques; cette formule se trouve ainsi complètement déterminée; j'en ai fait déjà plusieurs applications, et je travaille tous les jours à en faire de nouvelles; j'espère arriver à en déduire les valeurs des forces, non seulement quand il s'agit de calculer les phénomènes qu'elles produisent lorsqu'un conducteur voltaïque agit sur un autre, dans toutes les circonstances que présentent les diverses formes et les diverses situations qu'on peut donner à ces conducteurs, mais encore celles des forces qui s'exercent soit entre un fil conducteur et un aimant, soit entre deux aimants. C'est alors que toutes les difficultés qui peuvent rester encore dans l'explication des phénomènes, d'après ma théorie, disparaîtront entièrement; mais ce que j'ai déjà déduit de cette formule, ainsi déterminée, suffit pour appuyer cette théorie sur une preuve directe. Dans les autres théories, on devrait pouvoir imiter, avec des assemblages d'aimants disposés convenablement, tous les phénomènes que présentent les fils conducteurs; on pourrait donc, en faisant agir un de ces assemblages sur un autre, produire dans celui-ci le mouvement continu, toujours dans le même sens, ce que dément l'expérience. Dans ma théorie, au contraire, le mouvement continu, toujours dans le même sens, ne peut avoir lieu que quand un des circuits n'est pas fermé, et comme j'ai toujours admis que les courants électriques des particules des aimants étaient complètement fermés, cette théorie explique parfaitement la différence si remarquable que l'expérience établit entre les aimants et les conducteurs voltaïques à l'égard du mouvement continu, toujours dans le même sens, que j'ai obtenu en faisant agir un conducteur voltaïque sur un autre conducteur voltaïque, et qu'on ne peut absolument produire en faisant agir des aimants les uns sur les autres. Je ne crois pas qu'aucune des théories qu'on m'a opposées puisse rendre aussi simplement raison de cette différence qui est, comme vous voyez, une suite nécessaire de la mienne.

2° Un principe fondamental et évident en Physique, c'est que, l'action étant toujours égale à la réaction, il est impossible qu'un corps solide soit mû en aucune manière, par une action mutuelle, entre deux de ses particules, parce que cette action produit sur les deux particules deux forces égales qui tendent à mouvoir le corps en sens opposés. D'où il suit que, quand les particules d'un aimant traversées par un courant électrique qui les met dans le même état que le fil conducteur agissent sur le pôle ou sur toute autre partie de l'aimant, il ne peut en résulter aucun mouvement dans ce corps, pas plus que l'assemblage d'un aimant, et d'un fil conducteur ne peut se mouvoir quand ils sont invariablement liés ensemble.

D'après cette observation, la rotation autour de son axe d'un aimant flottant ne peut plus guère être expliquée que comme je l'ai fait dans le Mémoire inséré dans le cahier de mai des *Annales de Chimie et de Physique*, et que je vous ai envoyé dernièrement. Ce Mémoire contient les expériences nouvelles que j'ai faites à la fin de l'année dernière, avec l'explication des phénomènes que j'ai observés à cette époque, ou qui l'ont été par d'autres physiciens, et dont une partie vous appartient. Je crois que les autres théories ne peuvent en fournir des explications si simples et si directes, ces divers phénomènes pouvant tous être annoncés d'après ma théorie, dont ils sont une conséquence nécessaire.

. . . . (1).

Veuillez agréer, etc.

---

(1) Deux pages supprimées relatives à l'expérience de G. de la Rive, qui fait l'objet de l'article suivant. (J.)

XXII.

LETTRE A M. ARAGO, SUR DE NOUVELLES EXPÉRIENCES RELATIVES AUX ACTIONS DES COURANTS GALVANIQUES;

Par le Professeur G. DE LA RIVE (1).

Genève, le 22 juin 1822.

Monsieur,

L'ingénieuse théorie de M. Ampère, tracée sur des suppositions simples, aisées à concevoir, auxquelles le calcul s'applique avec facilité, explique d'une manière satisfaisante un grand nombre de phénomènes. Ayant fait quelques expériences dans le but de vérifier les hypothèses sur lesquelles se fonde ce savant physicien, j'ai rencontré des difficultés qui m'ont paru de véritables objections. Je viens vous en faire part.

M. Ampère, conduit par ses idées théoriques, a découvert qu'un fil conjonctif plié en rectangle ou en cercle, et qui peut se mouvoir librement autour d'un axe vertical, se fixe toujours dans une situation telle que son plan devienne perpendiculaire au méridien magnétique, et que son courant se meuve de l'est à l'ouest, dans la partie inférieure de ce rectangle ou de ce cercle. Cette expérience s'explique, d'après son savant auteur, par la supposition de courants électriques à la surface du globe, qui se meuvent de l'est à l'ouest, et amènent à une direction parallèle à la leur le courant de la partie inférieure; partie qui se trouve plus près que la supérieure de la surface de la terre.

La supposition de ces courants à la surface de la terre, quelque ingénieuse qu'elle fût, me parut, pour être adoptée, devoir être confirmée par l'expérience. Je crus donc que, s'il était possible de construire un rectangle dont on supprimerait la partie infé-

(1) *Annales de Chimie et de Physique* [2], t. XX, p. 269; 1822.

rieure sans rien changer au courant électrique dans les trois autres côtés, on pourrait, en faisant passer ce courant dans ce nouveau conducteur, s'assurer expérimentalement si les courants terrestres, tels que les suppose M. Ampère, existent ou n'existent pas : car s'ils existent, ces courants, ne pouvant plus agir sur la partie inférieure supprimée, agiront seulement sur la partie supérieure; et comme, dans cette partie, le courant voltaïque va dans un sens opposé à celui qu'il aurait dans la partie inférieure si elle existait, le rectangle devra en conséquence avoir, dans le cas où il est incomplet, une *direction opposée* à celle qu'il a lorsqu'il est complet, c'est-à-dire que, dans ce dernier cas, le côté qui se fixerait à l'est devra, dans le premier, se fixer à l'ouest et *vice versa*.

Dans le but de soumettre cette idée à l'expérience, je pris un plat de terre de pipe très peu profond de $0^m,4$ de diamètre; je fixai avec de la cire à cacheter, et dans la direction d'un des diamètres, une lame de verre qui partageait la surface circulaire du plat en deux parties semi-circulaires, n'ayant plus aucune communication l'une avec l'autre. Je mis le plat exactement de niveau, et la séparation dans la direction du nord au sud; je remplis les deux cases semi-circulaires de mercure très pur, et je fixai, à l'est et à l'ouest, sur les bords du plat, deux bandes de platine qui plongeaient à l'intérieur dans le mercure, et, se recourbant à l'extérieur, arrivaient dans deux petits godets de bois remplis de mercure. Je fis plier, en forme de fer à cheval à angles droits, un fil de laiton de $0^m,001$ de diamètre. Son côté supérieur avait $0^m,33$ de long, et chacune des branches latérales $0^m,56$. A l'extrémité de chacune de ces branches, je fis souder un fil de platine long de $0^m,04$. Le côté supérieur portait dans son milieu une aiguille d'acier très fine qui reposait sur un support d'acier trempé placé dans la perpendiculaire élevée par le centre du plat. Lorsque l'appareil était bien équilibré, son mouvement rotatoire sur cette aiguille était parfaitement libre. Chacune des extrémités latérales garnies de platine arrivait dans une des cases semi-circulaires, à $0^m,02$ environ de la circonférence, effleurait légèrement le mercure, et pouvait, étant toujours en contact avec ce métal, décrire 180°. Afin de faciliter le mouvement des fils de platine sur le mercure, suivant la méthode de M. Faraday, je recouvris ce métal d'une couche d'eau acidulée avec de l'acide nitrique. Cet acide dissout l'oxyde à mesure qu'il se forme. J'ai cependant réussi très bien sans ce moyen, mais alors le mercure se recouvre vite d'une couche d'oxyde qui met un obstacle au mouvement des fils (¹).

L'appareil ainsi disposé, je m'assurai que le rectangle restait immobile, dans quelque position qu'on le plaçât. Je l'amenai dans une direction telle que son plan fût perpendiculaire au méridien magnétique, un des côtés étant à l'est et l'autre à l'ouest. Je fis communiquer, avec le godet est, le pôle négatif d'une pile qui rougissait un pouce ou deux de fil de platine, et je complétai le circuit en plaçant dans le godet ouest le pôle positif de la même pile. Le rectangle resta immobile. Je changeai les pôles de place : le pôle positif fut placé dans le godet est, et le négatif dans le godet ouest. Le rectangle se mit en mouvement; chacun de ses côtés décrivait 90°; l'appareil se plaça dans la direction du sud au nord, et vint appuyer ses extrémités contre les parois de verre où elles restèrent fixées. Sans rien changer à cette situation, on changea les pôles et on les plaça comme dans la première expérience. Le rectangle se mit spontanément en mouvement; il vint reprendre sa situation est et ouest et s'y fixa invariablement. Si l'on essayait de l'en dévier à gauche ou à droite, il y revenait toujours avec force. Lorsque, en changeant les pôles, on faisait marcher les branches latérales vers la cloison de verre, chacune de ces branches prenait indifféremment la direction sud ou la direction nord. Cette direction paraissait dépendre de la situation de l'appareil au moment où il recevait l'influence voltaïque : si la branche est était un peu inclinée au nord, elle marchait au nord; si elle était inclinée au midi, elle marchait au midi. Nous avons, mon fils aîné et moi, varié cette expérience de toutes les manières : nous avons placé les pôles dans différents endroits, et toujours les

(¹) J'ai fait faire aussi, dans un plateau circulaire de bois, de $0^m,4$ de diamètre, une petite rainure près de la circonférence. Cette rainure était interrompue, dans la direction d'un diametre, par deux séparations en bois, et elle formait ainsi deux demi cercles, n'ayant aucune communication l'un avec l'autre. On remplissait ces deux demi-cercles de mercure, et l'on y faisait arriver les extrémités du rectangle, suspendu comme dans l'autre expérience. Cet appareil, mis en action ainsi que les précédents, donnait les mêmes résultats; mais, comme on n'en pouvait pas faire usage en employant de l'eau acidulée pour recouvrir la surface du mercure, je l'ai abandonné. (DE LA R.)

phénomènes ont été identiques. Lorsque le pôle négatif communiquait avec la surface semi-circulaire est et le positif avec la surface semi-circulaire ouest, le rectangle restait immobile, ayant son plan dans une direction perpendiculaire au méridien magnétique; si l'on changeait le pôle de place, il se mettait en mouvement et se plaçait dans la direction du nord au sud.

Maintenant, comment expliquer ces mouvements dans la supposition de courants allant, à la surface de la terre, de l'est à l'ouest? Lorsque le rectangle a son plan perpendiculaire au méridien magnétique, et que le pôle positif est placé dans le godet est, et le négatif dans le godet ouest, le courant galvanique part de l'est, monte dans la branche latérale du rectangle qui se trouve de ce côté, parcourt sa partie horizontale de l'est à l'ouest et redescend par la branche occidentale. Dans ce cas, le côté supérieur du rectangle, pouvant seul être influencé par les courants de la Terre, devrait rester immobile; car, dans ce côté, le courant va dans une direction qui serait parallèle aux courants terrestres. Cependant l'appareil se meut. Quelle est la cause de ce mouvement? Dira-t-on que les courants de la terre ont une action sur les branches latérales? Mais, quelques suppositions que l'on fasse pour expliquer l'action de ces courants sur ces branches, il me paraît évident que si l'on démontre que l'appareil doit se mouvoir dans un sens par l'action de ces courants, lorsque le courant galvanique monte dans la branche est et descend dans la branche ouest, il doit se mouvoir dans le sens contraire lorsque le même courant descend dans la branche est et monte dans la branche ouest. Dans le premier cas, nous voyons qu'il se meut; mais, dans le second, il reste fixe. En effet, si l'on place le pôle négatif dans le godet est et le pôle positif dans le godet ouest, le courant galvanique, arrivant par l'ouest, monte dans la branche de ce côté, parcourt la partie horizontale de l'ouest à l'est, descend par la branche orientale et sort par le godet de ce côté. Dans ce cas, le rectangle devrait tourner, sa partie supérieure recevant un courant électrique dans un sens contraire à ceux des courants terrestres présumés : cependant il reste immobile. J'ajouterai à ces observations qu'il me paraît évident que les branches latérales jouent un grand rôle dans la production de ces phénomènes. Lorsqu'elles sont d'une certaine longueur, les mouvements du rectangle sont fermes, sans hésitation, et n'ont besoin que d'une faible force galvanique. La même chose n'a pas lieu si les branches sont courtes. Lorsqu'elles n'avaient que $0^m,04$, l'expérience ne réussissait que difficilement; il y avait des mouvements irréguliers produits probablement par l'action des bandes de platine qui plongeaient dans le mercure du plat sur les branches du rectangle : ces dernières, avec leur peu de longueur, étaient influencées par ces bandes (¹), tandis que, dans le rectangle à longues branches, cet effet s'évanouissait complètement. J'observai aussi, avec ce dernier appareil, que si l'on plaçait les pôles ailleurs que dans les godets est et ouest, on avait, dans quelques cas, des mouvements irréguliers provenant des courants qui s'établissent dans le mercure, et qui se trouvent alors assez rapprochés de la branche horizontale pour avoir quelque influence sur elle : ce qui n'a pas lieu quand les branches latérales sont plus longues.

Telle est, Monsieur, l'objection que je propose à l'hypothèse des courants terrestres de M. Ampère; veuillez avoir la bonté d'en apprécier la valeur.

(¹) On pourrait peut-être imaginer que des courants dans le mercure peuvent agir sur les branches latérales et les faire mouvoir. Afin de prévenir cette objection, j'ai ajouté aux deux extrémités de platine deux fils du même métal, qui tenaient à ces deux extrémités par une simple boucle; en sorte qu'ils étaient parfaitement mobiles. C'était par l'intermède de ces deux appendices que l'appareil communiquait avec le mercure : l'expérience réussit comme auparavant.

(De la R.)

XXIII.

DE L'ACTION QU'EXERCE LA TERRE SUR LES CONDUCTEURS VOLTAIQUES;

PAR M.-A. AMPÈRE (¹).

Lorsque j'eus découvert, au mois d'octobre 1820, l'action du globe terrestre sur les conducteurs mobiles, je lus, le 30 du même mois, un Mémoire à l'Académie royale des Sciences, où, après avoir décrit les appareils que j'avais fait construire et les expériences que j'avais faites pour constater cette action de la manière la plus complète, je me bornai à annoncer qu'elle était précisément celle qu'exerceraient des courants électriques allant de l'est à l'ouest dans le globe, suivant des directions dont la moyenne coïnciderait avec ce qu'on appelle l'*équateur magnétique*. La vérité de cette assertion est aujourd'hui démontrée par toutes les observations; mais je me bornerai alors à voir, d'une manière générale, qu'elle était d'accord avec les faits, remettant à un autre temps d'en comparer les conséquences avec les résultats de l'expérience, dans chaque cas particulier.

Je reconnus, cependant, qu'il fallait, pour représenter les phénomènes, que les courants électriques terrestres fussent d'autant plus intenses qu'ils étaient plus près de l'équateur, et j'en fis l'observation dans la Notice lue à la séance publique de l'Académie des Sciences, le 2 avril 1821.

Lorsque M. Faraday eut découvert le mouvement de révolution continue imprimé par un courant à un conducteur mobile, je fis les expériences qui sont décrites dans le t. XX, p. 60 et suivantes des *Annales de Chimie* (²) : je vis le même mouvement produit d'abord avec un conducteur fixe plié en spirale, et ensuite par la

(¹) Cet article forme la Préface du Mémoire d'Auguste de la Rive (art. XXIV), dans le *Recueil d'observations electrodynamiques*. (J.)

(²) *Voir* l'art. XIV, p. 192.

seule action du globe terrestre. Je voulais, à cette époque, examiner en détail les phénomènes par lesquels cette action se manifeste; d'autres occupations m'en détournèrent encore, et je ne remarquai même pas que l'action du conducteur spiral LL'L″ [*Pl. VIII, fig.* 2 (¹)] et celle de la Terre devaient, d'après ma théorie, produire des phénomènes tout différents sur un conducteur mobile, tournant autour d'un axe vertical, auquel il reste constamment parallèle, parce que l'axe du conducteur spiral est au dedans de la surface cylindrique décrite par le conducteur mobile, et qu'il est parallèle aux côtés de cette surface, tandis que l'axe des courants terrestres forme, au contraire, avec les mêmes côtés un angle égal au complément de la latitude magnétique, et se trouve ainsi en dehors et très loin de la surface cylindrique, partout où cette latitude est moindre que 90°; d'où il suit, d'après les lois de l'action électrodynamique, telles que je les ai données en 1820, que l'action du conducteur spiral tend à faire tourner le conducteur vertical mobile toujours dans le même sens, et que celle des courants terrestres tend, au contraire, à lui donner une direction fixe, en le portant du côté d'où ces courants viennent, c'est-à-dire à l'est, quand le courant de ce conducteur mobile descend et va en s'approchant des courants terrestres, tandis que la même action tend à le porter du côté où vont ces courants, c'est-à-dire à l'ouest, quand le courant du conducteur mobile est ascendant.

Il n'est pas plus difficile de déduire de la même théorie, quand il s'agit d'un courant horizontal mobile tournant autour d'une de ses extrémités, que le conducteur spiral et les courants terrestres tendent à le faire tourner toujours dans le même sens, précisément parce qu'ils sont également en dehors du cylindre vertical, qui a pour base le cercle décrit par ce conducteur mobile.

M. de la Rive fils, d'après ce que je lui avais dit sur ce sujet, a montré en détail combien ces conséquences immédiates de ma théorie étaient faciles à en déduire; mais je ne l'avais point fait, lorsque ce jeune et habile physicien, dans une suite d'expériences pour lesquelles il a inventé de nouveaux appareils, a observé toutes les circonstances des mouvements produits par l'action du

(¹) *Voir fig.* 2, p. 194.

globe sur les conducteurs mobiles. Ce n'est qu'en voyant ces expériences que j'ai reconnu que j'avais eu tort de comparer l'action électrodynamique terrestre à celle du conducteur fixe spiral, lorsqu'elles s'exercent sur un conducteur mobile vertical, et que j'ai vu comment les résultats obtenus par M. de La Rive fils sont une suite nécessaire de ma théorie et viennent lui prêter un nouvel appui.

Désirant que ce Recueil (¹) ne contînt pas seulement ce que j'ai fait sur les phénomènes électrodynamiques, mais encore les expériences dues à d'autres physiciens, quand elles font faire de grands pas à cette nouvelle branche de la Physique, j'ai cru devoir y insérer l'important Mémoire de M. de La Rive fils, comme j'y avais déjà inséré celui de M. Faraday, où se trouve la brillante découverte dont j'ai parlé plus haut, et tant d'autres faits intéressants. J'ai changé seulement quelques-unes des expressions employées par M. de La Rive fils, afin qu'elles fussent en harmonie avec les dénominations dont je me sers dans le reste de ce Recueil; j'ai aussi ajouté quelques développements et quatre notes, signées Amp., à la partie de son Mémoire où il applique ma théorie à ses expériences.

(¹) Le *Recueil d'observations electrodynamiques*, in-8, Paris, Crochard, 1822. (J.)

XXIV.

MÉMOIRE SUR L'ACTION QU'EXERCE LE GLOBE TERRESTRE SUR UNE PORTION MOBILE DU CIRCUIT VOLTAIQUE;

Par M. DE LA RIVE Fils (¹).

Parmi les nombreuses et intéressantes recherches de M. Ampère dans la nouvelle branche de la Physique à laquelle a donné naissance la découverte de M. Œrsted, une des plus remarquables est sans doute l'influence que ce savant physicien a trouvée être exercée par le globe sur une portion mobile de courant électrique.

Amené, par une suite de ses vues théoriques, à reconnaître cette action, M. Ampère a fait, à ce sujet, deux expériences principales.

La première consiste dans la direction constante qu'affecte un fil métallique plié en rectangle ou en cercle, quand il est placé dans le circuit voltaïque; cette direction est telle que le plan de ce rectangle ou de ce cercle, quand il ne peut que tourner autour de la verticale passant par son point de suspension et son centre de gravité, vient toujours se placer de manière qu'il soit perpendiculaire au méridien magnétique, et que le courant soit dirigé de l'est à l'ouest, dans sa partie inférieure. L'auteur de cette expérience, en la comparant à celle où le même rectangle est amené, par des courants électriques situés au-dessous de lui, dans une position telle que leur direction soit parallèle à celle du courant de ce rectangle dans sa partie inférieure, en conclut l'existence

(¹) Lu à la Société de Physique et d'Histoire naturelle de Genève, le 4 septembre 1822; publié dans la *Bibliothèque universelle*, t. XXI, p. 29-48; dans les *Annales de Chimie et de Physique*, t. XXI, p. 24-48, et dans le *Recueil d'observations electrodynamiques*, p. 262-286. — Le texte reproduit ici est celui du *Recueil*. (J.)

sur le globe terrestre de pareils courants dirigés de l'est à l'ouest, parallèlement à l'équateur magnétique ([1]).

La seconde expérience de M. Ampère, qui est décrite dans son dernier Mémoire ([2]), démontre un nouveau genre d'action résultant toujours de l'influence du globe sur une portion mobile du courant voltaïque. Un fil métallique plié en fer à cheval et suspendu par une pointe fixée au milieu de sa partie horizontale. L'appareil est disposé de manière que le courant, arrivant par le point de suspension, se déverse dans les deux branches horizontales situées de chaque côté de ce point, et redescend, par conséquent, dans le même sens, dans chacune des branches verticales. Alors le plan du fer à cheval prend un mouvement continu de rotation, qui ne s'arrête que lorsqu'on interrompt les communications, et dont le sens varie quand on change celui du courant. M. Ampère, en n'attribuant cette action, dans le Mémoire cité ci-dessus, qu'aux deux branches verticales qui se trouvent dans l'appareil, l'explique encore dans l'hypothèse d'un courant électrique dirigé sur le globe de l'est à l'ouest.

Avant de passer à l'examen de quelques expériences que j'ai faites sur ce sujet, je décrirai sommairement l'appareil dont j'ai fait usage.

Il se compose de deux plateaux circulaires de bois, l'un ABCD (*fig.* 1), de 0^m,406; l'autre *abcd*, de 0^m,364 de diamètre. A leur bord est creusée une rainure de 0^m,013 de profondeur, dont la largeur est de 0^m,040 pour le premier, et de 0^m,027 pour le second; chacun de ces deux canaux circulaires, destinés à recevoir du mercure ([3]), est séparé, en deux compartiments égaux,

---

([1]) *Voir* le premier Mémoire de M. Ampère et le § 18, p. 22, de l'*Exposé des nouvelles découvertes sur le Magnétisme et l'Électricité*, par MM. Ampère et Babinet. (De la R.)

([2]) Voir *Bibliothèque universelle, Sciences et Arts,* juillet 1822; *Annales de Chimie et de Physique,* t. XX, p. 64. Cette expérience avait déjà été annoncée dans les *Annales de Chimie et de Physique,* t. XVIII, p. 333 (art. XIV, p. 195). (De la R.)

([3]) On peut employer, au lieu de plateau de bois, des plats de terre de pipe de même grandeur et terminés par un canal semblable; on obtient par là l'avantage de pouvoir mettre sur la surface du mercure une couche d'eau acidulée qui facilite le mouvement des pointes métalliques plongeant dans le mercure, et fait qu'on a besoin, par conséquent, d'une pile voltaïque un peu moins forte que dans le cas des plateaux de bois, où il faut un courant d'une énergie très intense. (De la R.)

par deux cloisons A, C et *a*, *c*, qui peuvent s'adapter ou se supprimer à volonté, ou bien, si on le trouve plus commode, qui sont moins hautes que les parois latérales des deux canaux, de manière que le mercure des deux compartiments puisse se réunir et ne former qu'un seul canal lorsqu'on en met suffisamment. Le plus petit des deux plateaux est soutenu à $0^m,487$ au-dessus du plus grand, au moyen d'un pied solide EFGH, qui se replie en retraite en FG pour laisser l'espace libre dans la direction de la verticale qui joint les centres des deux plateaux. Il faut, de plus,

Fig. 1.

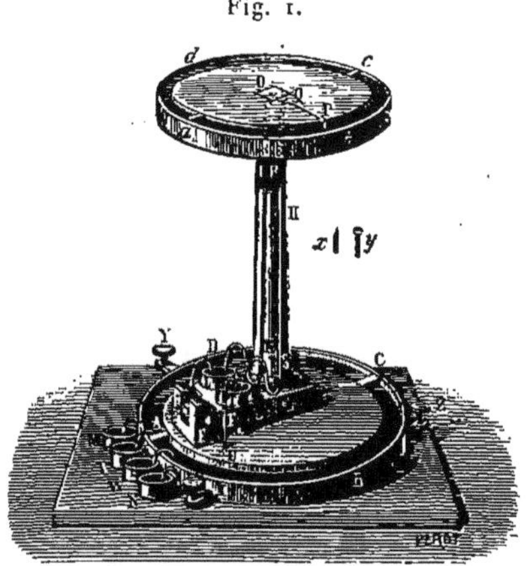

que les quatre cloisons A, C, *a*, *c*, qui sont deux à deux situées sur le même diamètre, se trouvent sur le même plan vertical qui passe par la partie horizontale FG du pied. Au centre O du plateau supérieur est un écrou enfoncé de 7^{mm} ou 8^{mm} au-dessous de la surface de ce plateau, auquel on peut visser tantôt une pointe x, pour y placer une chape, tantôt un godet y, pour y mettre une pointe; cet écrou est adapté à l'extrémité d'un conducteur OIKLM, qui descend le long du pied et vient en M plonger dans une capsule pleine de mercure; ce conducteur est interrompu en L, afin que l'on puisse incliner le plateau supérieur au moyen d'une charnière qui se trouve en F, ce qui sert à verser le mercure que l'on met dans le canal supérieur *abcd*; mais on remédie à cette interruption au moyen d'une capsule pleine de mercure, qui joint métalliquement les deux bouts du conducteur interrompu. Un autre conducteur, partant en P du canal supérieur *abc*, vient en Q descendre le long du pied, parallèlement au premier en RSTU, et plonger en N dans une capsule pleine de mercure; il est interrompu, comme le précédent, en T, et l'on remédie à cette interruption de la même manière. Chacun des compartiments du canal inférieur est muni d'une petite lame de platine qui plonge dans une capsule pleine de mercure, en se recourbant en V et W : par là, on peut mettre la pile en communication avec le mercure des deux canaux, sans y plonger directement les rhéophores, ce qui l'agite et le salit. Trois vis, X, Y, Z, qui soutiennent le plateau inférieur, servent à mettre de niveau l'appareil qu'on doit avoir soin de placer toujours, dans les expériences, de manière que le plan vertical qui passe par les quatre cloisons ne se trouve jamais être celui du méridien ou de l'équateur magnétique, afin qu'il n'y ait point d'obstacle dans les directions importantes du sud au nord, et de l'est à l'ouest.

Mon père avait observé, il y a quelque temps ([1]), que si, au

Fig. 2.

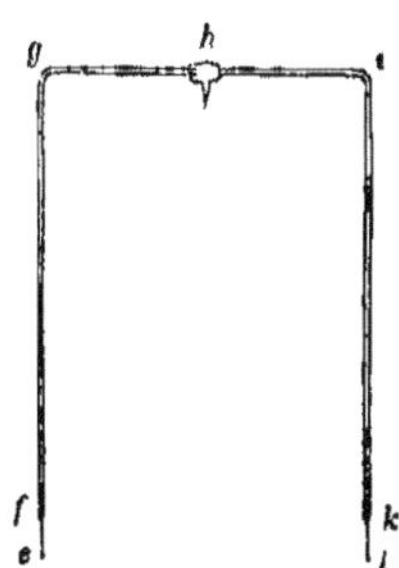

rectangle de M. Ampère, qui se dirige constamment quand il est placé dans le circuit voltaïque, on supprime la partie inférieure, toutes les autres conditions restant les mêmes, cette suppression ne changeait point le résultat de l'expérience, et que le rectangle diminué d'un côté se dirigeait absolument comme le rectangle entier.

Un fil de laiton *fghik* (*fig.* 2), plié en fer à cheval, est suspendu sur le godet *y* fixé en O (*fig.* 1), par une pointe *h* placée

([1]) *Voir* la lettre du professeur de La Rive à M. Arago (*Annales de Chimie et de Physique*, t. XX, p. 269 et suiv.) (art. XXII). (De la R.)

au milieu de sa partie horizontale *gi* : ses deux branches verticales, terminées chacune par un fil de platine *fe* et *kl*, plongent légèrement dans le mercure de chacun des compartiments du plateau inférieur ABCD [1]. Aussitôt qu'on met cet appareil dans le circuit voltaïque, en plongeant dans le mercure, que contiennent les capsules V et W, les deux fils soudés aux deux extrémités de la pile, et auxquels M. Ampère donne le nom de *rhéophores* (porte-courant), on voit le fil de laiton *fghik* se fixer de manière que son plan soit perpendiculaire au méridien magnétique, et que le courant soit dirigé de l'ouest à l'est, dans la partie horizontale unique et supérieure dans ce cas, et qu'il soit, par conséquent, ascendant dans la branche verticale située à l'ouest, descendant dans celle située à l'est. Si l'on intervertit le sens du courant, l'appareil quitte sa position et se meut indifféremment dans un sens ou dans un autre, pour, après avoir décrit 180°, venir se placer comme il l'était auparavant; mais les deux cloisons A et C (*fig.* 1) l'empêchent de compléter son tour, et il s'arrête contre l'obstacle qui se présente à lui. On le fait revenir de nouveau à sa première position stable, en renversant les communications.

Les courants qui, dans cette expérience, s'établissent dans le mercure, n'influent point sur le phénomène, et ce métal ne sert que de conducteur, ce dont on peut s'assurer facilement en plaçant les rhéophores de la pile dans le mercure, à quelque endroit des deux canaux ABC et ADC que l'on veuille, sans que ce changement produise la moindre différence dans le résultat de l'expérience. La même observation s'applique à toutes les expériences subséquentes, dans lesquelles le mercure a été employé comme conducteur.

Le fait que je viens de citer semblait indiquer que l'existence de toutes les portions du rectangle n'était pas nécessaire pour qu'il se dirigeât, et que, par conséquent, il devait y avoir des parties de l'appareil qui, étant indispensables, produisaient l'effet obtenu, et d'autres qui n'y contribuaient point.

Pour reconnaître les unes et les autres, je continuai d'enlever au rectangle successivement ses côtés les uns après les autres.

Après avoir d'abord ôté la partie inférieure, je supprimai, au

---

[1] Dans cette expérience, le plateau supérieur n'est d'aucune utilité. (DE LA R.)

contraire, la supérieure. Un tube de verre assez mince *nt* (*fig.* 3) est terminé par deux fils verticaux *nm* et *tu* réunis inférieurement par un horizontal. Ce rectangle repose sur le godet *y* fixé en O (*fig.* 1) par une pointe *o* placée au milieu du tube de verre. Les extrémités supérieures des fils verticaux communiquent chacune à un fil de platine *npq* et *trs* qui, en se recourbant de quelques millimètres, plonge dans le mercure des deux parties *abc*, *adc* du canal supérieur qui leur correspondent (1). En plaçant les rhéophores chacun dans un des canaux, l'appareil, mis ainsi dans le circuit voltaïque, se dirige comme le précédent, c'est-à-dire de manière que son plan soit perpendiculaire au méridien magnétique; mais, dans ce cas, le courant est dirigé dans la partie horizontale, ici inférieure, de l'est à l'ouest, et, par conséquent, comme

Fig. 3.

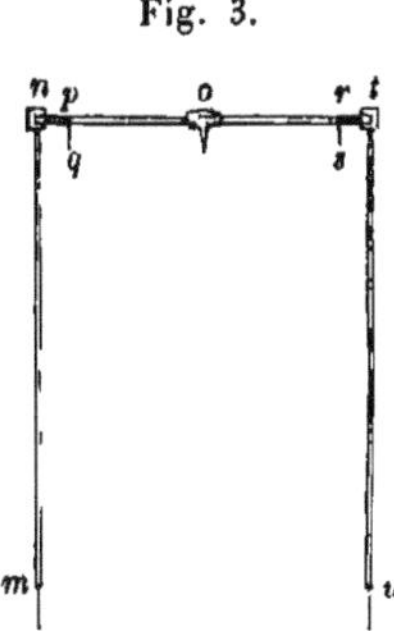

dans les deux autres expériences, de bas en haut dans le fil vertical à l'ouest, de haut en bas dans celui à l'est.

Il faut avoir soin que les portions horizontales *np* et *rt*, et verticales *pq* et *rs* de platine qui établissent la communication supérieurement, soient très petites pour que l'expérience soit plus concluante. En les faisant varier de grandeur, depuis $0^{m},027$ jusqu'à $0^{m},007$, l'égale réussite de l'expérience précédente et des expériences suivantes analogues m'a prouvé que, dans tous les cas, leur influence était nulle.

En comparant entre elles les trois expériences faites sur la di-

(1) On voit, dans cette expérience, la nécessité du pied en retraite en GF de la *fig.* 1, pour que la partie horizontale *mu* du conducteur mobile de la *fig.* 3 n'empêche pas ce rectangle de se mouvoir. (De la R.)

rection donnée par l'influence de la Terre à une portion mobile de courant voltaïque, celle où le rectangle est entier, et les deux, où tantôt la portion inférieure, tantôt la supérieure sont supprimées, on remarque que le phénomène reste toujours le même, quoique l'on voie le sens du courant changer dans la partie horizontale; mais qu'à la vérité ce sens reste constant dans les branches verticales. Ne pourrait-on pas en conclure que les courants horizontaux n'exercent aucune influence dans le phénomène, et qu'il est uniquement dû aux deux verticaux?

Pour confirmer la vérité de cette hypothèse, on n'a qu'à supprimer au rectangle, à la fois, la portion supérieure et la portion inférieure, remplacer la première par un tube de verre *nt* (*fig.* 4), au milieu duquel est fixée une pointe *o*, et terminer les deux fils

Fig. 4.

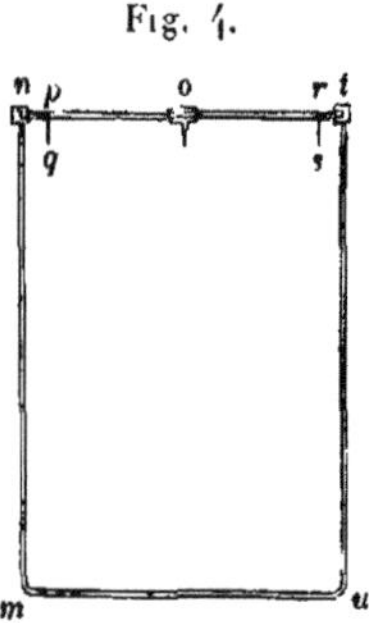

verticaux par deux pointes de platine *m* et *u*, plongeant chacune dans le compartiment du canal inférieur qui lui correspond; les parties supérieures de ces mêmes fils verticaux communiquent, comme dans l'expérience précédente, chacune avec le canal supérieur du mercure qui lui correspond, au moyen d'un fil de platine. Après avoir eu soin de faire communiquer ensemble par un conducteur les deux compartiments du canal supérieur, on voit, en plaçant les rhéophores dans les capsules V et W (*fig.* 1), l'appareil, mis dans le circuit voltaïque, prendre la même direction que les appareils semblables dans les expériences précédentes.

En un mot, le plan de deux fils verticaux qui peuvent tourner autour d'un axe commun se place perpendiculairement au méridien magnétique, lorsque les deux fils sont traversés chacun par le courant en sens contraire; de plus, il se fixe dans une position telle, que le courant soit ascendant dans le fil à l'ouest, descendant dans celui à l'est. Si l'on intervertit le sens du courant, l'appareil quitte sa place, et, tournant indifféremment, comme dans les autres expériences, soit dans un sens, soit dans un autre, il vient s'appuyer contre les cloisons qui l'empêchent de décrire 180°, pour se placer dans la position où il reste stable.

En examinant cette dernière expérience, abstraction faite de toute autre, ne semble-t-elle pas consister en ce que, dans un semblable appareil, un fil vertical seul se place à l'est lorsque son courant est descendant, à l'ouest lorsqu'il est ascendant? On peut, pour vérifier cette idée, mettre un des rhéophores dans le canal supérieur *abc*, et l'autre dans le canal inférieur ABC correspondant; par cette disposition, un seul des deux fils verticaux se trouve dans le circuit voltaïque, et son influence fait placer l'ap-

Fig. 5.

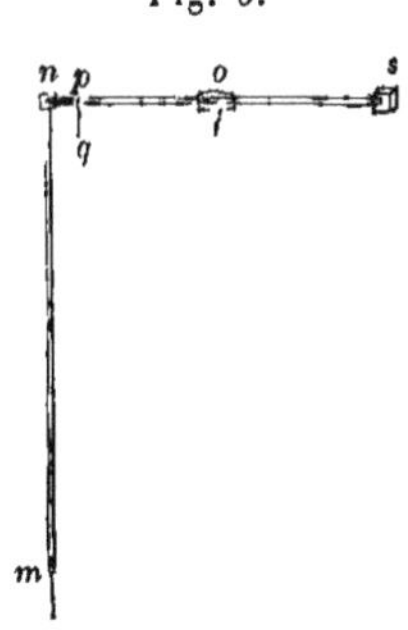

pareil comme dans l'expérience précédente, le fil lui-même se dirigeant à l'est si le courant est descendant, à l'ouest s'il est ascendant.

Pour bien faire cette dernière expérience, qui est importante, puisqu'elle démontre une action exercée par l'influence du globe sur un seul courant rectiligne et vertical, on peut se servir de l'appareil (*fig.* 5), qui est le même que le précédent, si ce n'est qu'on substitue à une des branches verticales un contrepoids *s* qui fait équilibre à la branche restante. Si l'on réunit alors en un seul canal circulaire les deux compartiments inférieurs et qu'on en fasse autant pour les supérieurs, la branche verticale pourra décrire une circonférence entière. On la voit, en effet, dès qu'elle est mise dans le circuit voltaïque, ce qu'on fait en plaçant les rhéophores dans les capsules V ou W (*fig.* 1) et dans la capsule N, se porter vers la situation où le plan qui passe par elle et l'axe autour duquel elle tourne est perpendiculaire au méridien magnétique, et s'y arrêter à l'est si son courant est descendant, à l'ouest s'il est ascendant. Quand elle est fixée à l'une ou à l'autre de ces positions, en changeant les pôles de face, on la voit faire 180° indifféremment, dans un sens ou dans un autre, pour prendre une autre position stable, dans laquelle elle reste après quelques oscillations.

Ce dernier fait est le plus simple de tous ceux que j'ai examinés jusqu'à présent, puisque l'action du globe ne s'exerce ici que sur un seul courant rectiligne; il est en même temps le plus général, puisqu'en l'admettant on peut rendre raison de tous ceux qui sont relatifs à la direction donnée constamment à un courant mobile par la seule influence de la Terre.

En partant de ce dernier fait, que pourra-t-on conclure sur ce qui doit arriver quand le courant voltaïque parcourt, dans le même sens, les deux branches verticales de l'appareil (*fig.* 4)? Ces deux portions de courants tendant à la fois toutes les deux à l'est ou toutes les deux à l'ouest, il en résultera que l'appareil, ne prenant aucun mouvement, sera indifférent à toute position. C'est ce qu'on peut vérifier en plaçant la pointe *o* de l'appareil (*fig.* 4) sur le godet *y* vissé en O (*fig.* 1), et en mettant l'un des rhéophores dans la capsule W, et l'autre dans le mercure du canal *adc* supérieur, après avoir eu soin, en outre, de faire communiquer entre elles, par un conducteur, les capsules V et N. Par cette disposition, le courant est ascendant ou descendant à la fois dans les deux branches de l'appareil, et celui-ci reste immobile ou indifférent à toute position.

Cette dernière expérience semble d'abord contradictoire avec celle de M. Ampère, d'après laquelle ce savant conclut qu'un courant vertical ou deux verticaux liés ensemble et dirigés dans le même sens prennent un mouvement continu de rotation autour de leur axe. On peut facilement répéter cette expérience en plaçant la pointe *h* de l'appareil *fghik* (*fig.* 2) sur le godet fixé en O (*fig.* 1), dans lequel on met une bulle de mercure, et en réunissant en un seul canal les deux compartiments ABC, ADC, où plongent les extrémités *fe* et *kl* de platine des deux branches verticales. Si l'on met le rhéophore positif dans la capsule M, et le rhéophore négatif dans une des capsules V ou W, le courant, montant jusqu'au godet placé en O, se déverse là dans les deux branches horizontales *hg* et *hi*, qu'il parcourt, par conséquent, en sens contraire, et redescend dans le même sens dans les deux verticales. Le plan du fer à cheval prend aussitôt un mouvement continu de rotation, dont on fait varier le sens en changeant celui du courant.

La grande différence entre cette expérience et la précédente consiste en ce que, dans la dernière, il y a, outre les deux courants verticaux dirigés dans le même sens, deux courants horizontaux partant du centre et dirigés chacun dans un sens différent; et ne semblerait-il pas que c'est à ces courants que doit être attribuée la rotation, puisque, lorsqu'ils n'existent pas et qu'on se borne aux verticaux, il n'y a point de mouvement?

Pour s'en assurer, il devenait nécessaire d'étudier l'espèce d'action qu'exerce le globe sur un courant horizontal.

C'est sur un pareil courant que M. Ampère avait reconnu d'abord, en 1820 (1), l'influence du globe terrestre, en voyant, dans son appareil destiné à démontrer l'attraction ou la répulsion de deux courants parallèles, que le fil horizontal mobile, lorsqu'il était seul dans le circuit voltaïque, s'avançait parallèlement à lui-même, tantôt dans un sens, tantôt dans un autre, suivant celui du courant, et cela de même dans tous les azimuts. M. Faraday, dans un Mémoire publié depuis peu (2), dans lequel il ajoute de nouveaux faits à ceux dont la Physique lui est déjà redevable, consigne la même expérience. En suspendant à un fil de soie très long un fil métallique horizontal, dont les deux extrémités, recourbées légèrement, plongent chacune dans un baquet de mercure, il a vu ce fil, quand il est mis dans le circuit voltaïque, s'avancer comme s'il était tiré par des forces parallèles et égales dans toute sa longueur. Le phénomène avait lieu de la même manière, dans quelque

(1) *Annales de Chimie et de Physique*, t. XV, p. 183, fig. 19-23. (De la R.) *Voir* art. II, p. 30.

(2) Ce Mémoire, qui n'a pas été traduit, se trouve *Quarterly Journal of Sciences and Arts*, vol. XII, p. 416, art. V. (De la R.)

direction que fût placé le conducteur horizontal, soit qu'il fût dans celle de l'ouest à l'est, soit dans celle du nord au sud, soit dans tout autre intermédiaire; mais il s'avançait dans un sens contraire si la direction du courant changeait. Il suit de là qu'un courant horizontal ne pouvant tourner qu'autour d'un point de suspension, fixé au milieu de sa longueur, n'aura aucun mouvement, puisque ce point de suspension résiste aux forces parallèles qui tirent le courant dans le même sens dans toute sa longueur; c'est ce qu'en effet l'expérience confirme.

Mais si, au lieu de mettre le point fixe au milieu du courant, on le met au bout, alors le fil conducteur, tiré par des forces parallèles, tournera autour du point fixe; et comme ces forces se renouvellent à chaque position du fil, il acquerra un mouvement de rotation continu : c'est ce qui arrive, en effet, comme on peut s'en assurer, en plaçant la chape *o* d'un fil horizontal *np* (*fig.* 6) sur

Fig. 6.

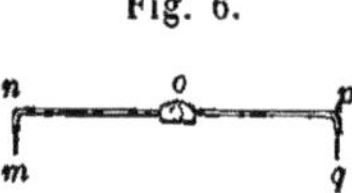

une pointe *x* (*fig.* 1) qu'on visse à l'écrou O, au lieu du godet *y*; par ses extrémités de platine *nm* et *pq*, le fil plonge dans chacun des compartiments du canal supérieur; et en ne faisant traverser le courant qu'à la moitié du fil, ce qu'on fait en mettant les rhéophores dans les capsules M et N, cette moitié prend un mouvement continu de rotation autour du point O, soit dans un sens, soit dans un autre, suivant la direction du courant; mais ce mouvement se trouve interrompu par les cloisons *a* et *c*. On peut les supprimer, et comme, dans ce cas, le courant, arrivant toujours par le point de suspension, parcourt chaque moitié du fil horizontal dans un sens différent, l'action de rotation exercée sur chacune de ces moitiés s'ajoute et ne se détruit pas, comme dans le cas où le courant traverse les deux moitiés dans le même sens. Le fil tourne alors d'un mouvement continu autour du point O, et l'on fait varier le sens de cette rotation en changeant celui du courant. Cette expérience est absolument la même que celle de M. Ampère, excepté que dans celle-ci il y a deux branches verticales traversées par le courant dans le même sens; mais, comme elles sont indifférentes à toute position, l'effet des branches horizontales subsiste seul et tout entier pour faire tourner l'appareil autour de son axe ([1]).

M. Faraday avait obtenu le même mouvement de rotation en faisant passer le courant dans un fil incliné d'un angle assez grand sur un axe vertical, autour duquel il était libre de décrire un cône; l'extrémité inférieure du fil plongeait dans un baquet de mercure pour qu'elle pût être mise en communication avec la pile. Ce fil, de même que l'horizontal, tournait comme tiré par des forces parallèles, tantôt dans un sens, tantôt dans un autre, suivant la direction du courant ([2]).

Maintenant que l'espèce d'action qu'exerce la Terre sur un courant horizontal est bien reconnue, on peut se servir, pour démon-

Fig. 7.

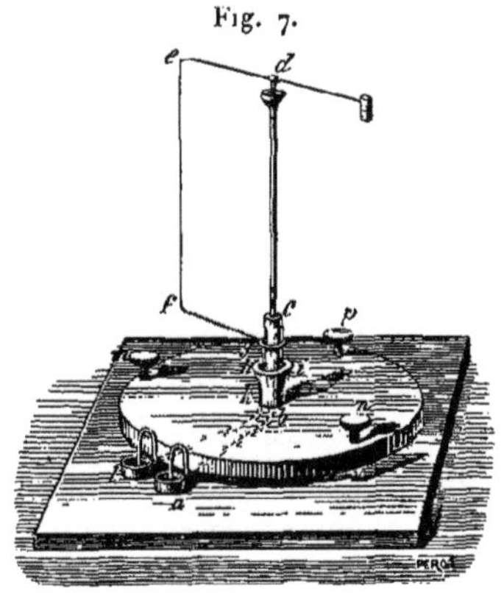

trer cette même action sur un courant vertical, d'un appareil plus commode que celui employé ci-dessus. Un godet en bois *hi* (*fig.* 7) est placé au centre d'un plateau de bois soutenu par trois vis *m*, *n*, *p* qui le mettent de niveau. Du centre de ce godet part

([1]) M. Ampère, ayant répété ses expériences pendant son séjour à Genève, a supprimé, en effet, les parties verticales de son appareil de rotation représenté dans la *fig.* 1 de la *Pl. VIII* de son Recueil (*voir fig.* 1, p. 193), qui est jointe au Mémoire qu'il a publié dans le t. XX, p. 60 et suiv., des *Annales de Chimie*, et dans la *Bibliothèque universelle, Sciences et Arts*, juillet 1822; l'action de la terre ne s'est plus exercée alors que sur les deux branches horizontales, et le mouvement de rotation a lieu comme auparavant. (De la R.)

([2]) *Voir* le Mémoire de M. Faraday, cité à la page 317. (De la R.)

un tube de verre qui contient une tige métallique; sortant en *c* du tube, elle se termine supérieurement par un godet en acier. Un fil de laiton, portant une pointe en *d* qui plonge dans le godet, se termine d'un côté par un contrepoids, et de l'autre se plie en *defg*, depuis *d* jusqu'en *g*, où est un anneau libre de tourner autour du tube de verre, et auquel est fixée une pointe de platine verticale qui plonge dans le godet de bois. Deux conducteurs, l'un *ba* partant de l'extrémité inférieure de la tige verticale, l'autre *kl* partant de l'intérieur du godet *hi*, sont fixés parallèlement l'un à l'autre jusqu'en *a* et en *l*, où ils plongent chacun dans une capsule pleine de mercure. Si, après avoir eu soin de mettre du mercure dans le godet de bois *hi*, et dans celui d'acier en *d*, on place les rhéophores dans les capsules *a* et *l*, le courant partant de *a*, par exemple, monte dans la tige *bcd*, parcourt ensuite *de*, redescend en *ef*, et vient par *fg* dans le mercure de la capsule *hi*, d'où il rejoint par *kl* le rhéophore négatif en *l*. Par cette disposition, les deux portions égales et horizontales *ed* et *fg* sont parcourues par le même courant dans un sens différent; elles tendent donc à tourner, chacune avec la même force, dans un sens différent, autour de l'axe *bd*; par conséquent, leur effet se neutralise, et c'est l'influence de la seule portion verticale *ef* qui décide du mouvement de l'appareil, lequel se place toujours conformément à l'action que nous avons vue ci-dessus être exercée par le globe sur un seul courant vertical.

En résumé, tous les phénomènes connus jusqu'à présent [1] et relatifs à l'influence qu'exerce le globe terrestre sur une portion mobile de circuit voltaïque, peuvent se réduire à ces deux faits, les plus simples et les plus généraux.

Le premier : *Un courant vertical qui ne peut se mouvoir qu'autour d'un axe vertical, tend à se placer de manière que le plan qui l'unit à son axe soit perpendiculaire au méridien magnétique, et à se fixer lui-même à l'ouest s'il est ascendant, à l'est s'il est descendant.*

---

[1] Je n'entends pas seulement ici les faits dont j'ai fait mention dans ce Mémoire; mais on peut aussi, en admettant les mêmes faits généraux, expliquer tout ce qui est relatif à ce genre d'action et, entre autres, pourquoi certains appareils que M. Ampère a construits, pour avoir des courants indifférents à l'action du globe, se trouvent, en effet, complètement soustraits à cette action. (De la R.)

Le second : *Un courant horizontal tend à se mouvoir, dans toutes les positions où il se trouve, parallèlement à lui-même dans un sens ou dans un autre, suivant que sa direction varie.*

Il faudrait actuellement, pour lier ces deux faits, les rattacher à la même cause, ou du moins les rapporter à un fait encore plus général qui les comprît tous deux ; mais ce travail est au-dessus de mes forces ; et, d'ailleurs, c'est au savant physicien qui honore cette Société de sa présence ([1]) à nous montrer jusqu'à quel point ils peuvent se concilier avec son hypothèse ingénieuse, d'une ceinture de courants électriques dirigés sur notre globe, de l'est à l'ouest, vers l'équateur magnétique.

M. Ampère, après avoir reconnu qu'on peut ramener, en effet, tous les phénomènes relatifs à l'action de la Terre sur les courants électriques, aux deux faits généraux que j'ai mentionnés ci-dessus, a montré, par une explication orale, comment ils sont une suite nécessaire de son hypothèse des courants électriques sur le globe, dirigés de l'est à l'ouest. N'ayant pas eu le temps, pendant son séjour à Genève, de rédiger cette explication, il m'en a chargé, afin qu'elle suivît immédiatement les faits auxquels elle se rapporte ([2]).

Le principe sur lequel repose l'explication de toutes les espèces d'actions qu'exercent entre eux les courants dont les directions forment des angles est celui de la décomposition d'une portion très petite de courant, en deux ou trois autres portions aussi très petites et perpendiculaires entre elles, décomposition semblable à celles des forces dans la Statique. Ce principe est fondé sur le fait qu'un conducteur sinueux, de quelque forme qu'il soit, exerce absolument la même action sur un courant rectiligne, qu'un autre

---

([1]) Ampère assistait à la séance de la Société de Physique et d'Histoire naturelle de Genève (4 septembre 1822), dans laquelle a été lu ce Mémoire. (J.)

([2]) Comme cette explication de mes idées sur la cause des phénomènes électrodynamiques, telle qu'elle se trouve dans le Mémoire de M. de La Rive fils, écrite avec autant de clarté que de précision, ne l'a été que d'après une simple conversation et sans que l'auteur connût le travail que j'ai communiqué à l'Académie des Sciences, dans les séances du 10 et du 24 juin 1822, et qui n'a été publié que depuis peu dans le cahier d'août 1822 des *Annales de Chimie et de Physique*, t. XX, p. 398 (art. XIX et XX), j'ai cru devoir y faire quelques additions et corrections, afin que cette explication exprimât plus exactement les résultats de mes recherches tant expérimentales que théoriques. (A.)

conducteur rectiligne parallèle au plan du premier, de même longueur que lui, et traversé par le même courant. Si l'on suppose le plan du conducteur sinueux et les deux conducteurs rectilignes placés verticalement, en décomposant chaque petite portion du courant sinueux en deux, dont l'une soit verticale et l'autre horizontale, la somme des parties verticales forme le conducteur rectiligne; par conséquent, ce sont ces parties seules qui agissent dans ce cas, et l'effet des parties horizontales se détruit par leur action mutuelle.

En partant donc du principe de la décomposition des petites portions de courant, et du fait reconnu de l'attraction et de la répulsion, suivant le sens de leur direction, de deux courants parallèles, on arrive à la conclusion générale qu'*il y a attraction entre deux courants dont les directions forment un angle, toutes les fois qu'ils sont dirigés de manière qu'ils se rapprochent ou*

Fig. 8.

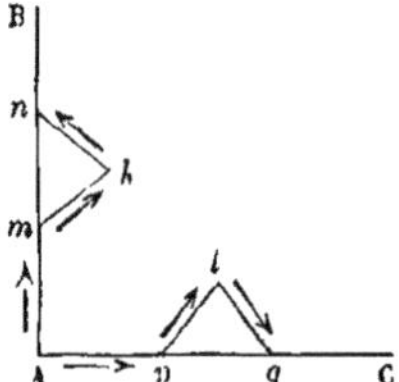

s'éloignent tous les deux du sommet de cet angle, et qu'il y a répulsion entre eux lorsque l'un des courants s'éloigne du sommet et que l'autre s'en approche. On peut en dire autant de deux courants situés dans l'espace et non sur le même plan; mais, dans ce cas, il faut remplacer le sommet de l'angle par la perpendiculaire qui mesure leur plus courte distance.

Soient AB et AC (*fig.* 8) deux portions de courants, qui forment entre elles un angle droit, par exemple, et dont les directions aillent en s'éloignant du sommet A. Prenons sur ces directions deux petites portions *mn* et *pq*; nous pourrons les remplacer, *mn* par deux perpendiculaires *mk* et *kn*, qui forment les deux côtés d'un rectangle, dont *mn* serait la diagonale, et de même *pq* par deux perpendiculaires *pl* et *lq*. L'effet mutuel des portions *mk* et *pl*, dont les courants sont dirigés dans le même sens, est une attraction. M. Ampère, dans une Note qu'il a lue à l'Académie royale des Sciences le 24 juin dernier, a déduit des formules qu'il avait données, dans un Mémoire lu à la même Académie le 10 juin, que l'action mutuelle des deux petites portions *kn*, *lq* est aussi attractive, et ce résultat théorique s'est trouvé confirmé par la première des deux expériences nouvelles qui seront décrites à la fin de ce Mémoire [1]; enfin, le même physicien a montré, dans les Notes qu'il a jointes à une Notice lue à l'Académie royale des Sciences le 8 avril 1822 [2], que les actions qu'on regarderait comme s'exerçant entre *mk* et *lq*, et entre *pl* et *kn*, sont nécessairement nulles; il suit de là que, quelles que soient les distances A*m*, A*p*, l'action des deux petites portions *mn* et *pq*, qui, d'après le principe que nous venons de rappeler, doit être égale à la somme de ces quatre actions, est toujours attractive. En examinant de même l'action de chacune de ces petites parties d'un même courant sur toutes les portions infiniment petites de l'autre, on verra qu'il en résulte une action totale qui est une attraction. On obtiendrait le même résultat si les courants allaient dans AB et AC, en se portant tous deux vers le sommet A, et un résultat contraire, c'est-à-dire une répulsion, si l'un des courants était dirigé de manière à s'approcher de A, et l'autre de manière à s'en éloigner; ce dont on peut s'assurer par une décomposition analogue à celle qui vient d'être faite.

Je suppose actuellement qu'on cherche à déterminer quelle sera l'action exercée par un courant horizontal EO (*fig.* 9) sur un courant vertical AB, situé au-dessus de EO et derrière lui. Je mène la perpendiculaire PQ qui mesure la plus courte distance entre EO et le prolongement de AB, et je suppose le courant dirigé de E en O dans EO, et de B en A dans AB, en sorte que celui-ci aille en s'approchant de EO. En prenant sur EO, à égale distance du point Q, deux petites portions *mn* et *pq*, on voit que la portion *mn*

---

(1) Cette expérience prouve directement qu'il y a répulsion entre deux portions de courants électriques dirigés dans le même sens suivant une même droite; mais comme, en renversant le sens d'un des courants sans rien changer à l'autre, l'attraction se change en répulsion, et réciproquement, il s'ensuit qu'il y a nécessairement attraction entre deux portions de courants, qui, telles que *kn* et *ql*, sont dirigées en sens contraire suivant une même droite. (A.)

(2) *Voir* art. XVII, p. 247. (J.)

exerce sur la portion *rs* du courant vertical AB une répulsion, puisque le courant dans *mn* s'éloigne de PQ, et qu'il s'en approche dans *rs*; cette répulsion s'exerce suivant la droite *kt*, qui passe par les milieux des deux petites portions, et l'on peut prendre sur le prolongement de *kt* une droite *tu* qui exprime cette répulsion, en une force qui tire *rs* suivant *tu*; de même la portion *pq* exerce suivant *lt* une attraction sur *rs* égale à la répulsion, puisque les deux courants *mn* et *pq* sont à égale distance de *rs* et de la même intensité, attraction qui peut s'exprimer par la droite *ty* égale à *tu*. La résultante *tx* (¹) sera donc la diagonale d'un losange, et, par conséquent, parallèle à EO, à cause de l'égalité des obliques *kt* et *lt*, etc. Chaque partie du courant AB sera de même sollicitée par une force parallèle à EO, et il sera, par conséquent, tiré tout entier vers le côté E, d'où vient le courant de EO. Mais, si ce courant, tiré par des forces parallèles à EO, ne peut se mouvoir qu'autour d'un axe vertical comme lui, il se placera de manière

Fig. 9.

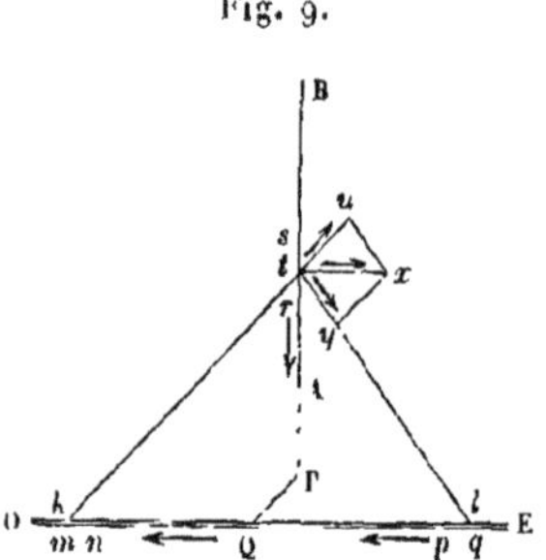

que son plan soit parallèle au plan vertical passant par EO, et qu'il soit lui-même du côté de E. Si le courant, au lieu d'être dirigé de B en A, l'était de A en B, il se placerait alors du côté O, vers lequel se porte le courant de EO, le plan qui l'unit à son axe étant toujours parallèle au plan vertical qui passe par EO.

Si l'on examine l'action d'un courant horizontal EO dirigé de E en O sur un autre courant horizontal AB dirigé de A en B

(¹) Les directions des forces sont marquées, dans la *fig.* 9, par des flèches sans plumes, pour distinguer les directions des courants. (De la R.)

(*fig.* 10), et situé au-dessus du premier, et derrière lui, on sera conduit aux conclusions suivantes :

1° Si AB est placé (n° 1) parallèlement à EO, le courant étant dirigé dans le même sens que dans EO, il y a attraction, et AB, qui est mobile, doit s'avancer parallèlement à lui-même, vers EO.

2° S'il est placé (n° 2) toujours horizontal, de manière à être perpendiculaire au plan vertical qui passe par EO, le courant allant en s'approchant de EO, il s'avancera parallèlement à lui-même vers E, par la même raison que le courant vertical (*fig.* 9) s'avance vers E, comme on peut s'en assurer par une démonstration semblable.

3° S'il est placé (n° 3) parallèlement à EO, mais le courant étant dirigé en sens contraire, il y aura répulsion, et AB s'avancera parallèlement à lui-même en s'éloignant de EO.

4° S'il est placé (n° 4) comme dans le n° 2, mais le courant

Fig. 10.

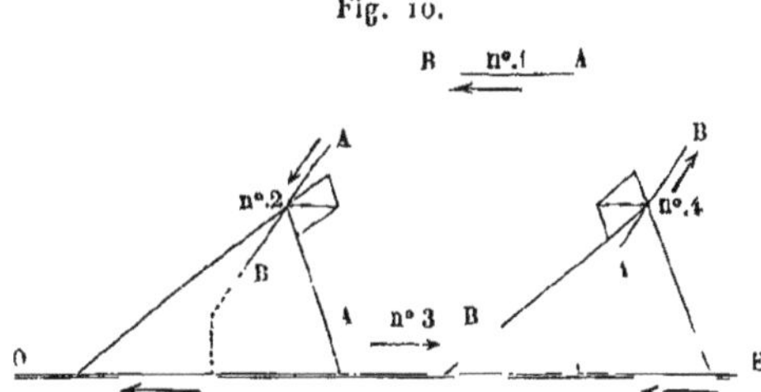

étant dirigé de manière à s'éloigner de EO au lieu de s'en approcher, il s'avancera parallèlement à lui-même.

Un observateur placé en C verrait par conséquent le courant horizontal AB s'avancer vers lui dans les quatre positions que je viens de lui donner, et de même, par conséquent, dans toutes les positions intermédiaires, ce dont on peut s'assurer facilement (¹).

(¹) En généralisant ces considérations, on parvient aisément à ce résultat : Le courant AB étant successivement situé sur les différents points d'une circonférence décrite autour du point C, et toujours dirigé tangentiellement à cette circonférence, sera, par l'action d'un courant indéfini EO plus éloigné du centre C, porté vers ce centre toutes les fois qu'un observateur qui y serait placé verrait les deux courants se mouvoir autour de lui en sens contraire, l'un de droite à gauche et l'autre de gauche à droite, et il tendra, par la même action, à s'éloigner de ce centre, toutes les fois que l'observateur, placé en C, les verrait, au contraire, se mouvoir autour de lui dans le même sens. (A.)

Si le courant mobile AB était assujetti à tourner autour d'un axe horizontal comme lui, il se placerait dans les n°s 1 et 3, de manière qu'il se trouvât dans un même plan avec cet axe et le courant EO, et qu'il fût situé entre EO et l'axe, quand sa direction serait celle qui est représentée n° 1, et du côté de l'axe opposé à EO, quand il serait dirigé comme on le voit n° 3; dans les autres azimuts, AB prendrait des positions qu'on pourrait facilement calculer.

L'action qu'exerce le courant fixe EO sur des courants mobiles, soit verticaux, soit horizontaux, se trouve être absolument la même que celle qu'exerce le globe terrestre sur de pareils courants; par conséquent cette dernière peut être attribuée à des courants électriques dirigés de l'est à l'ouest sur le globe, mais d'une intensité beaucoup plus considérable vers l'équateur magnétique, de manière que l'on puisse remplacer le courant EO des *fig.* 9 et 10 par un courant dirigé de l'est à l'ouest dans cet équateur, et qui produise les effets observés sur les courants mobiles

Fig. 11.

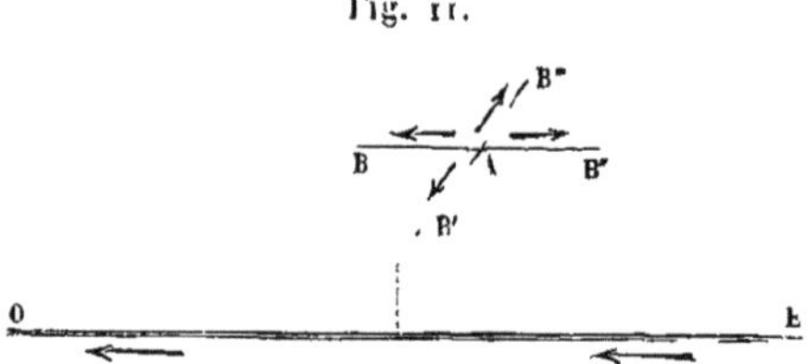

situés dans l'hémisphère septentrional de la surface de la terre.

La supposition du courant dirigé sur le globe de l'est à l'ouest à l'équateur magnétique, expliquant les deux faits généraux, rend raison, par conséquent, de tous les faits particuliers. Il en est un cependant que nous croyons devoir expliquer directement : c'est celui de la rotation continue autour d'un point fixe qu'on observe dans un courant, soit horizontal, soit un peu incliné, rotation semblable à celle d'une aiguille de montre autour de son axe. Soit AB (*fig.* 11) un fil horizontal, placé d'abord parallèlement à EO, et dont le courant aille de A en B dans la même direction que celui de EO; AB attiré se place dans sa seconde position AB', où son courant est descendant; poussé alors vers E, comme on l'a vu, il se place en AB" parallèlement à EO; là, le courant étant dirigé dans un sens contraire à celui de EO, il est repoussé et se place en AB'''; dans cette position, le courant se trouve ascendant, il est poussé vers O et il vient se replacer en AB, d'où on l'a supposé partir, et il continue, ainsi de suite, à tourner autour du point fixe A, en sens contraire de la direction du courant EO, quand le courant mobile AB va en s'éloignant du point A, autour duquel il tourne. Son mouvement continu de rotation aurait lieu dans le sens de la direction du courant EO, si le courant qui parcourt la ligne AB allait, au contraire, en s'approchant du point A.

Pendant son séjour à Genève, M. Ampère, ayant eu l'occasion de faire quelques expériences nouvelles, a désiré que j'en consignasse deux principales et importantes à la suite de ce Mémoire.

La première est une confirmation des vues théoriques de M. Ampère, qui, par une suite de sa formule, avait été conduit à conclure que deux portions de courant dirigées dans le même sens le long de la même droite doivent se repousser, et que toutes les portions d'un même courant doivent se repousser les unes les autres.

En effet, sur un plat ABCD (*fig.* 12), séparé en deux compar-

Fig. 12.

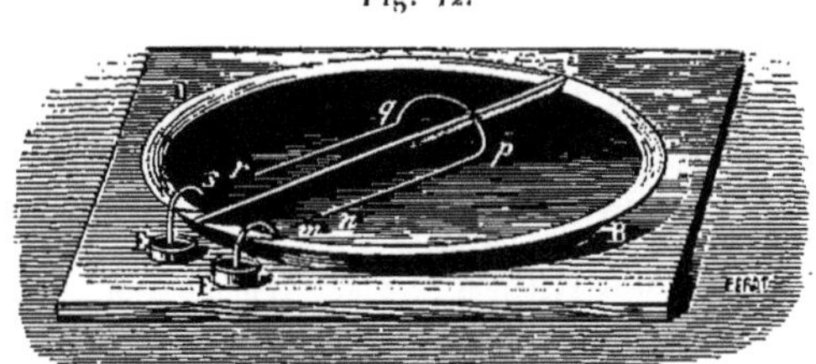

timents égaux par la cloison AC, et remplis chacun de mercure, on place un fil de laiton recouvert de soie, dont les branches *qr*, *pn* peuvent flotter sur le mercure parallèlement à la cloison AC. Les extrémités nues *rs, nm* plongent dans le mercure. En mettant les pôles dans les capsules E et F, on établit deux courants indépendants l'un de l'autre, dont chacun a pour conducteur une partie du mercure et une partie solide : quelle que soit la direction du courant, on voit toujours les deux fils *rq* et *pn* marcher parallèlement à la cloison AC du côté opposé à celui où il arrive, ce qui indique une répulsion pour chaque fil entre le courant établi dans le mercure et son prolongement dans le fil lui-même. Suivant le sens du courant, le mouvement du fil de laiton est plus ou moins facile, parce que, dans un cas, l'action exercée par le globe sur la portion horizontale *qp* s'ajoute à l'effet obtenu, et que dans l'autre, au contraire, elle le diminue et doit en être retranchée.

La seconde expérience consiste dans l'influence qu'éprouve une lame de cuivre pliée en cercle de la part d'une ceinture de forts courants électriques au milieu desquels elle est suspendue, et qui l'entourent sans la toucher. Cette influence, que M. Ampère avait d'abord crue nulle, a été, à Genève, constatée par lui-même d'une manière très précise. En présentant à un côté de cette lame un aimant en fer à cheval, très fort, on l'a vu tantôt s'avancer entre les deux branches de l'aimant, tantôt au contraire en être repoussé, suivant le sens du courant, dans les conducteurs environnants. Cette expérience importante montre donc que les corps qui ne sont pas susceptibles, au moyen de l'influence des courants électriques, d'acquérir une aimantation permanente, comme le sont le fer et l'acier, peuvent du moins acquérir une sorte d'aimantation passagère pendant qu'ils sont sous cette influence (¹).

(¹) L'instrument dont je me suis servi pour cette expérience est le même que j'avais employé lorsque je l'essayai au mois de juillet 1820; il a été décrit et figuré dans le *Journal de Physique*, et dans ce recueil, p. 170. (Art. XVII, p. 213.) (A.)

Dans le *Recueil d'observations electromagnetiques*, le Mémoire de A. de la Rive est suivi d'une Note d'Ampere qu'on a jugé inutile de reproduire. Elle contient la description de deux systemes de courants mobiles disposés de manière à ne prendre aucun mouvement sous l'action de la terre. (J.)

XXV.

NOTICE SUR QUELQUES EXPÉRIENCES NOUVELLES RELATIVES A L'ACTION MUTUELLE DE DEUX PORTIONS DE CIRCUIT VOLTAIQUE ET A LA PRODUCTION DES COURANTS ÉLECTRIQUES PAR INFLUENCE, ET SUR LES CIRCONSTANCES DANS LESQUELLES L'ACTION ÉLECTRODYNAMIQUE DOIT, D'APRÈS LA THÉORIE, PRODUIRE DANS UN CONDUCTEUR MOBILE AUTOUR D'UN AXE FIXE UN MOUVEMENT DE ROTATION CONTINU, OU DONNER A CE CONDUCTEUR UNE DIRECTION FIXE;

PAR M.-A. AMPÈRE (¹).

Pendant le court séjour que je viens de faire à Genève, j'ai trouvé, dans la bienveillance des savants qui y cultivent avec tant de succès les diverses branches des sciences physiques, tous les secours que je pouvais désirer pour diverses expériences sur l'action électrodynamique, que je n'avais point encore faites ou que je n'avais faites qu'avec des moyens insuffisants. M. le professeur de la Rive, dont je n'oublierai jamais les bontés pour moi, a mis à ma disposition tous ses appareils et a bien voulu concourir à ces expériences; M. le professeur Pictet m'a procuré un aimant plus puissant que ceux dont je m'étais servi jusqu'à présent, et avec lequel j'ai fait l'observation dont je parlerai bientôt; enfin M. Auguste de la Rive, non seulement m'a aidé dans toutes mes expériences, mais il m'en a communiqué de très remarquables qu'il avait faites quelque temps avant mon arrivée à Genève, et qu'il a décrites dans un Mémoire qu'il a lu à la Société d'Histoire naturelle de cette ville, dans une séance à laquelle j'ai eu l'avantage d'assister (²). C'est à ce concours de circonstances favorables que je dois le succès de trois nouvelles expériences dont je vais communiquer le résultat à l'Académie, et auxquelles je joindrai des con-

(¹) Présenté à l'Académie royale des Sciences, le 16 septembre 1822; publié, pour la première fois, d'après le manuscrit autographe faisant partie de la collection des papiers d'Ampère, appartenant à l'Académie des Sciences. (J.)

(²) Le 4 septembre 1822. (J.)

sidérations sur l'action mutuelle de deux courants électriques qui m'avaient été suggérées, tant par les expériences de MM. de la Rive que par les lois générales de l'action électrodynamique.

La première de ces trois nouvelles expériences avait pour objet de vérifier une conséquence de la détermination que j'ai faite, dans le Mémoire lu à l'Académie le 10 juin dernier ([1]), du coefficient constant, et jusqu'alors indéterminé, qui se trouve dans la formule par laquelle j'ai exprimé, il y a près de deux ans, l'action mutuelle de deux portions infiniment petites de courants électriques, et qui a été publiée dans le cahier de septembre 1820 du *Journal de Physique*. Les expériences et les calculs dont j'ai fait usage dans ce Mémoire pour trouver la valeur de ce coefficient m'ayant montré qu'elle était négative, j'en ai conclu, dans une Note additionnelle lue à la séance du 24 juin ([2]), que deux portions infiniment petites de courants voltaïques se repoussent quand elles sont dirigées suivant la même droite et dans le même sens, ce qui m'a conduit à établir, dans cette même Note, que le phénomène présenté par ce qu'on appelle le *moulinet électrique* est dû à cette répulsion, et que c'est là le premier fait connu de l'action électrodynamique. Mais, comme on en a donné des explications fondées sur d'autres principes, il fallait constater la répulsion mutuelle des diverses portions d'un courant rectiligne dans des cas où il fût impossible d'avoir recours à ces explications. J'avais imaginé, pour cela, un appareil très simple, et je me proposais de m'en servir pour faire cette expérience avant mon départ de Paris, mais je n'en eus pas le temps. M. Auguste de la Rive m'a aidé à le construire, et nous avons vu le conducteur mobile de l'appareil se mouvoir comme il devait faire, en vertu de cette répulsion. Ce conducteur était formé d'un fil de cuivre revêtu de soie, comme on le voit (*fig.* 1); les deux branches np, rq flottaient sur du mercure contenu dans une assiette BCD, divisée en deux par une cloison C et ne communiquant avec lui que par les extrémités r, n dont nous avions enlevé la soie. Le mercure de chaque division était mis en communication avec une des extrémités de la pile au moyen de deux lames de platine m et s attachées au

([1]) Art. XIX, p. 270. (J.)

([2]) Art. XX, p. 290. (J.)

bord de l'assiette, dans la direction des branches *np*, *rq* et plongeant dans les coupes E et F : à l'instant où les communications sont établies entre les coupes et les deux extrémités de la pile, le conducteur mobile marche en s'éloignant des courants qui s'établissent dans le mercure de *m* en *n* et de *s* en *r*; l'effet a toujours lieu dans le même sens, quand on renverse celui des courants en changeant les extrémités de la pile, ce qui est le signe général, que j'ai donné ailleurs, pour constater qu'un phénomène est dû à l'action mutuelle des diverses parties d'un même circuit voltaïque et non à celle du globe terrestre; cette dernière action était évidemment nulle sur l'ensemble des deux branches *np*, *rq*, puisque le courant électrique les parcourrait dans des directions parallèles et opposées, mais elle avait lieu dans la partie *pq* du

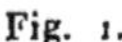
Fig. 1.

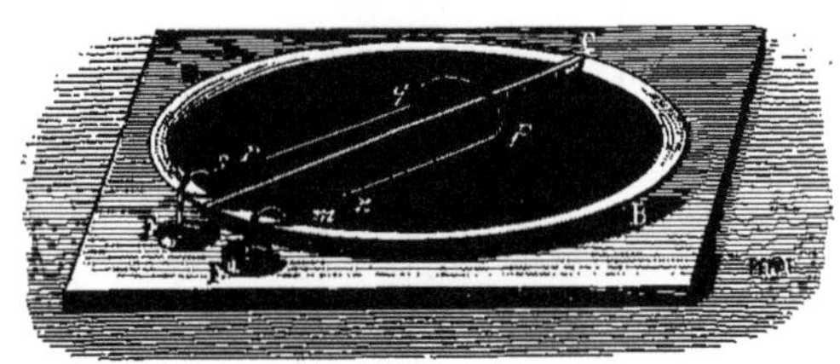

conducteur mobile pour le pousser, comme je l'ai observé lors de mes premières expériences sur l'action électrodynamique de la Terre, à gauche du courant dans cette partie, en sorte qu'elle s'ajoutait à celle des courants du mercure quand le point *n* communiquait avec l'extrémité positive de la pile, et s'en retranchait quand c'était le point *r*. J'ai, en effet, observé que le mouvement du conducteur mobile était plus rapide dans le premier cas que dans le second. Il est clair qu'on ne peut rendre raison de l'effet produit dans cette expérience par aucune des explications données jusqu'à présent de la rotation du moulinet électrique. Voilà donc un fait tout à fait inattendu, conclu d'avance de mes formules et vérifié ensuite par l'observation et de la manière la plus frappante.

Pour se faire une idée juste de la seconde expérience, il faut se rappeler que j'ai conclu la valeur du coefficient constant, dont je viens de parler, d'une expérience où je m'étais assuré, en prenant toutes les précautions nécessaires pour lui donner la plus grande précision, qu'un circuit voltaïque circulaire et horizontal, plusieurs fois redoublé, n'a aucune action pour faire tourner autour d'un axe vertical une autre portion de circuit, d'une forme quelconque, dont les deux extrémités supérieures se trouvent dans cet axe; d'après la valeur de ce coefficient ainsi déterminé, la même chose devait aussi avoir lieu en substituant au conducteur fixe, formant une circonférence entière plusieurs fois redoublée, un conducteur fixe qui ne formât qu'un arc de cercle (*fig.* 2); on en a

Fig. 2.

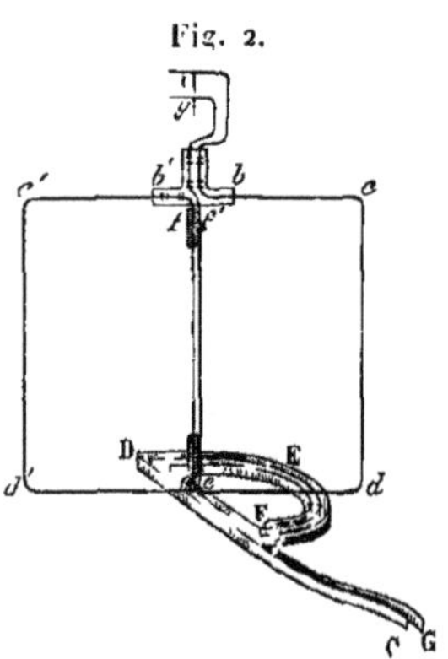

construit un à Genève, en demi-circonférence également redoublée, et le conducteur mobile est resté dans toutes les positions où on l'a mis, comme quand le cercle était entier, ou a tendu à prendre une position fixe quand la demi-circonférence n'était pas exactement circulaire. Il est inutile de faire remarquer que j'employais un conducteur mobile composé de deux branches égales et opposées, pour le soustraire à l'action de la terre qui aurait tendu, sans cette précaution, à l'amener dans une position fixe.

On ne peut donc pas, dans cette expérience, attribuer l'immobilité du conducteur suspendu, de manière à tourner librement autour d'un axe vertical, à la compensation de deux actions égales et contraires produites par deux portions du conducteur fixe semi-circulaire, puisqu'elle a lieu dans toutes les situations qu'on donne au conducteur mobile.

La troisième expérience avait pour objet de savoir si l'on peut produire un courant électrique par l'influence d'un autre courant. Il y a plus d'un an que je l'avais tentée, sans succès, avec l'appareil représenté *fig.* 3; mais j'ai réussi avec un appareil absolument semblable, en employant l'excellent aimant en fer à cheval du musée de Genève, que m'avait procuré M. le professeur Pictet. Voici la description de cette expérience. J'ai formé avec un long fil de cuivre ABCDEF, revêtu d'un ruban, une spirale BCDE,

Fig. 3.

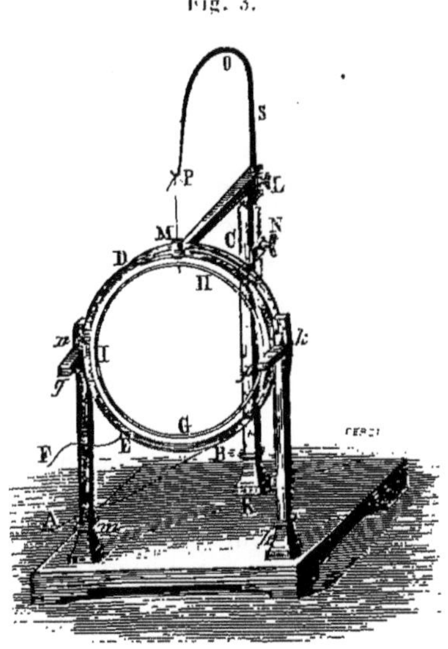

dont les tours étaient séparés les uns des autres par la soie de ce ruban; je disposai cette spirale sur le pied en bois *hkmn*; les deux extrémités A et F de ce fil communiquaient avec celle de la pile. La partie supérieure de cette spirale était traversée par un petit tube de verre M, passant entre les spires qui se traversent les unes en avant, les autres en arrière de ce tube; un fil métallique très fin le traversait sans en toucher les parois intérieures; il était attaché par un bout à la potence KSOP, qu'on faisait monter ou descendre à volonté en tournant le bouton N, et qu'on arrêtait à la hauteur convenable en serrant la vis de pression L; le cercle mobile GHI était suspendu au bout du fil, de manière à être concentrique à la spirale, situé dans le même plan, et très près des spires dont elle se composait. Le pied *hkmn* portait, en outre, deux petites règles *kp*, *nq*, sur lesquelles on pouvait appuyer les aimants qui devaient agir sur le cercle mobile. Cette disposition m'a paru la plus convenable pour exciter dans ce cercle des courants électriques par influence, si cela était possible. Le circuit fermé placé sous l'influence du courant électrique redoublé, mais sans aucune communication avec lui, a été attiré et repoussé alternativement par l'aimant, et cette expérience ne laisserait, par conséquent, aucun doute sur la production des courants électriques par influence, si l'on ne pouvait soupçonner la présence d'un peu de fer dans le cuivre dont a été formé le circuit mobile. Il n'y avait cependant aucune action entre ce circuit et l'aimant avant que le courant électrique parcourût la spirale dont il était entouré; c'est pourquoi je regarde cette expérience comme suffisante pour prouver cette production; je me propose, néanmoins, pour prévenir toute objection, de la répéter incessamment, avec un circuit formé d'un métal non magnétique très pur. Ce fait de la production de courants électriques par influence, très intéressant par lui-même, est d'ailleurs indépendant de la théorie générale de l'action électrodynamique.

Je viens maintenant aux considérations que j'ai annoncées au commencement de cette Notice sur l'action mutuelle de deux courants électriques. Elles ont pour but de distinguer les cas où un conducteur fixe, soit rectiligne indéfini, soit circulaire, tend ou à faire tourner, toujours dans le même sens, une portion de conducteur mobile autour d'un axe dont la direction forme un angle droit, soit avec celle du courant fixe, quand il est rectiligne, soit avec la direction de la tangente au courant circulaire dans le point le plus rapproché de l'axe, en rencontrant, dans ce dernier cas, le diamètre qui passe par ce point, ou à amener cette portion dans une position fixe, en supposant, dans les deux cas, que la distance entre cet axe et le courant fixe surpasse toutes les distances du même axe aux divers points de la portion mobile. Pour ne pas compliquer inutilement les considérations que j'ai à faire sur ce sujet, je supposerai que la portion mobile autour d'un axe situé comme je viens de le dire est une droite comprise dans un même plan avec DE et parallèle ou perpendiculaire à cette dernière. Cela suffit pour qu'il soit bien aisé de voir ce qu'il y aurait à ajouter, dans tout autre cas, à ces considérations. Soit un conducteur rectiligne uniforme AB (*fig.* 4), parcouru par le courant électrique dans le sens AB; soit DE l'axe dont la direction forme un angle droit avec AB. Considérons d'abord l'action du conducteur fixe sur un conducteur mobile PQ parallèle à DE et dirigé, par exemple, de P en Q. Abaissons, pour cela, de l'extrémité P une perpendiculaire PC sur AB et, à partir du point C, prenons deux parties égales CM et CN; deux portions égales et infiniment petites Mm et Nn du conducteur AB, situées en M et en N, exerceront, sur une portion infiniment petite quelconque du conducteur mobile, deux actions égales, l'une attractive, dirigée du milieu O de KH vers le milieu R de Nn; l'autre répulsive et dirigée suivant le

Fig. 4.

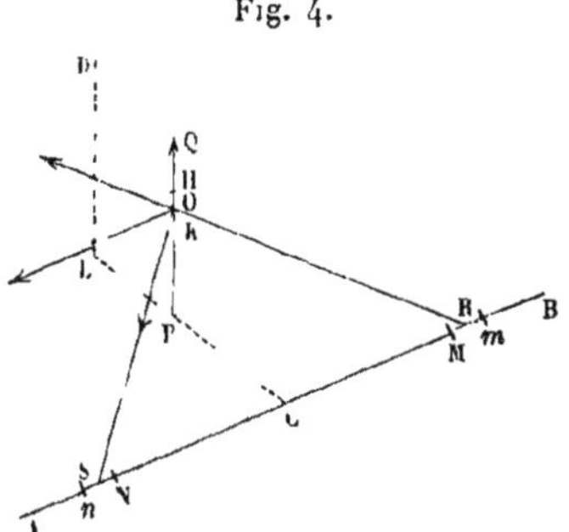

prolongement OS′ de la droite qui joint le point O au milieu S de Mm. La résultante de ces deux forces partagera l'angle SOK en deux parties égales et sera, par conséquent, parallèle à BA. Il en serait de même des autres points de PQ et des autres éléments de AB placés symétriquement des deux côtés du point C. La résultante de toutes ces actions sera donc aussi parallèle à AB et dirigée dans le même sens que le courant AB, lorsque le courant PQ va en s'éloignant de AB, comme on le suppose dans la figure. Le conducteur PQ se mouvra donc dans le sens du courant AB. Si le courant PQ, au lieu de s'éloigner de AB, allait en s'en rapprochant, le mouvement du conducteur PQ se ferait en sens inverse. Dans toutes les positions que prendra le plan EDPQ, les forces qui solliciteront les différents points de PQ étant toujours parallèles à l'axe, en vertu des mêmes raisonnements que tout à l'heure, le conducteur mobile oscillera de part et d'autre du plan mené par l'axe parallèlement au courant fixe, et dans lequel il finira par rester en équilibre lorsque le frottement et la résistance des milieux auront réduit à zéro les amplitudes des oscillations.

Supposons maintenant que le conducteur mobile soit perpendiculaire à l'axe fixe DE; considérons-le dans le plan EDC (*fig.* 5) perpendiculaire au conducteur fixe AB, et supposons qu'il aille du centre à la circonférence. L'action de deux éléments M*m* et N*n*, également éloignés de C sur un élément quelconque KH du courant mobile, sera, comme dans le cas précédent, parallèle à AB, mais tendra à le mettre en mouvement en sens inverse du courant

Fig. 5.

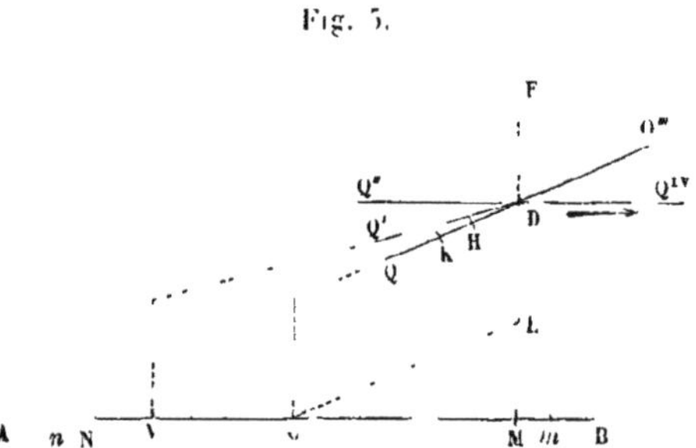

AB, parce que, dans ce cas, le courant mobile s'approche de AB. Il commencera donc par se mouvoir en rétrogradant sur le courant fixe. Si on le considère dans une position quelconque DQ'V du premier quart de cercle qu'il décrit, on verra qu'il est attiré par la partie VA et repoussé par VB : il continuera donc de se mouvoir dans le même sens. Devenu en DQ″ parallèle à AB et dirigé en sens contraire de ce courant, il sera repoussé et décrira le deuxième quart de cercle dans ce même sens. Parvenu en DQ‴, perpendiculairement à AB, il sera repoussé par CA et attiré par CB; il décrira ainsi le troisième quart de cercle, et, redevenu parallèle à AB en DQ^{IV}, il sera attiré et décrira le reste du cercle; après quoi, il recommencera le même mouvement avec une vitesse qui ira toujours en croissant, jusqu'à ce que la résistance des milieux et le frottement lui aient fait atteindre une certaine limite.

Remplaçons maintenant le courant rectiligne AB par un courant circulaire OB (*fig.* 6), situé dans un plan perpendiculaire à l'axe fixe ED, et considérons un conducteur CF mobile situé au-dessus de ce plan, parallèlement à l'axe. Les points du cercle OB, qui avoisinent le point B où il est coupé par la droite OE, sont ceux qui exercent le plus d'action sur CF, et la résultante de leur action sollicite CF parallèlement à la tangente en B ou perpendiculairement à OC. Le conducteur mobile prendra donc cette direction et s'arrêtera, après plusieurs oscillations, au point de contact T de la tangente au cercle EC menée du centre O; car, dans cette position, la résultante des actions des parties à droite et à gauche de B_1 passera par l'axe fixe DE.

Il suit de là que le mouvement finira par s'arrêter, en vertu des frottements et des résistances des milieux, quand le point O ne

Fig. 6.

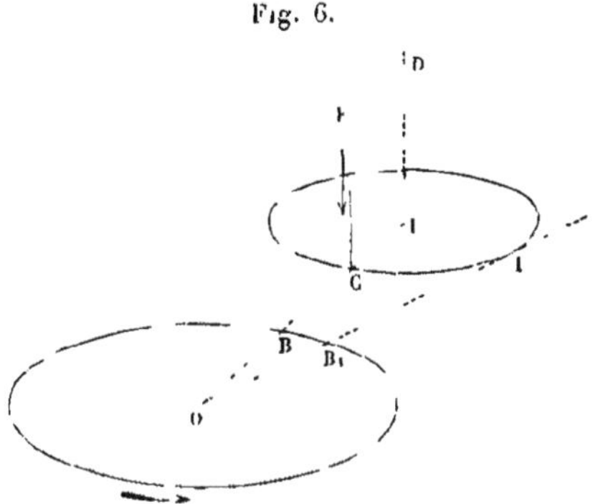

sera pas dans l'intérieur de la surface cylindrique décrite par le conducteur mobile, et que, dans le cas contraire, le mouvement sera continu et dans le même sens.

On reconnaîtra facilement, par des raisonnements analogues, que, si le conducteur mobile est perpendiculaire à l'axe fixe, un aimant circulaire lui imprimera un mouvement continu dans le même sens lorsque le cercle décrit par le conducteur mobile sera entièrement au dedans ou au dehors du courant circulaire fixe.

Si le plan du cercle, au lieu d'être perpendiculaire à l'axe, lui était incliné, de telle sorte que l'axe prolongé rencontrât le diamètre mené par le point du cercle le plus rapproché du même axe, les choses se passeraient encore de la même manière. L'action de la Terre devrait donc produire les mêmes effets en y concevant des courants électriques de l'est à l'ouest : c'est aussi ce que confirme l'expérience.

XXVI.

MÉMOIRE SUR L'APPLICATION DU CALCUL AUX PHÉNOMÈNES ÉLECTRODYNAMIQUES;

PAR M. F. SAVARY (1).

Les calculs suivants ont principalement pour objet d'étudier l'analogie qui existe entre les aimants et des assemblages de courants électriques circulaires, dont les plans sont parallèles entre eux et perpendiculaires à la ligne qui joint les centres des cercles décrits par ces courants. M. Ampère désigne un tel assemblage sous le nom de *cylindre électrodynamique* quand cette ligne est droite, et sous celui d'*anneau électrodynamique* quand c'est une circonférence de cercle. On le réalise au moyen d'un fil conducteur plié en hélice, puis ramené suivant l'axe de cette hélice, de manière à neutraliser l'effet longitudinal des spires, du moins à

(1) *Journal de Physique*, t. XCVI, p. 1 (février 1823). — Le Mémoire de Savary a été lu à l'Académie des Sciences, dans la séance du 3 février 1823. A la même séance, de Monferrand lisait, sur le même sujet, un Mémoire d'une importance moindre et qui n'a pas été publié. Dans un article du *Journal de Physique*, sans nom d'auteur, mais évidemment d'Ampère, *Exposé méthodique des phénomènes électrodynamiques et des lois de ces phénomènes*, on lit ce qui suit :

« Parmi les résultats des recherches de M. de Monferrand qui ne se trouvent pas dans le Mémoire de M. Savary, on doit particulièrement remarquer les deux suivants :

» 1° L'action d'un conducteur horizontal rectiligne et indéfini pour faire tourner un conducteur mobile très court, toujours dans le même sens autour d'une de ses extrémités, dans un plan horizontal, est indépendant de l'angle formé par les directions des deux conducteurs, et cela, non seulement dans le cas où le plan de rotation passe par le conducteur indéfini, comme on le savait déjà, mais encore lorsqu'il passe au-dessus ou au-dessous de ce conducteur.

» 2° L'action d'une hélice dont l'axe forme, comme celui d'un aimant en fer à cheval, une courbe composée de deux parties symétriques des deux côtés d'un plan, tend toujours à amener, dans ce plan, un conducteur rectiligne indéfini mobile autour d'un axe situé dans le même plan. Ce résultat du calcul a été confirmé par l'expérience. » (J.)

des distances un peu grandes, par rapport au rayon de ces spires, rayon que l'on supposera toujours très petit.

Les résultats généraux sont : 1° que l'action entre un cylindre et un fil conducteur ne diffère de l'action entre un aimant et le même fil que par la substitution des extrémités du cylindre aux pôles magnétiques ;

2° Que la même analogie et la même différence se retrouvent entre l'action mutuelle de deux cylindres et celle de deux aimants, du moins à des distances un peu grandes. Il est vrai que l'on n'a ici pour terme de comparaison que des expériences de Coulomb sur la direction que prend une aiguille soumise à l'action d'un barreau aimanté, expériences qui s'accordent d'autant mieux avec la loi qu'il en a déduite qu'on s'éloigne plus des pôles.

Tous les calculs sont fondés sur la formule qu'a donnée M. Ampère pour exprimer l'action de deux éléments infiniment petits de conducteurs voltaïques. On l'a prise dans sa forme la plus générale, contenant deux constantes dont il reste à déterminer les valeurs indépendantes de l'intensité des courants pour que la fonction qui représente cette action soit complètement connue. L'une de ces constantes, désignée par n, est l'exposant de la puissance de la distance à laquelle l'action de deux éléments de circuits voltaïques est réciproquement proportionnelle quand, les angles qui déterminent leur position relative ne changent point. L'autre k est le rapport des actions de ces éléments quand, la distance, restant la même, on les suppose d'abord dirigés suivant une même droite, puis tous deux dans un même plan et perpendiculaires à la droite qui les joint. M. Ampère avait déjà obtenu ([1]) une relation entre ces deux constantes, fondée sur ce qu'un conducteur mobile autour d'un axe auquel il se termine de part et d'autre n'éprouve, quelle que soit sa forme, aucune tendance à tourner toujours dans le même sens, par l'action d'une portion de conducteur circulaire dont le centre est dans l'axe de rotation et dont le plan est perpendiculaire à cet axe.

M. Ampère, d'après l'analogie entre les divers phénomènes d'attraction qui ont lieu dans la nature, avait admis que l'exposant

([1]) *Voir* art. XIX, p. 270. (J.)

n devait être égal à 2. La relation dont nous venons de parler donne alors pour k la valeur de $-\frac{1}{2}$.

Une expérience de MM. Gay-Lussac et Welter offre un moyen direct de déterminer n et k, en fournissant entre ces deux constantes une seconde relation. Cette expérience consiste en ce qu'un anneau d'acier, autour duquel on roule en hélice le fil qui sert de conducteur au courant de la pile ou à une décharge électrique, ne devient point un aimant, quoique ses particules acquièrent réellement l'aimantation, puisque les propriétés magnétiques se manifestent dans ses diverses portions, dès qu'on le brise. Tant que l'anneau est entier, ces propriétés sont donc latentes, et comme on peut s'assurer que son action est alors nulle sur un circuit voltaïque de forme quelconque, il s'ensuit qu'elle l'est aussi sur un élément de circuit, quelle que soit sa direction. M. Ampère vient de faire la même expérience en remplaçant l'anneau par un assemblage de courants circulaires disposés comme ceux qu'il admet autour des molécules de l'acier aimanté. En égalant à zéro l'action de ce système sur un point extérieur quelconque, on obtient, entre n et k, et d'une manière indépendante de toute assimilation entre les aimants et les courants électriques, une seconde relation, qui, jointe à la précédente, donne pour ces constantes les deux systèmes de valeurs

$$n = 2, \qquad n = 1,$$
$$k = -\tfrac{1}{2}; \qquad k = 1.$$

et, comme M. Ampère a prouvé par une expérience directe que k doit être négatif (¹), le premier système est seul admissible.

La formule ainsi déterminée, voici les principaux résultats auxquels on parvient, en supposant le rayon des cylindres électrodynamiques très petit.

Je supprime, comme étrangers au but des recherches présentes, les calculs où j'avais conservé à ce rayon une grandeur quelconque.

L'action d'un cylindre sur un élément de courant peut être représentée par deux forces, chacune de ces forces étant en raison inverse du carré de la distance d'une des extrémités du cylindre à

(¹) Voir la note de la page 288. (J.)

l'élément, proportionnelle au sinus de l'angle que fait la même distance avec la direction de l'élément, et dirigée perpendiculairement au plan de cet angle.

Il faut remarquer, et cela s'applique également à ce qui suit, que ces deux forces n'émanent point réellement des extrémités du cylindre; que c'est seulement une manière de représenter l'action totale de ce cylindre, en regardant comme la valeur d'une force chacun des termes dont l'ensemble forme l'intégrale définie qui exprime la résultante unique de toutes les actions élémentaires qu'il exerce sur un élément du fil conducteur.

On déduit immédiatement du résultat précédent que l'action du cylindre sur un courant rectiligne indéfini se compose de deux forces, agissant en raison inverse des perpendiculaires abaissées de ses extrémités sur la direction du courant au point où ces perpendiculaires le rencontrent, et qui sont elles-mêmes perpendiculaires aux plans qui passent par le courant et par chacune des extrémités du cylindre. Ce résultat, en substituant aux extrémités du cylindre les pôles d'un aimant, est la loi expérimentale donnée par M. Biot dans les *Annales de Chimie et de Physique*, t. XV, p. 222 et 223 ([1]), et dont M. Pouillet a constaté l'exactitude, en montrant qu'on peut en déduire tous les résultats de ses expériences sur l'action mutuelle d'un aimant et d'un conducteur rectiligne indéfini. Lorsque l'axe du cylindre est dans un plan perpendiculaire à la direction du conducteur rectiligne indéfini, leur action mutuelle se réduit à une force unique proportionnelle à la longueur du cylindre divisée par le produit des deux perpendiculaires abaissées de ces deux extrémités sur la direction du conducteur et dirigées suivant le diamètre du cercle circonscrit au triangle formé par ces trois lignes, qui passe par le point où les deux perpendiculaires rencontrent cette direction.

On en déduit aussi facilement, quelle que soit la forme du conducteur, que si les distances de ses différents points à l'une des extrémités d'un cylindre électrodynamique sont très grandes, relativement aux distances des mêmes points à son autre extrémité, l'action exercée sur le conducteur ne dépendra que de sa situation par rapport à cette dernière extrémité, et restera la même, quelle

([1]) *Voir* art. VI, p. 80. (J.)

que soit la direction de l'axe du cylindre. Ceci suppose pourtant qu'aucun des points du conducteur n'est très voisin d'un point quelconque de la surface du cylindre.

J'ai calculé l'action qu'exerce un cylindre électrodynamique, pour faire tourner un fil conducteur mobile autour d'un axe vertical passant par l'extrémité supérieure de ce fil, dans le cas où le cylindre est très long et où son extrémité la plus voisine du conducteur mobile se trouve dans l'axe de rotation au niveau de l'extrémité inférieure du conducteur mobile, et j'ai trouvé que l'action, qui, d'après ce que je viens de dire, est indépendante de la direction de l'axe du cylindre, est alors en raison inverse du rayon du cercle décrit par cette même extrémité inférieure du conducteur mobile.

Quand on veut déduire des forces immédiatement appliquées au fil les mouvements du cylindre, il suffit de remarquer que les actions élémentaires de deux points quelconques étant dirigées suivant leurs distances, le système du fil et du cylindre, si on les suppose liés l'un à l'autre, ne peut prendre aucun mouvement. L'action du fil sur le cylindre est donc une force égale et directement opposée à celle du cylindre sur le fil. Il faut donc supposer, quand le fil est fixe, le cylindre invariablement lié au point d'application de la force qui tend à mouvoir le fil et concevoir que ce point soit indépendant du fil et poussé par une force égale et directement opposée à celle dont on connaît déjà la valeur.

On trouve ainsi, sans qu'il soit besoin de nouveaux calculs, que, quand un cylindre horizontal très court ne peut que tourner autour de la verticale passant par son centre, la force avec laquelle un conducteur indéfini situé dans un plan vertical mené par l'axe de ce petit cylindre tend à le mouvoir est toujours la même, quelle que soit l'inclinaison du conducteur, pourvu que sa distance au centre du cylindre reste constante. Cette action est en raison inverse de la simple distance.

M. Ampère avait observé depuis longtemps, avec M. Despretz, qu'un aimant horizontal très court situé dans l'angle et dans le plan de deux conducteurs indéfinis, l'un horizontal, l'autre vertical, reste en équilibre, quand il est à égale distance des deux fils et que les courants vont tous deux en s'éloignant ou en se rapprochant du sommet de l'angle. L'aimant et le cylindre agissent donc ici d'une manière toute semblable.

Si l'on suppose qu'un cylindre très court, horizontal et mobile autour de son centre, soit soumis à l'action d'un fil indéfini, situé dans un plan vertical et plié symétriquement de part et d'autre du plan horizontal qui passe par l'axe du cylindre, ce cylindre est en équilibre quand son axe est perpendiculaire au plan mené par son centre et par la direction du fil; et, lorsqu'on le fait osciller autour de cette position, la force qui l'y ramène varie en raison inverse de la distance du point de suspension au sommet de l'angle du conducteur (distance que l'on a supposée fort grande par rapport à la demi-longueur du cylindre), et proportionnellement à la tangente de la moitié de l'inclinaison des branches du conducteur sur le plan horizontal.

Le calcul, appliqué à l'action de deux cylindres, montre qu'elle se réduit à quatre forces, deux attractives et deux répulsives, dirigées suivant les droites qui joignent les extrémités des cylindres et agissant en raison inverse du carré des distances de ces extrémités. En substituant les pôles de deux aimants aux extrémités de deux cylindres, ce résultat est la loi par laquelle Coulomb, comme je l'ai dit plus haut, a représenté les expériences qu'il avait faites sur la direction que prend une petite aiguille soumise à l'action d'un barreau aimanté.

Si l'on suppose dans le globe des courants parallèles à l'équateur magnétique dont l'intensité aille en décroissant très rapidement de part et d'autre de cet équateur et dont les rayons soient assez petits relativement à celui de la terre pour qu'on puisse négliger, dans le calcul, les quatrièmes puissances de leurs rapports à ce dernier rayon, on déduit du résultat précédent que la petite aiguille suspendue par son centre à la surface de la terre doit s'incliner sur l'horizon d'un angle dont la tangente est double de la tangente de la latitude magnétique. Telle est, en effet, la loi connue, sous la forme que lui a donnée M. Bowditch, loi dont les résultats s'accordent en général d'autant mieux avec les observations qu'on l'applique à des lieux plus voisins de l'équateur magnétique. Cette manière de calculer l'action du globe ne peut, d'ailleurs, donner qu'un à peu près, puisqu'on y fait abstraction des courants dont les variations diurnes de la déclinaison et de l'inclinaison semblent devoir faire admettre l'existence très près de la surface de la terre.

Action d'un courant circulaire sur un élément de courant.

La formule donnée par M. Ampère, pour exprimer l'action de deux éléments de courants électriques, ds, ds' situés à une distance r, est

$$-ii'\,\frac{r^{1-k-n}}{1+k}\,\frac{d^2\,r^{1+k}}{ds\,ds'}\,ds\,ds' \quad (^1),$$

i et i' exprimant les intensités d'action des deux courants auxquels appartiennent ces éléments; pour abréger, je me dispenserai, dans ce qui suit, d'écrire le coefficient constant ii', et je représenterai par P la fonction $-\frac{r^{1-k-n}}{1+k}\frac{d^2\,r^{1+k}}{ds\,ds'}$, où k et n sont des constantes dont les valeurs sont les mêmes pour tous les courants et doivent être déterminées par l'expérience.

Or, M. Ampère ayant fait voir qu'une portion de courant circulaire n'a aucune action pour faire tourner autour d'un axe perpendiculaire à son plan et passant par son centre un conducteur mobile de forme quelconque, dont les deux extrémités se trouvent dans cet axe, et ayant prouvé que, pour que l'expression analytique du moment de rotation fût ainsi nulle, indépendamment de la forme de la partie mobile, il fallait poser entre les constantes k et n la relation $n-1+2k=0$, je commencerai par montrer comment l'expérience que j'ai citée plus haut, en fournissant entre k et n une nouvelle relation, détermine les valeurs de ces deux constantes d'une manière directe.

Je vais chercher dans cette vue l'action d'un courant circulaire sur un élément A d'un autre courant et je laisserai d'abord à k et n toute leur généralité.

Je place l'origine des coordonnées au centre O (*fig.* 1) du courant circulaire; je mène par cette origine un plan perpendiculaire à la direction de l'élément A du second courant, je choisis ce

(¹) Voir les *Annales de Chimie et de Physique*, t. XX, p. 412, et la p. 309 du *Recueil d'observations électrodynamiques*, par M. Ampère. Paris, chez Crochard, libraire, rue du Cloître-Saint-Benoît, nº 16. (S.)

Voir l'art. XIX, p. 282.

plan pour celui des xy, et son intersection Oy avec le plan du courant circulaire pour l'axe des y.

Soient

p la perpendiculaire AP abaissée de l'élément A sur le plan du cercle;

q la distance PO du pied de cette perpendiculaire sur le même plan, au centre origine des coordonnées;

a le rayon du cercle décrit par le courant dont il s'agit de calculer l'action sur l'élément A;

δ l'angle que le plan de ce cercle forme avec l'axe des z (¹);

Fig. 1.

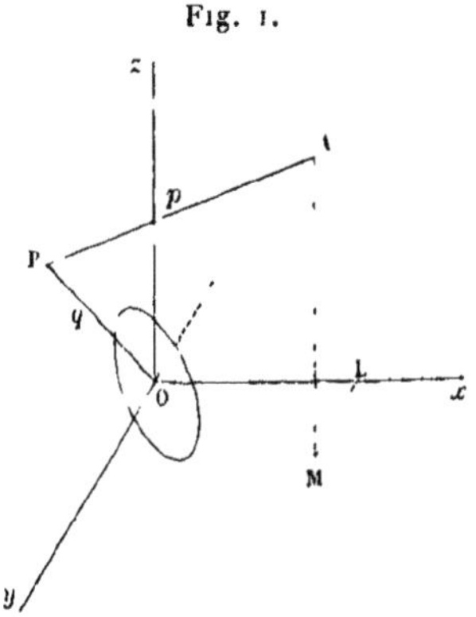

ψ l'angle que la droite q fait avec l'axe des y;

ω un angle variable compté à partir du même axe, dans le plan du cercle;

x, y, z les coordonnées OL, LM, MA de l'élément A du second courant;

on aura évidemment

$$ds = a\,d\omega,\quad ds' = dz,\quad p = x\cos\delta + z\sin\delta,\quad q\sin\psi = z\cos\delta - x\sin\delta;$$
$$x = p\cos\delta - q\sin\delta\sin\psi,\quad y = q\cos\psi,\quad z = p\sin\delta + q\cos\delta\sin\psi,$$

et la distance d'un élément du courant circulaire à l'élément A sera

$$r = \sqrt{p^2 + q^2 + a^2 - 2aq\cos(\omega - \psi)}.$$

(¹) Le texte original porte par erreur y au lieu de z. (J.)

De plus, il est facile de voir que les trois composantes de la somme des actions du courant circulaire sur l'élément sont

$$Z\,dz = dz\int\frac{\mathrm{P}a\,d\omega(z - a\cos\delta\sin\omega)}{r},$$

$$Y\,dz = dz\int\frac{\mathrm{P}a\,d\omega(y - a\cos\omega)}{r},$$

$$X\,dz = dz\int\frac{\mathrm{P}a\,d\omega(x + a\sin\delta\sin\omega)}{r};$$

les intégrales devant être prises depuis $\omega = 0$ jusqu'à $\omega = 2\pi$, c'est entre ces limites que nous supposons que sont prises toutes les intégrales des calculs suivants.

Or

$$\mathrm{P} = -\frac{r^{1-k-n}}{1+k}\,\frac{d^2 r^{1+k}}{a\,d\omega\,dz};$$

en intégrant par parties et en négligeant les termes qui se détruisent aux limites, on trouve

$$\int\frac{\mathrm{P}a\,d\omega}{r} = \frac{1}{1+k}\int\frac{dr^{1+k}}{dz}\,\frac{dr^{-(n+k)}}{d\omega}\,d\omega = -(n+k)\int r^{-(n+1)}\frac{dr}{dz}\,\frac{dr}{d\omega}\,d\omega,$$

$$\int\frac{\mathrm{P}a\cos(\omega-\psi)\,d\omega}{r} = -(n+k)\int r^{-(n+1)}\cos(\omega-\psi)\frac{dr}{dz}\,\frac{dr}{d\omega}\,d\omega$$
$$-\int r^{-n}\sin(\omega-\psi)\frac{dr}{dz}\,d\omega,$$

$$\int\frac{\mathrm{P}a\sin(\omega-\psi)\,d\omega}{r} = -(n+k)\int r^{-(n+1)}\sin(\omega-\psi)\frac{dr}{dz}\,\frac{dr}{d\omega}\,d\omega$$
$$+\int r^{-n}\cos(\omega-\psi)\frac{dr}{dz}\,d\omega;$$

mais, en faisant attention qu'il n'y a que p, q et ψ qui changent de valeur, quand on fait varier z dans les six équations entre x, y, z, p, q, δ et ψ, on tire des trois premières

$$\frac{dp}{dz} = \sin\delta,\quad \frac{dq}{dz} = \cos\delta\sin\psi,\quad \frac{d\psi}{dz} = \frac{\cos\delta\cos\psi}{q};$$

on a ensuite

$$\frac{dr}{d\omega} = \frac{aq\sin(\omega-\psi)}{r},$$

$$\frac{dr}{dz} = \frac{p\sin\delta + [q - a\cos(\omega-\psi)]\cos\delta\sin\psi - a\sin(\omega-\psi)\cos\delta\cos\psi}{r}$$
$$- \frac{z - a\cos\delta\sin\psi\cos(\omega-\psi) - a\cos\delta\cos\psi\sin(\omega-\psi)}{r},$$

et, comme en général $\int r^m \cos^{m'}(\omega-\psi)\sin^{2m''+1}(\omega-\psi)\,d\omega=0$, lorsqu'on représente par m, m', m'' trois nombres entiers, les expressions précédentes se réduisent à celles-ci :

$$\int\frac{\mathrm{P}a\,d\omega}{r}=(n+k)a^2q\cos\delta\cos\psi\int\frac{\sin^2(\omega-\psi)\,d\omega}{r^{n+3}},$$

$$\int\frac{\mathrm{P}a\cos(\omega-\psi)\,d\omega}{r}=(n+k)a^2q\cos\delta\cos\psi\int\frac{\sin^2(\omega-\psi)\cos(\omega-\psi)\,d\omega}{r^{n+3}}$$
$$+\,a\cos\delta\cos\psi\int\frac{\sin^2(\omega-\psi)\,d\omega}{r^{n+1}},$$

$$\int\frac{\mathrm{P}a\sin(\omega-\psi)\,d\omega}{r}=(n+k)aq\int\frac{[z-a\cos\delta\sin\psi\cos(\omega-\psi)]\sin^2(\omega-\psi)\,d\omega}{r^{n+3}}$$
$$-\int\frac{[z-a\cos\delta\sin\psi\cos(\omega-\psi)]\cos(\omega-\psi)\,d\omega}{r^{n+1}};$$

mais on a

$$\int\frac{\cos(\omega-\psi)\,d\omega}{r^{n+1}}=(n+1)aq\int\frac{\sin^2(\omega-\psi)\,d\omega}{r^{n+3}}$$

et

$$\int\frac{[\cos^2(\omega-\psi)-\sin^2(\omega-\psi)]\,d\omega}{r^{n+1}}=(n+1)aq\int\frac{\sin^2(\omega-\psi)\cos(\omega-\psi)\,d\omega}{r^{n+3}}.$$

Si l'on remarque, d'ailleurs, que la relation $n-1+2k=0$, obtenue par M. Ampère, donne $n+1=2(1-k)=2(n+k)$ et que $q\cos\psi=y$, il vient enfin

$$\int\frac{\mathrm{P}a\,d\omega}{r}=(1-k)a^2y\cos\delta\int\frac{\sin^2(\omega-\psi)\,d\omega}{r^{n+3}},$$

$$\int\frac{\mathrm{P}a\cos(\omega-\psi)\,d\omega}{r}=\tfrac{1}{2}a\cos\delta\cos\psi\int\frac{d\omega}{r^{n+1}}$$

et

$$\int\frac{\mathrm{P}a\sin(\omega-\psi)\,d\omega}{r}=(1-k)aqz\int\frac{\sin^2(\omega-\psi)\,d\omega}{r^{n+3}}$$
$$-\,\tfrac{1}{2}a\cos\delta\sin\psi\int\frac{d\omega}{r^{n+1}}.$$

En développant $\sin(\omega-\psi)$ et $\cos(\omega-\psi)$ dans ces deux dernières équations, et en éliminant q et ψ, on en tire

$$\int\frac{\mathrm{P}a\sin\omega\,d\omega}{r}=(1-k)ayz\int\frac{\sin^2(\omega-\psi)\,d\omega}{r^{n+3}}$$

et

$$\int\frac{\mathrm{P}a\cos\omega\,d\omega}{r}=-(1-k)az(z\cos\delta-x\sin\delta)\int\frac{\sin^2(\omega-\psi)\,d\omega}{r^{n+3}}$$
$$+\,\tfrac{1}{2}a\cos\delta\int\frac{d\omega}{r^{n+1}}.$$

On voit de suite que $Z = 0$, c'est-à-dire que la composante dirigée suivant l'élément attiré est nulle, ce que M. Ampère avait déjà prouvé d'une manière très simple. Les deux autres composantes sont

$$X = (1-k)a^2y(x\cos\delta + z\sin\delta)\int\frac{\sin^2(\omega-\psi)\,d\omega}{r^{n+3}}$$
$$-(1-k)a^2py\int\frac{\sin^2(\omega-\psi)\,d\omega}{r^{n+3}},$$

$$Y = (1-k)a^2[(y^2+z^2)\cos\delta - xz\sin\delta]\int\frac{\sin^2(\omega-\psi)\,d\omega}{r^{n+3}}$$
$$-\tfrac{1}{2}a^2\cos\delta\int\frac{d\omega}{r^{n+1}}.$$

Quand le rayon a est assez petit par rapport à la distance $\sqrt{p^2+q^2}$ du point A au centre du cercle, les intégrales $\int\frac{d\omega}{r^{n+1}}$, $\int\frac{\sin^2(\omega-\psi)d\omega}{r^{n+3}}$ peuvent être développées en série suivant les puissances paires de $\frac{a}{\sqrt{p^2+q^2}}$. Il ne s'agira, dans ce qui suit, que de comparer les actions magnétiques à celles des anneaux ou des cylindres électrodynamiques, et l'on peut, par conséquent, regarder les rayons des courants circulaires dont ils se composent comme infiniment petits et se borner au premier terme du développement. Si, pour abréger, on représente, après l'intégration, la distance $\sqrt{p^2+q^2}$ ou $\sqrt{x^2+y^2+z^2}$ par r, on aura

$$\int\frac{\sin^2(\omega-\psi)\,d\omega}{r^{n+3}} = \frac{\pi}{r^{n+3}},\qquad \int\frac{d\omega}{r^{n+1}} = \frac{2\pi}{r^{n+1}},$$

et, en comprenant πa^2 dans le coefficient constant dépendant de l'intensité des courants, que je supprime pour abréger,

$$X = \frac{(1-k)py}{r^{n+3}},$$

$$Y = \frac{(1-k)(r^2\cos\delta - x^2\cos\delta - zx\sin\delta) - r^2\cos\delta}{r^{n+3}}$$
$$= -\frac{k\cos\delta}{r^{n+1}} - \frac{(1-k)px}{r^{n+3}};$$

les forces X et Y sont dirigées dans un plan perpendiculaire à l'élément attiré; X se trouve de plus dans le plan mené, par cet élément, perpendiculairement au plan du courant circulaire; Y est parallèle à ce dernier plan.

Détermination de la constante k.

MM. Gay-Lussac et Welter avaient observé depuis longtemps qu'un anneau d'acier, soumis à l'action d'un fil conducteur roulé en hélice autour de lui, n'exerce au dehors aucune action magnétique. Cependant le courant électrique aimante les particules d'acier; car, si l'on brise l'anneau, ses différentes portions acquièrent aussitôt des pôles. Ses propriétés sont donc latentes quand il est entier.

L'anneau, dans la théorie de M. Ampère, doit être considéré comme composé de séries circulaires et concentriques de molécules aimantées, et chaque molécule comme devant son action à un courant électrique fermé, dont le plan est perpendiculaire à la circonférence sur laquelle se trouve le centre du petit cercle décrit par ce courant.

Il suffit de chercher, d'après la théorie, l'action d'une de ces séries de courants circulaires, sur un élément situé dans l'espace, d'une manière quelconque, action que l'expérience citée montre devoir être nulle, indépendamment de la direction de l'élément. Soit CC′C″ (*fig.* 2) la circonférence directrice de l'anneau, dont

Fig. 2.

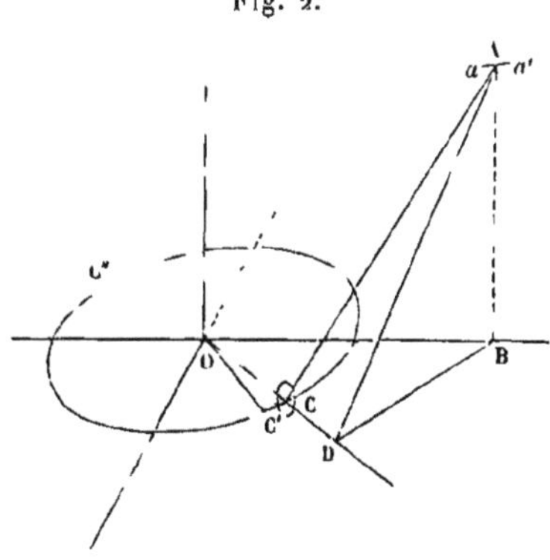

je suppose le plan horizontal pour fixer les idées; soient O son centre, C le centre d'un petit courant circulaire situé dans le plan vertical qui passe par CO et AB la perpendiculaire abaissée de l'élément

aAa' sur le plan de l'anneau. Je fais $AB = h$, $BO = c$, le rayon de l'anneau $CO = \rho$, enfin l'angle $COB = \varphi$, et j'ai

$$AC = \sqrt{h^2 + c^2 + \rho^2 - 2c\rho\cos\varphi}.$$

On peut, d'après le principe sur lequel est fondée la formule de M. Ampère, substituer à l'élément A ses projections sur trois axes rectangulaires et considérer successivement l'action de l'anneau sur trois éléments, l'un vertical, dirigé suivant AB; les deux autres horizontaux, l'un parallèle, l'autre perpendiculaire à BO.

1° *L'élément étant vertical.* — Le plan du courant dont le centre est en C lui est parallèle; la force Y est dirigée parallèlement à CO; X parallèlement à BD, perpendiculaire sur CO. Ce qui donne, suivant BO, une composante $(X\sin\varphi + Y\cos\varphi)$, et perpendiculairement à BO, une autre composante $(Y\sin\varphi - X\cos\varphi)$. Les composantes de l'action d'une tranche comprise entre les plans CO et C'O seront donc

$$(Y\cos\varphi + X\cos\varphi)\,d\varphi, \quad (Y\sin\varphi - X\cos\varphi)\,d\varphi.$$

Il est d'ailleurs facile de voir que, dans les valeurs de X et Y données précédemment, il faut faire $\delta = 0$, $y = c\cos\varphi - \rho$, $x - p = c\sin\varphi$.

L'action de l'anneau entier sera donc, en prenant les intégrales depuis $\varphi = 0$ jusqu'à $\varphi = 2\pi$, parallèlement à BO,

$$\int (X\sin\varphi + Y\cos\varphi)\,d\varphi = \int\left[\frac{k\cos\varphi\,d\varphi}{r^{n+1}} + (1-k)c\rho\int\frac{\sin^2\varphi\,d\varphi}{r^{n+3}}\right],$$

perpendiculairement à BO,

$$\int (Y\sin\varphi - X\cos\varphi)\,d\varphi = k\int\frac{\sin\varphi\,d\varphi}{r^{n+1}} - (1-k)c\int\frac{(c-\rho\cos\varphi)\sin\varphi\,d\varphi}{r^{n+3}}.$$

Les deux termes de la seconde expression sont nuls entre les limites; la première, à cause de la relation

$$\int\frac{\cos\varphi\,d\varphi}{r^{n+1}} = (1+n)c\rho\int\frac{\sin^2\varphi\,d\varphi}{r^{n+3}},$$

peut se mettre sous la forme

$$-(kn+1)c\rho\int\frac{\sin^2\varphi\,d\varphi}{r^{n+3}}.$$

2° *L'élément étant horizontal et parallèle à* BO. —

$\delta = \varphi$, $y = h$, $\rho = \sin\varphi$, $p = c\sin\varphi$; l'anneau exerce une action horizontale et perpendiculaire à BO, dont la valeur est

$$\int X\,d\varphi = (1-k)ch\int\frac{\sin\varphi\,d\varphi}{r^{n+3}} = 0,$$

et une action dirigée verticalement, qui est égale à

$$\int Y\,d\varphi = k\int\frac{\cos\varphi\,d\varphi}{r^{n+1}} - (1-k)c\rho\int\frac{\sin^2\varphi\,d\varphi}{r^{n+3}}$$
$$= -(kn+1)c\rho\int\frac{\sin^2\varphi\,d\varphi}{r^{n+3}}.$$

3° *L'élément étant horizontal et perpendiculaire à* BO. — $\cos\delta = \sin\varphi$, $y = h$, $x = c - \rho\cos\varphi$, $p = c\sin\varphi$; la force horizontale et parallèle à BO, qui émane de l'anneau, est donc

$$\int X\,d\varphi = (1-k)ch\int\frac{\sin\varphi\,d\varphi}{r^{n+3}} = 0,$$

et la force verticale

$$\int Y\,d\varphi = k\int\frac{\sin\varphi\,d\varphi}{r^{n+1}} - (1-k)c\int\frac{(c-\rho\cos\varphi)\sin\varphi\,d\varphi}{r^{n+3}} = 0.$$

Toutes ces forces sont donc nulles, à l'exception de deux qui ont, l'une et l'autre, pour valeur

$$(kn+1)c\rho\int\frac{\sin^2\varphi\,d\varphi}{r^{n+3}}.$$

L'expérience de MM. Gay-Lussac et Welter montre qu'elles doivent être nulles aussi bien que les autres. Il faut donc que l'on ait entre k et n la relation $kn + 1 = 0$ qui, jointe à la relation $n - 1 + 2k = 0$, donnée par M. Ampère, fournit pour k et n ces deux systèmes de valeurs

$$k = -\tfrac{1}{2},\quad n = 2$$

et

$$k = 1,\quad n = -1.$$

Le premier est le seul admissible, puisque M. Ampère a prouvé par une expérience directe que k est négatif. Il est remarquable que les valeurs $n = 2$, $n = -1$ sont celles des exposants de la raison inverse des distances pour lesquelles l'attraction d'une sphère sur un point situé hors de sa surface est la même que si toute sa masse était réunie à son centre d'inertie.

Pour rendre la détermination des constantes qui entrent dans sa formule indépendante de toute assimilation entre les aimants et les courants électriques, M. Ampère a imité l'anneau d'acier en roulant en hélice une portion d'un fil conducteur revêtu de soie sur une autre portion du même fil, de manière que le courant électrique de cette dernière portion détruisît l'effet des projections longitudinales des spires de la première, en formant avec cette hélice un anneau circulaire composé de plusieurs tours de la même hélice, et en ayant soin que les portions restantes du fil conducteur, qui servaient à le mettre en communication avec les extrémités de la pile, fussent jusqu'à une certaine distance de l'anneau entortillées ensemble, afin que leurs actions se neutralisassent complètement. M. Ampère s'est assuré que cet appareil n'exerce aucune action sur une portion mobile de conducteur de forme quelconque. Ce résultat est indépendant du rayon de l'anneau, mais il suppose le rayon des spires extrêmement petit relativement à la distance au conducteur mobile.

Il est facile de voir, au moyen des expressions des forces finies X et Y, données précédemment, que l'anneau, quand le rayon des cercles décrits par les courants électriques n'est pas très petit, n'exerce encore aucune action sur un élément parallèle à une tangente à la circonférence qui passe par les centres de ces cercles. Si l'élément est situé dans un plan perpendiculaire à l'une de ces tangentes, la force n'est pas nulle; mais elle est indépendante de la direction de l'élément dans ce plan, et elle agit suivant la droite menée dans ce même plan perpendiculairement à la direction de l'élément.

Sa valeur est, d'après les mêmes notations,

$$\int \cos\varphi \, d\varphi \left[\int \frac{\cos 2(\omega - \psi)\, d\omega}{r^{n+1}} + \frac{3}{2} a^2 \int \frac{\sin^2(\varpi - \psi)\, d\omega}{r^{n+3}} \right].$$

Action d'un cylindre électrodynamique sur un élément de courant.

Dans un cylindre électrodynamique, la ligne dont nous avons désigné la longueur par p devient parallèle à l'axe de ce cylindre, et dp représente l'épaisseur d'une des tranches infiniment minces dont on doit le regarder comme composé; q, distance de ces deux parallèles, devient constante aussi bien que y, qui est la plus courte distance entre l'axe du cylindre et la direction de l'élément A; on tire en outre des deux équations

$$r^2 = p^2 + q^2, \quad x = p\cos\delta - q\sin\delta\sin\psi$$

ces valeurs

$$r\,dr = p\,dp, \quad dx = \cos\delta\,dp;$$

or l'action d'une tranche perpendiculaire à l'axe du cylindre se compose des forces $X\,dp$, $Y\,dp$, et, en substituant au lieu de k et n leurs valeurs, on a

$$2X\,dp = \frac{3py\,dp}{r^5} = \frac{3y\,dr}{r^4}$$

et

$$2Y\,dp = \frac{\cos\delta\,dp}{r^3} - \frac{3px\,dp}{r^5} = \frac{dx}{r^3} - \frac{3x\,dr}{r^4};$$

on voit donc que, si l'on prend, au lieu des forces qui représentent l'action du cylindre, le double de ces forces, ce qui ne change rien à leur rapport, on pourra les exprimer ainsi

$$2\int X\,dp = -\frac{y'}{r'^3} + \frac{y''}{r''^3}, \quad 2\int Y\,dp = \frac{x'}{r'^3} - \frac{x''}{r''^3},$$

en désignant, dans ces expressions, par x', x'', y', y'', r', r'' les valeurs de x, y, r qui se rapportent aux deux extrémités du cylindre.

Soient V l'angle que la distance r fait avec l'élément dz, t l'angle que la projection de r sur le plan xy fait avec l'axe des x; on aura

$$y - r\sin V\sin t, \quad x = r\sin V\cos t, \quad z = r\cos V.$$

Si l'on conçoit deux forces, l'une égale à $\frac{\sin V'}{r'^2}$ et l'autre à $-\frac{\sin V''}{r''^2}$ appliquées à l'élément dz dans des directions perpendiculaires à cet élément et aux droites qui le joignent aux extrémités de l'axe du cylindre électrodynamique, ces forces représentent toute l'action du cylindre sur l'élément; car la somme de leurs composantes parallèles aux x est évidemment

$$-\frac{\sin V'\sin t'}{r'^2} + \frac{\sin V''\sin t''}{r''^2},$$

et la somme parallèle aux y

$$\frac{\sin V' \cos t'}{r'^2} - \frac{\sin V \cos t'}{r''^2},$$

expressions qui se réduisent en effet à

$$-\frac{y'}{r'^3} + \frac{y''}{r''^3}, \quad \frac{x'}{r'^3} - \frac{x''}{r''^3},$$

d'après les valeurs précédentes de x et y.

En général, de même que l'on compose l'action totale d'un aimant de la réunion des actions de chacun de ses pôles, il suffira, dans chaque cas, de calculer séparément la portion de l'action du cylindre qui est relative à chacune de ses extrémités, et de réunir les deux résultats comme on détermine la résultante de deux forces.

Chacune des deux portions de l'action du cylindre électrodynamique sur un élément de courant est perpendiculaire au plan mené par l'élément et l'extrémité correspondante du cylindre, proportionnelle au sinus de l'angle que fait avec cet élément la droite qui le joint à cette extrémité et en raison inverse du carré de la distance.

Si le cylindre est assez long pour que la partie de l'action relative à l'extrémité du cylindre la plus éloignée de l'élément A soit négligeable, il ne reste que le terme qui se rapporte à l'autre extrémité et dont la valeur, en supprimant les accents qui deviennent inutiles, est

$$\frac{\sin V\, dz}{r^2},$$

valeur indépendante de la direction de l'axe du cylindre. La même chose ayant lieu pour tous les éléments d'un conducteur mobile de forme quelconque, lorsque tous ses points sont à de très grandes distances de la première extrémité du cylindre, il s'ensuit que l'action exercée sur le conducteur ne dépend alors que de la situation de l'extrémité qui en est le plus près et reste la même dans toutes les positions qu'on peut donner successivement à l'axe du cylindre.

Mouvement de rotation d'un fil autour d'un cylindre électrodynamique.

Quelle que soit la forme du conducteur, considérons le cas où il ne peut se mouvoir qu'en tournant autour d'un axe passant par une des extrémités d'un cylindre dont la longueur soit assez grande pour qu'on puisse négliger la partie de son action qui est relative à son autre extrémité; supposons, pour fixer les idées, que l'axe soit vertical et que le conducteur se termine d'une part à un point de cet axe, de l'autre au plan horizontal mené perpendiculairement au même axe par l'extrémité du cylindre.

Ce cas est celui d'un conducteur de forme quelconque dont l'extrémité inférieure plonge dans du mercure ou de l'eau acidulée, quand on place au centre du mouvement un long aimant dont l'extrémité supérieure est au niveau de la surface du liquide, et dont l'autre extrémité est très loin du conducteur.

Soient θ l'angle que la distance r fait avec le plan horizontal, i l'angle dièdre compris entre le plan vertical qui contient r et le plan qui passe par la distance r et par l'élément dz, plan auquel la force $\frac{\sin V\, dz}{r^2}$ est perpendiculaire; cette force, décomposée perpendiculairement au plan vertical qui contient la distance r, sera

$$\frac{\sin V \cos i\, dz}{r^2};$$

mais il est évident que $\sin V \cos i\, dz$ est la projection de l'élément dz sur une perpendiculaire à la distance r située dans le plan vertical qui contient cette distance; on a donc

$$\sin V \cos i\, dz = r\, d\theta$$

et la force élémentaire devient $\frac{d\theta}{r}$; et, si on la multiplie par sa distance à l'axe $r\cos\theta$, elle donne un moment égal à $\cos\theta\, d\theta$. La somme de ces moments, prise depuis le plan horizontal jusqu'à l'axe vertical ou depuis $\theta = 0$ jusqu'à $\theta = \frac{\pi}{2}$, est

$$\int \cos\theta\, d\theta = 1;$$

elle est donc indépendante de la forme du conducteur, et la vitesse de rotation qu'il acquiert dans un temps donné par l'action du cylindre est en raison inverse du moment d'inertie de ce conducteur. Si l'intégrale, au lieu d'être prise depuis 0 jusqu'à $\frac{\pi}{2}$, était prise entre deux plans horizontaux quelconques, elle aurait pour valeur $\sin\theta' - \sin\theta''$, et ne dépendrait que des inclinaisons sur le plan horizontal des deux droites menées de l'extrémité du cylindre la plus voisine du conducteur mobile à celles de ce conducteur.

Le calcul précédent suppose, de plus, qu'aucune partie du conducteur mobile n'est très près d'une section quelconque du cylindre électrodynamique.

Action d'un cylindre sur une portion rectiligne du fil conducteur.

Si le conducteur soumis à l'action du cylindre est rectiligne, en appelant g la perpendiculaire abaissée de l'une des extrémités du cylindre sur sa direction, $\sin V = \frac{g}{r}$, $r^2 = g^2 + z^2$, on trouve

$$\int \frac{\sin V\, dz}{r^2} = \frac{z'}{gr'} - \frac{z''}{gr''}$$

pour la résultante des forces élémentaires $\frac{\sin V\, dz}{r^2}$ qui peuvent être considérées comme exercées par cette extrémité sur chacun des éléments du conducteur perpendiculairement au plan qui la joint à la direction de ce conducteur, en désignant par r', r'', z', z'' les valeurs de r et de z relatives aux limites. Pour avoir le point d'application de cette résultante, il faudra connaître la somme des moments des mêmes forces élémentaires par rapport au pied de la perpendiculaire g; on trouve aisément, pour la valeur de cette somme,

$$\int \frac{\sin V\, z\, dz}{r^2} = -\frac{g}{r'} + \frac{g}{r''}.$$

On aura ainsi une des deux portions de l'action totale exercée par le cylindre. On obtiendrait l'autre en faisant le même calcul relativement à son autre extrémité. Comme les limites des intégrales employées dans ce calcul sont les deux extrémités du conducteur, si on le suppose indéfini dans les deux sens, on aura

$$\frac{z'}{r'} = 1, \quad \frac{z''}{r''} = -1, \quad \frac{g}{r'} = \frac{g}{r''} - 0;$$

la première portion de l'action du cylindre se réduira donc à une force égale à $\frac{2}{g}$, perpendiculaire au plan qui joint l'extrémité correspondante du cylindre à la direction du conducteur, et passant par le pied de la perpendiculaire g; en nommant g' la perpendiculaire abaissée de l'autre extrémité du cylindre, on aura la seconde portion de la même action représentée par une force égale à $\frac{2}{g'}$, perpendiculaire au plan qui joint cette extrémité à la direction du conducteur et passant par le pied de la perpendiculaire g' : les deux forces réciproquement proportionnelles aux deux perpendiculaires g et g', dont se compose l'action totale du cylindre sur un conducteur rectiligne indéfini, se trouvent ainsi complètement déterminées.

Ce résultat, appliqué à un cylindre infiniment court, est la loi qu'avait proposée M. Biot [*Annales de Chimie et de Physique*, t. XV, p. 222 et 223 (*voir* art. VI)], pour représenter l'action d'une molécule magnétique sur un fil indéfini. Le même résultat appliqué à un cylindre de longueur finie devient la loi par laquelle M. Pouillet a représenté toutes les circonstances de l'action mutuelle d'un conducteur indéfini et d'un aimant, lorsque, aux extrémités du cylindre, on substitue les pôles de l'aimant.

Si le cylindre est parallèle au fil conducteur, les deux forces sont égales et agissent suivant des droites parallèles dans des directions opposées. Il ne reste donc qu'une action pour faire tourner le fil et l'amener dans un plan perpendiculaire à l'axe du cylindre.

Équilibre d'un aimant entre deux fils conducteurs indéfinis.

Je suppose un cylindre électrodynamique très court, mobile autour d'un axe vertical qui passe par son centre et soumis à l'action d'un fil conducteur situé dans le plan vertical mené par l'axe du cylindre. L'action du cylindre sur le fil se compose de deux forces perpendiculaires à ce plan, et, en appelant g la perpendiculaire abaissée du centre du cylindre sur la direction du fil, λ la demi-longueur du cylindre, δ l'inclinaison du fil sur le plan horizontal, l'une de ces forces, en comprenant le numérateur 2 dans le coefficient constant, que je supprime pour abréger, est représentée par $\frac{1}{g - \lambda \sin \delta}$, l'autre par $\frac{1}{g + \lambda \sin \delta}$, et elles sont appliquées au fil à une distance — $\lambda \cos \delta$, de part et d'autre du pied de la perpendiculaire g. L'action du fil sur le cylindre se compose de deux forces égales aux précédentes qui leur sont directement opposées. Il faut concevoir leurs points d'application comme liés invariablement au cylindre; car, si on le supposait fixement attaché au fil, le système entier ne pourrait prendre aucun mouvement. La somme des moments des forces qui tendent à faire tourner le cylindre autour de l'axe vertical passant par son centre est donc

$$\frac{g \sin \delta - \lambda \cos^2 \delta}{g + \lambda \sin \delta} - \frac{g \sin \delta + \lambda \cos^2 \delta}{g - \lambda \sin \delta} = - \frac{2 g \lambda}{g^2 - \lambda^2 \sin^2 \delta},$$

expression qui se réduit, quand on néglige $\frac{\lambda^2}{g^2}$, à $-\frac{2\lambda}{g}$. Elle est donc en raison inverse de la distance g, et ne dépend point de la direction verticale, horizontale et inclinée du conducteur.

C'est ce que M. Ampère a vérifié sur un aimant très court suspendu dans l'angle et dans le plan de deux fils conducteurs très longs, l'un horizontal, l'autre vertical. Quand les courants de ces conducteurs vont l'un et l'autre en s'éloignant ou en se rapprochant du sommet de l'angle et que les distances des deux fils au centre de l'aimant sont égales, l'aimant reste en équilibre : les actions qu'il éprouve sont donc alors égales et de signe contraire, comme cela doit être d'après le calcul précédent.

Si le fil indéfini dans un seul sens est vertical, pour fixer les idées, et qu'il se termine au plan horizontal qui passe par l'extrémité supérieure du cylindre, comme dans les expériences de M. Faraday, il tendra à se mouvoir autour de cette extrémité avec une vitesse qui décroît en raison inverse de la distance et qui reste la même, quelle que soit la direction du cylindre, lorsque le cylindre est très long par rapport au rayon du cercle décrit et qu'il est situé au-dessous du plan horizontal; c'est un cas particulier de ce qui a été dit sur un conducteur de forme quelconque. Il est facile de voir que, dans ce cas, les valeurs de z et de r à la première limite sont $r' = \infty$, $z' = r'$, et à la seconde $r'' = g$, $z'' = 0$; on a donc, pour la valeur de la résultante,

$$\int \frac{\sin V \, dz}{r^2} = \frac{z'}{g r'} - \frac{z''}{g r''} = \frac{1}{g}$$

et, pour le moment de cette résultante pris par rapport à l'extrémité inférieure du fil,

$$\int \frac{z \sin V \, dz}{r^2} = -\frac{g}{r'} + \frac{g}{r''} - 1.$$

Il suit de la valeur de ce moment que le point d'application de la résultante est sur la direction du fil à une distance de son extrémité inférieure égale au rayon du cercle décrit par cette extrémité.

Si l'on suppose le cylindre horizontal et que l'on conserve les deux portions de l'action qu'il exerce sur le fil qui sont relatives à ses deux extrémités, on trouve les résultats auxquels M. Pouillet est arrivé dans ses expériences sur les aimants, à cette différence près, qu'aux extrémités du cylindre se trouvent toujours substitués les pôles de l'aimant. En effet, le fil est sollicité par deux forces horizontales $\frac{1}{g}$, $-\frac{1}{g}$, perpendiculaires aux droites qui joignent son extrémité inférieure aux deux extrémités du cylindre et réciproquement proportionnelles aux distances mesurées par ces droites. Soient ces deux distances $AC = g$ (*fig.* 3), $BC = g'$;

Fig. 3.

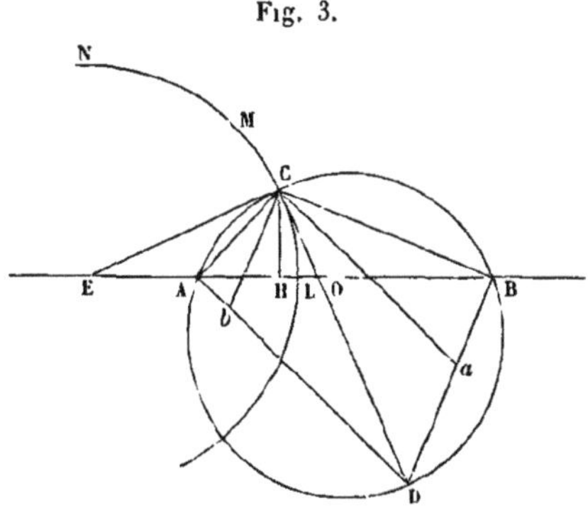

l'angle qu'elles forment $ACB = \alpha$, la longueur du cylindre $AB = 2\lambda$, on aura

$$2\lambda = \sqrt{g^2 + g'^2 - 2gg' \cos\alpha},$$

et, à cause que l'angle des directions des deux forces est égal à

$\pi - \alpha$, la résultante des deux forces

$$R = \sqrt{\frac{1}{g^2} + \frac{1}{g'^2} - \frac{2\cos\alpha}{gg'}} = \frac{2\lambda}{gg'}.$$

Mais

$$\frac{1}{g} : \frac{1}{g'} : \frac{2\lambda}{gg'} :: g' : g : 2\lambda;$$

ces trois forces sont donc entre elles comme les trois côtés g', g, 2λ du triangle formé par l'axe AB du cylindre et par les deux distances AC, BC de ses extrémités au pied du fil; les forces $\frac{1}{g}$, $-\frac{1}{g'}$, étant dirigées suivant les perpendiculaires Ca, Cb aux distances AC, BC, si l'on mène par A et B, BD parallèles à Ca, Bb, on aura l'angle

$$ACb = aCB = \alpha \quad \frac{\pi}{2},$$

ce qui donne

$$Cb = \frac{g}{\sin\alpha}, \quad Ca = \frac{g'}{\sin\alpha}, \quad CD = \frac{1}{\sin\alpha}\sqrt{g^2 + g'^2 - 2gg'\cos\alpha} = \frac{2\lambda}{\sin\alpha}$$

et, par conséquent,

$$Cb : Ca : CD :: g : g' : 2\lambda :: \frac{1}{g'} : \frac{1}{g} : \frac{2\lambda}{gg'}.$$

Les côtés Cb, Ca du parallélogramme $CaDb$ étant proportionnels aux forces qui agissent suivant ces côtés, leur résultante sera dirigée suivant CD, et, comme les angles CAD, CBD sont droits, la direction de cette résultante est celle du diamètre du cercle circonscrit au triangle ABC, qui passe par le pied du fil. Il en résulte que, si le cylindre ne peut que tourner autour de son centre, il sera en équilibre lorsque le pied du fil sera sur la circonférence dont l'axe du cylindre est un diamètre et que l'action pour le faire tourner changera de signe d'un côté à l'autre de cette circonférence.

Si l'on suppose le cylindre fixe et le fil mobile, et appelant y la perpendiculaire CH et x la distance HO du milieu du cylindre au pied de cette perpendiculaire, enfin $ds = \sqrt{dx^2 + dx^2}$ l'élément de la direction de la résultante R, la somme des forces perpendiculaires à l'axe AB du cylindre sera

$$\frac{\lambda + x}{y^2 + (\lambda + x)^2} + \frac{\lambda - x}{y^2 + (\lambda - x)^2} = R\frac{dy}{ds},$$

la somme des forces parallèles au même axe sera

$$-\frac{y}{y^2+(\lambda+x)^2}+\frac{y}{y^2+(\lambda-x)^2}=\mathrm{R}\,\frac{dx}{ds};$$

parce qu'on a

$$g=\sqrt{y^2+(\lambda-x)^2},\quad g'=\sqrt{y^2+(\lambda+x)^2}$$

et que $\frac{dx}{ds}$, $\frac{dy}{ds}$ sont les cosinus des angles que la résultante fait avec les x et les y. Éliminant R et ds, on trouve, pour l'équation de la courbe que le fil doit décrire lorsqu'on suppose qu'à chaque instant la vitesse déjà acquise est détruite par un frottement ou résistance quelconque, telle que celle du mercure, quand l'extrémité inférieure du fil y est plongée,

$$\frac{y\,dy+(\lambda+x)\,dx}{y^2+(\lambda+x)^2}-\frac{y\,dy-(\lambda-x)\,dx}{y^2+(\lambda-x)^2}=0,$$

dont l'intégrale peut être mise sous la forme

$$y^2+(x-c)^2=c^2-\lambda^2,$$

c étant une constante arbitraire; cette courbe est donc un cercle dont le centre est dans le prolongement de l'axe du cylindre, puisque, dans l'équation que nous venons de trouver, $\sqrt{c^2-\lambda^2}$ représente le rayon du cercle, et c la distance de son centre au point O, distance qui doit être plus grande que $\mathrm{OA}=\lambda$ pour que la valeur de ce rayon soit réelle.

Il est facile de prévoir ce résultat; car la courbe cherchée devant couper à angles droits toutes les circonférences qui passent par les points A et B, si l'on considère ces circonférences comme les projections stéréographiques sur le plan de la figure de tous les méridiens d'une sphère dont les pôles soient aux points A et B, toutes les projections stéréographiques des parallèles à l'équateur de la même sphère les couperont à angles droits, et seront aussi des circonférences parmi lesquelles se trouvera la courbe cherchée LMN. On en déterminera le centre E pour chaque position du point C, en circonscrivant un cercle au triangle ACB et en lui menant, par le point C, une tangente dont l'intersection avec le prolongement de AB donnera le point E.

Calcul des oscillations d'un cylindre soumis à l'action d'un conducteur angulaire indéfini.

Je suppose un cylindre horizontal AB (*fig.* 4) mobile autour d'un axe vertical ah et soumis à l'action d'un conducteur DCD′ indéfini de part et d'autre et plié symétriquement au-dessus et au-dessous du plan horizontal ABC. Il est évident que les deux moitiés CD, CD′ exercent sur le cylindre des actions égales. Il suffira donc de considérer celle qui est due à la partie supérieure.

On a vu que, en général, l'action du cylindre sur le fil recti-

Fig. 4.

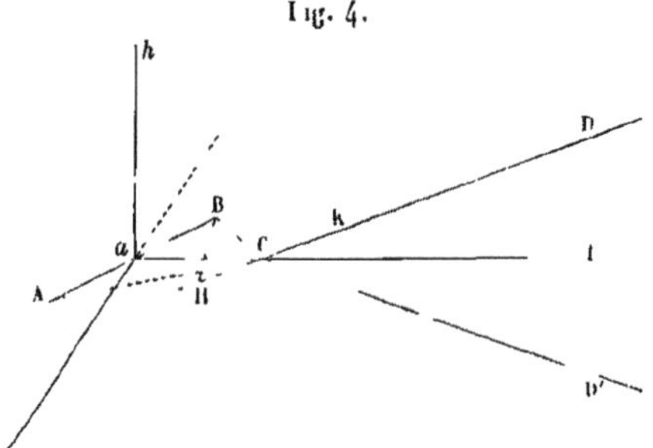

ligne se compose de deux forces relatives à chacune de ses extrémités; leur expression commune est

$$\int \frac{\sin V\, dz}{r^2} = \frac{z'}{gr'} - \frac{z''}{gr''},$$

et la somme correspondante de moments prise par rapport au pied de la perpendiculaire g abaissée sur la direction du fil

$$\int \frac{z \sin V\, dz}{r^2} = -\frac{g}{r'} + \frac{g}{r''};$$

on a ici

$$BC = r'', \quad HC = z''. \quad BH = g, \quad BCD = \pi - V'',$$

soient de plus $aC = c$ et l'angle $DCE = 6$, il viendra, pour la partie de l'action du cylindre relative à l'extrémité B, entre les limites $z'' = r'' \cos V''$ et $z' = r' = \infty$,

$$\int \frac{\sin V\, dz}{r^2} = \frac{1}{g}(1 - \cos V'') = \frac{1}{r''} \operatorname{tang} \tfrac{1}{2} V''.$$

car $g = r'' \sin V''$ et, pour la distance du point où cette force est appliquée au point H où tombe la perpendiculaire g,

$$\mathrm{HK} = \frac{r'' \sin^2 V''}{1 \quad \cos V''} - r''(1 + \cos V'') - r'' + z'' :$$

donc

$$\mathrm{CK} = \mathrm{BC} - r''.$$

La force $\frac{1}{r''} \tang \frac{1}{2} V''$ est perpendiculaire au plan qui passe par BC et par CD. Lorsqu'il s'agit de la réaction du fil, cette force doit être appliquée, en sens contraire de sa direction, au point K que l'on suppose invariablement lié au cylindre.

Mais il est évident que, si on la décompose en deux, l'une dans le plan DCE, l'autre horizontale et perpendiculaire à ce plan, la première sera détruite par l'axe fixe autour duquel le cylindre ne peut que tourner, la seconde, qui produit seule le mouvement, est

$$\frac{1}{r''} \frac{\operatorname{tang} 6}{\operatorname{tang} V''} \operatorname{tang} \tfrac{1}{2} V'';$$

car $\frac{\operatorname{tang} 6}{\operatorname{tang} V''}$ est égal au cosinus de l'inclinaison du plan BCD sur le plan DCE. Le moment de cette force, par rapport à l'axe de rotation, est donc

$$\frac{c + r'' \cos 6}{r''} \frac{\operatorname{tang} 6}{\operatorname{tang} V''} \operatorname{tang} \tfrac{1}{2} V''.$$

On trouverait un terme semblable relatif à l'autre extrémité A du cylindre. La somme des moments autour de l'axe ah est donc, en nommant r''' et V''' les valeurs de r et de V qui répondent au point A,

$$\left(\frac{c}{r''} + \cos 6\right) \frac{\operatorname{tang} 6}{\operatorname{tang} V''} \operatorname{tang} \tfrac{1}{2} V'' - \left(\frac{c}{r'''} + \cos 6\right) \frac{\operatorname{tang} 6}{\operatorname{tang} V'''} \operatorname{tang} \tfrac{1}{2} V'''.$$

Le cylindre est en équilibre quand son axe est perpendiculaire au plan CDE; si on l'écarte très peu de cette position, il y reviendra en oscillant de part et d'autre; soient λ la demi-longueur Aa de AB, θ l'angle d'oscillation, on aura, en négligeant θ^2,

$$r'' = \sqrt{c^2 + \lambda^2 - 2c\lambda\theta}, \quad \cos V'' = \frac{c - \lambda\theta}{r''} \cos 6,$$

$$r''' = \sqrt{c^2 + \lambda^2 + 2c\lambda\theta}, \quad \cos V''' = \frac{c + \lambda\theta}{r'''} \cos 6;$$

quand la longueur λ est assez petite pour que $\frac{\lambda^2}{c^2}$ soit négligeable, les valeurs de r'', r''' se réduisent à $r'' - \lambda\theta$, $r''' = c + \lambda\theta$, ce qui donne

$$\cos V'' = \cos V''' = \cos \mathsf{6},$$

et la somme des moments devient

$$\frac{2\lambda\theta}{c} \tang \tfrac{1}{2} \mathsf{6}.$$

Elle varie donc en raison inverse de la simple distance et proportionnellement à la tangente de la moitié de l'inclinaison du conducteur sur le plan horizontal, ce qui diffère peu du résultat que M. Biot avait obtenu par expérience ([1]).

Action mutuelle de deux cylindres.

Soit A (*fig.* 5) l'une des extrémités d'un cylindre électrodynamique dirigé d'ailleurs d'une manière quelconque, soient O le centre d'un petit courant circulaire, AC et Ap deux perpendiculaires abaissées du point A, la première sur le plan de ce courant, la seconde sur la direction du rayon OD, tt' une tangente au point D

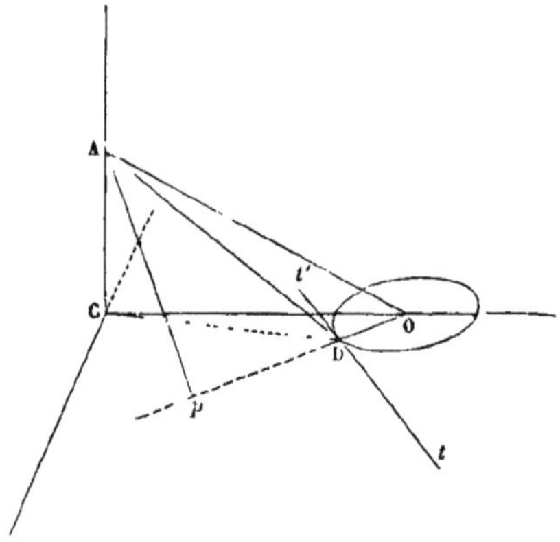

Fig. 5.

([1]) *Voir* l'Art. VI, p. 116. (J.)

et faisons $AC = h$, $CO = c$, $OD = a'$, $AD = r$, $ADt = V$, $COD = \omega$, nous aurons

$$r^2 = h^2 + c^2 + a'^2 - 2a'c\cos\omega.$$

D'après ce que l'on a vu, la partie de l'action du cylindre relative à l'extrémité A, sur le point D, est

$$\frac{\sin V}{r^2} a' d\omega$$

et elle est perpendiculaire au plan ADt. Je la décompose en deux, l'une suivant le rayon DO, l'autre perpendiculaire au plan du courant. Soit i l'inclinaison du plan ADt sur celui du courant, la première force sera

$$\frac{\sin V \sin i}{r^2} a' d\omega;$$

la seconde

$$\frac{\sin V \cos i}{r^2} a' d\omega.$$

Mais

$$\sin V \sin i = \sin ADC = \frac{h}{r}$$

et

$$\sin V \cos i = \cos ADp = \frac{c\cos\omega - a'}{r};$$

je décompose encore la première, dont la valeur devient $\frac{ha' d\omega}{r^3}$, en deux nouvelles forces, l'une $\frac{ha' \cos\omega \, d\omega}{r^3}$ parallèle à CO, l'autre $\frac{ha' \sin\omega \, d\omega}{r^3}$ perpendiculaire à CO. Les sommes de forces, pour la circonférence entière, seront donc, perpendiculairement au plan du courant,

$$\int \frac{(c\cos\omega - a')a' d\omega}{r^3} = H;$$

parallèlement à CO,

$$\int \frac{ha' \cos\omega \, d\omega}{r^3} = C;$$

perpendiculairement à CO,

$$\int \frac{ha' \sin\omega \, d\omega}{r^3},$$

toutes ces intégrales étant prises depuis $\omega = 0$ jusqu'à $\omega = 2\pi$. La dernière intégrale est évidemment nulle, comme l'exigeait la symétrie de la figure, qui montre de plus, ce qu'on prouverait d'ailleurs facilement, que les forces H et C sont dans le plan ACO. Pour déterminer le point auquel ces forces sont appliquées, je remarque que la somme de leurs moments autour d'un axe perpendiculaire à CO et passant au point A est

$$\int \frac{h^2 a' \cos\omega \, d\omega}{r^3} + \int \frac{(c\cos\omega \quad a')(c - a'\cos\omega)a'\, d\omega}{r^3} = \mathrm{M}.$$

Quand on suppose le rayon a' très petit, comme on l'a fait pour le premier cylindre, et comme on peut toujours le faire, lorsqu'il s'agit de comparer l'action des cylindres à celle des aimants, les intégrales deviennent, en supprimant dans les valeurs de H et de C le facteur de $\pi a'$ qu'on peut supposer compris dans les coefficients qui dépendent de l'intensité des courants et en représentant, après l'intégration, la distance AO par r,

$$\mathrm{H} = \frac{3c^2}{r^5} - \frac{2}{r^3} = \frac{1}{r^3} - \frac{3h^2}{r^5}, \quad \mathrm{C} = \frac{3hc}{r^5},$$

$$\mathrm{M} = a'\left(\int \frac{\cos\omega\, d\omega}{r} - a'c\int \frac{\sin^2\omega\, d\omega}{r^3}\right) - 0.$$

La dernière expression prouve que la résultante de toutes les forces passe au point A. On peut donc considérer les forces H et C comme appliquées à ce point. Je suppose maintenant que le cercle dont le centre est O soit une section faite dans un cylindre perpendiculairement à son axe.

Une tranche du cylindre, dont l'épaisseur est représentée par dh, donne, relativement au point A, les forces $\mathrm{H}\,dh$, $\mathrm{C}\,dh$, et, à cause de $h\,dh = r\,dr$, l'action du cylindre entier est, parallèlement à h,

$$\int \mathrm{H}\, dh = \int \left(\frac{dh}{r^3} - \frac{3h\, dr}{r^4}\right) = \frac{h'}{r'^3} - \frac{h''}{r''^3},$$

et, parallèlement à c,

$$\int \mathrm{C}\, dh = 3c\int \frac{dr}{r^4} = -\frac{c}{r'^3} + \frac{c}{r''^3},$$

h', r' se rapportant à une extrémité du cylindre, et h'', r'' à l'autre. L'action du point A sur le cylindre est donc composée de deux forces, l'une attractive, l'autre répulsive, agissant en raison inverse du carré de la distance de ce point aux extrémités de l'axe du cylindre et dirigées suivant les droites qui joignent ce point à ces extrémités. Car, ces forces étant alors représentées par $\frac{1}{r'^2}$ et $-\frac{1}{r''^2}$, leurs composantes parallèles à h le seraient par $\frac{h'}{r'^3}$, $-\frac{h''}{r''^3}$, et leurs composantes parallèles à c par $-\frac{c}{r'^3}$, $+\frac{c}{r''^3}$.

Je n'ai considéré que la partie de l'action du premier cylindre sur le second, qui est relative à l'extrémité A. On arriverait, relativement à l'autre extrémité, à des résultats semblables. L'action de deux cylindres se réduit donc à quatre forces, deux attractives et deux répulsives, dirigées suivant les droites qui joignent deux à deux leurs extrémités; comme si ces points exerçaient l'un sur l'autre, pour s'attirer ou se repousser, une action variable en raison inverse du carré de la distance. Il est aisé de voir, en suivant la marche du calcul, que ces forces sont attractives entre deux extrémités, dont l'une est à droite et l'autre à gauche des courants du cylindre auquel elle appartient, et répulsives entre deux extrémités qui se trouvent dans chaque cylindre, du même côté de ces courants.

Si l'on substitue aux extrémités des cylindres les pôles de deux aimants, le résultat précédent est la loi même par laquelle Coulomb a représenté ses expériences sur la direction que prend une aiguille aimantée mobile soumise à l'action d'un long barreau aimanté, du moins à des distances un peu grandes des pôles.

On peut déduire des formules précédentes la loi par laquelle MM. Biot et Bowditch ont représenté l'inclinaison de l'aiguille aimantée à la surface du globe; mais, pour pouvoir les appliquer à ce cas, il faut supposer qu'on peut se borner à considérer l'action des courants terrestres situés à des distances de son centre assez petites pour qu'on puisse négliger, dans le calcul, les puissances supérieures de leurs rayons et des distances de leurs centres à celui de la terre, supposition qu'on ne doit considérer, tout au plus, que comme une approximation plus ou moins éloignée de ce qui se passe réellement dans l'intérieur de notre globe.

Soient AB (*fig.* 6) le cylindre fixe dont on suppose que l'action remplace celle de la terre, *ab* le cylindre mobile autour de son centre *c* qui représente l'aiguille d'inclinaison, et que nous supposons situé dans le même plan que AB; nommons λ, λ' les demi-longueurs AC, ac; r la distance Cc; r', r'', r'_1, r''_1 les distances Aa, Ab, Ba, Bb; x, y les coordonnées CH, Hc; p la perpendiculaire abaissée du point C sur ab; enfin γ l'angle aDC, ce qui donne $\frac{\pi}{2} - \gamma$ pour l'angle que forment les axes des deux cylindres.

Fig. 6.

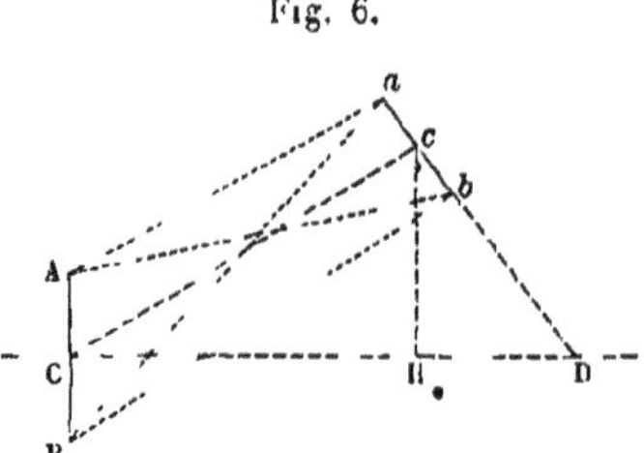

La somme des moments qui tendent à faire tourner l'aiguille ab autour du centre c est évidemment

$$\lambda'\left[(p+\lambda\cos\gamma)\left(\frac{1}{r'^3_1}+\frac{1}{r''^3_1}\right)-(p-\lambda\cos\gamma)\left(\frac{1}{r'^3}+\frac{1}{r''^3}\right)\right];$$

or on peut regarder les distances r'_1, r''_1, r', r'', comme formées de la distance r éprouvant, par le déplacement des points c et C vers les points a, b et A, B, des variations auxquelles on pourra appliquer les règles du Calcul différentiel, à cause que les longueurs ab, AB des deux cylindres sont supposées très petites; de plus, comme le point c est le milieu de ab, les variations relatives au déplacement du point c vers a ou b seront égales et de signes contraires, je les représenterai par δr et $-\delta r$, et, comme le point C est aussi le milieu de AB, je nommerai Δr et $-\Delta r$ les variations relatives au déplacement du point C vers A ou B; alors

$$\frac{1}{r'^3}=\frac{1}{r^3}-\frac{3(\Delta r+\delta r)}{r^4},\qquad \frac{1}{r''^3}=\frac{1}{r^3}-\frac{3(\Delta r-\delta r)}{r^4},$$

$$\frac{1}{r'^3_1}=\frac{1}{r^3}+\frac{3(\Delta r-\delta r)}{r^4},\qquad \frac{1}{r''^3_1}=\frac{1}{r^3}+\frac{3(\Delta r+\delta r)}{r^4},$$

ce qui réduit l'expression de la somme des moments à

$$4\lambda'\left(\frac{3p\,\Delta r}{r^4}+\frac{\lambda\cos\gamma}{r^3}\right).$$

Mais, lorsqu'on regarde l'action de la terre sur l'aiguille ab comme représentée par celle du cylindre électrodynamique dont l'axe est AB, l'équateur magnétique est nécessairement considéré comme une courbe plane dont le plan perpendiculaire à AB rencontre celui de la figure dans la droite CD; l'angle DCc est la latitude relative à cet équateur; je la nommerai l, et je désignerai par i l'inclinaison de l'aiguille ab sur le plan de l'horizon qui est perpendiculaire à Cc; alors l'angle C$ca = \frac{\pi}{2} - i$, $\gamma = \frac{\pi}{2} - i - l$, $p = r\cos i$; et comme, d'après le signe donné à $\cos\gamma$, r diminue quand le point C est porté en A, on a $\Delta r = -\lambda \sin l$; ces valeurs réduisent celle que nous venons de trouver pour la somme des moments à

$$\frac{4\lambda\lambda'[\sin(i+l) - 3\cos i \sin l]}{r^3}.$$

Cette quantité doit être nulle quand l'aiguille ab est dans la situation où elle reste en équilibre; on a donc alors

$$\sin(i+l) = 3\cos i \sin l \quad \text{ou} \quad \operatorname{tang} i = 2\operatorname{tang} l.$$

Telle est, en effet, la forme sous laquelle M. Bowditch (¹) a exprimé

(¹) Cette loi est désignée généralement, et avec justice, sous le nom de *loi de Biot*. Elle est la conséquence immédiate de l'hypothèse qui explique le magnétisme terrestre par l'action d'un aimant infiniment petit placé au centre de la Terre. Cette hypothese a été développée par Biot, dans un Mémoire fait en collaboration avec Humboldt et publié dans le *Journal de Physique*, t. LIX, p. 429; 1804. La formule à laquelle s'arrête Biot est

$$\operatorname{tang}(i+\lambda) = \frac{\sin 2\lambda}{\cos 2\lambda - \frac{1}{3}};$$

on en déduit, par une transformation facile,

$$\operatorname{tang} i = 2\operatorname{tang}\lambda.$$

Cette dernière formule n'a été donnée par Biot que dans son *Précis elémentaire de Physique*, t. II, p. 83; 1823. Elle y est accompagnée de la Note suivante :

« Je n'avais pas d'abord énoncé le rapport de l'inclinaison à la latitude magnétique sous cette forme, mais sous une autre plus composée. M. Kraft, en discutant mes calculs dans les *Mémoires de Saint-Petersbourg pour* 1809, a cherché si les observations seules, considérées empiriquement, ne conduisaient pas à quelque autre loi d'un énoncé plus facile; il est tombé ainsi sur celle que je viens de rapporter. Mais, ensuite, il s'est aperçu qu'elle n'était qu'une transformation très simple de la mienne, et j'ai profité de cette heureuse remarque. »

Bowditch était, de son côté, arrivé au même résultat que Kraft. (J.).

les variations générales d'inclinaison de l'aiguille aimantée, à différentes latitudes. On sait, au reste, que cette formule ne représente avec assez d'exactitude que les observations faites dans des lieux qui ne sont pas à de très grandes distances de l'équateur magnétique.

L'expression que nous venons de trouver pour la somme des moments peut se mettre aussi sous la forme

$$\frac{2\lambda\lambda'[3\sin(i-l)-\sin(i+l)]}{r^3}.$$

Addition au Mémoire précédent;

PAR M. SAVARY ([1]).

Dans le Mémoire précédent, en m'occupant de l'action d'un anneau aimanté sur un élément de courant électrique, je n'avais pour but que de montrer l'accord des résultats de la formule de M. Ampère qui servait de base à mes calculs, avec l'expérience connue de MM. Gay-Lussac et Welter. Il me suffisait donc alors de calculer les composantes de cette action suivant trois axes rectangulaires et pour toute l'étendue de la circonférence et de faire voir que ces composantes sont nulles, quelle que soit la direction de l'élément de courant. J'avais de plus, ce qui est toujours permis, d'après les principes mêmes d'où M. Ampère a déduit sa formule, substitué à cet élément, pour simplifier le calcul, ses projections sur les trois axes rectangulaires. Je remarquerai, en passant, que j'avais omis dans les formules de la page 11 ([2]), le rayon de la surface annulaire, par lequel doit être multiplié l'angle infiniment petit $d\varphi$, en sorte que toutes les expressions doivent être multipliées elles-mêmes par ce rayon que je conti-

---

([1]) Ce complément du Mémoire de Savary a été présenté à l'Académie le 28 juillet 1823 (*Journal de Physique*, t. XCVI; 1823).

([2]) P. 350 du présent Volume.

nuerai d'appeler ρ ; cette omission, faite pour abréger les calculs, ne changeait d'ailleurs évidemment rien aux résultats qu'il s'agissait d'obtenir.

Je me propose, dans cette Note, de calculer l'action d'une portion de surface annulaire sur un élément de courant dirigé dans l'espace d'une manière quelconque.

Soit C′CC″ (*fig.* 7) la portion d'anneau circulaire dont je suppose le centre en O et le plan horizontal. Soit AOB un plan vertical passant par le centre O et par le milieu d'un élé-

Fig. 7.

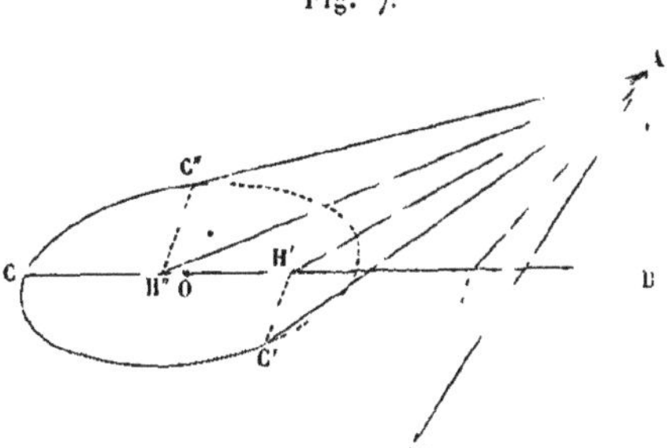

ment de courant ds dont la direction est Am. Soient Am' la projection de Am sur le plan AOB. Soient H′ et H″ les projections des extrémités C′ et C″ sur le même plan.

J'appelle Rds la résultante des actions de toutes les particules de la portion d'anneau sur l'élément ds ; A, B, C les angles que fait la direction de cette résultante avec l'horizontale OB, une horizontale perpendiculaire à OB et la verticale AB ; enfin α, β, γ les angles que fait avec les mêmes droites Am la direction de l'élément ds.

Cela posé, si l'on substitue à cet élément trois autres éléments $ds\cos\alpha$, $ds\cos\beta$, $ds\cos\gamma$, qui en soient les projections sur les trois axes, la somme des forces parallèles à un même axe et agissant sur chacun de ces éléments sera la force qui agit sur l'élément ds lui-même, parallèlement au même axe.

En se reportant aux formules et aux notations de la page 11 [1] et substituant pour les constantes k et n leurs valeurs qui donnent

---

(1) P. 350.

la relation $kn + 1 = 0$, on trouvera ainsi

$$R\cos A = \frac{3}{2}\rho ch \cos 6 \int \frac{\sin\varphi\, d\varphi}{r^5} + \frac{1}{2}\rho\cos\gamma \int d\left(\frac{\sin\varphi}{r^3}\right),$$

$$R\cos B = -\rho\cos\gamma\left[\frac{1}{2}\int\frac{\sin\varphi\, d\varphi}{r^3} - \frac{3}{2}c\int\frac{(c-\rho\cos\varphi)\sin\varphi\, d\varphi}{r^5}\right] - \frac{3}{2}\rho ch\cos\alpha\int\frac{\sin\varphi\, d\varphi}{r^5},$$

$$R\cos C = \rho\cos 6\left[\frac{1}{2}\int\frac{\sin\varphi\, d\varphi}{r^3} - \frac{3}{2}c\int\frac{(c-\rho\cos\varphi)\sin\varphi\, d\varphi}{r^5}\right] - \frac{1}{2}\rho\cos\alpha\int d\left(\frac{\sin\varphi}{r^3}\right).$$

On peut remarquer que la force R, étant la résultante des actions d'un système de circuits fermés sur un élément de courant, doit, ainsi que M. Ampère l'a prouvé, être perpendiculaire à la direction de cet élément. En effet, il résulte des expressions précédentes que l'on a

$$\cos A\cos\alpha + \cos B\cos 6 + \cos C\cos\gamma = 0.$$

Faisons $c - \rho\cos\varphi = x$ et $\rho\sin\varphi = y$, en représentant par des lettres accentuées ce que ces quantités deviennent aux limites, c'est-à-dire en faisant $BH' = x'$, $BH'' = x''$, $C'H' = y'$, $C''H'' = y''$, on trouvera facilement

$$2R\cos A = \left(\frac{y'}{r'^3} - \frac{y''}{r''^3}\right)\cos\gamma - \left(\frac{h}{r'^3} - \frac{h}{r''^3}\right)\cos 6,$$

$$2R\cos B = \left(\frac{h}{r'^3} - \frac{h}{r''^3}\right)\cos\alpha - \left(\frac{x'}{r'^3} - \frac{x''}{r''^3}\right)\cos\gamma,$$

$$2R\cos C = \left(\frac{x'}{r'^3} - \frac{x''}{r''^3}\right)\cos 6 - \left(\frac{y'}{r'^3} - \frac{y''}{r''^3}\right)\cos\alpha.$$

Je partage la résultante R en deux forces R', R''; j'appelle A', B', C'; A'', B'', C'' les angles inconnus que leurs directions font avec les axes, et je pose, pour les déterminer,

$$2R'\cos A' = \frac{y'\cos\gamma - h\cos 6}{r'^3},$$

$$2R'\cos B' = \frac{h\cos\alpha - x'\cos\gamma}{r'^3},$$

$$2R'\cos C' = \frac{x'\cos 6 - y'\cos\alpha}{r'^3},$$

ce qui donne

$$2R' = \frac{1}{r'^3}\sqrt{(y'\cos\gamma - h\cos\beta)^2 + (h'\cos\alpha - x'\cos\gamma)^2 + (x'\cos\beta - y'\cos\alpha)^2}$$

ou

$$2R' = \frac{1}{r'^3}\sqrt{r'^2 - (x'\cos\alpha + y'\cos\beta + h\cos\gamma)^2};$$

mais il est évident que, en appelant V′ l'angle que fait la direction de l'élément avec la droite menée de cet élément à l'une des extrémités de la portion d'anneau, on a

$$x'\cos\alpha + y'\cos\beta + h\cos\gamma = r'\cos V';$$

il en résulte simplement

$$2R' = \frac{\sin V'}{r'^2} \quad (^1).$$

Cette force est d'ailleurs perpendiculaire au plan des deux droites qui comprennent l'angle V′, car on a

$$\cos B' = \frac{h\cos\alpha - x'\cos\gamma}{r'\sin V'},$$

et, si l'on appelle p' la perpendiculaire abaissée du point H′ sur Am' projection de Am, et q' la perpendiculaire abaissée de C′ sur Am,

$$h\cos\alpha - x'\cos\gamma = p'\sin\beta,$$

$$r'\sin V' = q'$$

et

$$\cos B' = \frac{p'\sin\beta}{q'} = \frac{p'}{q'}\,\frac{Am'}{Am};$$

or le rapport $\frac{Am}{Am'}$ est celui des surfaces des triangles AH′m' et

---

(1) Il suit de cette valeur que le double $2R\,ds$ de la résultante a pour valeur $\frac{\sin V\,ds}{r'^2}$, et comme, en nommant $d\theta$ l'angle infiniment petit formé par les lignes menées de l'extrémité de la portion d'anneau que l'on considère aux deux extrémités de l'élément, on a

$$r'\,d\theta = \sin V\,ds,$$

cette valeur prend la forme très simple $\frac{d\theta}{r'}$ (S.)

AC'm ou le cosinus de l'angle de leurs plans ou enfin le cosinus de l'angle que font entre elles deux perpendiculaires à ces plans.

On arriverait à des résultats pareils relativement à la force R''. Les intensités et les directions des forces R', R'' ne dépendent donc que de la position des points extrêmes C', C'', et nullement de la courbure de l'anneau ou de la position de son centre. Elles sont donc les mêmes, quand ce centre est à l'infini.

C'est le cas d'un cylindre électrodynamique terminé aux points C' et C'', et telles étaient, en effet, les valeurs des forces données précédemment pour le cas d'un cylindre électrodynamique rectiligne. De plus, puisque sans changer l'action on peut remplacer une portion quelconque d'anneau circulaire par une autre portion d'un anneau également circulaire, mais d'un rayon différent et situé dans un autre plan, pourvu qu'elle se termine aux mêmes points, ce qui vient d'être dit d'une portion d'anneau ayant un cercle pour directrice est vrai d'un cylindre électrodynamique dont l'axe est plié suivant une courbe quelconque à simple ou double courbure.

On peut dire, en résumant ces différents résultats, que l'action qu'exerce un cylindre électrodynamique plié ainsi suivant une courbe quelconque, sur un élément de courant électrique, ne dépend que de la direction de cet élément et de la position des extrémités du cylindre et nullement de la forme de la courbe. Cette action peut être représentée par deux forces dont chacune agit en raison inverse du carré de la distance de l'élément à l'une des extrémités du cylindre, proportionnellement au sinus de l'angle formé par la direction de l'élément et de la droite menée de cet élément à cette même extrémité et dans une direction perpendiculaire au plan de ces deux droites.

Il en résulte que, quand on réunit les deux extrémités de l'axe, quelle que soit d'ailleurs sa forme, l'action devient nulle. Il en est ainsi d'un aimant dont on réunit les deux bouts, ce qui s'accorde avec des expériences de M. de la Borne (*Annales de Chimie*, t. XVI, p. 194-195) (¹). L'action ne doit être exactement nulle que quand il n'y a point de solution de continuité

(¹) *Voir* la note de la page 391. (J.)

dans le fil d'acier plié suivant une courbe fermée quelconque.

En combinant les résultats précédents avec ceux qui sont relatifs à l'action de deux cylindres électrodynamiques, il en résulte que, si l'on plie suivant une courbe quelconque les axes de deux cylindres, leur action mutuelle se compose toujours de quatre forces dirigées suivant les lignes qui joignent deux à deux leurs extrémités et agissant en raison inverse du carré des distances de ces extrémités.

Dans ces calculs, comme dans ceux du Mémoire précédent, j'ai regardé comme extrêmement petit le rayon des cylindres électrodynamiques.

XXVII.

NOTE RELATIVE AU MÉMOIRE DE M. SAVARY;

Par M.-A. AMPÈRE ([1]).

Coulomb avait représenté les expériences qu'il avait faites sur la direction que prend une aiguille aimantée par l'action d'un aimant, en admettant deux pôles dans chaque particule magnétique, et en supposant entre deux de ces particules les quatre forces dirigées suivant les droites dont nous avons parlé plus haut : telle est la loi de l'action mutuelle de deux aimants. M. Biot, dans le t. XV, p. 222 et 223, des *Annales de Chimie et de Physique*, a donné celle de l'action mutuelle d'un aimant et d'un conducteur voltaïque rectiligne et indéfini, en supposant de même deux pôles dans chaque particule magnétique, et en admettant qu'ils étaient portés par l'action du conducteur dans deux directions opposées, perpendiculairement aux plans qui joignent ces pôles et l'axe du conducteur, en vertu de forces dont l'intensité était réciproquement proportionnelle aux plus courtes distances entre ces mêmes pôles et cet axe. M. Ampère, qui a observé le premier l'action mutuelle de deux conducteurs, avait déterminé, par des expériences précises, la loi de cette action, dans un Mémoire lu à l'Académie des Sciences, le 10 juin 1822 ([2]), en prouvant que la force qui s'exerce entre deux portions infiniment petites de courants électriques donnés d'intensité, suivant la droite qui en joint les milieux, est, d'après ces expériences, nécessairement proportionnelle à la différentielle du second ordre de la racine carrée de la

([1]) Cette Note fait suite à l'analyse du Mémoire de Savary, faite par l'auteur lui-même et publiée dans le *Recueil d'observ. électr.*, p. 334. (J.)

([2]) La formule qui représente cette loi a été d'abord publiée dans la *Bibliothèque universelle*, t. XX, p. 187 et 188, et, depuis, avec les détails des expériences et des calculs sur lesquels elle est fondée, dans les *Annales de Chimie et de Physique*, t. XX, p. 398-419. (A.)

Voir l'article XIX, p. 270.

distance des deux portions infiniment petites, prise en faisant varier séparément et alternativement les deux extrémités de cette distance dans le sens des deux courants électriques, et divisée par la racine carrée de la même distance, et qu'en outre cette force est répulsive quand la valeur de cette différentielle est positive, et attractive dans le cas contraire.

Quelle que fût l'analogie si remarquable et si complète des aimants et des hélices ou cylindres électrodynamiques imaginés par M. Ampère, pour appuyer son opinion sur l'identité de l'électricité et du magnétisme, les trois lois dont nous venons de parler et qui représentent trois sortes d'actions, dont la première s'exerce entre deux aimants, la deuxième entre un conducteur voltaïque et un aimant, la troisième entre deux conducteurs, étaient, sous le point de vue mathématique, indépendantes les unes des autres; et il était, en outre, démontré qu'on ne peut expliquer l'ensemble des phénomènes d'attraction et de répulsion que présentent les conducteurs voltaïques en attribuant leurs propriétés à de petits aimants qu'y produirait l'action électrique de la pile, de quelque manière qu'on supposât ces aimants disposés, puisqu'on imprime un mouvement de rotation continue, toujours dans le même sens, à une portion de conducteur qui ne forme pas un circuit fermé ou presque fermé, par l'action soit d'un circuit fermé, soit d'un aimant, et qu'il est impossible de produire cette sorte de mouvement en employant seulement des aimants ou des conducteurs solides (¹) formant des circuits fermés. Or, il est évident que la loi donnée par Coulomb ne pouvait être appliquée au calcul de l'action d'un conducteur et d'un aimant ou de deux conducteurs, qu'en considérant, dans le premier cas, le conducteur comme un assemblage de petits aimants, et qu'en adoptant, dans le second, la même supposition à l'égard des deux conducteurs; dans l'un et l'autre cas, on n'aurait que des actions exprimées en fonction des

---

(¹) On entend ici, par cette expression, que toutes les parties de la portion de conducteur qui forme un circuit fermé ou presque fermé sont invariablement liées entre elles, et ne peuvent changer de situation respective; lorsque cette portion est composée de deux ou de plusieurs pièces mobiles séparément, ou qu'elle est formée en tout ou en partie d'un liquide conducteur, le mouvement de rotation continue devient possible. [*Voir*, pour l'éclaircissement des difficultés que peut présenter cette question, ce qui en a été dit p. 234-236 (267-269).] (A.)

distances des points entre lesquels on les supposerait agir, et l'accélération du mouvement de rotation continue serait impossible, tandis que cette accélération, constatée par tant d'expériences, résulte également de la loi de M. Biot et de celle de M. Ampère; ces deux lois ne pouvaient donc être déduites de celle de Coulomb.

La loi de M. Biot, donnant la valeur de l'action mutuelle d'un conducteur et d'un aimant, ne pouvait point conduire non plus à celle de M. Ampère relative à l'action de deux conducteurs, puisqu'il aurait fallu, pour qu'on pût l'appliquer à ce dernier cas, considérer l'un des deux conducteurs comme un assemblage de petits aimants sur lesquels l'autre conducteur agirait conformément à cette loi, et qu'il était impossible d'admettre cette supposition pour l'un des conducteurs, sans l'admettre pour tous les deux, ce qui aurait ramené de nouveau tous les phénomènes électrodynamiques à des actions mutuelles entre des assemblages d'aimants, et aurait, par conséquent, été encore en opposition directe avec le fait de l'accélération du mouvement de rotation continue. La loi de M. Ampère ne pouvait donc pas plus être déduite de celle de M. Biot que de celle de Coulomb. Il restait à savoir si ces deux dernières lois ne pouvaient pas, au contraire, être déduites de la première; la solution de cette question est le principal objet du Mémoire de M. Savary; il y démontre que la loi de M. Ampère, appliquée aux courants électriques formant, dans les aimants, des circuits fermés disposés comme il a été dit plus haut, reproduit les deux lois de Coulomb et de M. Biot. C'est là un résultat mathématique et indépendant de toute hypothèse : les autres résultats du Mémoire de M. Savary en sont des conséquences qui offrent à la fois une nouvelle vérification de ces mêmes lois, et la confirmation la plus complète de l'opinion de M. Ampère sur la constitution des aimants.

Pour se faire une idée juste de la manière dont les lois de Coulomb et de M. Biot résultent de celle de M. Ampère, il faut faire attention :

1° Qu'on y suppose des molécules de deux fluides particuliers auxquels on attribue des propriétés d'attraction et de répulsion semblables à celles des deux fluides électriques, propriétés qui ne sont démontrées à l'égard de ces derniers que parce qu'on peut les séparer en les faisant passer dans des corps différents, ce qu'on ne peut faire pour les fluides hypothétiques, que des analogies plus spécieuses que solides entre les phénomènes magnétiques et ceux que présentent les corps électrisés ont fait admettre dans les aimants. Il faut d'ailleurs supposer ces fluides d'une nature toute différente de celle des fluides électriques, puisque ces derniers, tant qu'ils sont en repos, n'ont aucune action sur les aimants;

2° Qu'on admet, dans cette manière d'expliquer les phénomènes, que chaque particule d'un barreau aimanté contient une molécule de fluide austral et une molécule de fluide boréal;

3° Qu'on suppose encore que, si l'on conçoit dans le barreau des séries de particules parallèles à son axe, ces séries n'agissent que par les molécules magnétiques d'espèces opposées qui se trouvent à leurs deux extrémités, parce que, dans le reste de la longueur de ces séries, à chaque point où deux particules du barreau se touchent, il se trouve deux molécules magnétiques d'espèces opposées, appartenant l'une à la première de ces particules et l'autre à la seconde, qui se neutralisent mutuellement; tandis que, dans la théorie de M. Ampère, au lieu de ces fluides d'une nature particulière, dont rien ne prouve l'existence, on admet :

1° Que les deux fluides électriques agissent dans chaque particule du barreau d'après les mêmes lois que dans les conducteurs voltaïques, qui n'exercent de même aucune action sur les corps contenant de l'électricité positive ou négative en repos;

2° Que, pour ramener ainsi les phénomènes que présentent les aimants à ceux que l'électricité produit par son mouvement dans les conducteurs voltaïques, il faut que le même courant électrique qui existe dans ces conducteurs, dans le sens de leur longueur, ait lieu, autour de chaque particule d'un barreau aimanté, dans des plans perpendiculaires à l'axe de ce barreau, en formant ainsi autant de ces assemblages de courants électriques, auxquels il a donné le nom de *cylindres électrodynamiques*, qu'il y a de particules dans le barreau;

3° Que les cylindres électrodynamiques de toutes les particules d'une même série parallèles à l'axe du barreau forment, par leur réunion, un seul cylindre, dont les extrémités se trouvent aux points où, dans l'ancienne hypothèse, on place les deux molécules magnétiques extrêmes de la série; molécules dont on suppose que l'action est la seule qui se manifeste, à cause de la neutralisation qu'on admet, ainsi que nous venons de le dire, entre toutes les autres molécules magnétiques de la même série.

Il n'est plus nécessaire alors de supposer, entre les molécules magnétiques des particules d'acier dont se compose une série parallèle à l'axe du barreau, cette neutralisation si difficile à concilier avec la distance que l'ensemble des phénomènes des autres branches de la Physique oblige à admettre entre ces particules [1]. Dans la manière de voir de M. Ampère, ce ne sont plus les molécules situées aux deux extrémités de la série qui agissent seules : l'action produite est l'intégrale de celles qu'exercent toutes les parties de la longueur du cylindre électrodynamique correspondant à cette série; et, si cette action semble la résultante de deux forces relatives aux deux extrémités du cylindre, c'est uniquement parce que ces extrémités sont les limites de l'intégrale.

Que devait donc faire M. Savary pour démontrer que les lois de Coulomb et de M. Biot sont des conséquences nécessaires de la formule donnée par M. Ampère pour exprimer l'action mutuelle de deux éléments de courants électriques, et de la manière dont il conçoit que ces courants sont disposés dans les aimants? Il fallait qu'il démontrât qu'en partant de cette formule on trouve que les extrémités d'un cylindre électrodynamique d'un très petit diamètre doivent présenter précisément les mêmes manières d'agir que Coulomb et M. Biot attribuent aux molécules magnétiques, dont ils regardent l'action comme produisant tous les phénomènes qu'on observe dans les aimants.

Tel est, en effet, le résultat des calculs de M. Savary, lorsqu'on admet que tous les courants électriques d'un même cylindre sont d'égale intensité, et qu'ils sont tous situés dans des plans perpendiculaires à l'axe du cylindre; en sorte que, si les lois de Coulomb

---

[1] On a, à la vérité, cherché à expliquer cette neutralisation des particules magnétiques intermédiaires de chaque série, dont l'action ne se manifeste que lorsqu'on rompt l'aimant, par d'autres considérations, auxquelles on ne peut pas opposer la même objection, mais qui nous paraissent d'autant moins satisfaisantes qu'elles ne sont pas de nature à être soumises aux procédés du Calcul intégral, procédés auxquels nous croyons qu'on doit ramener toutes les questions de ce genre quand on veut s'en faire des idées nettes. (A.)

et de M. Biot représentaient exactement les phénomènes, M. Ampère aurait eu tort d'admettre que, dans les aimants, l'intensité des courants d'un même cylindre électrodynamique peut être différente à différents points de sa longueur, et que les plans de ces courants peuvent être inclinés à la direction de son axe, surtout vers les extrémités de cet axe. Mais, quoique ces lois soient assez d'accord avec les phénomènes pour qu'on ne puisse douter qu'elles déterminent, en général, la valeur des forces par lesquelles ils sont produits, les résultats des expériences présentent des anomalies qui indiquent ou une variation d'intensité dans les courants électriques des aimants, ou une inclinaison des plans de ces courants sur les axes des cylindres électrodynamiques formés par leur réunion.

Comme il est impossible de savoir *a priori* si l'intensité des courants varie dans un même cylindre électrodynamique appartenant à un aimant, s'ils cessent, vers les extrémités du cylindre auquel ils appartiennent, d'être dans des plans perpendiculaires à son axe, on ne peut ni prévoir, ni surtout calculer d'avance ces anomalies : c'est par des expériences de mesure précise qu'il faut les déterminer exactement; et ce n'est que quand on l'aura fait qu'il faudra, à l'aide du calcul, voir quelle variation d'intensité ou quelle loi d'inclinaison des courants on doit admettre pour représenter exactement les observations; s'il est nécessaire pour cela d'avoir recours simultanément à ces deux causes d'anomalie, ou s'il suffit d'une des deux pour rendre raison de toutes les différences observées entre les résultats des expériences et ceux des calculs faits sans en tenir compte.

Nous avons vu plus haut les raisons physiques qui s'opposent à ce qu'on puisse remonter de la loi de Coulomb à celle de M. Biot et à celle de M. Ampère, ou déduire cette dernière de celle de M. Biot, quoiqu'en partant de la loi de M. Ampère on reproduise aisément les deux autres. Le Mémoire de M. Savary en montre la raison mathématique; elle consiste en ce que la formule de M. Ampère donne la valeur de l'action élémentaire en expressions différentielles, qu'il faut d'abord intégrer pour en déduire la loi de M. Biot, et soumettre ensuite à une nouvelle intégration pour arriver à celle de Coulomb. Dans les deux cas, chacune de ces intégrations se compose de deux autres : la première, pour passer de l'action relative à un élément à celle qui se rapporte à un courant circulaire d'un très petit diamètre; la seconde, pour avoir l'action relative à un cylindre électrodynamique formé d'une infinité de courants circulaires. On a o et 2π pour les limites de la première, et la détermination des intégrales définies ne laisse subsister aucune trace de la forme des expressions différentielles, auxquelles on ne peut, par conséquent, plus remonter en partant d'une des lois exprimées par les intégrales. Les limites de la seconde intégration se rapportent, aussi dans les deux cas, aux deux extrémités du cylindre : c'est pour cela que les expressions des forces et des sommes de moments, qui déterminent l'action totale, contiennent toutes deux termes de même forme, mais de signes contraires, dont l'un se rapporte à une des extrémités du cylindre, et l'autre est relatif à son autre extrémité, comme si cette action, au lieu d'être composée d'une infinité d'actions élémentaires, l'était seulement de deux actions correspondant chacune à un seul de ces termes, et qui émaneraient des deux extrémités d'après une même loi, mais dans des directions opposées; ce qui achève de déguiser la véritable forme de l'action élémentaire représentée par les expressions différentielles.

On voit ainsi pourquoi il est impossible de remonter à la loi de M. Ampère en partant d'une des autres, ou à la loi de M. Biot en partant de celle de Coulomb : on voit en même temps comment la loi de M. Ampère doit donner les deux autres; mais il reste à examiner si l'on peut retrouver la loi de Coulomb en partant de celle de M. Biot. On trouve, dans le Mémoire de M. Savary, tous les calculs nécessaires pour résoudre cette question et pour démontrer que la loi de Coulomb ne peut être regardée comme une suite de celle de M. Biot que quand on adopte l'opinion de M. Ampère sur la constitution des aimants; d'où résulte, en faveur de cette opinion, une preuve fondée sur le calcul, et qui est cependant tout à fait indépendante de la formule de M. Ampère et des expériences qui l'y ont conduit.

Au reste, ce n'est pas de la loi de M. Biot, telle qu'il l'a publiée dans les *Annales de Chimie et de Physique*, t. XV, p. 222 et 223, mais de la forme beaucoup plus générale sous laquelle il a présenté cette loi dans le t. II, p. 123, de la seconde édition de son *Précis élémentaire de Physique*, que l'on peut déduire la loi de Coulomb de la manière que nous venons d'indiquer. Lorsque la loi de M. Biot est ainsi généralisée, elle n'est plus d'accord avec les calculs de M. Savary que pour la valeur et la direction de la force; elle en diffère relativement au point où l'on doit concevoir que cette force est appliquée. Cette différence en produit une dans la valeur du moment de la rotation imprimée à un aimant par un élément de courant électrique autour d'un axe quelconque; mais elle n'influe en rien sur celle du moment total produit par la réunion de tous les éléments d'un circuit solide fermé, parce que les termes qui en résultent disparaissent des intégrales définies, par lesquelles cette dernière valeur est exprimée. C'est ce que M. Ampère a démontré, en partant des résultats obtenus par M. Savary, dans un Mémoire qu'il imprime actuellement pour faire suite à ce recueil; il a aussi discuté, dans ce Mémoire, le cas où le circuit est formé, en partie, d'un conducteur liquide, et celui d'un courant électrique qui ne rentrerait pas sur lui-même. Les courants de cette dernière sorte que nous pouvons produire ne sont qu'instantanés; mais, à en juger par les mouvements qu'on observe, pendant les aurores boréales, dans les aiguilles aimantées, il n'en est pas de même de ceux auxquels il paraît qu'on doit attribuer ce singulier phénomène.

XXVIII.

EXTRAIT D'UNE LETTRE DE M. AMPÈRE A M. FARADAY (¹).

Paris, 18 avril 1823.

Monsieur,

Le temps m'ayant manqué pour répondre à la dernière lettre que vous m'avez fait l'honneur de m'écrire avec autant de détail que j'aurais voulu le faire, je me bornerai, dans celle-ci, à tirer, des lois que j'ai données pour déterminer toutes les circonstances des phénomènes produits par l'action électrodynamique, trois conséquences qui ont été vérifiées par des expériences dont il était, en partant de ces lois, facile de prévoir les résultats. Ces résultats, quoiqu'ils soient réellement de nouvelles preuves de ma

Fig. 1.

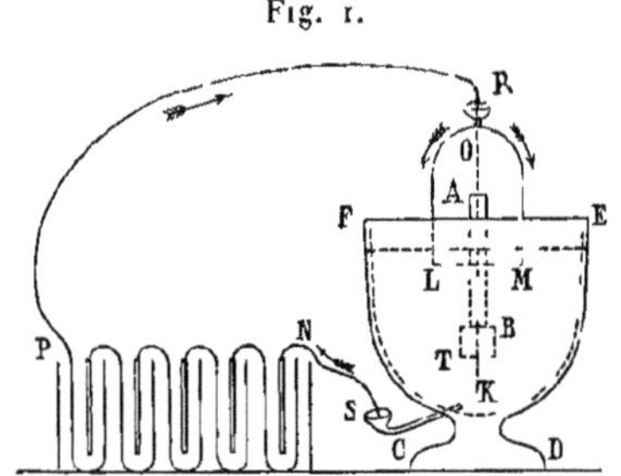

théorie, pourraient, au premier coup d'œil, lui paraître opposés; c'est pourquoi j'ai cru devoir commencer par les en déduire.

La première de ces conséquences est relative à un cas de rotation d'un aimant flottant, que vous avez obtenu et que m'a communiqué M. Hachette.

Si j'ai bien conçu cette intéressante expérience, un fil conducteur LOM (*fig.* 1), plié en fer à cheval et mobile autour de la verticale KO, communique, par son milieu O, avec une des

(¹) *Annales de Chimie et de Physique*, t. XXII, p. 389. — *Recueil d'observations électriques*, p. 365. (J.)

extrémités de la pile que je supposerai l'extrémité positive pour fixer les idées; il plonge en L, M dans le mercure que contient le vase CDEF; dans la même verticale KO se trouve l'axe d'un aimant flottant AB, chargé en B d'un poids de platine BT destiné à maintenir cet aimant dans une situation verticale.

Les choses ainsi disposées, voyons d'abord ce qui doit arriver, d'après ma théorie. Un des faits généraux les plus importants sur lesquels elle repose, et qui m'a suggéré l'expérience et les calculs d'après lesquels j'ai déterminé, dans le Mémoire que j'ai lu à l'Académie des Sciences, le 10 juin 1822, ce qui restait d'indéterminé dans la formule par laquelle j'ai représenté l'action qu'exercent l'une sur l'autre deux portions infiniment petites de courants électriques, fait que j'avais déjà annoncé dans la Note que je lus dans la séance publique du 8 avril de la même année, consiste en ce que l'action mutuelle de deux circuits fermés ne peut imprimer à l'un de ces circuits un mouvement de rotation continue, toujours dans le même sens, et qu'ainsi celle de deux assemblages de circuits fermés, de quelque manière qu'ils soient disposés, ne peut jamais produire cette sorte de mouvement. Il ne peut en résulter, dans l'un d'eux, qu'une tendance à prendre une position fixe lorsqu'on le suppose mobile; d'où il suit que, si un tel assemblage ne peut que tourner autour d'un axe et que les circuits dont il se compose soient situés symétriquement des deux côtés de cet axe, il n'éprouvera absolument aucune action de la part d'un circuit fermé ou d'un assemblage de circuits fermés. C'est ce qui doit arriver à un aimant assujetti à ne pouvoir que tourner autour de son axe, lorsqu'on le considère comme devant ses propriétés à des courants électriques, et c'est ainsi que j'explique, dans ma théorie, pourquoi on ne peut, d'aucune manière, lui imprimer un mouvement autour de son axe par l'action d'autres aimants.

Il semble même, au premier coup d'œil, à cause de la disposition symétrique de tous les courants d'un aimant relativement à son axe, qu'il est également impossible de le faire tourner autour de cet axe par l'action d'un conducteur voltaïque, puisque les courants de la pile agissent, d'après mes premières expériences, comme ceux des fils conducteurs, et que la pile, réunie à tout le reste du courant électrique qu'elle produit, compose toujours un circuit complètement fermé. C'est, en effet, ce qui a lieu tant qu'aucune partie de ce dernier circuit ne traverse l'aimant ou n'est liée invariablement avec lui; nous verrons tout à l'heure pourquoi le mouvement de rotation continue, autour de l'axe même de l'aimant, devient possible dans cette dernière circonstance; il faut auparavant examiner toutes les actions qui s'exercent dans l'appareil que j'ai représenté (*fig.* 1), lorsque l'aimant AB n'est lié à aucune partie du circuit voltaïque composé du conducteur mobile LOM, du mercure contenu dans le vase CDEF, des deux rhéophores RP, SN (¹) et de la pile PN.

Puisque le courant voltaïque va en s'approchant de ceux de l'aimant dans les branches OL, OM, elles tendront à tourner autour de lui dans le sens opposé à la direction de ces derniers, et il en résulte une réaction sur l'aimant tendant à le faire tourner avec une force égale en sens contraire, c'est-à-dire dans le sens de ses propres courants; les courants qui des points L, M passent dans le mercure vont, au contraire, en s'éloignant de ceux de l'aimant : leur action tend donc à faire tourner le mercure autour de lui, dans le sens de ses courants, conformément à l'expérience de Sir H. Davy relative à la rotation du mercure, et il en résulte une réaction sur l'aimant qui tend à le faire tourner en sens contraire; enfin, le reste du courant électrique, qui est contenu dans les rhéophores et la pile, agit pour faire tourner l'aimant avec une force égale à la différence des deux actions du fer à cheval LOM et du mercure, puisque l'action totale de tout le circuit voltaïque doit être nulle; le tout conformément à une loi générale de la manière d'agir des conducteurs, que vous pouvez voir énoncée dans les premières lignes de la page 161 de mon *Recueil d'observations électrodynamiques* (²).

Il suit de là que, quand rien ne s'oppose à la rotation du fer à cheval LOM, il tourne en sens contraire des courants de l'aimant

(¹) Je nomme ainsi les deux fils de cuivre soudés aux deux extrémités de la pile, et qui servent à *porter le courant électrique* dans les appareils destinés à observer l'action mutuelle des diverses portions de ce courant, et celle qui s'exerce entre elles et le globe terrestre ou un aimant. (A.)

(²) Cette loi est aussi énoncée dans les *Annales de Chimie et de Physique*, t. XVIII, p. 373. (A.)

Voir p. 186, la fin de la note [3]. (J.)

AB, que si l'action est assez forte pour vaincre l'inertie du mercure et les frottements, le mercure tourne aussi, mais dans le sens de ces courants, tandis qu'il ne peut y avoir aucune action pour faire tourner l'aimant tant qu'on ne le lie à aucune partie du circuit voltaïque.

Mais, si l'on vient, comme dans votre dernière expérience, à lier l'aimant à la partie mobile LOM, ou qu'on y fasse passer une portion du courant, comme dans l'expérience où j'ai obtenu, dans le temps, la rotation continue d'un aimant autour de son axe, alors, toute action mutuelle entre les éléments d'un système de forme invariable ne pouvant lui imprimer aucun mouvement ([1]), ce sera

([1]) Ce principe était admis par tous les physiciens depuis que Newton en avait fait un des trois axiomes sur lesquels il a élevé l'admirable édifice de sa théorie de l'univers, et qu'il a placé à la tête des *Philosophiæ naturalis principia mathematica*, en l'énonçant en ces termes : *L'action est toujours égale et opposée à la reaction; c'est à-dire que les actions de deux corps l'un sur l'autre sont toujours égales et dans des directions contraires.*

On ne peut douter que Newton n'entende, en s'exprimant ainsi, que l'action et la réaction sont deux forces égales dirigées en sens contraire, suivant une même droite, en sorte que, quand ces deux corps sont liés invariablement, ces deux forces se font équilibre, et qu'il ne peut en résulter aucune sorte de mouvement. Je ne pensais pas d'abord que ce dût être là un objet de controverse, et mes recherches sur les lois de l action électrodynamique n'ont point eu d'autre base; je me suis constamment attaché, dans ces recherches, à suivre la marche rigoureuse dont il a donné le premier et le plus parfait modèle, d'une part, en imitant, dans la détermination de l'expression analytique de la force électrodynamique élémentaire, que j'ai faite d'après des cas d'équilibre observés avec précision, le procédé par lequel on déduit, des lois de Kepler, celle de la gravitation universelle en raison inverse du carré de la distance; de l'autre, en analysant les phénomenes où l'action et la réaction semblaient agir en sens contraire, non pas suivan une même droite, mais suivant deux droites parallèles, de manière à les ramener à des forces dont l'action fût toujours directement opposée à la réaction. D'autres physiciens ont préféré admettre, pour rendre raison des phénomènes electrodynamiques, des forces qui ne satisfissent pas à cette condition commune à toutes les autres forces de la nature, et qui fussent telles qu'en s'exerçant entre deux corps liés invariablement ensemble elles imprimassent un mouvement de rotation au système solide résultant de la réunion de ces deux corps.

Si l'on pouvait citer un seul fait qu'on ne pût expliquer autrement, il faudrait bien avoir recours à cette singulière supposition; mais il n'en est pas ainsi, et il suffit, pour s'en convaincre, de suivre les explications que j'ai données de tous ceux qui ont été observés jusqu'à présent, sans renoncer à un des principes fondamentaux de la Physique newtonienne, et surtout de consulter les calculs contenus dans le Mémoire de M. Savary, cité plus haut, qui ont si complètement justifié ces explications. Ajoutons que les fluides électriques en mouvement dans le circuit voltaique y sont toujours en même quantité, qu'il n'y entre et qu'il n'en

comme si l'on avait supprimé du circuit total la portion de ce circuit qui fait corps avec l'aimant; et, comme c'était l'action de cette portion qui faisait équilibre à l'action égale et opposée du reste du circuit, celle-ci aura tout son effet et l'aimant tournera en vertu de cette dernière action. Quant au mercure contenu dans le vase CDEF, sa tendance à tourner sera la même dans les deux cas, et elle aura ou n'aura pas son effet, suivant que cette force sera ou ne sera pas suffisante pour vaincre les résistances qui s'opposent à la rotation du mercure. Il est aisé de voir que tout, dans cette expérience, se passe comme dans celle de M. Savary, qui est décrite dans mon *Recueil,* p. 243, 244, et dans les *Annales de Chimie et de Physique,* t. XX, p. 66 et 67 (¹) : le mercure y est seulement remplacé par de l'eau acidulée, et l'aimant par une spirale électrodynamique qui doit, d'après ma théorie, agir précisément comme lui. Il est à remarquer que l'action du reste du circuit, qui produit alors la rotation de l'aimant, étant égale et opposée à celle que LOM exerçait sur lui avant qu'on les liât, et celle-ci étant aussi égale et opposée à l'action qu'exerçait en même temps l'aimant pour faire tourner LOM, la force qui tend à faire tourner, dans le premier cas, l'aimant et le fer à cheval réunis est de même intensité et de même signe que celle qui tend à faire tourner, dans le second, le fer à cheval seulement; mais le mouvement de rotation doit parvenir plus lentement à l'état uniforme lorsque l'aimant et le fer à cheval sont liés ensemble, parce que la masse à mouvoir est augmentée de toute celle de l'aimant, et sa vitesse doit même rester toujours un peu moindre à cause du frottement entre le mercure et la surface de l'aimant. Il est aisé de voir que cette sorte de mouvement n'aurait pas lieu dans le cas où la portion mobile du circuit voltaïque qu'on lie avec l'aimant, ou la portion du courant de ce circuit qui passe par l'aimant dans l'appareil à l'aide duquel j'ai obtenu le mouvement de rotation continue, avait ses deux extrémités dans l'axe, puisqu'il n'y a point

---

sort ni électricité positive ni électricité négative, en sorte que ce serait bien en vain qu'on croirait pouvoir prévenir cette difficulté en disant que le système solide qu'on suppose ainsi tendre à tourner sur lui-même ne le fait qu'en vertu d'actions et de réactions exercées en ligne droite, conformément au principe de Newton, entre les molécules électriques et la matière pondérable du système. (A)

(¹) *Voir* art. XIV, p. 197 et suiv.

d'action entre un aimant et un courant électrique terminé, de part et d'autre, à l'axe de cet aimant. On voit aisément, à l'aide du calcul, que la force qui produit ce mouvement est à son *maximum* quand la distance des points L et M diffère peu du diamètre de l'aimant.

La seconde conséquence de ma théorie, sur laquelle j'ai désiré, Monsieur, d'appeler votre attention, consiste en ce qu'un aimant AB (*fig.* 2), qui a l'un de ses pôles dans l'axe de rotation KO du fer à cheval LOM, tend à le faire tourner dans le même sens, soit qu'il soit placé horizontalement comme en AB, vertica-

Fig. 2.

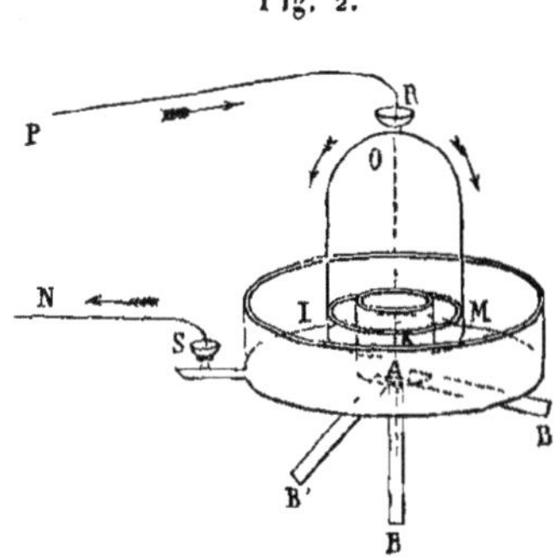

lement comme en AB′, ou dans une situation inclinée comme en AB″. Non seulement il est bien aisé de voir que cela est une suite nécessaire de ma manière d'expliquer les propriétés des aimants, mais M. Savary a, en outre, dans un Mémoire sur l'*Application du calcul aux phénomènes électrodynamiques,* qui sera bientôt publié, déduit directement ce résultat de la formule par laquelle j'ai représenté l'action mutuelle de deux éléments de conducteurs voltaïques. On ne doit donc pas le regarder, avec un savant physicien anglais, comme une objection contre mon opinion, mais, au contraire, comme une nouvelle preuve en sa faveur.

Les calculs de M. Savary, ainsi que vous l'avez pu voir dans mon *Recueil,* p. 349 et 350, conduisent aussi à ce résultat remarquable, que quand l'aimant est assez long pour qu'on puisse en regarder la longueur comme infinie, relativement à la partie mobile LOM du conducteur, son action, pour la faire tourner autour de la verticale KO, dans laquelle se trouve le pôle de l'aimant qui en est le plus près, doit toujours rester la même, quelle que soit la direction de l'aimant.

La troisième conséquence est relative à la manière dont un fil de fer ou plutôt d'acier AB (*fig.* 3), roulé en hélice, doit s'aimanter, par l'action d'un courant CD qui parcourt un conducteur rectiligne indéfini CD parallèle à l'axe de l'hélice, d'après ma manière d'expliquer les phénomènes que présentent les aimants. Si l'on considère sur chacune des spires du fil d'acier les deux points P, Q, où la surface cylindrique qu'elles forment est touchée par deux plans passant par CD et tangents à cette surface, la moitié PMQ d'une spire, qui est comprise entre ces deux points du côté du

Fig. 3.

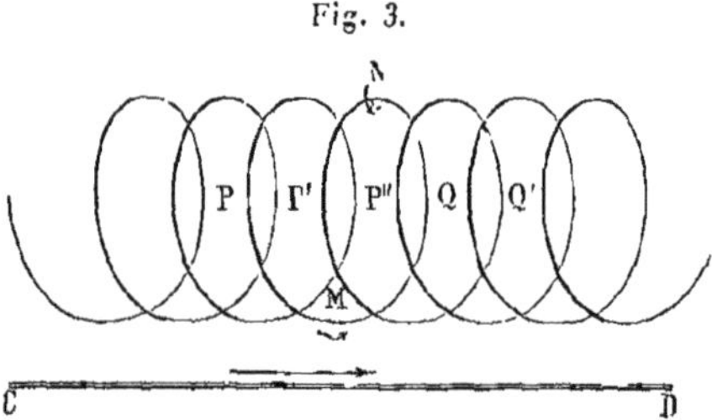

conducteur, s'aimantera comme on le voit dans la figure, de manière que son pôle austral sera en P et son pôle boréal en Q, tandis que la moitié QNP′ de la même spire, qui est comprise entre les points Q et P du côté opposé au conducteur CD, s'aimantera de manière que son pôle boréal sera en Q et son pôle austral en P′; en sorte que, le long des deux côtés du cylindre où sa surface est touchée par les deux plans tangents dont j'ai parlé tout à l'heure, il y aura en P, P′, P″, ... une suite de points conséquents ayant les propriétés du pôle austral d'un aimant, et en Q, Q′, Q″, ... une suite de points conséquents ayant les propriétés d'un pôle boréal; tandis que, si le conducteur passait dans l'intérieur de l'hélice de fil d'acier, tous les points de ce fil devraient être aimantés dans le même sens, sans points conséquents, et avec un pôle austral en A et un pôle boréal en B.

Dans ce dernier cas, il n'y a de pôles qu'aux extrémités de l'hélice en fil d'acier, et, pour se faire une idée nette des propriétés qu'elle doit présenter, il faut concevoir que les petits courants électriques d'une pareille hélice sont, d'après ma théorie, dans des plans qui forment avec son axe des angles d'autant plus petits que le pas des spires de l'hélice a moins de hauteur, et que, si l'on projette les circonférences qu'ils décrivent sur des plans perpendiculaires à l'axe de l'hélice, chaque courant circulaire donnera sur un de ces plans un courant elliptique. L'ensemble de ces projections devra agir sensiblement, comme si ces ellipses étaient des cercles d'un plus petit diamètre que les circonférences décrites par les courants du fil, c'est-à-dire comme un aimant; les projections sur deux plans rectangulaires perpendiculaires entre eux et passant par l'axe seront aussi des ellipses dont les arcs infiniment petits pourront être projetés parallèlement et perpendiculairement à l'axe suivant de petites droites où la direction des courants sera, dans un sens, pour chaque demi-ellipse, et, en sens contraire, pour chacune des autres demi-ellipses, dont la réunion avec une des premières forme une ellipse entière, en sorte que leurs effets devront se neutraliser presque complètement; l'action totale sera donc sensiblement celle d'un aimant, ainsi que l'a trouvé M. de La Borne, en faisant des expériences avec une hélice en fil de fer non recuit, et propre, par conséquent, à conserver les propriétés magnétiques qu'il avait acquises par l'action d'un fil conducteur placé dans l'axe de l'hélice, et par lequel M. de La Borne avait fait passer le courant électrique instantané d'une bouteille de Leyde (1).

---

(1) « J'ai formé, dit ce jeune physicien, avec un fil de fer non recuit, une hélice autour d'un tube de verre; j'ai fait passer le fil qui devait communiquer avec les deux armures d'une bouteille de Leyde, par l'axe de cette hélice. Alors chaque élément de l'hélice se trouvait à la même distance du fil de décharge et à peu près perpendiculairement à ce dernier. Il résultait de là qu'en faisant passer une décharge par le fil situé dans l'axe, toutes les parties de l'hélice devaient se trouver aimantées à la fois, de sorte que, développant l'hélice, on devait trouver le pôle austral à une des extrémités et le pôle boréal à l'autre. Considérant que le fil ployé en hélice a une direction générale dans le sens de l'axe, on pouvait penser que cette hélice serait magnétique et dans le même sens que le fil développé. Ces résultats ont eu lieu, en effet.... Une telle hélice présente le cas singulier d'un aimant flexible, élastique, qu'on peut ployer, allonger, accourcir, et qui, suivant la théorie généralement admise, doit cesser d'agir comme aimant sur une aiguille de boussole, si, en joignant les deux extrémités, on en forme un anneau : c'est, en effet, ce qui arrive, du moins sensiblement. Une hélice ainsi ployée s'arme d'elle même : c'est un moyen de lui faire conserver son magnétisme. » (*Annales de Chimie et de Physique*, t. XVI, p. 194 et 195.) (A.)

Je n'ai point répété ses expériences sur ce sujet; mais on ne peut guère douter, d'après ce qu'il dit des résultats qu'elles lui ont donnés, que l'action des hélices en fil de fer ou d'acier aimantées de cette manière ne soit en tous points telle qu'elle doit être d'après ma théorie, comme dans le cas où l'on aimante les mêmes hélices avec un conducteur toujours parallèle à leur axe, mais placé en dehors de ces hélices. Il me semble qu'il suffirait d'examiner, avec l'attention convenable, la manière dont cette théorie rend raison des phénomènes qu'on observe lorsqu'on fait agir les uns sur les autres les conducteurs voltaïques rectilignes ou circulaires, les hélices formées avec ces conducteurs, les aimants et les hélices de fils d'acier aimantés par un conducteur voltaïque placé : 1° au dedans de ces hélices, 2° au dehors des mêmes hélices, pour qu'il ne restât plus de doute sur ce qu'elle exprime le véritable état des choses.

Vous me disiez avec grande raison, Monsieur, dans votre dernière lettre, que d'autres physiciens avaient proposé des théories différentes de la mienne, qu'ils avaient annoncées comme devant rendre raison non seulement des phénomènes déjà découverts, mais de ceux qu'on devait découvrir par la suite, et que cette prédiction, de leur part, ayant été complètement démentie, principalement par le fait du mouvement de rotation continue qui est en contradiction avec ces théories, vous hésitiez à adopter la mienne, dans l'appréhension qu'il ne lui arrivât à son tour la même chose; en approuvant entièrement cette sage réserve de votre part, je vous prierai cependant de me permettre une observation qui me paraît de quelque importance. Il y a près de trois ans que j'ai conçu ma théorie : j'en ai publié tous les principes dans les conclusions du Mémoire que j'ai lu à l'Académie royale des Sciences, le 25 septembre 1820. Depuis, de nouveaux phénomènes, que je ne pouvais prévoir, ont été découverts par divers physiciens : bien loin de se trouver en opposition avec ma théorie, ils en ont tous offert de nouvelles preuves, ou plutôt des conséquences nécessaires qu'elle aurait pu prévoir d'avance. N'est-ce pas le cas de dire, avec le philosophe de Rome : *Opinionum commenta delet dies, naturæ judicia confirmat* (¹).

(¹) Cicéron, *De Natura deorum*, Liv. II, Ch. II. (J.)

M. Seebeck vient de produire le courant électrique par l'influence de la différence de température des points de contact entre deux sortes de métaux dont on forme un circuit fermé. M. Œrsted, qui est actuellement à Paris, vient de communiquer à notre Académie [1] des expériences où il a agrandi considérablement le domaine de ces expériences, en multipliant le nombre des contacts entre l'antimoine et le bismuth, et les alternatives de chaud et de froid dans ces contacts. Il a trouvé : 1° que dans cette pile, qu'il a nommée *thermo-électrique*, la tension est extrêmement faible ; en sorte que le courant ne s'établit que parce que la conductibilité d'un circuit tout métallique est très grande ; 2° qu'à cause de cette faiblesse de la tension électrique produite par ce moyen on n'observe pas d'élévation sensible de température, même dans les fils conducteurs les plus fins ; 3° que l'intensité du courant dans des circuits de même étendue croît, à la vérité, avec le nombre des contacts des deux métaux, tenus alternativement à deux températures différentes, mais qu'elle diminue pour un même nombre de ces courants à mesure que le circuit devient plus long, précisément en raison inverse de sa longueur. Ces faits, relatifs à un nouveau moyen de développer l'électricité, semblaient devoir rester indépendants de ma théorie ; et, cependant, combien n'y sont-ils pas favorables, 1° en montrant, dans des circuits entièrement métalliques, comme je suppose ceux des particules des aimants, l'existence de courants électriques produits par une force électromotrice très faible, parce que la résistance opposée par un circuit tout métallique est aussi très faible ; 2° en nous apprenant que les alternatives de chaud et de froid des contacts sont une cause du développement de l'électricité dynamique qui ne peut manquer d'avoir lieu entre les différents matériaux de notre globe à mesure que le Soleil fait varier la température des diverses régions qu'il parcourt successivement, et cela principalement dans

[1] Dans la séance du 3 mars 1823, Œrsted donnait connaissance à l'Académie de la découverte faite par Seebeck de la production d'un courant dans un circuit formé de deux métaux, par l'échauffement d'une des soudures. Le 31 mars Œrsted communiquait le résultat d'expériences faites avec Fourier, et qui montraient qu'on pouvait multiplier l'effet observé par Seebeck en multipliant le nombre des soudures alternativement chaudes et froides et construire une véritable pile thermo-électrique. (J.)

celles sur lesquelles il agit avec le plus de force; 3° en nous indiquant, dans ces mêmes variations journalières de la température, la cause des variations diurnes de la déclinaison et de l'inclinaison d'une aiguille aimantée; 4° en détruisant l'objection qu'on m'avait faite sur ce que la température des aimants où j'admets des courants électriques n'est pas plus élevée que celle des autres corps; 5° en montrant que la force électromotrice des courants électriques des aimants peut être très faible et ces courants avoir une très grande intensité, puisque cette intensité croît, pour une même action électromotrice, à mesure que la longueur du circuit diminue, en raison inverse de cette longueur, et que la longueur des circuits que j'admets autour de chaque particule d'un aimant ne peut être qu'extrêmement petite.

Voilà, Monsieur, les observations que je vous soumets à la hâte, partagé que je suis entre une foule d'occupations obligées qui ne me laissent pas le temps de m'occuper, comme je le voudrais, de cette nouvelle branche de Physique à laquelle je désirerais donner tout mon temps; elle vous doit la découverte d'un des plus singuliers phénomènes dont elle se compose, celle du mouvement de rotation continu; elle en attend bien d'autres de votre part, qui finiront, sans doute, par faire adopter généralement une théorie qui réunit en sa faveur les démonstrations de l'expérience et celles du calcul : théorie que je ne peux m'attribuer que parce que j'en ai eu le premier l'idée; car elle est une conséquence si naturelle des faits, qu'elle n'aurait, sans doute, pas tardé à être imaginée par d'autres si je ne m'étais pas occupé de ce sujet.

J'ai l'honneur d'être, etc.

XXIX.

EXTRAIT D'UN MÉMOIRE SUR LES PHÉNOMÈNES ÉLECTRODYNAMIQUES;

PAR M.-A. AMPÈRE.

Présenté à l'Académie royale des Sciences (Institut de France), dans la séance du 22 décembre 1823 (¹).

M. Ampère, dès l'année 1820, avait communiqué à l'Académie la formule qui représente l'action de deux portions infiniment petites de fils conducteurs qu'il désigne sous le nom d'*éléments de courants électriques,* mais cette formule contenait un coefficient constant, dont il n'avait pas à cette époque déterminé la valeur. Ce coefficient est le rapport des actions qui s'exercent entre les

(¹) Copie avec corrections et additions de la main d'Ampère, tirée de la collection appartenant à l'Académie des Sciences.

Le succès obtenu par Savary dans l'application de la formule élémentaire au calcul des phénomènes électrodynamiques ramena Ampère à l'idée entrevue dès l'origine et appliquée une première fois sans succès (*voir* la note de la p. 135), d'embrasser dans une même théorie mathématique tous les phénomènes de l'Électricité et du Magnétisme. On trouve dans ses papiers un grand nombre d'essais et de brouillons de Mémoires, la plupart inachevés, écrits dans la seconde moitié de l'année 1823 et témoignant de ses tentatives et de ses progrès successifs.

Les résultats définitifs de ces recherches ont été communiqués à l'Académie, dans les séances des 22 et 29 décembre 1823 et du 5 janvier 1824; ils ont été publiés dans le t. XXVI des *Annales de Chimie et de Physique,* p. 134 et 296, et dans un Opuscule qui, sauf l'addition de quelques notes, n'est qu'un tirage à part de l'article des *Annales,* et qui a pour titre: *Précis de la théorie des phénomènes électrodynamiques,* par M. AMPÈRE, *pour servir de supplement à son Recueil d'observations electrodynamiques* et au *Manuel d'Électricité* de M. Demonferrand; Paris, Crochard et Bachelier, 1824.

Nous n'avons pas jugé utile de reproduire ces divers essais, ni l'article des *Annales,* ni le *Precis.* Tout ce que contient le *Précis* se trouve reproduit textuelle ment dans le grand *Memoire,* publié en 1826, dans la *Collection des Mémoires de l'Academie des Sciences* pour 1823, et qu'on trouvera au commencement du Volume suivant; tous les passages intéressants des essais, considérations générales, discussions, etc., ont été reproduits dans ce même Mémoire. L'extrait publié ici est surtout intéressant par les théories exposées dans le § VI, auxquelles il est fait plusieurs fois allusion par Ampère, soit dans le *Precis,* soit dans le grand *Mémoire,* et qui n'ont jamais été publiees (J.)

deux éléments supposés toujours à la même distance, dans les deux cas où ils sont, soit dirigés tous deux suivant la droite qui joint leurs milieux, soit tous deux perpendiculaires à cette droite et compris dans le même plan.

Le 10 juin 1822, il communiqua à l'Académie des expériences qui déterminent la valeur de ce coefficient, et qui complètent ainsi sa formule. Bientôt après, il en déduisit que, si un élément de courant électrique est soumis à l'action d'un système de courants formant des circuits fermés ou indéfinis dans les deux sens, la force qui en résulte pour mouvoir l'élément est perpendiculaire à la direction de cet élément. Elle ne l'est plus, d'après la formule de M. Ampère, lorsque les courants du système ne forment pas des circuits fermés ou indéfinis dans les deux sens, et c'est en effet ce que démontre l'expérience sur la rotation d'un cercle de cuivre autour de son centre, par l'action des courants électriques de l'eau acidulée où il est plongé, lorsque la direction du courant reste la même à tous les points de ce cercle, car des forces perpendiculaires à la circonférence d'un cercle et passant, par conséquent, par son centre ne peuvent tendre à le faire tourner autour de ce point. M. Savary (1) a, depuis, tiré de la même formule un grand nombre de conséquences également vérifiées par l'expérience et relatives à l'action qu'exercent des systèmes de courants fermés ou indéfinis dans les deux sens auxquels seuls ces conséquences sont applicables. M. Ampère a remarqué depuis qu'elles tiennent à ce que la résultante des forces exercées par ces systèmes sur un élément dans un plan passant par sa direction est, d'après sa formule, proportionnelle à la somme des aires correspondantes à tous les points du système, projetées sur ce plan et divisées chacune par le cube de la distance entre l'élément d'un

(1) Article XXVI, p. 338.

Les papiers d'Ampère témoignent maintes fois de l'importance qu'il attachait au travail de Savary. Dans un des fragments dont il est question dans la note précédente, daté du 24 novembre 1823 et dont l'original appartient à la Société française de Physique, on lit le passage suivant : « On connaît les travaux de MM. Demonferrand et Savary sur l'accord des résultats déduits de ma formule et de ceux que donne l'expérience; c'est surtout du travail plus complet de M. Savary que je me suis aidé dans ce Mémoire, et je dois declarer que, sans ce secours, je n'aurais probablement pas pu tirer de ma formule toutes les conséquences que je me propose de faire connaître. » (J.)

des courants du système qui sert de base à cette aire et celui sur lequel il agit.

Cette remarque l'a conduit à des procédés de calcul très simples pour déterminer toutes les propriétés de l'action électrodynamique, et il en a déduit non seulement celles qu'avait obtenues M. Savary, mais encore plusieurs autres, que l'expérience confirme également et dont la réunion forme une théorie complète, que M. Ampère expose dans les cinq premiers paragraphes de son Mémoire; le sixième a pour objet d'examiner la nature du courant électrique, la manière dont il est produit, soit par le contact de deux métaux d'espèces différentes, soit par la combinaison de deux substances dont les particules sont dans des états électriques différents, et les phénomènes qui dépendent de l'action chimique de l'électricité et de la production des courants électriques par l'influence d'autres courants, non seulement dans les métaux magnétiques, mais, en général, dans tous les corps soumis à cette influence.

I. M. Ampère cherche d'abord l'action d'un système de courants fermés ou indéfinis dans les deux sens, ce qui revient au même, sur un élément du courant électrique, et il trouve :

1° Que la résultante de toutes les actions exercées par les courants du système est perpendiculaire à l'élément, comme il l'avait déjà remarqué dans une Note lue à l'Académie le 24 juin 1822;

2° Que, si l'on suppose l'élément toujours situé à un même point donné de position à l'égard du système, qu'on lui donne successivement diverses directions dans un plan passant par ce point et également donné de position, et qu'on décompose la résultante en une force située dans ce plan et une force qui lui soit perpendiculaire, la première sera constante, quelle que soit la direction de l'élément, ce qu'on vérifie à l'égard du système que forment les courants de notre globe par une expérience décrite dans le Mémoire;

3° Que cette composante est exprimée par le produit d'un coefficient constant et de la somme des projections sur le même plan des aires des secteurs infiniment petits, qui ont pour sommet le point où est situé l'élément et pour base les petits arcs des courants du système, divisés respectivement par les cubes des distances de ce point à chacun de ces arcs ;

4° Que pour un point donné de position à l'égard du système, il y a toujours un plan et un seul plan, dont la situation est indépendante de la direction de l'élément qu'on suppose placé à ce point, pour lequel la somme dont nous venons de parler est la plus grande possible;

5° Que, si l'on élève au point donné une perpendiculaire à ce plan, la même somme est nulle pour tout plan passant par cette perpendiculaire ;

6° Que, quelle que soit la direction de l'élément, si l'on mène un plan par cette perpendiculaire et par la direction de l'élément, la composante de la résultante dans ce plan est nulle, d'après ce qu'on vient de dire, et qu'ainsi cette résultante lui est perpendiculaire ;

7° Qu'elle l'est donc à la fois et à la direction de l'élément, comme on l'a déjà vu, et à celle de cette perpendiculaire. La résultante est donc dans le plan sur lequel cette dernière a été élevée, d'où il suit que la résultante est toujours comprise dans ce plan, que nous nommerons en conséquence *plan directeur de l'action électrodynamique au point donné*, ou, plus simplement, *plan directeur à ce point;* la perpendiculaire qui y est élevée sera désignée sous le nom de *normale au plan directeur;*

8° Que la résultante est proportionnelle au sinus de l'angle formé par la direction de l'élément et la normale au plan directeur; qu'elle est par conséquent nulle quand l'élément est dans la direction de cette normale et maximum quand il lui est perpendiculaire, c'est-à-dire quand il est situé dans le plan directeur ;

9° Que, pour trouver la composante dans un plan quelconque passant par la direction de l'élément, il faut multiplier l'action maximum qui aurait lieu si l'élément était situé dans le plan directeur par le cosinus de l'angle des deux plans;

10° Que si l'on représente par A, B, C les sommes sur trois plans rectangulaires des projections des aires des petits secteurs dont le sommet est au point donné, divisées respectivement par les cubes des distances, l'action maximum est exprimée par le produit du coefficient dont nous avons parlé plus haut et de la quantité $\sqrt{A^2+B^2+C^2}$, et celle qui a lieu dans un autre plan formant avec celui-là l'angle θ est comme $\cos\theta\sqrt{A^2+B^2+C^2}$.

II. M. Ampère calcule ensuite les trois intégrales A, B, C, dans le cas particulier où le système se réduit à un courant circulaire fermé, et fait voir que ces intégrales prennent des valeurs simples quand on suppose très petit le diamètre du cercle décrit par ce courant.

III. Les résultats obtenus dans les deux paragraphes précédents sont indépendants de l'exposant de la puissance de la distance de deux éléments de courants électriques à laquelle on suppose que leur action mutuelle est réciproquement proportionnelle quand on fait varier cette distance sans changer les directions des éléments ; ceux qui vont suivre n'ont lieu, au contraire, que quand la même action est, dans ce cas, en raison inverse du carré de la distance. Ces résultats appartiennent, la plupart, à M. Savary, qui les a le premier déduits de la formule de M. Ampère, dans un Mémoire imprimé en 1823, chez Bachelier, sous ce titre : *Application du Calcul aux phénomènes électrodynamiques.*

M. Ampère considère dans ce paragraphe l'action d'un système de courants circulaires d'un très petit diamètre décrivant des cercles égaux dans des plans équidistants normaux, à la ligne droite ou courbe qui passe par leurs centres ; la réunion des circonférences qu'ils décrivent détermine une surface connue des géomètres sous la dénomination de *surface canal,* ce qui a porté M. Ampère à nommer, pour éviter des circonlocutions fastidieuses, à désigner un tel système sous le nom de *solénoïde,* du mot grec σωληνοειδής, qui a la forme d'un canal. Le solénoïde peut être fermé, indéfini dans les deux sens, simplement indéfini, ou défini, suivant que la ligne qui passe par tous les centres des courants circulaires est fermée, s'étend à l'infini dans les deux sens ou dans un seul, ou se termine à deux points déterminés que nous nommerons, comme lui, du solénoïde, le solénoïde simplement indéfini étant considéré comme n'ayant qu'une extrémité.

1° Si le système de courants électriques dont on a déterminé précédemment l'action sur un élément est un solénoïde fermé ou indéfini dans les deux sens, cette action devient nulle lorsque l'on prend un des nombres 2 et — 1 pour l'exposant de la puissance de la distance à laquelle l'action mutuelle de deux éléments est réciproquement proportionnelle et elle ne peut l'être généralement pour d'autres valeurs de cet exposant; comme des expériences directes prouvent qu'elle l'est effectivement, quelles que soient la forme et la grandeur des courants dont l'élément fait partie, et que, d'après l'expérience, cet exposant est positif et plus grand que 1, il en résulte nécessairement que cette puissance de la distance en est le carré.

2° Si le même système est un solénoïde simplement indéfini, la normale au plan directeur est la droite menée de son extrémité au point où est l'élément, en sorte que la force exercée par le solénoïde sur l'élément est à la fois perpendiculaire à cette droite et à l'élément, ce qui suffit pour en déterminer la direction.

3° Si l'on calcule dans ce cas la valeur de la quantité $\sqrt{A^2+B^2+C^2}$, on trouve qu'elle est réciproquement proportionnelle au carré de la longueur de cette droite, d'où il suit que, quand l'élément lui est perpendiculaire, la force que le solénoïde exerce sur lui est en raison inverse du carré de la distance.

4° Dans toute autre direction de l'élément, la même force est, en outre, d'après ce qu'on a vu dans le premier paragraphe, proportionnelle au sinus de l'angle que forme cette direction avec la même droite menée de l'élément à l'extrémité du solénoïde.

5° L'action d'un solénoïde défini est la résultante des deux forces passant par l'élément, qui seraient produites par deux solénoïdes indéfinis, dont les courants seraient dirigés en sens contraires dans ces deux solénoïdes et qui auraient chacun son extrémité à une des extrémités du solénoïde défini; il suffira donc, pour avoir la direction et la grandeur de cette force, de déterminer ces deux composantes, d'après ce que nous venons de dire, et d'en conclure la direction et la grandeur de leur résultante.

M. Ampère examine ensuite la réaction d'un élément de courant électrique sur un solénoïde, qu'il suppose d'abord indéfini dans un sens, afin de n'avoir à en considérer qu'une extrémité; il cherche la valeur du moment de rotation qu'imprime cette réaction au solénoïde autour d'une droite quelconque passant par son extrémité, et conclut aisément de cette valeur celle de la somme des moments de tous les éléments d'un courant électrique d'une forme et d'une grandeur quelconques; il montre qu'elle ne dépend que de la situation des extrémités de ce courant, relativement à celle du solénoïde indéfini, et que la même somme devient nulle quand il s'agit d'un courant fermé ou indéfini dans les deux sens, et par conséquent aussi d'un système de tels courants, quelles que soient d'ailleurs leur forme et leur grandeur. D'où il suit que la résultante des actions exercées par tous les éléments de ce système sur le solénoïde passe par l'extrémité de ce dernier. Les mêmes conséquences s'appliquent à un solénoïde défini, et il en résulte que l'action exercée sur ce dernier par le système dont nous parlons ne peut tendre à le faire tourner autour d'une droite passant par ses deux extrémités, ainsi que le montre l'expérience faite en substituant un aimant au solénoïde, cette sorte de rotation ne pouvant, comme on sait, s'obtenir qu'en faisant agir sur l'aimant un courant, dont une partie passe par cet aimant ou par un fil de cuivre lié invariablement avec lui, afin que, l'action de cette partie étant détruite par la réaction correspondante, le reste du circuit voltaïque agisse comme un courant non fermé.

IV. L'action exercée sur l'extrémité d'un solénoïde indéfini par un système de courants fermés ou indéfinis dans les deux sens, passant, d'après ce qu'on vient de voir, par l'extrémité du solénoïde, M. Ampère détermine la direction et la grandeur de cette action en considérant le plan directeur relatif à ce système, pour le point où est située l'extrémité du solénoïde, et il trouve :

1° Que cette action est dirigée suivant la normale à ce plan directeur;

2° Qu'elle est dans un rapport constant avec l'action que le même système exercerait sur un élément de courant électrique situé au même point que l'extrémité du solénoïde et dans le plan directeur, et que ce rapport, indépendant de la forme et de la grandeur des courants du système, est celui de la surface des cercles décrits par les courants du solénoïde, au produit de la distance de deux de ces cercles et de la longueur de l'élément.

Pour avoir l'action exercée sur un solénoïde défini, il suffit encore ici de le remplacer par deux solénoïdes indéfinis dont les courants soient dirigés en sens contraires, et qui se terminent chacun à une des extrémités du solénoïde défini; on a ainsi la grandeur et la direction des deux forces passant par ces extrémités, dont la réunion donne l'action totale exercée sur le solénoïde défini.

V. Lorsque le système qui agit sur le solénoïde indéfini est lui-même un solénoïde indéfini, il suffit d'appliquer ce qui a été dit dans le troisième paragraphe sur la direction de la normale du plan directeur, cette sorte de système et la valeur de la force qu'il exerce sur un élément situé dans ce plan, à ce qui vient d'être démontré à la fin du paragraphe précédent, pour en conclure sur le champ :

1° Que l'action entre deux solénoïdes indéfinis est dirigée suivant la ligne qui en joint les extrémités;

2° Qu'elle est en raison inverse du carré de la distance de ces deux extrémités.

En substituant à deux solénoïdes définis des solénoïdes indéfinis équivalents, on en conclut immédiatement que leur action mutuelle se compose de quatre forces dirigées suivant les quatre droites qui joignent les deux extrémités de l'un aux deux extrémités de l'autre, que deux de ces forces sont attractives, les deux autres répulsives, et toutes quatre proportionnelles à une même quantité divisée respectivement par les carrés de ces quatre distances.

Pour justifier la manière dont M. Ampère a conçu les phénomènes dont nous parlons, il fallait montrer, en partant de la formule qui représente l'action mutuelle de deux éléments de courants électriques :

1° Qu'il y a une disposition qu'affectent ces courants avant l'aimantation et dans laquelle ils soient sans action sur d'autres éléments de courants, quelles qu'en soient les distances et les positions relatives. Nous avons vu au commencement du troisième paragraphe de ce Mémoire que c'est, en effet, ce qui résulte de ma formule, relativement à un solénoïde fermé et homogène, c'est-à-dire dont tous les courants circulaires sont de même grandeur, de même intensité et équidistants;

2° Que, pour une autre disposition des mêmes courants, un certain système de très petits courants produisent des forces qui ne dépendent que de la situation de deux points déterminés de ce système, et qui jouissent relativement à ces deux points de toutes les propriétés des forces qu'on attribue à ce qu'on appelle des molécules de fluide austral et de fluide boréal, lorsqu'on explique par ces deux fluides les phénomènes que présentent les aimants, soit dans leur action mutuelle, soit dans celle qu'ils ont sur un fil conducteur; en sorte que, quand deux systèmes de courants électriques ainsi disposés agissent l'un sur l'autre, il en résulte quatre forces, deux forces attractives et deux répulsives en raison inverse des carrés de leurs distances respectives, et dirigées suivant les droites qui joignent les deux points déterminés de l'un aux deux points déterminés de l'autre, et que l'action d'un de ces systèmes sur un élément de courant électrique se compose de deux forces perpendiculaires au plan passant par les deux mêmes points du système, en raison inverse des carrés des distances de ces points à l'élément et proportionnels aux sinus des angles que sa direction forme avec les droites qui mesurent ces distances. Tant qu'on attribue ces deux espèces de forces à des molécules d'un fluide austral et d'un fluide boréal, il est impossible de ramener à un seul principe ces deux espèces de forces; mais elles se déduisent toutes deux de sa formule, comme il résulte de ce que nous venons de trouver et de ce qui a été démontré dans le troisième paragraphe, lorsqu'on substitue à l'assemblage de deux molécules, l'une de fluide austral, l'autre de fluide boréal, un solénoïde homogène et non fermé, dont les extrémités, qui sont les deux points déterminés dont dépendent les forces dont il s'agit, soient situées précisément au même point où l'on supposerait placées les molécules pleines des deux fluides.

Il suit de là que tous les calculs, toutes les explications fondées tant sur la considération des forces attractives et répulsives de ces molécules en raison inverse des carrés des distances, que sur celles des forces révolutives entre une de ces molécules et un élément de courant électrique, dont je viens de rappeler la loi, telle que M. Biot l'a déduite de ses expériences, sont nécessairement les mêmes, soit qu'on adopte ma manière de concevoir les phénomènes produits par les aimants dans ces deux cas, ou l'hypothèse des deux fluides, et qu'ainsi on ne peut chercher dans ces calculs, dans ces explications, ni objections contre la théorie de M. Ampère, ni preuves en sa faveur. Ces preuves résultent surtout de ce qu'elle ramène à un principe unique trois sortes d'actions que l'ensemble des phénomènes prouve être dues à une cause commune, et qui ne peuvent y être ramenées autrement. En Suède, en Allemagne, en Angleterre, on a cru pouvoir les ramener au seul fait de l'action mutuelle de deux aimants, telle que Coulomb l'avait déterminée ; le fait du mouvement de rotation continue est en contradiction manifeste avec cette idée. En France, ceux qui n'ont pas adopté sa théorie sont obligés de regarder comme indépendants les trois genres d'actions que j'ai ramenés à une loi commune.

.... (¹)

On peut considérer chaque particule comme une petite pile de Volta, dont les courants, entrant par une extrémité de la particule et en sortant par l'extrémité opposée, reviennent à travers l'espace environnant à la première de ces deux extrémités, formant ainsi un solénoïde fermé, qui, d'après ce qui précède, ne peut exercer aucune action tant que tous ces courants sont de même intensité et équidistants, comme ils doivent l'être nécessairement avant l'aimantation de la particule. Lorsqu'un fil conducteur ou un barreau aimanté vient à agir sur ces courants, ils doivent être déplacés et s'accumuler en plus grand nombre sur le côté de la particule vers lequel ils sont portés par cette action ; alors on peut considérer le solénoïde hétérogène qui en résulte comme un assemblage de solénoïdes homogènes partiels, dont l'un soit fermé et ait pour intensité celle du solénoïde hétérogène au point où il en a le moins, et dont les autres ne soient pas fermés ; ces derniers agissent alors en produisant deux forces qu'on peut considérer comme émanant de leurs extrémités et identiques, dans tous les cas, à celles qu'on attribue aux molécules de fluide austral et de fluide boréal.

Mais ce qu'il faut surtout remarquer, c'est que ces points doivent nécessairement se disposer dans chaque particule, lors de l'aimantation, par l'action soit d'un fil conducteur, soit d'un aimant, de manière qu'en réunissant à un point quelconque de l'intérieur de ce corps les actions exercées sur les courants de la particule qui y est située, tant par le fil conducteur ou l'aimant qui agit du dehors que par les courants des autres particules du même corps, on trouve que la résultante de ces actions est nulle, puisque, tant qu'elle ne l'est pas, elle doit tendre à changer la situation des courants de la particule que l'on considère, et à distribuer par conséquent autrement les points dont nous parlons.

Ce principe, semblable à celui sur lequel M. Poisson a établi

(¹) Il y a ici une lacune dans le texte, une page ayant été arrachée. (J.)

sa belle Théorie de l'Electricité, est encore celui qu'il applique à l'hypothèse de Coulomb sur les deux fluides magnétiques, dans le travail qu'il a annoncé à l'Académie le 8 septembre dernier, sur la distribution du magnétisme dans les corps qui en sont susceptibles, lorsqu'ils sont soumis à l'influence d'un aimant ou à celle du globe terrestre : on doit donc appliquer à ces formules ce que nous avons déjà dit de tout calcul fondé sur les lois d'après lesquelles on suppose que les molécules magnétiques agissent comme les extrémités des solénoïdes électrodynamiques doivent agir d'après la formule de M. Ampère, et les conséquences qui en ont été déduites dans ce Mémoire ; elles sont nécessairement communes aux deux manières de concevoir les phénomènes que présentent les aimants, et complètent également la théorie de ces phénomènes dans les deux hypothèses.

On peut dire cependant que deux circonstances des phénomènes magnétiques s'expliquent mieux quand on admet que ces phénomènes sont produits par des courants électriques, parce qu'elles sont des conséquences nécessaires de cette manière de concevoir l'action des aimants, et qu'elles obligent ceux qui veulent les expliquer, dans l'hypothèse des deux fluides, à joindre à cette hypothèse d'autres suppositions qui ne s'en déduisent pas nécessairement. La première de ces deux circonstances est la nécessité d'admettre, pour rendre raison des phénomènes, que les deux fluides magnétiques, quoique susceptibles de se séparer sans résistance dans les particules de certains corps, tels que le fer doux et le nickel, ne passent cependant jamais d'une particule à l'autre, et qu'il y a, par conséquent, toujours dans chaque particule des quantités égales de fluide boréal et de fluide austral; la seconde est la différence d'intensité d'action de deux masses semblables des deux métaux que je viens de citer, lorsqu'ils sont rendus magnétiques par l'influence d'une même force, ce qui oblige d'admettre ou que les fluides auxquels le fer et le nickel doivent la propriété d'être susceptibles d'aimantation ne sont pas les mêmes dans ces deux métaux, ou qu'ils ne peuvent pas être séparés dans toute l'étendue de la masse de ces derniers, mais seulement dans des parties déterminées de cette masse. Il est évident que, quand on attribue les phénomènes magnétiques à des courants électriques propres aux particules des corps et auxquels l'aimantation ne fait que donner une direction qui s'oppose à ce que la résultante de toutes leurs actions sur un point quelconque continue d'être nulle, comme je l'ai expliqué dans la lettre que j'écrivis à M. Van Beek, au commencement de l'an 1822 ([1]), il s'ensuit nécessairement que les deux extrémités d'un petit solénoïde, qui agissent comme deux molécules, l'une de fluide austral et l'autre de fluide boréal, ne peuvent sortir de la particule où est ce solénoïde, et que l'intensité de l'action doit être différente dans différents corps, parce que l'intensité et le diamètre des courants circulaires produits autour des particules par une action électromotrice propre à ces particules doivent dépendre de la nature et de la grandeur des particules elles-mêmes.

Ce qu'il y a de plus remarquable relativement à cette force, tantôt attractive, tantôt répulsive, qui émane des conducteurs voltaïques, c'est que, quoique en remontant jusqu'à l'action simple de deux éléments; on trouve qu'elle agit, comme toutes les forces auparavant reconnues dans la nature, suivant la droite qui joint les milieux de ces éléments, on trouve, en même temps, qu'elle n'est pas, comme les autres, proportionnelle à une simple fonction de la distance ; il s'agit ici de la conséquence nécessaire et immédiate d'un théorème rigoureusement démontré, comparée à un fait incontestable. Il est mathématiquement démontré que, tant que les forces élémentaires ne dépendent que des distances des points matériels entre lesquels elles s'exercent, les points matériels d'un système que ces forces mettent en mouvement ne peuvent tous revenir dans la même situation avec des vitesses plus grandes que celles qu'ils avaient en la quittant; or il est de fait que tous les points matériels d'une portion non fermée du fil conducteur sur laquelle agit une autre portion du même circuit reviennent exactement dans la même situation relativement à tous les points de cette dernière, et qu'ils y reviennent en vertu des forces élémentaires qui s'exercent entre les uns et les autres, quand le courant électrique est établi dans le circuit avec une vitesse de plus en plus grande à chaque révolution, jusqu'à ce que les frottements et la résistance de la portion liquide du circuit mettent un terme à l'accroissement indéfini de cette vitesse : rien ne manque donc à

([1]) Vit. XVII, p. 212. (J.)

la démonstration complète, qu'il existe dans la nature inorganique, entre les portions infiniment petites des fils conducteurs de l'appareil voltaïque, une force élémentaire qui n'est pas fonction de la seule distance des particules entre lesquelles elle s'exerce, mais qui dépend encore des directions suivant lesquelles se fait dans ces particules la réunion ou la séparation des deux fluides électriques dont cette force émane. On voit, par ma formule, comment elle dépend des directions dont il est question, parce que cette formule contient la seconde différentielle de la racine carrée de la distance des deux particules, et que cette seconde différentielle dépend elle-même de ces directions.

Les époques où l'on a ramené à un principe unique des phénomènes considérés auparavant comme dus à des causes absolument différentes, ont été presque toujours accompagnées de la découverte d'un grand nombre de nouveaux faits, parce qu'une nouvelle manière de concevoir les causes suggère une multitude d'expériences à tenter, d'explications à vérifier; c'est ainsi que la démonstration donnée par Volta de l'identité du galvanisme et de l'électricité a été accompagnée de la construction de la pile, et suivie de toutes les découvertes qu'a enfantées cet admirable instrument. A en juger par les résultats si inattendus des travaux de M. Becquerel sur l'influence de l'électricité dans les combinaisons chimiques, et de ceux de MM. Prévost et Dumas sur les causes des contractions musculaires, on peut espérer que tant de faits nouveaux découverts depuis quatre ans, et leur réduction à un principe unique, aux lois des forces attractives et répulsives observées entre les conducteurs des courants électriques, seront aussi suivis d'une foule d'autres résultats qui établiront, entre la Physique d'une part, la Chimie et même la Physiologie de l'autre, la liaison dont on sentait le besoin sans pouvoir se flatter de parvenir de longtemps à la réaliser.

VI. Après avoir ainsi complété, dans les cinq premiers paragraphes de ce Mémoire, la partie mathématique de la théorie électrodynamique, M. Ampère s'occupe, dans le sixième, de la partie physique de la même théorie, et il examine diverses questions qui en dépendent; il avait depuis longtemps réuni les principaux matériaux de ce paragraphe, dont il se proposait alors de faire le principal objet d'un Mémoire particulier ; nous ne pouvons indiquer ici que d'une manière très succincte l'objet de cette partie de son travail ; il s'est particulièrement occupé :

1° De la nature du courant électrique, d'après la manière dont les physiciens conçoivent les phénomènes relatifs à l'électricité en général, comme produits par la séparation de deux fluides de nature opposée, dont la réunion forme le fluide neutre répandu universellement dans l'espace, et des compositions et décompositions continuelles de ce dernier fluide qui doivent en résulter à tous les points de ce qu'on est convenu de nommer *courant électrique ;*

2° De la nécessité, d'après l'attraction mutuelle des deux électricités, et la répulsion des molecules électriques semblables, que ces compositions et décompositions se propagent dans le fluide neutre environnant, suivant des directions perpendiculaires à celle de la propagation de cette sorte d'influence, précisément comme les travaux de M. Fresnel sur la Lumière ont prouvé que le sont les mouvements du fluide répandu dans l'espace d'où résultent la lumière et la chaleur, mouvements qui rentreraient ainsi dans l'ensemble des phénomènes produits par les deux fluides électriques. J'ai déjà indiqué cette manière de concevoir les choses aux pages 172 et 173 de mon *Recueil d'observations électrodynamiques* (¹), mais sans entrer dans aucun des détails qui auraient été nécessaires pour la développer ;

3° De la théorie de l'action chimique de l'électricité dont j'ai exposé les bases aux pages 174, 175, 176 et 177 du même Ouvrage (²), et qui est fondée sur ce que, les propriétés chimiques des particules des corps se retrouvant toujours les mêmes, quelles que soient les combinaisons où elles soient entrées, et dont on les ait dégagées, on ne peut attribuer ces propriétés à leur état électrique, à moins qu'on n'admette que cet état ne change jamais, et qu'ainsi une particule d'oxygène, par exemple, ne cesse jamais d'être dans un état électronégatif. Mais alors, d'après les lois de l'action mutuelle des corps électrisés dans l'état de tension, l'électricité négative de cette particule doit décomposer le fluide neutre environnant, repousser le fluide négatif qui en fait partie et s'envelopper d'une

(¹) *Voir la Réponse à Van Beck*, p. 216. (J.)

(²) Pages 217 et suivantes du présent Volume (J.)

sorte d'atmosphère d'électricité positive, jusqu'à ce que l'action de celle-ci s'oppose à toute décomposition ultérieure du fluide neutre, précisément comme il arrive à la surface extérieure d'une bouteille de Leyde, quand sa surface intérieure est électrisée négativement; de même, si une particule d'hydrogène est toujours et essentiellement dans l'état positif, elle doit être entourée d'une atmosphère d'électricité négative. La même chose doit se dire des particules de tous les corps simples ou composés, et suivant qu'une de ces dernières contient des nombres de particules simples, tels que l'électricité négative ou l'électricité positive se trouve en excès, elle doit, dans le premier cas, s'entourer d'une atmosphère positive et se porter, comme l'oxygène, du côté positif de la pile, et, dans le second, s'entourer d'une atmosphère négative et se porter du côté négatif comme l'hydrogène.

Lorsque deux particules sont ainsi dans deux états électriques différents, elles tendent à s'unir quand elles sont à une assez petite distance l'une de l'autre pour que les portions les plus voisines des deux atmosphères se trouvant en contact se réunissent en partie en reproduisant du fluide neutre, parce qu'alors elles ne repoussent plus autant chacune la particule opposée que les deux particules ne s'attirent entre elles. Lorsque ces particules s'unissent ainsi, il y a combinaison chimique, et la particule qui résulte de cette combinaison, n'ayant plus qu'une tension égale à la différence des tensions des particules élémentaires dont elle est composée, n'a besoin que d'une atmosphère électrique de l'espèce opposée, en sorte que l'atmosphère la moins intense, devenant entièrement libre ainsi qu'une partie équivalente de l'atmosphère opposée, le courant électrique qui s'établit alors dans un fil métallique joignant les deux particules, doit aller de l'atmosphère positive à l'atmosphère négative, c'est-à-dire de l'acide à l'alcali, comme l'a trouvé M. Becquerel.

Au contraire, dans le cas où les deux particules de natures électriques différentes, dont les atmosphères sont en contact, ne peuvent se rapprocher et se combiner, parce qu'elles font partie de corps solides, tels qu'une lame de cuivre et une lame de zinc, M. Ampère montre, dans son Mémoire, que le courant doit aller en sens contraire, comme on sait que cela a lieu dans la pile de Volta : ainsi disparaît l'opposition jusqu'à présent inexpliquée que présente le sens du courant dans ces deux cas. Je fais voir à ce sujet que l'action électromotrice qui a lieu au contact de deux métaux ne consiste pas, comme on le croyait, dans une décomposition, mais dans une composition de fluide neutre résultant de la réunion de deux parties des atmosphères électriques en contact, et que la décomposition correspondante a lieu dans le fil conducteur. C'est le contraire de ce qui se passe dans ce fil lorsqu'il y a combinaison chimique.

Dans le cas où un acide touche un métal, les deux sortes d'actions ont lieu, et l'on n'observe que la différence des phénomènes qu'elles produiraient séparément. C'est à cette cause qu'on doit peut-être attribuer les résultats très singuliers, observés par M. Becquerel, quand on fait agir deux acides de forces différentes sur un même métal ou un même acide sur deux métaux différents.

De nouveaux faits, qui viennent d'être découverts par cet habile physicien, sont expliqués par M. Ampère à la fin de son Mémoire; ces faits sont relatifs à la production, par influence, de courants électriques autour des particules de tous les corps, même les moins conducteurs de l'électricité, courants que M. Ampère avait obtenus seulement dans un cercle de métal ([1]). Il montre que ces faits, extrêmement remarquables, se lient à tous les autres et fournissent encore de nouvelles preuves de la manière dont il a considéré l'action des conducteurs voltaïques et des aimants.

([1]) *Recueil d'observations electrodynamiques*, p. 285, 286, 321 et 322, dans l'extrait d'un Mémoire lu à l'Académie des Sciences, le 16 septembre 1822. (A.)

Voir les art. XVII, XXIV et XXV.

FIN DU TOME II.

TABLE DES MATIÈRES.

Erratum : Page 350, ligne 9 à partir du bas, placer le crochet du premier terme du second membre en avant du signe $\int$.

8477. Paris. — Imprimerie de GAUTHIER-VILLARS, quai des Augustins, 55.

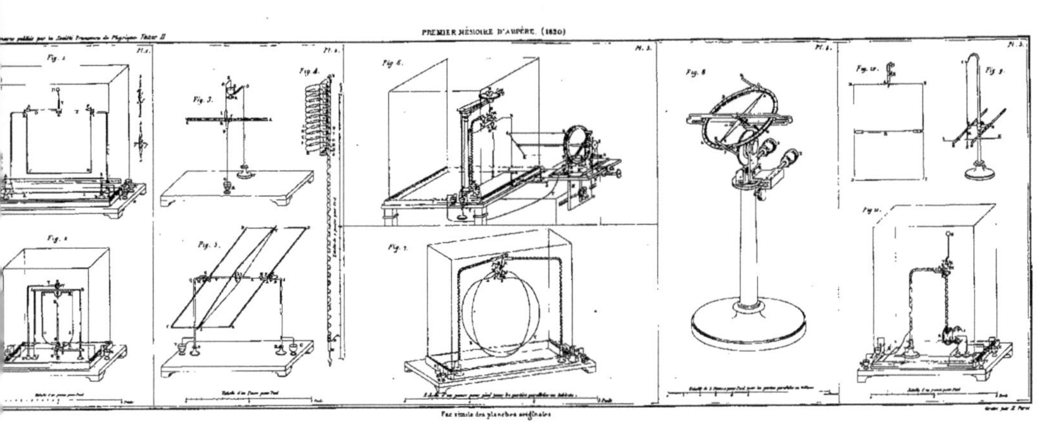
PREMIER MÉMOIRE D'AMPÈRE. (1820)
Fig. 3.
Fig. 4.
Fig. 5.
Fig. 6.
Fig. 7.
Fig. 8
Fig. 9.
Fac simile des planches originales

Je me suis efforcé, dans les six premiers Chapitres, de donner des idées justes et claires sur les notions fondamentales, qu'il est indispensable d'approfondir et de bien comprendre, si l'on veut étudier avec fruit les Chapitres suivants : ceux-ci sont consacrés aux principales applications ; à chacune d'elles j'ai attribué un développement proportionné à son importance, en tenant compte des limites restreintes que je me suis imposées, et des derniers progrès réalisés jusqu'au moment de l'impression.

Avertissement de l'Éditeur.

Lorsqu'on veut aujourd'hui, avec un bagage scientifique datant de quelques années, se mettre au courant de la science électrique actuelle, on se heurte inévitablement à de grosses difficultés. On commence, en effet, par relire les traités de Physique, pour se remettre en mémoire des notions qu'on a possédées, mais qu'on a plus ou moins oubliées ; puis on ouvre les livres spéciaux qui exposent les applications dans leur état actuel avec tous les développements que comportent les progrès considérables réalisés par cette science dans ces dernières années. Mais on s'aperçoit bien vite qu'un pas immense a été franchi ; le langage n'est plus le même, et se ressent de la transformation par laquelle l'électricité a cessé d'être exclusivement théorique pour entrer dans le domaine de la pratique ; de nouvelles expressions ont été introduites, des phénomènes dont il était à peine question dans les traités de Physique donnent lieu maintenant à des applications importantes, tandis que d'autres, qui tenaient une grande place dans ces traités, ne sont d'aucune utilité pour le praticien ; on est comme perdu dans une région inconnue, au milieu de volts, d'ohms, d'ampères, etc., et d'une profusion de piles primaires et secondaires, de machines, lampes, télégraphes, téléphones, microphones, moteurs et appareils de toutes sortes, au milieu desquels on cherche en vain un fil conducteur. Pour trouver ce fil, il faut alors reprendre un à un tous ces appareils, les disséquer pour ainsi dire, en s'entourant de renseignements puisés à différentes sources au courant de la science, et remonter péniblement et lentement aux lois initiales, qui sont éparses dans les traités de Physique. C'est une œuvre très longue, très laborieuse, et pour laquelle il est nécessaire de consulter un grand nombre d'ouvrages, que l'on n'a d'ailleurs pas toujours à sa disposition.

Chargé de l'étude et de la construction d'appareils électriques, ainsi que de l'instruction des Officiers auxquels ces appareils sont confiés, l'Auteur est passé par ces différentes phases, et a dû procéder à un travail de formation, à cette nouvelle éducation, qui lui a été facilitée par la pratique même des différentes branches de l'électricité ; possédant le fil conducteur, il pense être utile en l'indiquant à tous ceux qui, par fonctions ou par goût, veulent se mettre au courant de la science électrique actuelle par des moyens simples et rapides.

L'Auteur a donc résumé, coordonné et s'est surtout appliqué à faire comprendre, par une méthode qui lui est propre, les quelques lois très simples qui servent de base aux applications de l'électricité, en insistant particulièrement sur les notions fondamentales, si importantes, et sur certains points délicats qu'il est essentiel d'approfondir, tels que le potentiel, l'utilisation des sources d'électricité et de leurs circuits, le transport de la force, etc

Cet Ouvrage comprend non seulement l'explication des notions théoriques et des principes des applications les plus importantes, mais encore la description sommaire des appareils les plus employés, avec un nombre suffisant de chiffres destinés à fixer les idées, en tenant compte des progrès réalisés jusqu'au moment de l'impression. C'est donc à la fois un *traité* pour l'instruction élémentaire, un *guide* aidant à comprendre les applications et une *introduction* aux Ouvrages plus savants et plus détaillés. Mis à la portée de tous, il comble une lacune, et est destiné à rendre service à ceux qui, en nombre de plus en plus grand, sont désireux de connaître et de comprendre les merveilles de l'électricité.

Table des matières.

10971 Paris. — Impr. de GAUTHIER-VILLARS, quai des Augustins, 55.

www.ingramcontent.com/pod-product-compliance
Ingram Content Group UK Ltd.
Pitfield, Milton Keynes, MK11 3LW, UK
UKHW020607230726
13926UKWH00005B/2259